计算机培训系列教材

中文 AutoCAD 2008 辅助设计教程

袁飞云 编

「职场」直通车

- 一流专家及资深培训教师精心策划编写
- 全力打造国内精品教材畅销品牌
- 内容全面 范例精美 结构合理 图文并茂
- 讲练结合 可操作性强
- 面向实际操作 切合职业应用需求
- 帮助读者快速掌握实践技巧

 西北工业大学出版社

【内容简介】本书为“职场直通车”计算机培训系列教材之一，主要内容包括中文 AutoCAD 2008 快速入门、绘图基础知识、二维图形的创建与编辑、面域与图案填充、图层与查询功能、文字与表格、图形的尺寸标注、块与外部参照、三维图形的绘制与编辑以及综合实例应用。章后附有本章小结及过关练习，使读者在学习时更加得心应手，做到学以致用。

本书结构合理，内容系统全面，讲解由浅入深，实例丰富实用，既可作为社会培训班实用技术的培训教材，也可作为大中专院校 AutoCAD 课程教材，同时可供电脑爱好者自学参考。

图书在版编目（CIP）数据

中文 AutoCAD 2008 辅助设计教程/袁飞云编．—西安：西北工业大学出版社，2010.7
“职场直通车”计算机培训系列教材
ISBN 978-7-5612-2832-6

Ⅰ．①中…　Ⅱ．①袁…　Ⅲ．①计算机辅助设计—应用软件，AutoCAD 2008—技术培训—教材　Ⅳ．①TP391.72

中国版本图书馆 CIP 数据核字（2010）第 133242 号

出版发行：西北工业大学出版社
通信地址：西安市友谊西路 127 号　　邮编：710072
电　　话：（029）88493844　88491757
网　　址：www.nwpup.com
电子邮箱：computer@nwpup.com
印 刷 者：陕西兴平报社印刷厂
开　　本：787 mm×1 092 mm　1/16
印　　张：17
字　　数：451 千字
版　　次：2010 年 7 月第 1 版　　2010 年 7 月第 1 次印刷
定　　价：29.00 元

前　言

首先，感谢您在茫茫书海中翻阅此书！

对于任何知识的学习，最终都要达到学以致用的目的，尤其是对计算机相关知识的学习效果，更能在日常工作中得以体现。相信大多数读者常常会有这样的感觉，那就是某个软件的基础命令都会用，但就是难以解决工作中遇到的实际问题。有时，尽管有了很好的想法和创意，却不能用学过的软件知识得以顺利的实现，归根结底，就是理论与实践不能很好地结合。

现在，我们就立足于软件基础知识和实际应用推出了本书。全书内容安排系统全面，结构布局合理、紧凑，真正做到难易结合，循序渐进，以便于读者理解和掌握。在图书的编排上以基础理论为指导，以职业应用为目标，将知识点融入每个实例中，力争使读者用较短的时间和较少的花费学到最多的知识，实现放下书本就能上岗。

本书内容

AutoCAD 2008 是由美国 Autodesk 公司开发的通用计算机辅助设计软件包，它具有易于掌握、使用方便、体系结构开放等优点，能够进行绘制平面图形与三维图形、标注尺寸、渲染图形及打印输出图纸等项操作，被广泛应用于机械、建筑、电子、航天、造船、石油化工、冶金、地质、气象、纺织、轻工等领域。

全书共分 12 章。其中前 11 章主要介绍 AutoCAD 2008 的基础知识和基本操作，使读者初步掌握使用计算机辅助设计的相关知识。第 12 章列举了几个有代表性的综合实例，通过理论联系实际，帮助读者举一反三、学以致用，进一步巩固前面所学的知识。

本书特点

★ 精选常用软件，重在易教易学

本书选取市场上最普遍、最易掌握的应用软件的中文版本，突出“易教学、易操作”的特点。

★ 突出职业应用，快速培养人才

本书以培养计算机技能型人才为目的，采用“基础知识+典型实例+综合实例”的编写模式，内容系统全面，由浅入深，循序渐进，将知识点与实例紧密结合，便于读者学习掌握。

精锐技巧点拨，实例经典实用

书中涵盖大量“注意”“提示”和“技巧”点拨模块，并配有经典的综合实例，使读者对书中的知识点有更加深入的了解和掌握，全面提升操作能力，并最终将所学的知识应用到工作实践中。

全新编写模式，以利教学培训

本书通过全新的模式进行讲解，注重实际操作能力的提高，将教学、训练、应用三者有机结合，增强读者的就业竞争力。

读者定位

本书针对各大中专院校师生和 AutoCAD 的初、中级用户编写，旨在让初学者快速入门，让中级水平的读者快速提高。针对明确的读者定位，书中的插图做了详细、直观、清晰的标注，便于阅读，读者学习起来更加轻松。通过对本书的学习，读者能够切实掌握实用、常用的技能，并在此基础上增强就业竞争力。

本书力求严谨细致，但由于编者水平有限，书中难免出现疏漏与不妥之处，敬请广大读者批评指正。

编　者

目录

第1章 AutoCAD 2008 快速入门

章前导航

随着计算机技术的不断普及和发展，CAD 技术已经在许多领域得到了广泛的应用，熟练掌握该项技术已经成为从事图形设计工作的基本要求之一。

本章将系统而全面地讲解 AutoCAD 2008 的功能、工作界面、文件操作以及图形的输入/输出与打印等内容，为以后更加系统、深入地学习计算机辅助设计打下良好的基础。

本章要点

- AutoCAD 的功能
- AutoCAD 2008 的工作界面
- AutoCAD 2008 图形文件的管理
- 图形的输入/输出与打印

1.1 AutoCAD 的功能

AutoCAD 是目前最流行的计算机辅助设计软件之一，具有简单易学、精确无误的优点，且随着新版本的不断推出，各项功能日趋完善，因此一直深受工程设计人员的青睐。

1.1.1 AutoCAD 的基本功能

AutoCAD 在不断升级的同时，也继承了其原有的基本功能。AutoCAD 主要用于辅助设计和绘图，利用它可以绘制各种二维和三维图形，并对绘制的图形进行编辑、标注和打印等项操作。AutoCAD 的基本功能主要表现在以下几个方面。

1. 绘制与编辑图形

在 AutoCAD 中，系统提供了多种绘制与编辑图形的工具，利用“绘图”与“修改”工具可以在 AutoCAD 中绘制二维图形、三维图形和轴测图。

（1）绘制二维图形。二维图形由点、线、圆、弧等基本二维图形组成，在 AutoCAD 的“绘图”菜单中提供了绘制各种基本二维图形的工具。利用这些工具可以绘制直线、构造线、多段线、圆、矩形、多边形、椭圆等基本图形，也可以将绘制的图形转换成面域，然后利用“修改”工具对这些绘制的图形进行移动、旋转、缩放、修剪、倒角、圆角、镜像、阵列等操作，从而绘制出如图 1.1.1 所示的各种各样的二维图形。

（2）绘制三维图形。使用 AutoCAD 还可以绘制三维图形，用户可以通过拉伸、扫掠、放样、设置标高和厚度等方式将一些二维图形转换为三维图形，还可以选择 绘图(D) → 建模(M) 菜单的子命令绘制多段体、长方体、圆柱体、球体、楔体、圆锥体、圆环体、棱锥面、平面曲面和网格等基本三维图形，然后利用“修改”工具对绘制的实体对象进行编辑，从而创建出如图 1.1.2 所示的各种各样的三维图形。

（3）绘制轴测图。轴测图是一种采用二维绘图技术模拟的三维图形对象沿特定视点产生的三维平行投影图，即看似三维图形，其实是平面图形。在 AutoCAD 中，用户可以利用等轴测的方法，将直线绘制成与坐标轴成 30°，90°，150° 等角度的直线，将圆绘制成椭圆。如图 1.1.3 所示为利用等轴测的方法绘制的图形。

图 1.1.1　绘制的二维图形

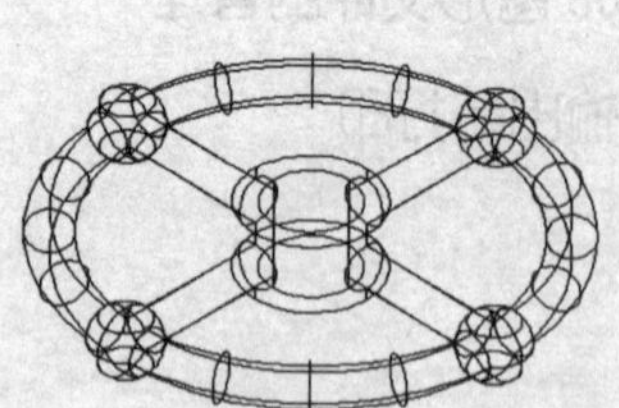
图 1.1.2　绘制的三维图形

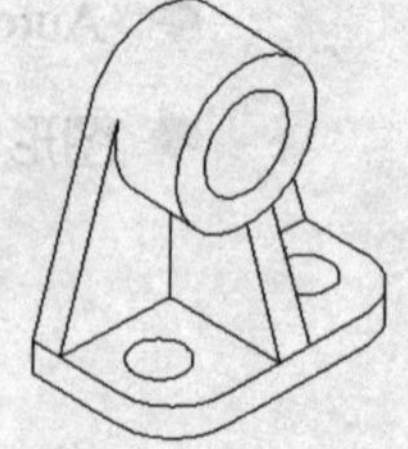
图 1.1.3　绘制的轴测图

2. 书写文字

AutoCAD 能轻易在图形的任何位置、沿任何方向书写文字，可设定文字字体、倾斜角度及宽度缩放比例等属性。

3. 图层管理功能

当图形对象都位于某一图层上时，可设定图层颜色、线型、线宽等特性。

4. 标注图形尺寸

尺寸标注是向图形中添加测量注释的过程，是整个绘图过程中不可缺少的一步。在 AutoCAD 的“标注”菜单中包含了一套完整的尺寸标注和编辑命令，使用它们可以在图形的各个方向上创建各种类型的标注，也可以方便、快速地以一定格式创建符合行业或项目标准的标注。标注显示了对象的测量值，对象之间的距离、角度，或者特征与指定原点的距离。在 AutoCAD 中提供了线性、半径和角度 3 种基本的标注类型，可以进行水平、垂直、对齐、旋转、坐标、基线或连续等标注。此外，还可以进行引线标注、公差标注以及自定义粗糙度标注。利用编辑尺寸标注命令还可以对这些标注进行修改，标注的图形可以是平面图形或三维图形，也可以是轴测图。如图 1.1.4 所示为使用 AutoCAD 标注的平面图形和三维图形。

5. 渲染三维图形

经过多次升级后，AutoCAD 在三维图形的绘制方面有了更精彩的表现。利用其强大的三维绘图功能可以创建各种各样的三维实体模型，对实体模型进行渲染，可以得到更逼真、更清晰的图像效果。渲染后的实体模型可以清晰地显示出模型的轮廓、材质、光照、投影以及背景等效果，如图 1.1.5 所示为渲染后的效果图。

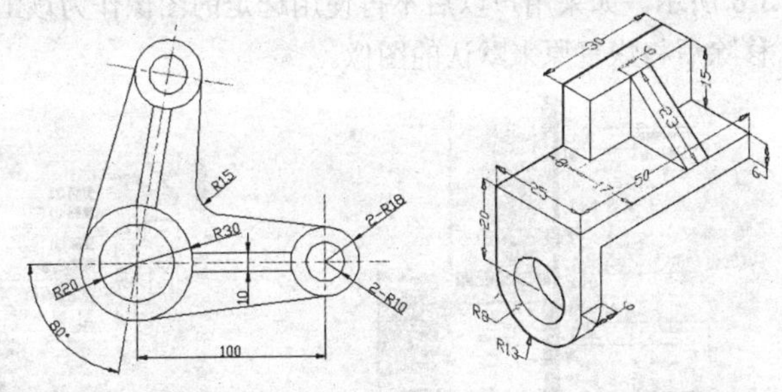

图 1.1.4　使用 AutoCAD 标注的平面图形和三维图形

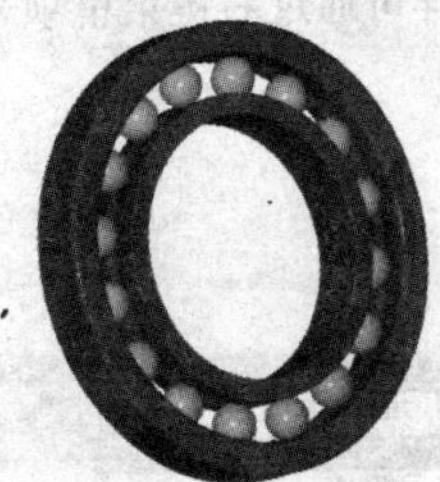

图 1.1.5　渲染效果图

6. 输出与打印图形

AutoCAD 不仅可以将所绘图形以不同的样式通过绘图仪或打印机输出，还能够将不同格式的图形导入并输出为其他格式，以供其他应用程序使用。

7. 网络功能

可将图形在网络上发布，或是通过网络访问 AutoCAD 资源，进行数据交换。AutoCAD 提供了多种图形图像数据交换格式及相应命令。

1.1.2　AutoCAD 2008 的新增功能

Autodesk 公司升级产品 AutoCAD 2008 在界面、工作空间、面板、选项板、模型空间等方面进行了改进。下面详细介绍 AutoCAD 2008 的新增功能。

1. 管理工作空间

新增的管理工作空间功能提供了用户使用最多的二维草图和注解工具直达访问方式，如图

1.1.6 所示。它包括菜单、工具栏和工具选项板组以及面板。二维草图和注解工作空间以自定义用户界面（CUI）文件方式提供，以便用户可以容易地将其整合到自己的自定义界面中。除了新的二维草图和注解工作空间外，三维建模工作空间也做了一些增强。

2. 面板的使用

在 AutoCAD 2008 中引入了面板的概念，它是一种特殊的选项板，用于显示与基于任务的工作空间关联的按钮和控件。它包含了 9 个新的控制台，更易于进行访问图层、注解比例、文字、标注、多种箭头、表格、二维导航、对象属性以及块属性等多种操作，如图 1.1.7 所示。

除了加入了面板控制台外，AutoCAD 2008 对于现有的控制台也进行了改进，用户可使用自定义用户界面（CUI）工具来自定义面板控制台。用户界面还有更加自动化的一项，即当用户从面板中选定一个工具时，如果该选定的面板控制台与一个工具选项板组相对应，则工具选项板将自动显示该组。例如，如果用户在面板上调整一个可视样式属性，则样式选项板组将自动显示。

3. 选项板的使用

在 AutoCAD 2008 中，用户可基于现有的几何图形，非常容易地创建新的工具选项板，当用户从图形中拖动对象到非活动的工具选项板时，AutoCAD 会自动激活它，使用户可以将对象放入相应的位置。

用户可以自定义工具选项板中关联的工具图标，在工具栏上单击鼠标右键，在弹出的快捷菜单中选择 指定图像... 命令即可完成，如图 1.1.8 所示。如果用户以后不再使用选定的图像作为该工具的图标，同样可通过右键菜单项来移除它，移除后将恢复原来默认的图像。

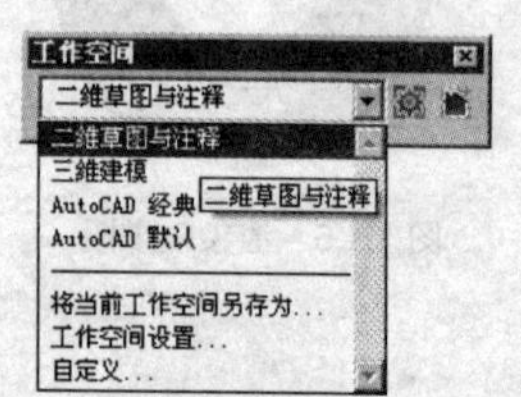

图 1.1.6 AutoCAD 2008 工作空间

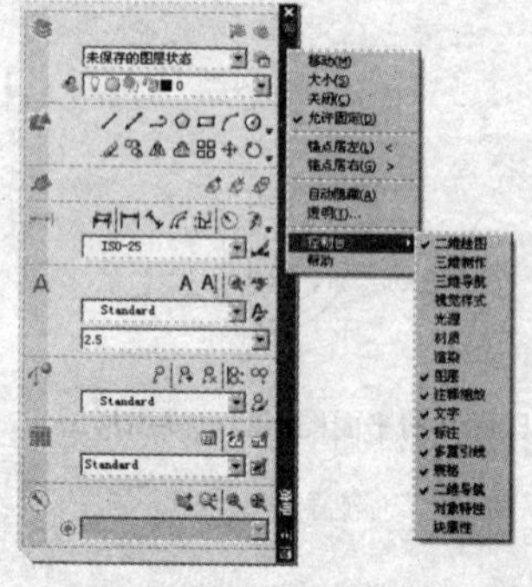

图 1.1.7 AutoCAD 2008 面板

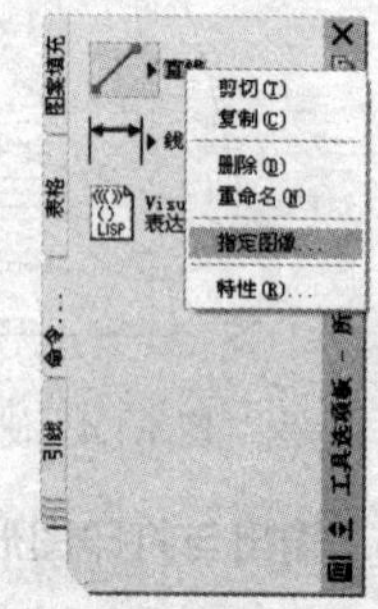

图 1.1.8 AutoCAD 2008 选项板

4. 自定义用户界面

在 AutoCAD 2008 中，系统对 自定义用户界面 对话框进行了更新、更强的改进，增强了窗格头、边框、分隔条、按钮和工具提示，使用户更易于掌握在 自定义用户界面 对话框中的控件和数据。在该对话框打开的情况下，用户可直接在工具栏中拖放按钮，并重新排列或删除。另外，用户可粘贴或复制 自定义用户界面 中的命令、菜单、工具栏等元素，如图 1.1.9 所示。

命令列表屏包含了新的搜索工具，使用户可以过滤所需要的命令名。用户只须将鼠标移动到命令名上就可查看关联于该命令的宏，也可将命令从命令列表中拖放到工具栏中。

新的面板节点可让用户自定义 AutoCAD 面板中的选项板。自定义面板选项板和自定义工具栏十分相似，可以在 自定义用户界面 对话框中编辑，也可直接在面板中编辑。另外，用户可通过从工具节点中拖动工具栏到面板节点中的方法在面板选项板中创建一个新的工具行。

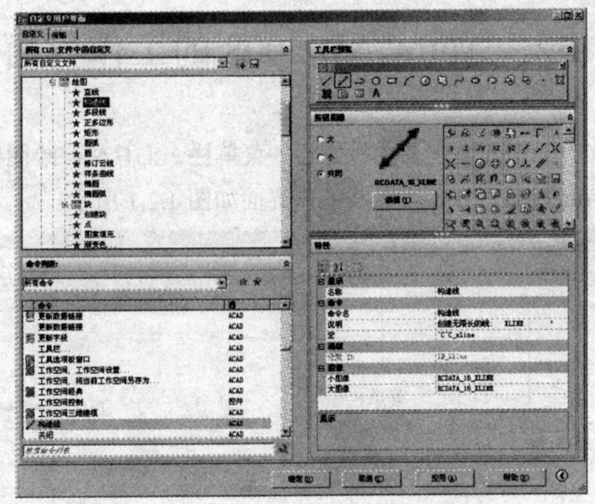

图 1.1.9　“自定义用户界面”对话框

当用户在自定义树中选定工具条或面板时，选定的元素将会以预览的方式显示在预览屏中。用户可从自定义树或命令列表中直接拖动命令，将它们拖放到工具条中预览。用户可以在预览屏中拖动工具来重新排列或删除。如在预览屏中选定了某个工具，在自定义树和命令列表中与该工具关联的工具会自动处于选定状态。同样地，在自定义树中选定了工具，在预览屏中和命令列表中相关的工具也会自动亮显。

5．附着 DGN 文件

用户可以使用新的 Dgnattach 命令，将 DGN 文件作为外部参照绑定到 AutoCAD 图形中。绑定 DGN 文件后，它与图像、DWG 外部参照和 DWF 等的其他外部参照文件一样，显示在“外部参照”对话框中。AutoCAD 2008 可使用新的 Dgnclip 命令来修剪 DGN 的显示区域，也可使用“属性”选项板或“Dgnadjust”命令来调整 DGN 的属性，包括对比度、褪色度和色调。

6．模型空间的新增功能

用户可以双击模型空间标签，对标签名称进行修改，如图 1.1.10 所示。

图 1.1.10　修改模型空间标签名称

7．联机帮助功能

在 AutoCAD 2008 中，用户可以通过 4 种方法打开 AutoCAD 2008 的帮助系统，获得使用软件的相关信息，这对新手来说十分有用。

启动帮助系统有 4 种方法：

（1）菜单栏：选择 帮助(H) → 帮助(H) F1 命令。

（2）工具栏：单击“标准”工具栏中的“帮助”按钮。

（3）命令行：在命令行中输入 help。

（4）快捷键：按下“F1”键。

该帮助窗口左侧窗格中包含了“目录”“索引”和“搜索”3 个选项卡，为读者提供了学习该软件的全面帮助。

1.2 AutoCAD 2008 的工作界面

中文 AutoCAD 2008 的工作界面主要由标题栏、菜单栏、工具栏、绘图窗口、命令行和状态栏等部分组成。运行中文版 AutoCAD 2008 后，其工作界面如图 1.2.1 所示。

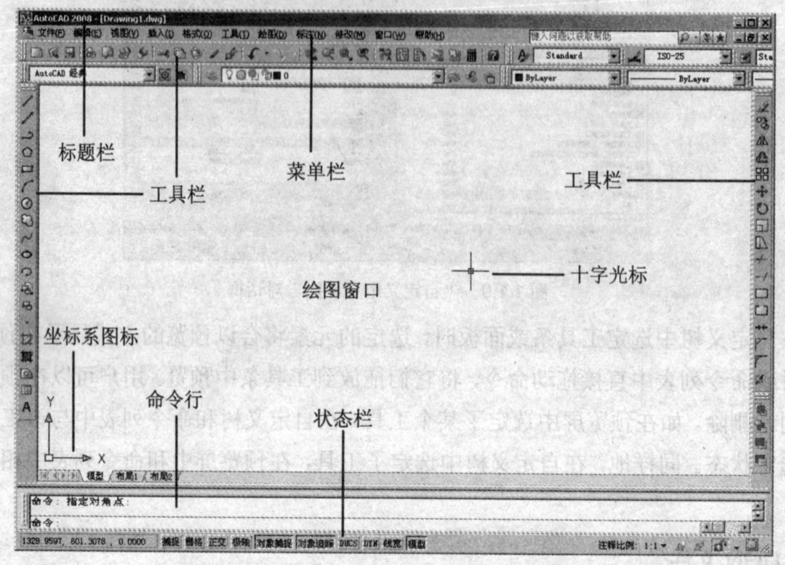

图 1.2.1 中文版 AutoCAD 2008 的工作界面

1.2.1 标题栏

标题栏位于工作界面的最上方，用来显示 AutoCAD 2008 的程序图标以及当前所操作图形文件的名称。单击位于标题栏右侧的各按钮，可分别实现 AutoCAD 2008 窗口的最小化、还原（或最大化）以及关闭操作。

1.2.2 菜单栏

菜单栏位于标题栏的下方，由 11 个主菜单组成，每个主菜单下又包含数目不同的子菜单，有些子菜单还包含下一级菜单。其中，下拉菜单几乎包括了 AutoCAD 2008 的所有命令，用户可以运用菜单栏中的命令进行各种操作。

为了让用户能够熟练使用下拉菜单，下面介绍其特点。

（1）带有▶的子菜单：单击该符号，系统将弹出子菜单，表示该菜单具有下一级子菜单。

（2）带有…的子菜单：单击该符号，系统将弹出一个对话框，用户可在该对话框中进行相关的参数设置。

（3）带快捷键的子菜单：一般快捷键由键盘上的几个按键组合而成，用户可以在不打开子菜单的情况下，直接按下快捷键，执行相应的子菜单命令。例如，通过按“Ctrl+O”快捷键，可清除屏幕。

1.2.3 工具栏

在 AutoCAD 2008 中，用户可以利用工具栏快捷而直观地获取各种命令，从而完成大部分绘图工作。默认情况下，系统只显示某些常用的工具栏，如“标准”“修改”“绘图”和“对象特征”工具栏。工具栏上的每一个图标都形象地代表一个命令，用户只须单击图标按钮，即可执行该命令。如图 1.2.2 所示为“标准”工具栏和“修改”工具栏。

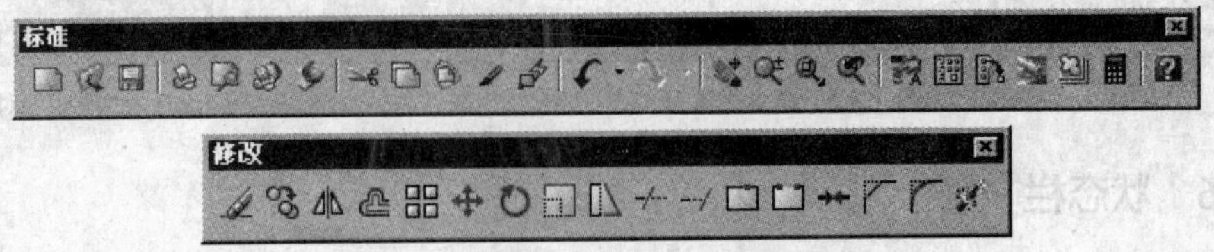

图 1.2.2　“标准”工具栏和“修改”工具栏

技巧：用户可将光标移到任何一个工具栏上，单击鼠标右键，在弹出的工具栏快捷菜单中选择要打开的工具栏。

1.2.4　绘图窗口

绘图窗口是显示绘制、编辑图形及文字的区域。在绘图窗口的右边和下边分别有滚动条，拖动滚动条可使窗口上下或左右移动。绘图区没有边界，利用视窗功能可使绘图区无限增大或缩小。另外，在绘图窗口中还有一个类似于光标的十字，其交点表示光标在当前坐标系中的位置，如图 1.2.3 所示。

图 1.2.3　绘图窗口

1.2.5　命令行

命令行位于图形窗口的下方，如图 1.2.4 所示。默认情况下，命令行由命令栏和历史窗口两部分组成，前者显示输入命令的内容及提示信息，后者存有 AutoCAD 2008 启动后所用过的命令及提示信息，该窗口中的内容可通过拖动滚动条进行查看。

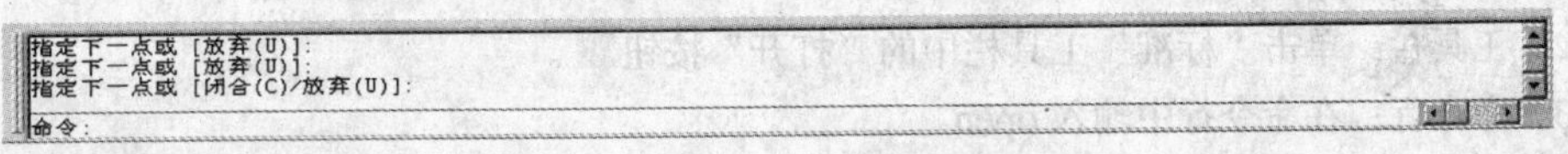

图 1.2.4　命令行

拖动命令行窗口也可以使它变成浮动窗口，如图 1.2.5 所示，命令行窗口浮动在 AutoCAD 系统窗口中不同的位置显示出不同的形状。在命令行窗口中单击鼠标右键，在弹出的快捷菜单中选择 透明(T)... 命令，系统将弹出如图 1.2.6 所示的 透明 对话框，利用该对话框可以设置命令行

窗口的透明度。滑块越向右移，透明度的级别越高，隐藏在命令行窗口下的图形显示越清晰。

图 1.2.5　命令行窗口

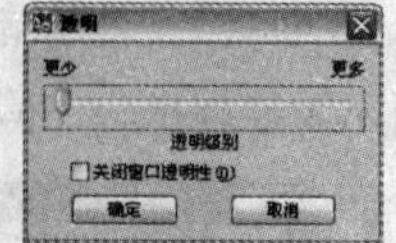

图 1.2.6　“透明”对话框

1.2.6　状态栏

状态栏位于主窗口底部，用于显示用户当前的工作状态，如图 1.2.7 所示为“AutoCAD 经典”模式下的状态栏，如图 1.2.8 所示为“三维建模”模式下的状态栏。

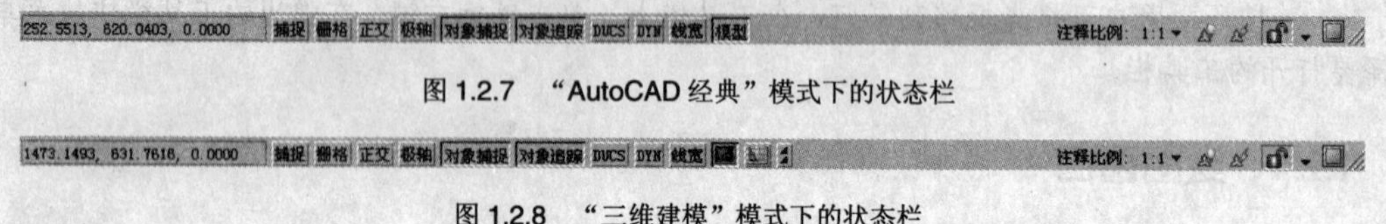

图 1.2.7　“AutoCAD 经典”模式下的状态栏

图 1.2.8　“三维建模”模式下的状态栏

状态栏显示了当前十字光标所处的位置、菜单或工具栏命令的帮助提示，以及各种模式的开关状态等信息。

1.3　AutoCAD 2008 图形文件的管理

在 AutoCAD 2008 中，常用的管理文件命令有“新建”“打开”“保存/另存为”及“退出”等。

1.3.1　创建新图形

创建新图形有如下 3 种方法：

（1）菜单栏：选择 文件(F) → 新建(N)... CTRL+N 命令。

（2）工具栏：单击“标准”工具栏中的“新建”按钮。

（3）命令行：在命令行中输入 new。

启动 AutoCAD 2008 时，如果用户没有对打开的 启动 对话框做任何选择，而是单击 取消 按钮，系统会自动打开一幅新图，绘图环境为默认值，图形文件名为“Drawing.dwg”。

1.3.2　打开图形文件

打开一个图形文件有如下 3 种方法：

（1）菜单栏：选择 文件(F) → 打开(O)... CTRL+O 命令。

（2）工具栏：单击“标准”工具栏中的“打开”按钮。

（3）命令行：在命令行中输入 open。

执行打开图形文件后，系统弹出 选择文件 对话框，如图 1.3.1 所示。默认情况下，系统弹出的对话框文件列表中显示用户以前曾经操作的图形文件。另外，用户还可通过拖动的方法，利用 Windows 资源管理器打开图形文件。如果将一个或多个选定图形文件直接拖至 AutoCAD 绘图区以外的任何位置，AutoCAD 将打开这些图形文件。但是，如果将一个图形文件拖至已打开的图形区，新图形将被作为外部参照插入到当前图形中。

使用窗口(W)菜单，用户还可以控制在 AutoCAD 任务中显示多个图形的方式，既可以以层叠方式显示图形，如图 1.3.2 所示，也可以将它们垂直或水平平铺，如图 1.3.3 所示。

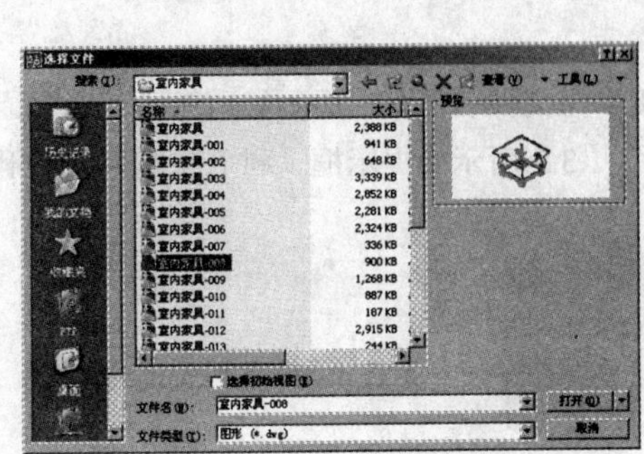

图 1.3.1　“选择文件”对话框

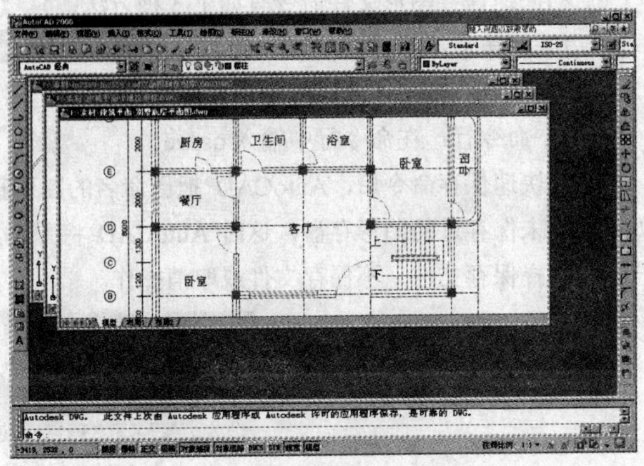

图 1.3.2　以层叠方式显示图形

如果要处理一个很大的图形，可以使用“局部打开”功能，只打开图形中要处理的视图和图层中的对象。

局部打开操作步骤如下：

（1）选择文件(F) → 打开(O)... CTRL+O 命令。

（2）在选择文件对话框中选择一个图形文件，然后从打开(O)按钮后的下拉菜单中选择局部打开(P)命令，系统弹出局部打开对话框，如图 1.3.4 所示。

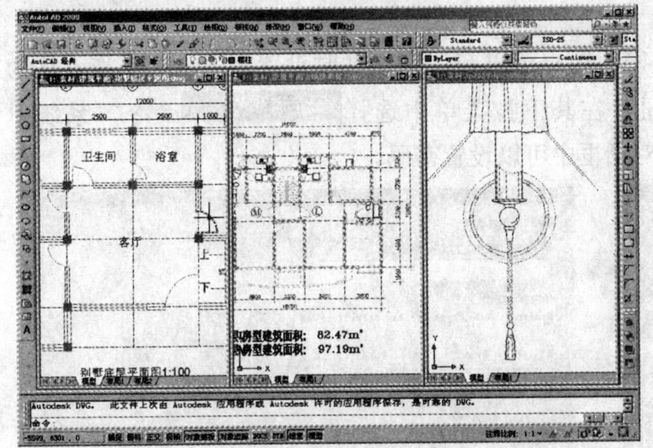

图 1.3.3　以垂直平铺方式显示图形

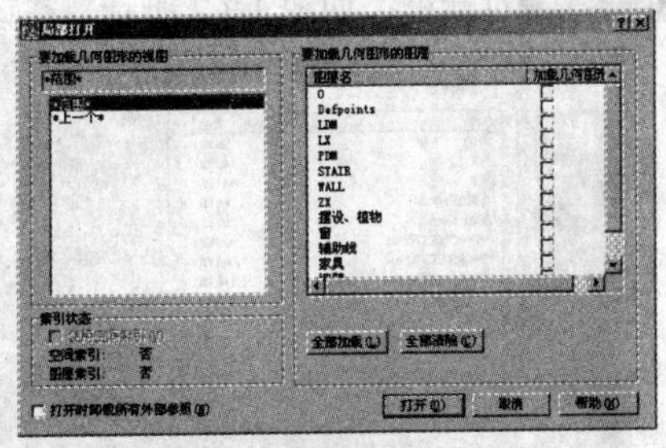

图 1.3.4　“局部打开”对话框

（3）在要加载几何图形的视图选项区中选择一个视图，然后在要加载几何图形的图层选项区选择一个或多个图层。

（4）单击打开(O)按钮，即可按所做的设置局部打开图形。

1.3.3　保存图形文件

在绘图过程中，为了防止出现意外情况造成死机，必须随时将已绘制的图形文件存盘。AutoCAD 2008 为用户提供了两种保存图形文件的方式：一种是以当前文件名保存，即快速保存；另一种是以指定的新文件名保存，即换名保存。

1．快速保存

启动快速保存图形文件命令有如下 3 种方法：

（1）菜单栏：选择文件(F)→保存(S) CTRL+S命令。

（2）工具栏：单击"标准"工具栏中的"保存"按钮。

（3）命令行：在命令行中输入 qsave。

执行快速保存命令后，AutoCAD 把已命名的图形直接以原文件名保存，而不显示任何对话框。如果将从未保存过的图形存盘，这时 AutoCAD 将弹出如图 1.3.5 所示的提示框。利用该提示框，用户可以选择保存文件、不保存文件或取消操作。

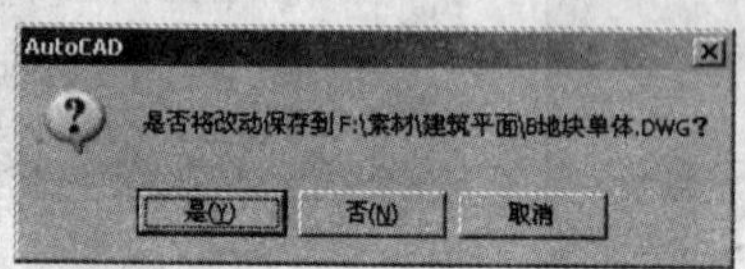

图 1.3.5　保存提示框

2．换名保存

启动换名保存图形文件命令有如下两种方法：

（1）菜单栏：选择文件(F)→另存为(A)... CTRL+SHIFT+S命令。

（2）命令行：在命令行中输入 save as。

执行换名保存命令后，系统弹出图形另存为对话框，如图 1.3.6 所示，在该对话框中用户可以为图形文件指定要保存的文件名称和保存路径，并在文件类型(T):下拉列表中根据需要选择一种图形文件的保存类型。

另外，为了对重要的图形文件进行保密，用户可以在保存文件时设置密码，其操作方法为在图形另存为对话框中单击工具(L)按钮，在其下拉菜单中选择安全选项(S)...命令，系统弹出安全选项对话框，如图 1.3.7 所示，在该对话框中可以设置密码。

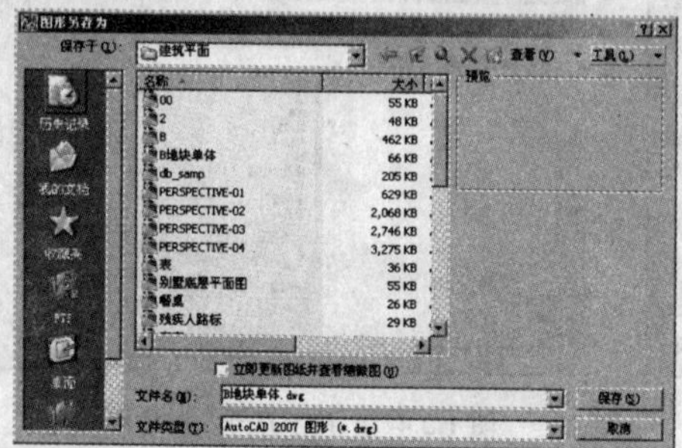

图 1.3.6　"图形另存为"对话框

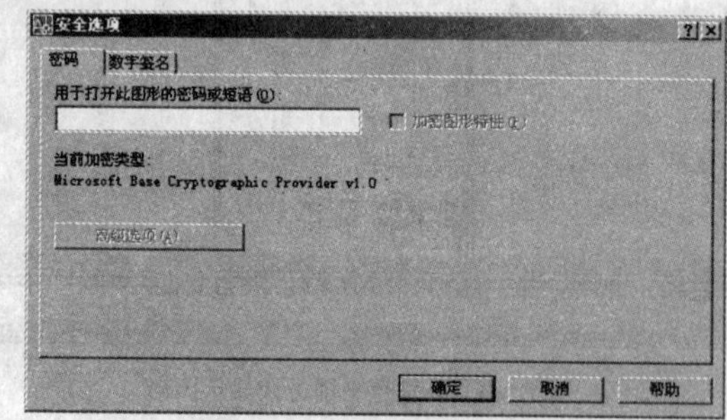

图 1.3.7　"安全选项"对话框

1.3.4　退出和关闭 AutoCAD 2008

使用 quit 和 end 命令都能在绘图过程中退出 AutoCAD 2008。

1．退出 AutoCAD 2008

退出 AutoCAD 2008 有如下两种方法：

（1）菜单栏：选择文件(F)→退出(X) CTRL+Q命令。

（2）命令行：在命令行中输入 quit。

执行退出 AutoCAD 2008 命令后，系统将立即结束所有命令并关闭图形文件。如果对当前图形做过改动，系统将弹出如图 1.3.5 所示的提示框。在该提示框中，用户可以选择保存文件、不保存文件或取消操作。

2．结束绘图

end 命令用于自动快速存储当前图形后退出 AutoCAD 2008。如果当前图形未命名，则系统会弹出“图形另存为”对话框，如图 1.3.6 所示；如果当前图形已经命名，则将原文件改为备份文件，自动将当前的图形存盘，然后退出 AutoCAD 2008。

1.3.5　修复图形文件

启动修复图形文件命令有如下两种方法：

（1）菜单栏：选择 文件(F) → 绘图实用程序(U) → 修复(R)... 命令。

（2）命令行：在命令行中输入 recover。

执行修复图形文件命令后，在弹出的“选择文件”对话框中选择要修复的文件，随后 AutoCAD 将在文本窗口中显示修复过程及其结果，如图 1.3.8 所示。

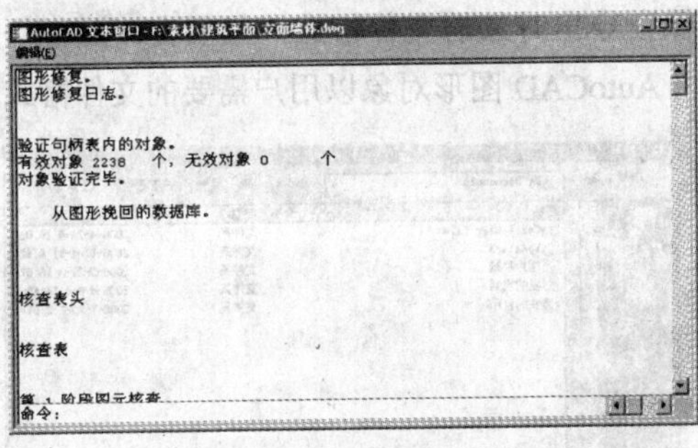

图 1.3.8　文件修复结果

1.4　图形的输入/输出与打印

1.4.1　图形的输入/输出

AutoCAD 2008 除了可以打开和保存 dwg 格式的图形文件外，还可以导入或导出其他格式的图形文件。

1．导入图形

单击“插入点”工具栏中的“输入”按钮，系统弹出“输入文件”对话框，在其中的 文件类型(T): 下拉列表框中可以看到，系统允许输入“图元文件”“ACIS”及“3D Studio”图形格式的文件，如图 1.4.1 所示。

2．插入 OLE 对象

选择 插入(I) → OLE 对象(O)... 命令，系统弹出“插入对象”对话框，如图 1.4.2 所示。利用该对话框可以插入对象链接或者嵌入对象。

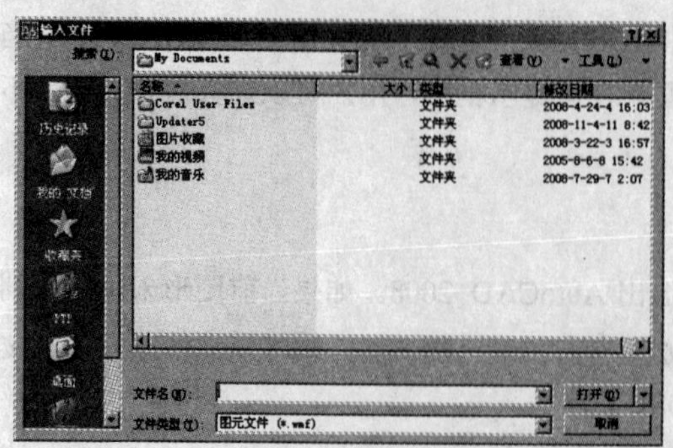

图 1.4.1 “输入文件”对话框

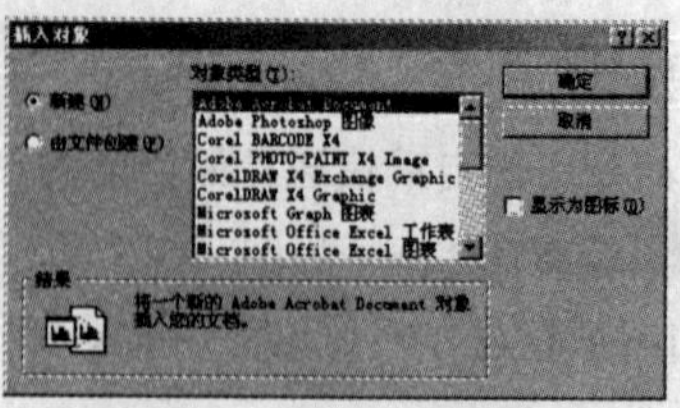

图 1.4.2 “插入对象”对话框

注意：OLE 对象是在 Windows 环境下，实现不同 Windows 应用程序之间共享数据和程序功能的一种方法。

3．输出图形

选择 文件(F) → 输出(E)... 命令，系统弹出 输出数据 对话框，如图 1.4.3 所示。在该对话框的 文件类型(T): 下拉列表中选择保存导出对象的文件格式，然后在 文件名(N): 文本框中输入文件名，单击 保存(S) 按钮，系统即可将 AutoCAD 图形对象以用户需要的文件格式和文件名保存。

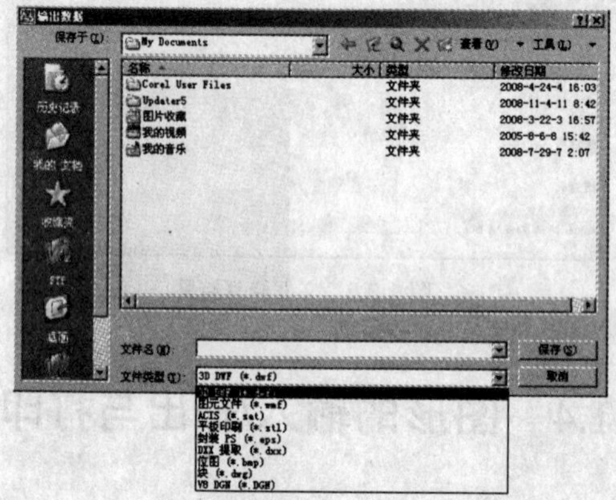

图 1.4.3 “输出数据”对话框

1.4.2 图形的打印

使用 AutoCAD 2008 绘制完图形后，可以通过打印机将图形输出，也可通过电子打印。用户可以通过模型布局空间打印输出绘制好的图形，模型空间用于在草图和设计环境中创建二维图形或三维模型。布局空间有利于安排、注释和打印在模型空间中绘制的多个视图。

1．在模型空间打印

在默认情况下，用户都是从模型空间中打印输出图形的。在模型空间中绘制完图形后，可以在工作空间中直接打印图形。使用“打印-模型”对话框可以进行打印设置，如图 1.4.4 所示。弹出“打印-模型”对话框有以下 4 种方法：

（1）单击 文件(F) → 打印(P)... 命令。

（2）在命令行中输入 plot 命令并按回车键。

（3）在“标准”工具栏中单击“打印”按钮。

（4）按“Ctrl+P”组合键。

在该对话框中可以设置打印页面、打印机/绘图仪的类型、图纸尺寸、打印区域、打印偏移及打印比例等参数。设置好这些参数后，单击 确定 按钮即可将图形打印出来。

2. 在布局空间打印

在 AutoCAD 2008 中，将鼠标指针移到“布局”标签上，并单击鼠标右键，在弹出的快捷菜单中可以进行选择相应的选项创建新的布局、删除已创建的布局、移动或复制布局、保存和重命名布局等操作，如图 1.4.5 所示。

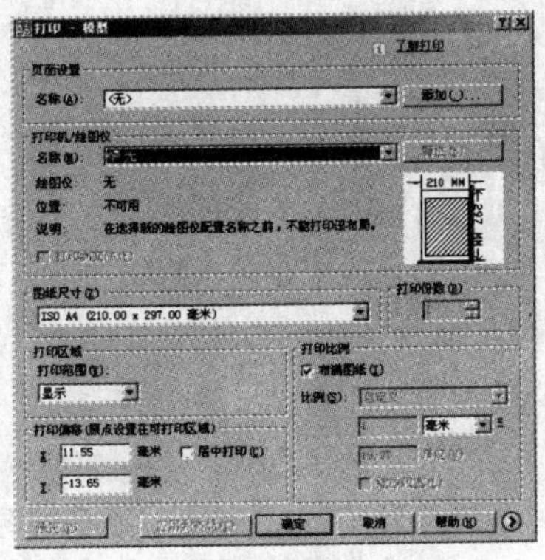

图 1.4.4　“打印-模型”对话框

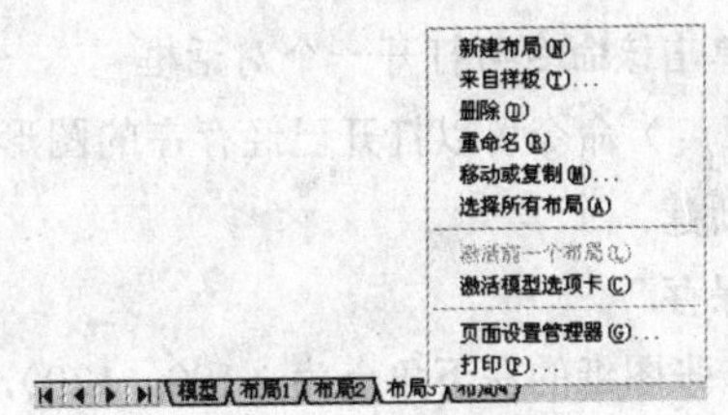

图 1.4.5　快捷菜单

（1）使用向导创建布局。用户可以为图形创建多种布局，每个布局代表一张单独的打印输出图纸。创建新布局后，就可以在布局中创建浮动视口。视口中的各个视图可以使用不同的打印比例，还可以控制视图中图层的可见性。

如果要修改新布局的设置，可以选择相应的布局选项卡，通过“文件”菜单或快捷菜单来设置。

（2）使用样板创建布局。样板布局是用包含基本样板（DWT）、图形（DWG）或图形交换（DXF）文件中现有的布局来创建新布局选项卡。

3. 电子打印图形

使用 AutoCAD 2008 中的 ePlot 驱动程序，可以发布电子图形到 Internet 上，所创建的文件以 Web 图形格式 DWF 文件保存。

DWF 文件支持图形文件的实时移动和缩放，并支持控制图层、命名视图和嵌入链接显示效果。DWF 文件是矢量压缩格式的文件，可提高打开和传输图形文件的速度，缩短下载时间。以矢量格式保存的 DWF 文件，完整地保留了打印输出属性和超链接信息，并且在进行局部放大时，能够保持图形的准确性。

本 章 小 结

本章主要介绍了 AutoCAD 的功能、AutoCAD 2008 的工作界面、图形文件管理以及图形的输入/

输出与打印功能等基础知识。通过本章的学习，使读者对 AutoCAD 2008 有一个初步的认识，帮助读者快速入门，为以后的学习奠定坚实的基础。

过关练习

一、填空题

1．中文 AutoCAD 2008 的工作界面主要由____________、菜单栏、____________、绘图窗口、命令行和____________等部分组成。

2．AutoCAD 2008 为用户提供了两种保存方式，一种是以当前文件名保存，即____________；另一种是以指定的新文件名保存，即____________。

二、选择题

1．在 AutoCAD 的菜单中，如果菜单命令后跟有▸符号，表示（　）。

（A）该命令下还有子命令　　（B）该命令具有快捷键

（C）单击该命令可打开一个对话框　　（D）该命令在当前状态下不可使用

2．以下（　）命令可以打开已经存在的图形文件。

（A）新建　　（B）打开

（C）保存　　（D）另存为

3．如果一张图纸的左下角点为（100，120），右上角点为（450，550），那么该图纸的图限范围为（　）。

（A）100×120　　（B）450×550

（C）350×430　　（D）550×670

三、简答题

与以前的版本相比，AutoCAD 2008 新增了哪些功能？

四、上机操作题

图形文件操作命令主要包括文件的新建、打开和保存。练习打开如题图 1.1 所示的文件，并将其另存为“小花伞.dwg”。

题图　1.1

第2章 绘图基础知识

章前导航

本章主要介绍利用 AutoCAD 2008 进行绘图前需要了解和掌握的一些基础知识，包括命令的使用、辅助绘图工具的使用、等轴测绘图以及模型空间与图纸空间等。通过本章的学习，用户可以进一步掌握 AutoCAD 2008 的实际操作，从而为下一步的绘图工作做好铺垫。

本章要点

- AutoCAD 2008 中命令的使用
- 设置绘图环境
- 坐标系
- 精确绘制图形
- 控制图形显示
- 等轴测绘图
- 模型空间与图纸空间

2.1 AutoCAD 2008 中命令的使用

在 AutoCAD 2008 中，常用的命令输入方法有两种：鼠标输入和键盘输入。

2.1.1 使用鼠标输入命令

使用鼠标输入命令是通过用鼠标单击下拉菜单和子菜单或单击工具栏的按钮来输入某个命令，此时命令行将同时出现该命令和执行该命令的有关提示，用户可以在系统的提示下完成该命令的执行过程。

例如，使用多段线命令绘制一个矩形，如图 2.1.1 所示。其操作步骤如下：

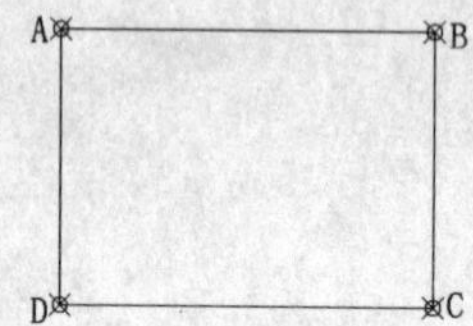

图 2.1.1 使用鼠标输入命令进行绘图

选择菜单栏中的 绘图(D) → 多段线(P) 命令，命令行提示如下：

（1）命令：_pline。

（2）指定起点：单击点 A。

（3）当前线宽为 0.0000。

（4）指定下一个点或 [圆弧(A)/半宽(H)/长度(L)/放弃(U)/宽度(W)]：单击点 B。

（5）指定下一点或 [圆弧(A)/闭合(C)/半宽(H)/长度(L)/放弃(U)/宽度(W)]：单击点 C。

（6）指定下一点或 [圆弧(A)/闭合(C)/半宽(H)/长度(L)/放弃(U)/宽度(W)]：单击点 D。

（7）指定下一点或 [圆弧(A)/闭合(C)/半宽(H)/长度(L)/放弃(U)/宽度(W)]：c↙。

2.1.2 使用键盘输入命令

在 AutoCAD 2008 中，大部分功能都可以通过键盘在命令行输入命令完成，而且键盘是在命令执行过程中完成输入文本对象、坐标以及各种参数的唯一方法。

例如，使用直线命令绘制一个三角形，如图 2.1.2 所示。其操作步骤如下：

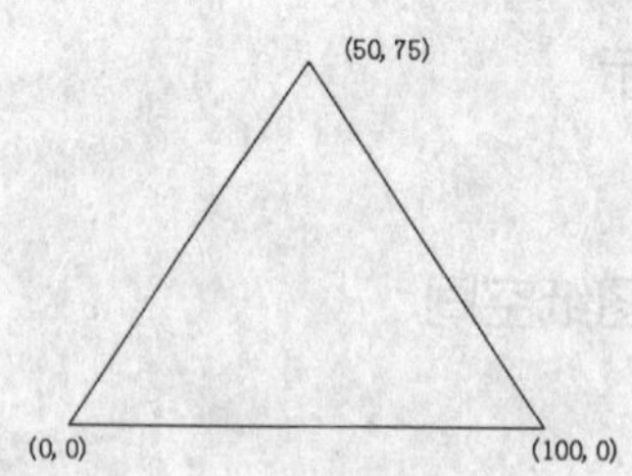

图 2.1.2 使用键盘输入命令进行绘图

（1）命令：line↙。

（2）指定第一点：0,0↙。

（3）指定下一点或 [放弃(U)]：100,0↙。

（4）指定下一点或 [放弃(U)]：50,75↙。

（5）指定下一点或 [闭合(C)/放弃(U)]：c↙。

2.1.3　透明命令

在 AutoCAD 2008 中，许多命令都可以“透明”使用，即在运行其他命令的过程中在命令行输入并执行该命令。如在绘制直线的过程中需要缩放视图，则可以透明执行命令，缩放视图之后可继续绘制直线。

这种透明命令主要用于修改图形设置，或用于打开绘图辅助工具，如正交、栅格、捕捉和窗口缩放等。

透明命令的使用方法是在输入命令之前输入单引号“'”，然后在透明提示中有一个提示符“>>”。执行完透明命令后将继续执行原命令。

例如，使用透明命令绘制一个多边形，如图 2.1.3 所示。其操作步骤如下：

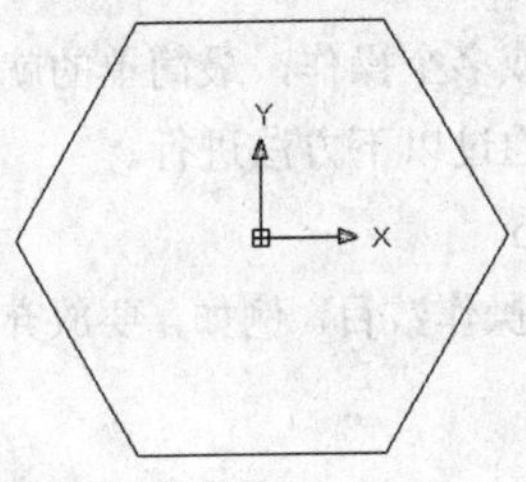

图 2.1.3　使用透明命令绘图

（1）命令：polygon↙。

（2）输入边的数目 <4>：6↙。

（3）指定正多边形的中心点或 [边(E)]：0,0↙。

（4）输入选项 [内接于圆(I)/外切于圆(C)] <I>：↙。

（5）指定圆的半径：'snap↙。

（6）>>指定捕捉间距或 [开(ON)/关(OFF)/纵横向间距(A)/旋转(R)/样式(S)/类型(T)] <10.0000>：按“Esc”键退出。

（7）正在恢复执行 polygon 命令。

（8）指定圆的半径：100↙。

2.1.4　命令的重复、撤销与重做

在 AutoCAD 中，用户可以方便地重复执行同一命令，或撤销前面执行的一个或多个命令。此外，撤销前面执行的命令后，还可通过重做来恢复前面执行的命令。

1．重复命令

用户可以使用以下几种方法重复执行 AutoCAD 命令。

（1）要重复执行上一个命令，可按回车键或空格键实现，或在绘图窗口中单击鼠标右键，然后在弹出的快捷菜单中选择“重复”命令即可，如图 2.1.4 所示。

（2）重复执行最近使用的 6 个命令中的某一个命令，可以在命令行窗口或文本窗口中单击鼠标

右键，从弹出的快捷菜单中选择 近期使用的命令(E) 命令子菜单中最近使用过的 6 个命令之一即可，如图 2.1.5 所示。

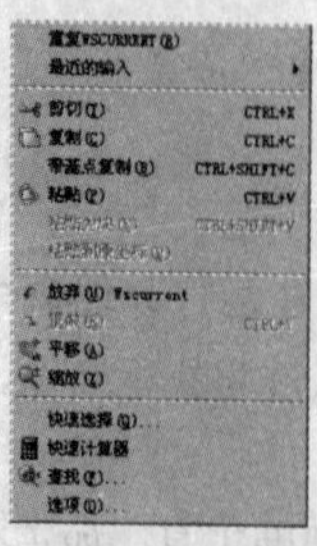

图 2.1.4 绘图窗口中的右键快捷菜单

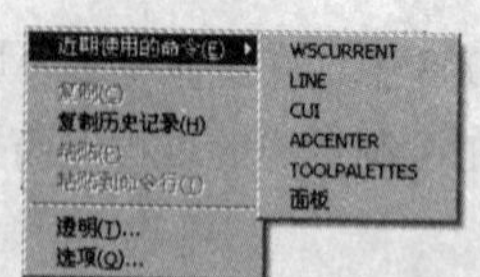

图 2.1.5 命令窗口中的右键快捷菜单

（3）多次重复执行同一个命令，可以在命令行中输入 multiple，然后在下一个提示后输入要重复执行的命令，则系统将重复执行该命令，直到用户按“Esc”键退出为止。

2. 撤销命令

有多种方法可以放弃最近一个或多个操作，最简单的就是使用 undo 命令来放弃单个操作。如果用户想撤销前面的多步操作，可以通过以下方法进行。

（1）在命令行提示下输入 undo。

（2）在命令行中输入要放弃的操作数目。例如，要放弃最近的 10 次操作，应输入 10。AutoCAD 将显示放弃的命令或系统变量设置。

3. 重做命令

要重做撤销放弃的最后一个操作，可以使用 redo 命令进行操作。

提示：undo 和 redo 命令可为每个打开的图形保留各自独立的操作序列。

2.2 设置绘图环境

一般来讲，使用 AutoCAD 2008 的默认配置即可绘制图形，但为了使用一些专业设备或提高绘图效率，用户在开始绘图前需要进行一些必要的设置。

2.2.1 设置参数选项

如果用户需要对系统环境进行设置，可以选择 工具(T) → 选项(N)... 命令，在弹出的 选项 对话框中对系统环境进行设置，如图 2.2.1 所示。该对话框中有 10 个选项卡，各选项卡功能介绍如下：

（1）“文件”选项卡：该选项卡用于设置支持文件、驱动程序、临时文件位置和临时外部参照文件的搜索路径。

（2）“显示”选项卡。显示配置用于控制 AutoCAD 窗口的外观，该选项卡用于设置窗口元素、布局元素、十字光标的大小、显示精度和性能，以及参照编辑的褪色度等。

在设置显示精度时，如果设置的精度越高，即分辨率越高，计算机计算的时间也越长，显示图形的速度也就越慢，所以注意不要将显示精度值设置得太高。

例如在图 2.2.1 中单击颜色(C)...按钮，弹出“图形窗口颜色”对话框，可设置绘图窗口的颜色，如图 2.2.2 所示。

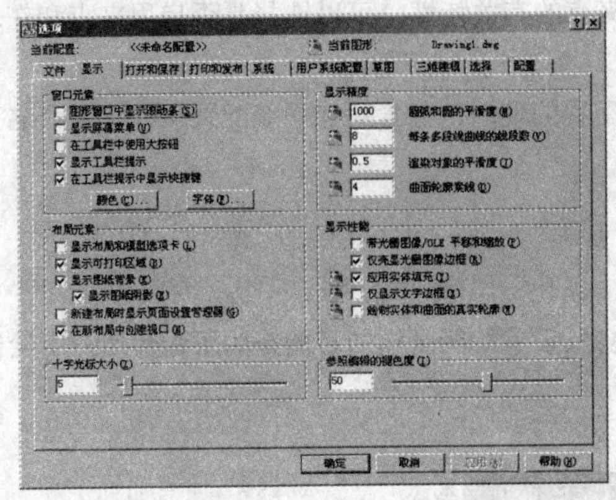

图 2.2.1 “选项”对话框

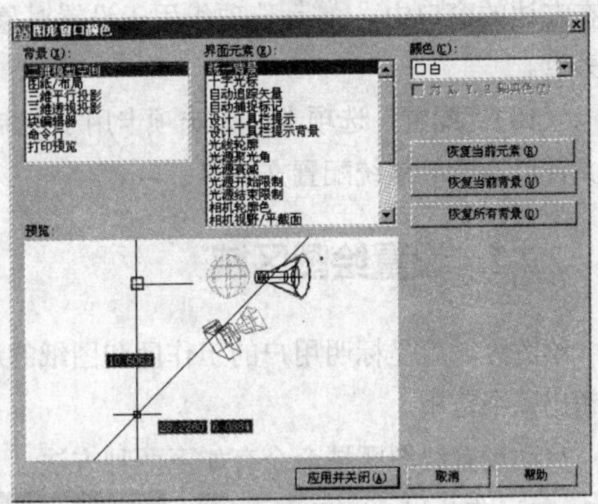

图 2.2.2 设置绘图窗口颜色

（3）“打开和保存”选项卡：该选项卡用于设置 AutoCAD 2008 中有关文件的打开和保存的选项。例如选中文件安全措施选项区中的☑自动保存(U)复选框，在保存间隔分钟数的数值栏中设置自动保存的时间间隔数，系统默认每隔 10 分钟保存一次，临时文件的扩展名为.ac$，此文件的保存位置在系统盘\Documents and Settings\Default User\Local Settings\Temp 目录下。如果需要使用这个备份文件，在保存此文件的目录下找出并选择该文件，将文件的扩展名.as$改为.dwg。修改完成后，在 AutoCAD 2008 中即可打开该文件。

（4）“打印和发布”选项卡：该选项卡用于设置打印机和打印参数。

（5）“系统”选项卡：该选项卡用于设置 AutoCAD 2008 的系统配置。其中三维性能选项组用于设置当前三维图形的显示特性，可以选择系统提供的三维图形显示特性配置，也可以单击性能设置(P)按钮自行设置该特性。当前定点设备(P)选项组用于安装及配置定点设备，如数字化仪和鼠标。布局重生成选项选项组用于确定切换布局时是否重生成或缓存模型选项卡和布局。数据库连接选项选项组用于设置有关数据链接的特性，包括设置是否在图形文件中保存链接索引，在只读模式下是否打开数据表格等。

（6）“用户系统配置”选项卡：该选项卡用于优化 AutoCAD 2008 的系统配置，使其在更好的状态下发挥功能。

（7）“草图”选项卡：该选项卡用于设置对象草图的有关参数。自动捕捉设置选项组用于设置对象自动捕捉的有关特性，其中包括 4 个复选框和一个按钮，分别用于设置标记、磁吸、显示自动捕捉工具栏提示和显示自动捕捉靶框，以及自动捕捉标记的颜色。自动捕捉标记大小(S)选项组用于设置自动捕捉标记的尺寸。对象捕捉选项选项组用于指定对象捕捉的选项，其中包括 3 个复选框，分别用于设置忽略图案填充对象、使用当前标高替换 Z 值和对动态 UCS 忽略负 Z 对象捕捉。自动追踪设置选项组用于设置自动跟踪的有关特性。另外，用户还可以在该对话框中设置对齐点获取方式、靶框大小、设计工具栏提示设置、光线轮廓设置和相机轮廓设置等。

（8）“三维建模”选项卡：该选项卡用于设置有关三维十字光标、UCS 图标、动态输入、三维对象显示和三维导航等系统属性。

（9）“选择”选项卡：该选项卡用于设置对象选择的有关特性，拾取框大小(P)选项组用于设置拾取框的大小，用户可以拖动滑块改变拾取框大小，拾取框大小显示在左边的显示窗口中。选择预览选项组用于当拾取框光标滚动过对象时，亮显对象的方式。选择模式选项组用于控制与对象选择方法相关的设置。夹点大小(Z)选项组用于设置对象夹点的大小，拖动滑块可以改变夹点的大小，夹点大小显示在左边的窗口中。夹点选项组用于设置对象夹点的有关特性，可以选择是否启用夹点和在块中选择夹点。

（10）“配置”选项卡：该选项卡用于控制配置的使用，包含新建系统配置文件、重命名系统配置文件以及删除系统配置文件等。

2.2.2 设置绘图区域

绘图区域就是标明用户的工作区和图纸的边界，设置绘图区域的目的是为了避免用户所绘制的图形超出某个范围。

启动设置绘图区域命令有如下两种方法：

（1）菜单栏：选择 格式(O) → 图形界限(I) 命令。

（2）命令行：在命令行中输入 limits。

执行该命令后，命令行出现如下提示信息：

（1）命令：limits↙。

（2）指定左下角点或[开(ON)/关(OFF)]<0.0000,0.0000>：输入图形界限左下角的坐标后按回车键。

（3）指定右上角点<420.0000,297.0000>：输入图形界限右上角的坐标后按回车键。

例如，设置绘图区域的大小。具体操作步骤如下：

（1）命令：limits↙。

（2）重新设置模型空间界限：

（3）指定左下角点或 [开(ON)/关(OFF)] <0.0000,0.0000>：100,100↙。

（4）指定右上角点 <420.0000,297.0000>：500,400↙。

（5）单击状态栏中的栅格按钮，显示栅格，该栅格的长、宽尺寸为 400×300，如图 2.2.3 所示。

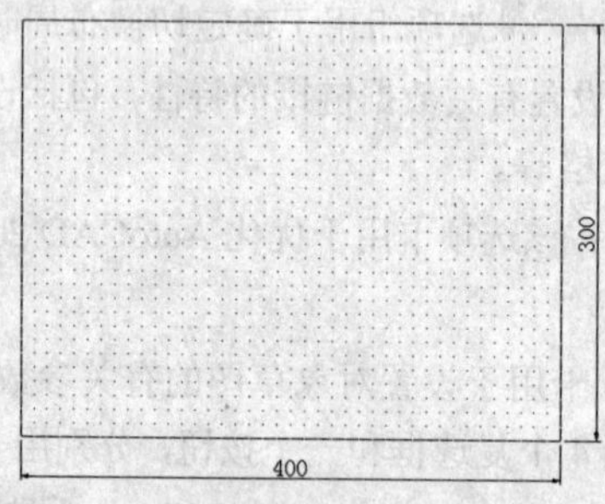

图 2.2.3 设置绘图区域

2.2.3 设置图形单位

AutoCAD 的图形单位在默认状态下为十进制，用户根据需要可以自己设置单位类型和数据精度。启动绘图单位命令有如下两种方法：

（1）菜单栏：选择 格式(O) → 单位(U)... 命令。

（2）命令行：在命令行中输入 units。

执行图形单位命令后，系统弹出图形单位对话框，如图 2.2.4 所示。用户可以在该对话框的长度

和 角度 两个选项区中设置长度和角度单位以及各自的精度。该对话框中各选项介绍如下：

（1）类型(T): 下拉列表框：该列表框提供了 5 种长度单位，用户可以根据需要进行选择。

（2）精度(N): 下拉列表框：该列表框用于设置长度单位的精度。AutoCAD 提供的最高精度为小数点后 8 位。

（3）☑ 顺时针(C) 复选框：系统默认的角度测量方向为逆时针，选中该复选框后测量方向变为顺时针。

（4）插入比例 选项区：用于设置设计中心向图形中插入图块时，如何对块及内容进行缩放，各选项代表了插入内容所代表的单位，一般选择“无单位”选项，不对块进行比例缩放而采用原始尺寸插入。

（5）方向(D)... 按钮：单击该按钮，系统弹出如图 2.2.5 所示的 方向控制 对话框，可以在该对话框中进行方向控制的设置。

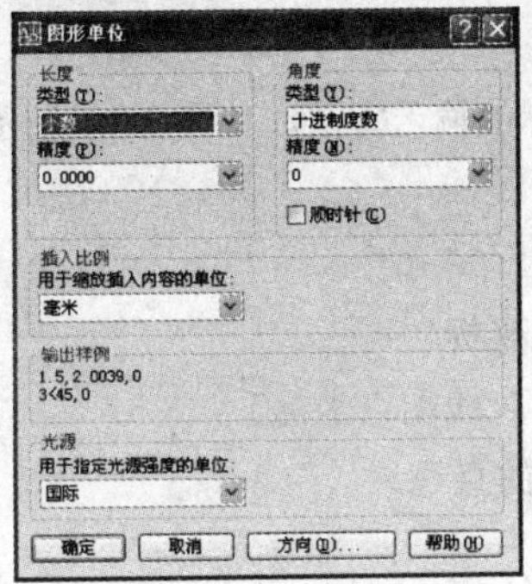

图 2.2.4　“图形单位”对话框

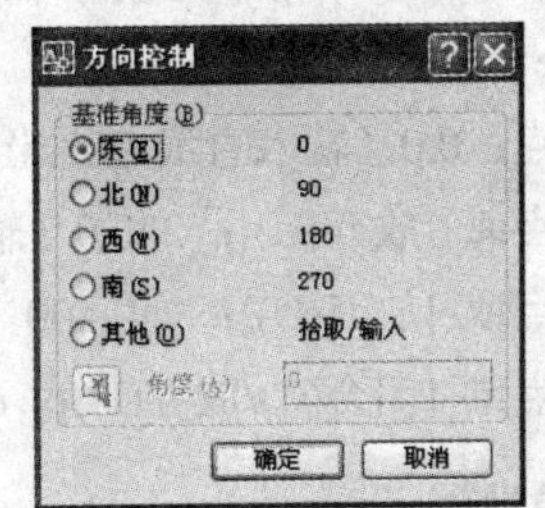

图 2.2.5　“方向控制”对话框

注意：基准角度(B) 选项区中参数的设置将会影响角度、显示格式、极坐标、柱坐标和球坐标等选项。

2.3　坐　标　系

图形中的任何对象都是基于某个坐标系而存在的，熟练掌握 AutoCAD 的坐标系，将有利于用户控制图形的位移和显示。

2.3.1　认识坐标系

在 AutoCAD 2008 中，系统提供了两种坐标系供用户选择使用，一种是世界坐标系（WCS），另一种是用户坐标系（UCS），以下分别进行介绍。

1．世界坐标系

世界坐标系是系统默认的坐标系，它由 3 个相互垂直的坐标轴和坐标原点组成。坐标轴分别为 X 轴、Y 轴和 Z 轴，X 轴是水平的，Y 轴是垂直的，Z 轴垂直于 XY 平面。3 个坐标轴在图形中的交点即为坐标原点。世界坐标系保持固定不变，图形中任何对象的位移量都是以坐标原点为基点进行计算的，同时规定向 3 个坐标轴正方向的测量值为正，负方向的测量值为负。

2．用户坐标系

如果用户为了更加容易地处理图形的特定部分而移动或旋转世界坐标系，此时的坐标系即为用户坐标系。使用用户坐标系可以帮助用户在三维或旋转视图中指定点，提高绘图精度。

2.3.2 点坐标的表示方法

在 AutoCAD 2008 中，点坐标的输入方法有 4 种，分别为绝对直角坐标、相对直角坐标、绝对极坐标和相对极坐标，下面分别进行介绍。

1．绝对直角坐标

绝对直角坐标是指以当前坐标系原点（0，0，0）为出发点定义其他点的坐标。图形中任何对象中的点在坐标系内都可以表示为（X，Y，Z）的形式，其中 X，Y，Z 表示该点的坐标值，如 A（6，8，10）。

下面以绘制一个直角三角形为例介绍绝对直角坐标的输入方法，如图 2.3.1 所示。

命令：line

指定第一点：0,0（输入直线起点坐标）

指定下一点或 [放弃(U)]：240,0（输入直线端点坐标）

指定下一点或 [放弃(U)]：240,400（输入下一段直线端点坐标）

指定下一点或 [闭合(C)/放弃(U)]：c（闭合绘制的直线）

2．相对直角坐标

相对直角坐标是以上一个点的坐标为当前坐标系的原点来确定下一个点的坐标，其输入格式为（@X，Y，Z）。例如，上一个点的坐标是（6，8，10），如果此时输入（@4，-4，-10），则确定了点（6+4，8-4，10-10），即（10，4，0）的坐标。

3．绝对极坐标

绝对极坐标是指通过相对于极点的距离和角度来定义坐标点。默认情况下，系统按逆时针方向测量角度，水平向右的角度为 0，垂直向上的角度为 90°，水平向左的角度为 180°，垂直向下的角度为 270°。绝对极坐标输入的格式为（L<α），其中 L 为相对于极点的距离，α 为输入点与极点之间的连线与 0 度角之间的夹角。例如，10<45，表示该点到极点的距离为 10，该点与极点之间的连线与 0 度角之间的夹角为 45°。

下面以绘制一个等边三角形为例介绍绝对极坐标的输入方法，如图 2.3.2 所示。

命令：line

指定第一点：0,0（输入直线起点坐标）

指定下一点或 [放弃(U)]：300<60（输入直线端点坐标）

指定下一点或 [放弃(U)]：300<120（输入下一段直线端点坐标）

指定下一点或 [闭合(C)/放弃(U)]：c（闭合绘制的直线）

4．相对极坐标

相对极坐标是指以上一个点的坐标为极点来确定下一个极点坐标。相对极坐标的输入格式为（@L<α），其中 L 表示极轴的长度，α 表示角度。例如，（@100<30）表示相对于上一个点的极轴

长度为 100，角度为 30°。

下面仍以绘制一个等边三角形为例介绍相对极坐标的输入方法，如图 2.3.3 所示。

命令：line

指定第一点：0,0（输入直线起点坐标）

指定下一点或 [放弃(U)]：@240<0（输入直线端点坐标）

指定下一点或 [放弃(U)]：@240<120（输入下一段直线端点坐标）

指定下一点或 [闭合(C)/放弃(U)]：c（闭合绘制的直线）

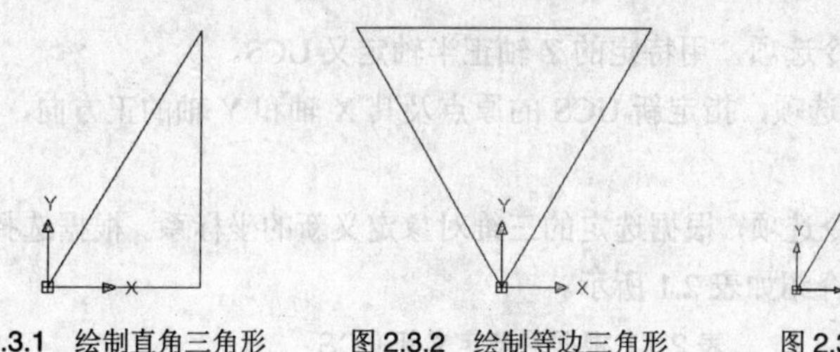

图 2.3.1 绘制直角三角形　　图 2.3.2 绘制等边三角形　　图 2.3.3 绘制等边三角形

2.3.3 控制坐标的显示

当十字光标在绘图窗口中移动时，状态栏上将动态显示当前十字光标的坐标。在 AutoCAD 2008 中，坐标的显示与当前的模式和程序中运行的命令有关，系统将其分为以下 3 种：

（1）模式 0，“关”：在该模式下，状态栏上显示的坐标为上一个拾取点的绝对坐标。只有当用户拾取新点的坐标时，该坐标值才进行更新。

（2）模式 1，“绝对”：在该模式下，状态栏上显示的坐标为光标的绝对坐标，该坐标值随着十字光标的移动而动态更新。默认情况下，该模式为打开状态。

（3）模式 2，“相对”：在该模式下，状态栏上显示一个相对极坐标。如果当前处在拾取点状态，则系统将显示光标所在位置相对于上一个点的距离和角度。当离开拾取点状态时，系统将恢复到模式 1。

在实际绘图过程中，用户可以根据需要通过按“F6”键、“Ctrl+D”组合键或单击状态栏中的坐标显示区域，在 3 种方式之间进行切换，如图 2.3.4 所示。

图 2.3.4 坐标的 3 种显示方式

2.3.4 创建与使用用户坐标系

在绘图过程中，灵活使用用户坐标系，可以提高绘图的速度和精度。在 AutoCAD 2008 中，用户可以创建、移动、命名和正交用户坐标系。

1. 创建用户坐标系

在 AutoCAD 2008 中，执行创建用户坐标系的方法有以下两种：

（1）选择 工具(T) → 新建 UCS(W) 命令下的子命令，如图 2.3.5 所示。

（2）在命令行中输入命令 ucs 后按回车键，然后在命令行的提示下选择“新建”命令选项。

无论执行哪一种方法，都会出现许多命令选项，这些命令选项功能介绍如下：

1）指定新 UCS 的原点：选择此命令选项，通过移动当前 UCS 的原点，保持其 X 轴，Y 轴和

Z 轴方向不变，从而定义新的 UCS。

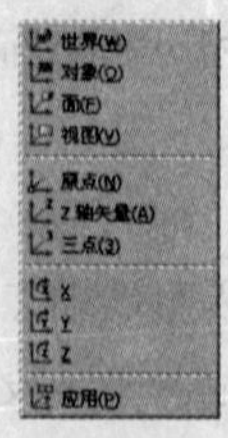

图 2.3.5 “新建 UCS（W）”子菜单命令

2）Z 轴(ZA)：选择此命令选项，用特定的 Z 轴正半轴定义 UCS。

3）三点(3)：选择此命令选项，指定新 UCS 的原点及其 X 轴和 Y 轴的正方向，Z 轴由右手定则确定。

4）对象(OB)：选择此命令选项，根据选定的三维对象定义新的坐标系。根据选择对象的不同，定义的新 UCS 也不一样，具体介绍如表 2.1 所示。

表 2.1 根据对象定义新 UCS

对 象	确定 UCS 的方法
圆弧	圆弧的圆心成为新 UCS 的原点，X 轴通过离选择点最近的圆弧端点
圆	圆的圆心成为新 UCS 的原点，X 轴通过选择点
标注	标注文字的中点成为新 UCS 的原点，新 X 轴的方向平行于当绘制该标注时生效的 UCS 的 X 轴
直线	离选择点最近的端点成为新 UCS 的原点，将设置新的 X 轴，使该直线位于新 UCS 的 XZ 平面上，在新 UCS 中，该直线的第二个端点的 Y 坐标为零
点	该点成为新 UCS 的原点
二维多段线	多段线的起点成为新 UCS 的原点，X 轴沿从起点到下一顶点的线段延伸
实体	二维实体的第一点确定新 UCS 的原点，新 X 轴沿前两点之间的连线方向
宽线	宽线的“起点”成为新 UCS 的原点，X 轴沿宽线的中心线方向
三维面	取第一点作为新 UCS 的原点，X 轴沿前两点的连线方向，Y 轴的正方向取自第一点和第四点，Z 轴由右手定则确定
形、文字、块参照、属性定义	该对象的插入点成为新 UCS 的原点，新 X 轴由对象绕其拉伸方向旋转定义，用于建立新 UCS 的对象在新 UCS 中的旋转角度为零

5）面(F)：选择此命令选项，将实体对象中选定面所在的平面作为 UCS 的 XY 平面。

6）视图(V)：选择此命令选项，以垂直于观察方向（平行于屏幕）的平面为 XY 平面，建立新的坐标系，UCS 原点保持不变。

7）X/Y/Z：选择此命令选项，将绕指定轴旋转当前 UCS。

2．移动用户坐标系

移动坐标系是指不改变坐标轴的方向，只移动坐标系的原点位置。在 AutoCAD 2008 中，执行移动坐标系命令的方法有以下两种：

（1）选择 工具(T) → 移动 UCS(V)... 命令。

（2）在命令行中输入命令 UCS，然后在命令行的提示下选择“移动”命令选项。

执行该命令后，命令行提示如下：

指定新原点或 [Z 向深度(Z)] <0,0,0>:

其中命令选项“Z 向深度(Z)”是指确定 UCS 原点在 Z 轴上移动的距离。在绘制图形的过程中，尤其是在绘制三维图形的过程中，灵活地移动 UCS 可以简化绘图过程。

3．命名用户坐标系

在 AutoCAD 2008 中，用户可以对当前 UCS 进行命名，以便在绘制图形的过程中重复调用。选

择 工具(T) → 命名 UCS(U)... 命令，弹出 UCS 对话框，如图 2.3.6 所示。

在用户坐标系下打开该对话框，如果当前用户坐标系还没有保存，则会出现一个名称为“未命名”的坐标系，在该坐标系名称上单击鼠标右键，在弹出的快捷菜单中选择 重命名(R) 命令，即可对该未命名的坐标系命名。另外还有一个名称为“世界”和一个名称为“上一个”的坐标系，这两个坐标系是系统默认的，不能删除也不能重新命名。

在该对话框的列表框中选择一个坐标系，然后单击 置为当前(C) 按钮，即可将选中的坐标系设置为当前坐标系。在列表框中选中一个坐标系，单击该对话框中的 详细信息(T) 按钮，弹出 UCS 详细信息 对话框，该对话框中显示了相对于在该对话框中的 相对于: 下拉列表中选择的 UCS 的原点、X 轴、Y 轴和 Z 轴的值，如图 2.3.7 所示。

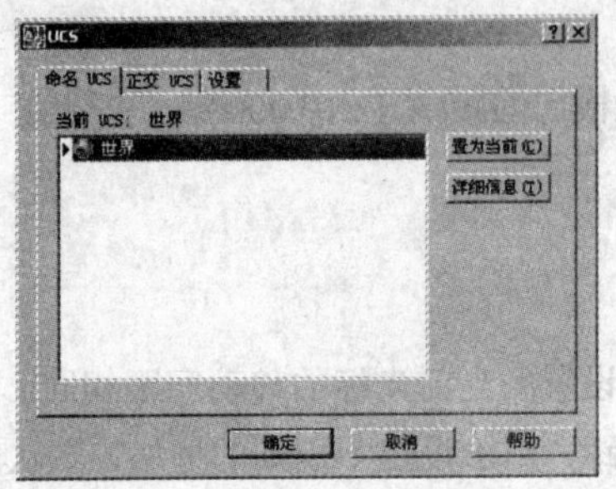

图 2.3.6　“UCS”对话框

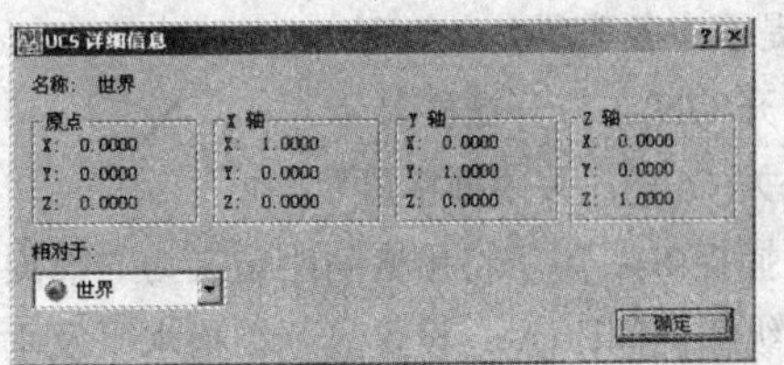

图 2.3.7　“UCS 详细信息”对话框

4．正交用户坐标系

在 AutoCAD 2008 中，系统为用户提供了 6 种正交用户坐标系，分别为俯视、仰视、主视、后视、左视和右视。使用正交用户坐标系，可以方便地从多个角度观察图形的不同部分。

设置相对于 WCS 的正交 UCS 有以下 3 种方法：

（1）单击“视图”工具栏中的相应按钮，如图 2.3.8 所示。

（2）选择 工具(T) → 正交 UCS(H) 命令中的子命令，如图 2.3.9 所示。

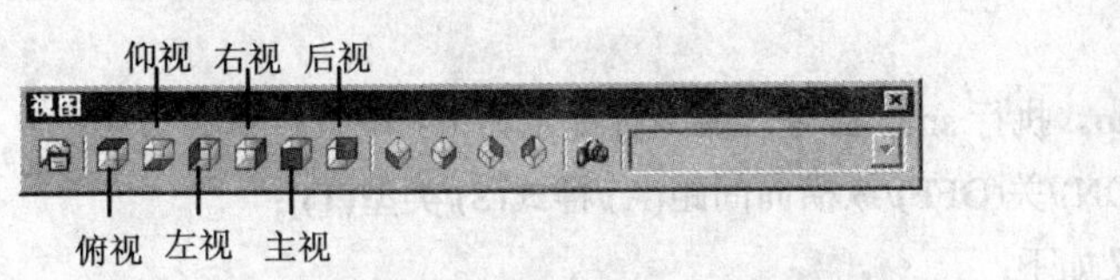

图 2.3.8　“视图”工具栏

预置(P)...
俯视(T)
仰视(B)
左视(L)
右视(R)
主视(F)
后视(K)

图 2.3.9　“正交 UCS（H）”子菜单命令

（3）选择 工具(T) → 正交 UCS(H) → 预置(P)... 命令，在弹出的 UCS 对话框中打开 正交 UCS 选项卡，如图 2.3.10 所示，在该对话框中的 当前 UCS: 列表中选择需要使用的正交坐标系。

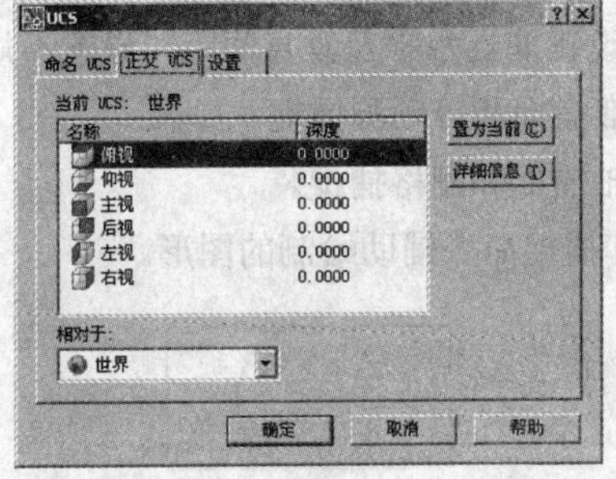

图 2.3.10　“正交 UCS”选项卡

2.4 精确绘制图形

在 AutoCAD 2008 中绘制图形时，可以使用各种辅助绘图工具精确绘制图形。这些辅助绘图工具包括捕捉、栅格、正交、追踪和动态输入等，本节将详细介绍这些工具的使用方法。

2.4.1 显示栅格

显示栅格主要用于显示引起标定位置的小点，从而给用户提供直观的距离和位置参照，在 AutoCAD 中，用户设置栅格显示及间距的命令是 GRID。

执行 GRID 命令，命令行提示信息如下：

指定栅格间距 (X) 或 [开(ON)/关(OFF)/捕捉(S)/纵横向间距(A)] <10.0000>:

上面提示中各选项含义如下：

（1）开(ON)：打开栅格显示。

（2）关(OFF)：关闭栅格显示。

（3）捕捉(S)：用于将栅格间距定义为与捕捉命令设置的当前光标的移动间距相同。

（4）纵横向间距(A)：设置显示栅格水平及垂直间距，用于设定不规则的栅格，默认的水平和垂直间距都是 10。

注意：①当栅格过于密集时，屏幕上将不会显示栅格，对图形进行局部放大观察时可以看到。②如果用户已设置了图限，则仅在图限区域内显示栅格。

2.4.2 设置捕捉

捕捉用于设定光标移动间距。AutoCAD 提供了两种捕捉模式供用户选择：栅格捕捉和极轴捕捉。若选择栅格捕捉，则光标只能在栅格方向上精确移动；若选择极轴捕捉，则光标可在极轴方向上精确移动。

设置捕捉的命令是 snap。执行 snap 命令，命令行提示如下：

指定捕捉间距或 [开(ON)/关(OFF)/纵横向间距(A)/样式(S)/类型(T)]:

上面提示中各选项含义如下：

（1）捕捉间距：用于设置捕捉增量。

（2）开(ON)：打开捕捉。

（3）关(OFF)：关闭捕捉。

（4）纵横向间距(A)：用于设置捕捉水平及垂直间距，设置不规则的捕捉。

（5）样式(S)：用于选择标准捕捉和等轴测捕捉。

（6）类型(T)：用于选择极轴捕捉和栅格捕捉。

如图 2.4.1 所示是通过栅格和捕捉命令辅助绘制的图形。

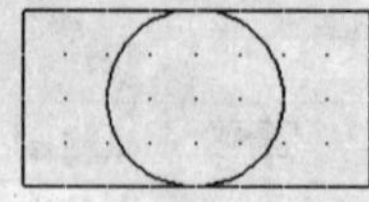

图 2.4.1　通过栅格和捕捉命令辅助绘图

注意：使用“捕捉”命令中的“样式”选项，可以设置捕捉为等轴测捕捉。

2.4.3　使用正交模式

AutoCAD 2008 提供的正交模式可以快速、方便地绘制水平线和垂直线。

设置捕捉的命令是 ortho。执行 ortho 命令，命令行提示如下：

输入模式[开(ON)/关(OFF)] <关>:

上面提示中各选项含义如下：

（1）开(ON)：打开正交模式。

（2）关(OFF)：关闭正交模式。

启动正交模式后，意味着用户只能绘制水平线或垂直线。

注意：当打开正交模式后，用户不能通过拾取点的方法来绘制有一定倾斜角度的直线。但用键盘输入两点的坐标仍可绘制任何倾斜角度的直线。

2.4.4　使用对象捕捉

在绘制图形的过程中，经常需要指定对象上的一些特殊点，如端点、中点、交点等，使用对象捕捉功能就能轻易地捕捉这些点。

1. 打开对象捕捉功能

在 AutoCAD 2008 中，可以通过“对象捕捉”工具栏和“草图设置”对话框打开对象捕捉功能，如图 2.4.2 所示。

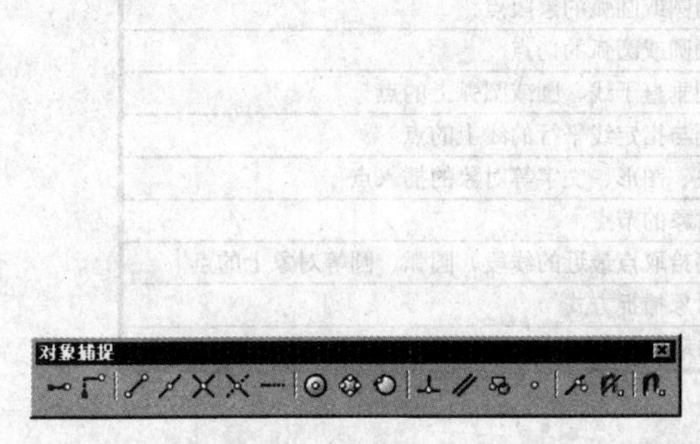

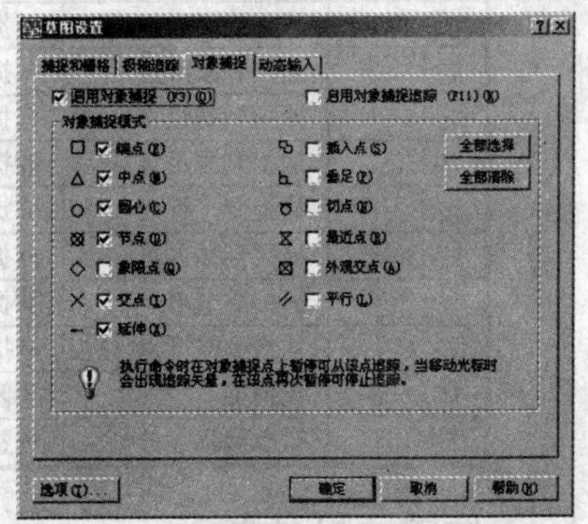

图 2.4.2　“对象捕捉”工具栏和“草图设置”对话框

单击状态栏中的对象捕捉按钮，启动对象捕捉功能，然后单击“对象捕捉”工具栏中的相应按钮，移动光标到对象上的特征点附近，系统就会显示该特征点的名称，单击鼠标左键即可捕捉对象的特征点，如图 2.4.3 所示。

在草图设置对话框中选中对象捕捉选项卡中的启用对象捕捉 (F3)(O)复选框，也可以启动对象捕捉功能。另外，在绘图窗口中按住“Shift”键，同时单击鼠标右键，在弹出的快捷菜单中选中相应的命令也可以打开捕捉模式，如图 2.4.4 所示。

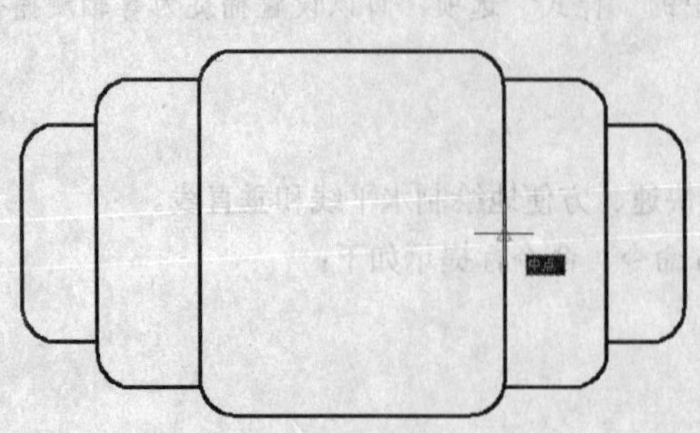

图 2.4.3 捕捉中点

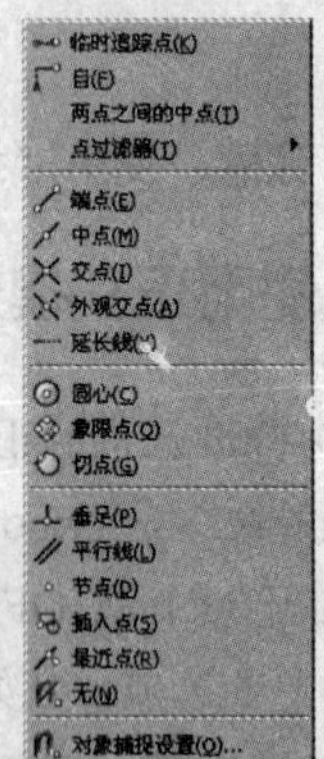

图 2.4.4 “对象捕捉”快捷菜单

2. 设置对象捕捉模式

对象上的特征点很多，在 AutoCAD 2008 中，系统将这些特征点称为对象捕捉模式，在如图 2.4.2 所示的 对象捕捉 选项卡中，选中各特征点前面的复选框即可设置打开该特征点捕捉。另外，通过单击“对象捕捉”工具栏中的相应按钮也可以设置特征点捕捉。如表 2.2 所示为对象捕捉模式的按钮图标、名称及其功能介绍。

表 2.2 对象捕捉按钮、名称及其功能

按 钮	名 称	功 能
	临时追踪点	创建对象所使用的临时点
	捕捉自	从临时参照点偏移
	捕捉到端点	捕捉线段或圆的最近端点
	捕捉到中点	捕捉线段或圆弧等对象的中点
	捕捉到交点	捕捉线段、圆弧、圆、各种曲线之间的交点
	捕捉到外观交点	捕捉线段、圆弧、圆、各种曲线之间的外观交点
	捕捉到延长线	捕捉到直线或圆弧延长线上的点
	捕捉到圆心	捕捉到圆或圆弧的圆心
	捕捉到象限点	捕捉到圆或圆弧的象限点
	捕捉到切点	捕捉到圆或圆弧的切点
	捕捉到垂足	捕捉到垂直于线、圆或圆弧上的点
	捕捉到平行线	捕捉到与指定线平行的线上的点
	捕捉到插入点	捕捉块、图形、文字等对象的插入点
	捕捉到节点	捕捉对象的节点
	捕捉到最近点	捕捉离拾取点最近的线段、圆弧、圆等对象上的点
	无捕捉	关闭对象捕捉方式
	对象捕捉设置	设置自动捕捉方式

2.4.5 使用自动追踪

在 AutoCAD 2008 中，使用自动追踪功能可以按指定的方式绘制与其他对象有着某种关系的图形对象。自动追踪可以分为两种，一种是极轴追踪，另一种是对象捕捉追踪。

1. 使用极轴追踪

极轴追踪是指按指定的角度增量来追踪特征点。使用该功能之前，用户必须先设置角度增量。选择 工具(T) → 草图设置(F)... 命令，在弹出的 草图设置 对话框中打开 极轴追踪 选项卡，如图 2.4.5 所示，在该选项卡中的 极轴角设置 选项组中的 增量角(I): 下拉列表中选择合适的增量角，或选

中 ☑ 附加角(D) 复选框，单击右边的 新建(N) 按钮即可创建用户自定义的增量角。

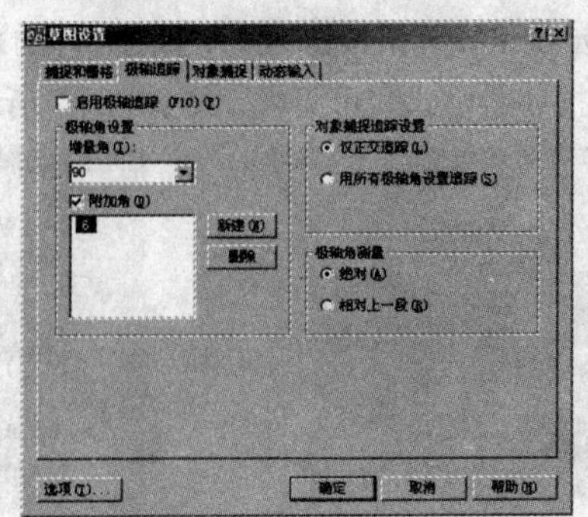

图 2.4.5　“极轴追踪”选项卡

2．使用对象捕捉追踪

对象捕捉追踪是指按对象的某种关系进行追踪。如果已知要追踪的角度，可以用极轴追踪功能；如果不知道追踪角度，则可以使用对象捕捉追踪功能。在 极轴追踪 选项卡中可以对对象捕捉追踪进行设置，其中各选项功能介绍如下：

（1）⊙ 仅正交追踪(L) 单选按钮：选中该单选按钮，当对象捕捉追踪打开时，仅显示已获得的对象捕捉点的正交对象捕捉追踪路径。

（2）⊙ 用所有极轴角设置追踪(S) 单选按钮：选中该单选按钮，将极轴追踪设置应用于对象捕捉追踪。使用对象捕捉追踪时，光标将从获取的对象捕捉点起沿极轴对齐角度进行追踪。

（3）极轴角测量 选项组：该选项组用于设置追踪时极轴角的测量方式。选中 ⊙ 绝对(A) 单选按钮，根据当前用户坐标系确定极轴追踪角度。选中 ⊙ 相对上一段(R) 单选按钮，根据上一个绘制线段确定极轴追踪角度。

对象追踪与对象捕捉功能必须同时工作，即在追踪对象捕捉到点之前，必须先打开对象捕捉功能。

3．使用临时追踪点和捕捉自功能

在“对象捕捉”工具栏中，还有两个非常有用的对象捕捉工具，即“临时追踪点”和“捕捉自”工具。

单击“对象捕捉”工具栏中的“临时追踪点”按钮，执行临时追踪点功能，这样可以在一次操作中创建多条追踪线，并根据这些追踪线确定所需要的点。

单击“对象捕捉”工具栏中的“捕捉自”按钮，执行捕捉自功能，这样在使用相对坐标指定下一个应用点时，“捕捉自”工具可以提示输入基点，并将该点作为临时参考点，这与通过输入前缀@使用最后一个作为参照点类似。“捕捉自”不是对象捕捉，但经常与对象捕捉一起使用。

2.4.6　使用动态输入

在绘制图形时，使用动态输入功能可以在指针位置显示标注输入和命令提示，同时还可以显示输入信息，这样可以极大地方便绘图。

1．启用指针输入

选择 工具(T) → 草图设置(F)... 命令，在弹出的 草图设置 对话框中打开 动态输入 选项卡，如图 2.4.6 所示，在该选项卡中选中 ☑ 启用指针输入(P) 复选框，即可启用指针输入功能。

启用指针输入功能后，十字光标附近的工具栏中将显示当前指针的坐标，用户可以直接在该工具栏中输入坐标值。在 动态输入 选项卡中单击 指针输入 选项区中的 设置(S)... 按钮，在弹出的 指针输入设置 对话框中可以设置指针的格式和可见性，如图 2.4.7 所示。

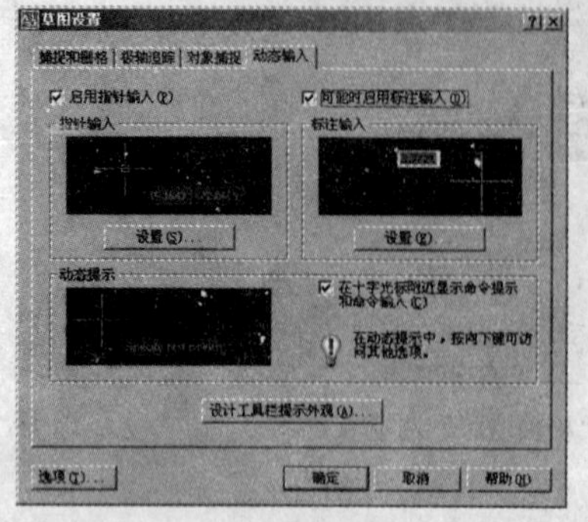

图 2.4.6 “动态输入”选项卡

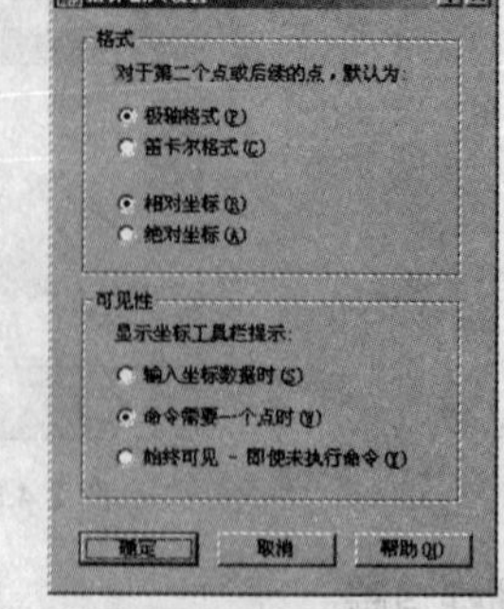

图 2.4.7 “指针输入设置”对话框

2．启动标注输入

在 动态输入 选项卡中选中 ☑ 可能时启用标注输入(D) 复选框，即可启动标注输入功能。启动该功能后，当命令提示第二步操作时，工具栏提示将显示距离和角度值。单击 标注输入 选项区中的 设置(E)... 按钮，弹出 标注输入的设置 对话框，如图 2.4.8 所示，使用该对话框可以设置标注的可见性。

3．显示动态输入

在 动态输入 选项卡中选中 ☑ 在十字光标附近显示命令提示和命令输入(C) 复选框，即可启动动态输入功能。启动动态输入功能后，可以在光标附近显示命令提示，通过键盘上的方向键可以选择各命令选项，如图 2.4.9 所示。

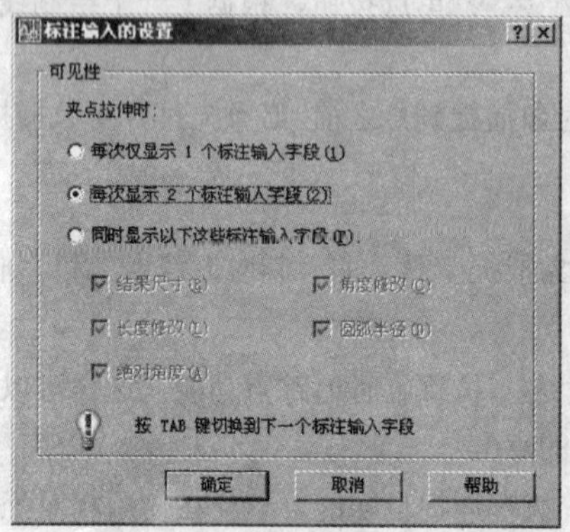

图 2.4.8 “标注输入的设置”选项卡

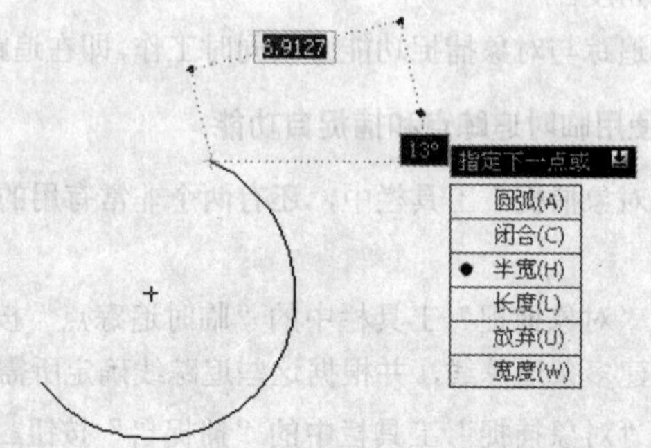

图 2.4.9 显示动态输入

2.5 控制图形显示

使用 AutoCAD 进行绘图时，需要从多个角度绘制、观察以及编辑图形，而 AutoCAD 2008 就提供了多种观察图形的方法，掌握好这些方法，将会大大提高绘图的效率。

2.5.1 视图缩放

图形缩放命令用于放大或缩小当前视窗中的图形，以便观察和绘制图形。启动图形缩放命令有如

下两种方法：

（1）菜单栏：选择视图(V)→缩放(Z)命令。

（2）命令行：在命令行中输入 zoom。

执行缩放命令后，命令行提示信息如下：

指定窗口的角点，输入比例因子(nX 或 nXP)，或者[全部(A)/中心(C)/动态(D)/范围(E)/上一个(P)/比例(S)/窗口(W)/对象(O)] <实时>：

用户可直接指定缩放窗口的两个角点进行缩放，或输入一个比例因子。

该提示中各选项功能如下：

（1）全部(A)：选择该选项后，系统将在绘图区域内显示全部图形。

（2）中心(C)：选择该选项后，系统将重新设置图形的显示中心和放大倍数。

（3）动态(D)：用于在屏幕上动态地显示一个视图框，以确定显示范围。执行该选项时，屏幕切换到如图 2.5.1 所示的状态，单击该选择框，出现如图 2.5.2 所示的状态，这时按下回车键，其图形显示范围如图 2.5.3 所示。

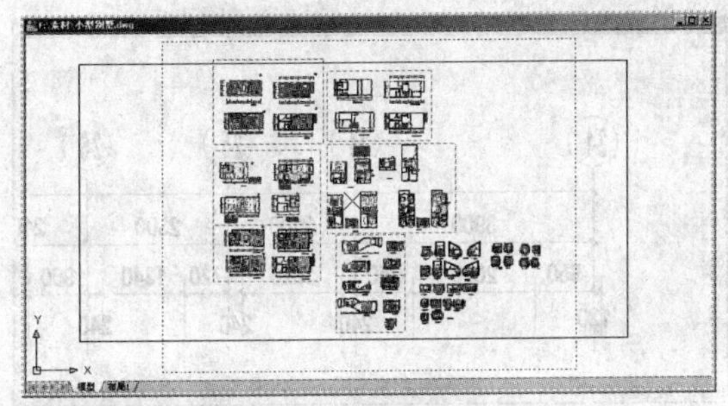

图 2.5.1　执行动态缩放命令

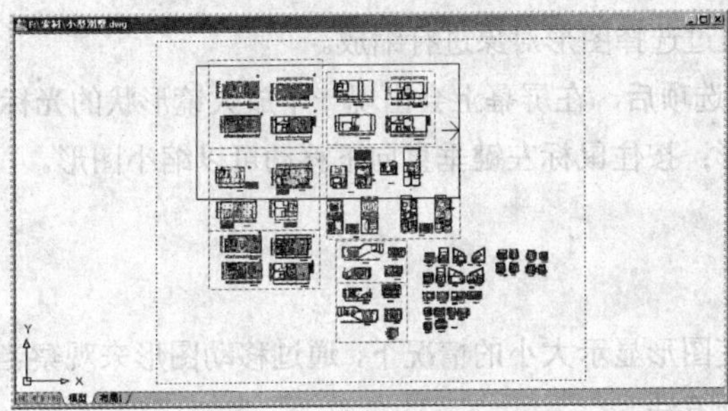

图 2.5.2　调整矩形窗口

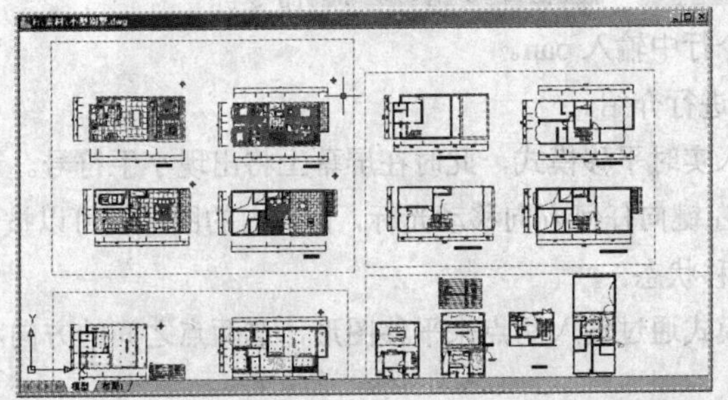

图 2.5.3　动态缩放后的显示效果

（4）范围(E)：执行该选项后，AutoCAD 2008 将所有的图形全部显示在屏幕上，并最大限度地充满整个屏幕。

（5）上一个(P)：执行该选项后，系统缩放显示前一次视图，最多可恢复此前的 10 个视图。

（6）比例(S)：选择该选项后，用户可以放大或缩小当前视图，视图的中心点保持不变。

（7）窗口(W)：用于指定缩放矩形窗口的两个角点，如图 2.5.4 所示，系统将缩放显示由两个角点定义的矩形窗口框内的图形，效果如图 2.5.5 所示。

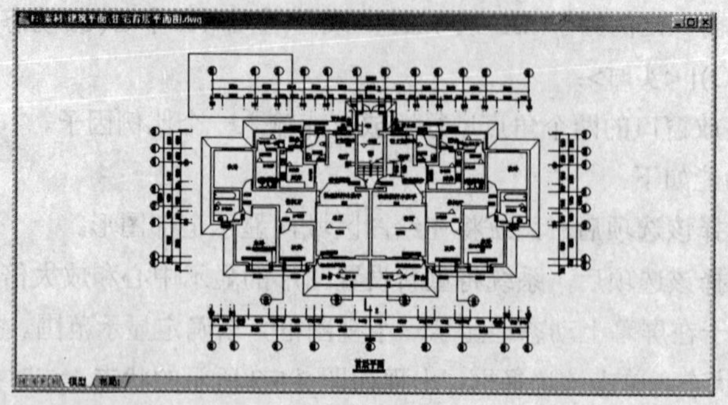

图 2.5.4　指定矩形窗口的两个角点

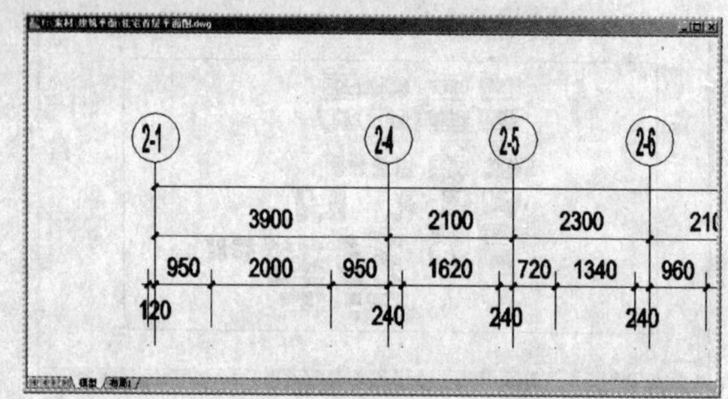

图 2.5.5　窗口缩放后的效果

（8）对象(O)：用于通过选择图形对象进行缩放。

（9）<实时>：执行该选项后，在屏幕上会出现一个放大镜形状的光标。此时用户按住鼠标左键垂直向上移动可以放大图形；按住鼠标左键垂直向下移动可以缩小图形。

2.5.2　视图平移

平移命令用于在不改变图形显示大小的情况下，通过移动图形来观察当前视图中的不同部分。启动平移视图命令有如下两种方法：

（1）菜单栏：选择 视图(V) → 平移(P) 命令。

（2）命令行：在命令行中输入 pan。

下面分别对平移视图进行介绍。

（1）实时平移：进入实时平移模式，此时在屏幕上将出现小手符号。该模式提供了一种动态平移视图的功能，按住鼠标左键向任何方向移动光标，窗口内的图形就可以按光标移动的方向移动。松开鼠标左键，即可退出平移状态。

（2）定点平移：该模式通过输入两点来平移图形，这两点之间的方向和距离便是视图平移的方向和距离。

注意：在命令行提示下输入 pan，启动实时平移；若输入-pan，则启动定点平移。

2.5.3　鸟瞰视图

鸟瞰视图是一种可视化平移和缩放视图的方法，既可以缩放视图，也可以平移视图。鸟瞰视图是一个与绘图窗口相对独立的窗口，但彼此的操作结果将在两个窗口中同时显示出来。启动鸟瞰视图命令有如下两种方法：

（1）菜单栏：选择 视图(V) → 鸟瞰视图(W) 命令。

（2）命令行：在命令行中输入 dsviewer。

执行鸟瞰视图命令后，系统打开 鸟瞰视图 窗口，如图 2.5.6 所示。

在鸟瞰视图中有 3 个菜单，它们各自的功能如下：

（1）视图(V) 菜单：用于控制鸟瞰视图窗口的显示范围。

（2）选项(O) 菜单：用于控制鸟瞰视图的内容是否随绘图区中图形的改变而改变，以及在缩放视图时是否实时更新。

（3）帮助(H) 菜单：为用户提供鸟瞰视图的帮助信息。

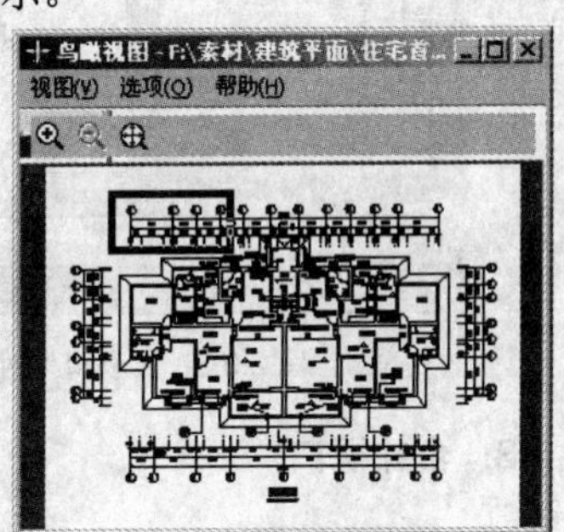

图 2.5.6　“鸟瞰视图”窗口

下面介绍如何使用鸟瞰视图观察图形，其操作步骤如下：

（1）在窗口中单击鼠标，此时窗口中出现一个可随光标移动的带“×”的矩形框，拖动该框即可实现平移视图操作。

（2）单击鼠标左键，矩形框变为带“→”的矩形框，调整好大小后，按回车键，即可确定视图框的大小和位置，如图 2.5.7 所示。

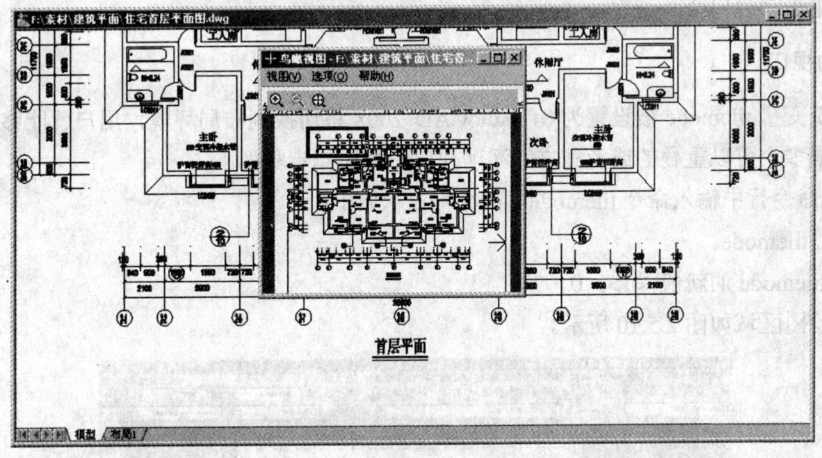

图 2.5.7　使用鸟瞰视图观察图形

2.5.4　视口

视口是显示图形的区域。AutoCAD 2008 可以将绘图区域分成两个或更多独立的视口，以便同时显示图形的各个部分或各个侧面。

1．创建视口

选择 视图(V) → 视口(V) → 新建视口(E)... 命令，系统弹出 视口 对话框，如图 2.5.8 所示。在 新名称(N): 文本框中输入新建视口的名称，然后再从 标准视口(V): 下面的列表框中选择合适的一种视口类型。

2. 命名视口

选择 视图(V) → 视口(V) → 命名视口(N)... 命令，打开“命名视口”选项卡，如图 2.5.9 所示，在 命名视口(N): 下边的列表框中选中需要更改名称的视口，单击鼠标右键，从弹出的快捷菜单中选择 重命名(R) 命令，即可为视口重新命名。

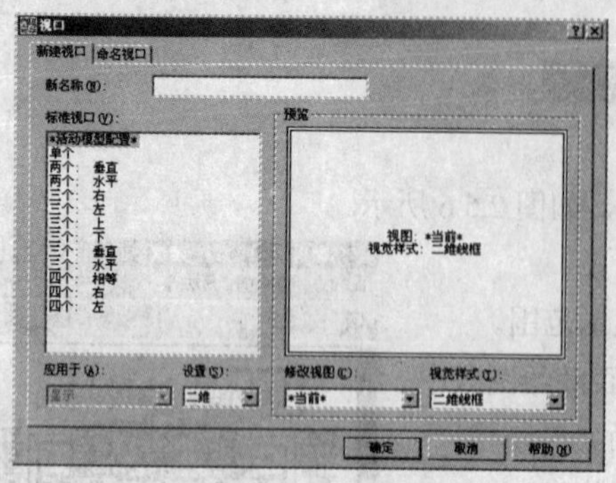

图 2.5.8 “视口”对话框

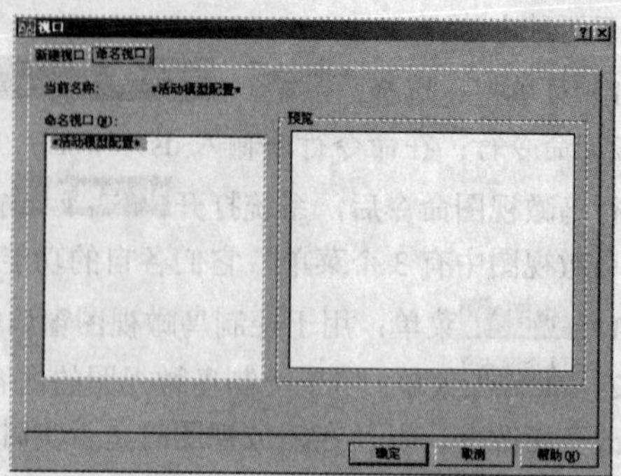

图 2.5.9 “命名视口”选项卡

3. 合并视口

AutoCAD 2008 允许用户将两个相邻的视口进行合并，其操作步骤如下：

（1）选择 视图(V) → 视口(V) → 合并(J) 命令，激活合并视口命令。

（2）根据命令行提示，用鼠标单击要进行合并的第一个视口，然后单击需要合并的相邻视口，即可将其与第一个视口合并。

4. 浮动视口

如果系统变量 tilemode 被设置为 0，AutoCAD 2008 将切换到布局环境，用户就能够把屏幕的图形区域分割成多个可以重叠的或者独立的浮动视口，其操作步骤如下：

（1）在命令行中输入命令 tilemode，命令行提示如下：

命令：tilemode。

输入 tilemode 的新值 <1>：0

此时绘图区域如图 2.5.10 所示。

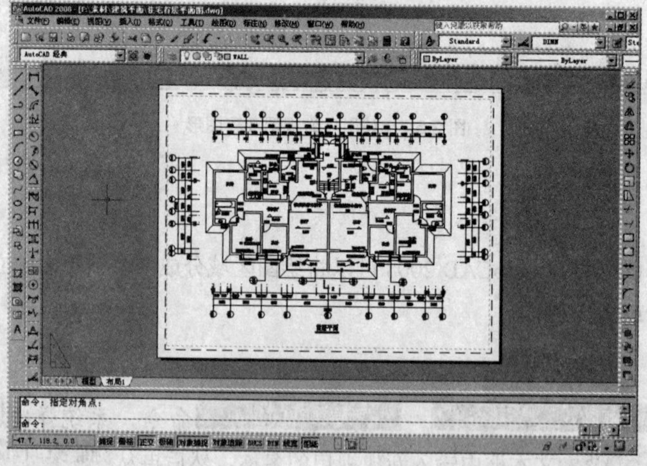

图 2.5.10 浮动视口

（2）用户在浮动视口中工作时，使用 mspace 和 pspace 命令就可以在布局中分别切换到布局模型空间和图纸空间。

2.6　等轴测绘图

等轴测绘图是绘制具有三维图形效果的二维图形的一种绘图方法。等轴测图是按一定倾斜角度来观察物体的，在普通视图下以正交模型绘制此图是很困难的，但可以利用轴测投影模式辅助绘图。启用该功能后，就可以在正交模式下按一定倾斜角度来绘制图形。

在轴测投影中，坐标轴的轴测投影称为轴测轴；轴测轴之间的夹角称为轴间角。空间坐标轴 OX，OY 和 OZ 的轴测投影即为轴测轴，分别为 O_1X_1，O_1Y_1 和 O_1Z_1，它们与水平方向的夹角分别为 30°，150° 和 90°。其中 $X_1O_1Y_1$ 平面称为上面，$Y_1O_1Z_1$ 平面称为左面，$X_1O_1Z_1$ 平面称为右面。等轴测图的这种关系如图 2.6.1 所示。

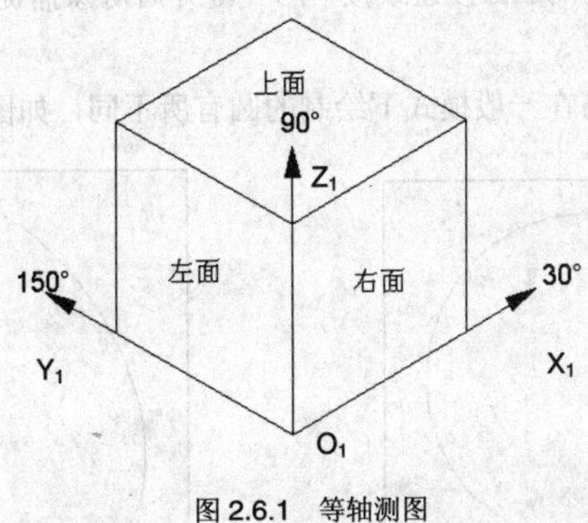

图 2.6.1　等轴测图

在绘制等轴测图之前，首先需要进行一些必要的设置。在 AutoCAD 2008 中，设置等轴测图的步骤为：

（1）设置等轴测捕捉。选择 工具(T) → 草图设置(F)... 命令，在弹出的 草图设置 对话框中的 捕捉和栅格 选项卡中选中 ◉ 等轴测捕捉(M) 单选按钮，如图 2.6.2 所示。

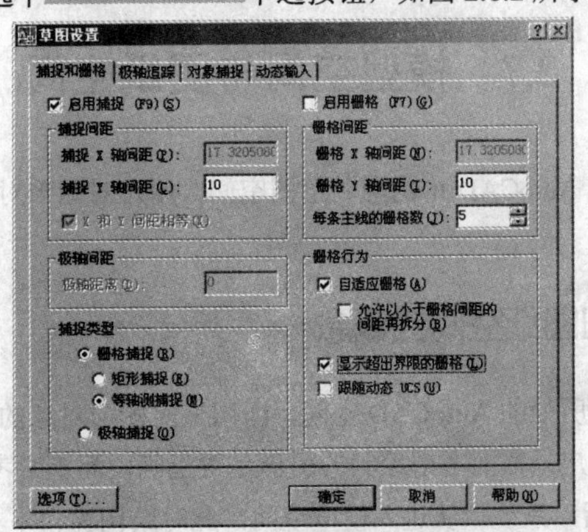

图 2.6.2　“草图设置”对话框

（2）启用“正交”功能。单击状态栏上的 正交 按钮，开启“正交”功能，这样就能够很方便地沿着等轴测轴的方向绘制图形。

（3）切换当前轴测面。在二维平面上绘制具有三维效果的图形，首先必须切换到相应的平面上才能进行正确的绘制。切换轴测面的方法有以下两种：

1）按“F5”键或“Ctrl+E”键，可以按顺时针方向在上面、右面和左面 3 个轴测面之间进行切换。

2）在命令行中输入命令 isoplane，命令行提示如下：

命令：isoplane。

当前等轴测平面：（系统提示）

输入等轴测平面设置[左(L)/上(T)/右(R)]<左>:（选择不同的选项即可设置相应的等轴测平面）

（4）设置栅格捕捉。在命令行中输入命令 snap，命令行提示如下：

命令：snap。

指定捕捉间距或 [开(ON)/关(OFF)/旋转(R)/样式(S)/类型(T)] <10.0000>:S（选择“样式”选项）

输入捕捉栅格类型 [标准(S)/等轴测(I)] <S>:I（选择“等轴测”命令选项）

指定垂直间距 <10.0000>:（指定栅格点的垂直间距）

设置完成后，单击状态栏上的捕捉按钮或按“F9”键开启对象捕捉功能，这样就能很方便地在等轴测面上绘制图形了。

在等轴测模式下绘制的圆与在一般模式下绘制的圆有所不同，如图 2.6.3 所示。

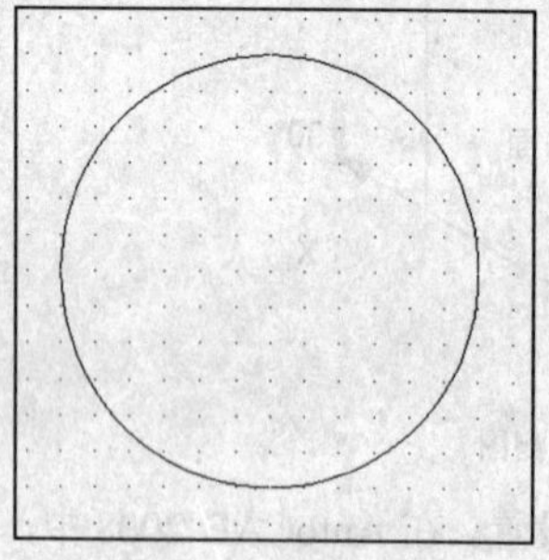

一般模式下绘制的圆

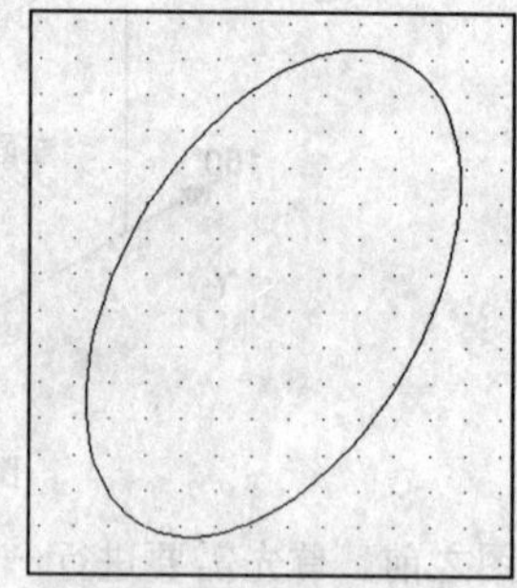

等轴测模式下绘制的圆

图 2.6.3　绘制圆

2.7　模型空间与图纸空间

模型空间和图纸空间是 AutoCAD 中的两种绘图空间，用户对图形对象的所有操作都是在模型空间或图纸空间中进行的。

2.7.1　模型空间和图纸空间的概念

模型空间是建立模型时所处的 AutoCAD 空间，即用户对图形对象的操作都是在模型空间中进行的。模型空间非常广阔，用户只需要考虑绘制的图形是否正确，而不必考虑绘图空间是否足够大。

启动 AutoCAD 2008 后，系统默认进入模型空间，此时绘图窗口下方的**模型**选项卡是打开的。进入模型空间后，用户可以设置绘图界限、图形单位和尺寸、层、线型、线宽以及辅助绘图等，然后利用绘图和编辑工具在模型空间中绘制二维或三维图形，如果需要，用户还可以在模型空间中创建多个视口，可以对每个视口进行独立操作，十分方便。

图纸空间是设置、管理视图的 AutoCAD 环境，是一个模拟图纸的平面空间。用户可以对图纸空间中的模型设置比例，调整模型在图纸空间中的位置或定位模型，以及对模型进行注释，但不可以在图纸空间对模型进行编辑。

2.7.2　模型空间和图纸空间的切换

在绘制图形的过程中，用户需要经常在模型空间和图纸空间进行转换，以便在模型空间对模型进行修改后，回到图纸空间做相应的标注或注释。模型空间和图纸空间的切换方法有以下 4 种：

（1）直接打开“绘图窗口”下方的“模型”或“布局”选项卡。

（2）当前状态为图纸空间时，单击状态栏中的图纸或模型按钮，如图 2.7.1 和图 2.7.2 所示。

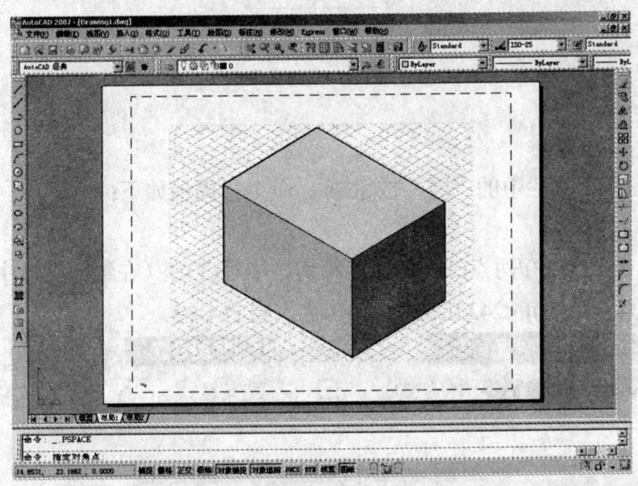

图 2.7.1　图纸空间

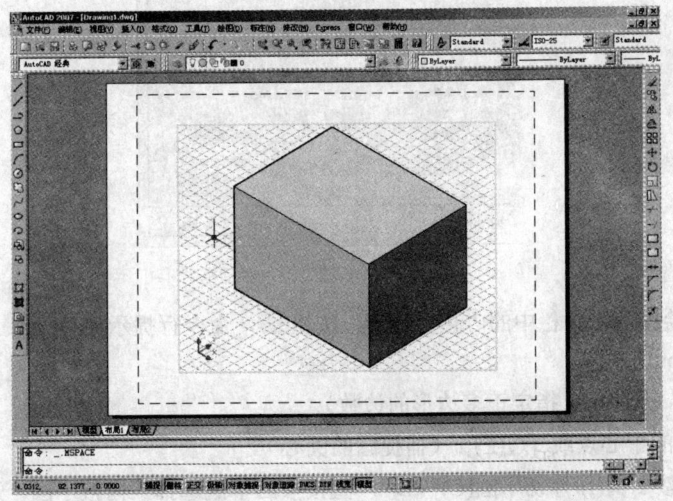

图 2.7.2　模型空间

（3）当前状态为图纸空间时，双击图纸空间中的视图即可进入模型空间。

（4）如果在图纸空间中打开模型空间（见图 2.7.2），在视图外双击鼠标，或单击状态栏中的模型按钮即可切换到图纸空间。

2.8 典型实例——绘制五角星

本节综合运用前面所学的知识绘制五角星，最终效果如图 2.8.1 所示。

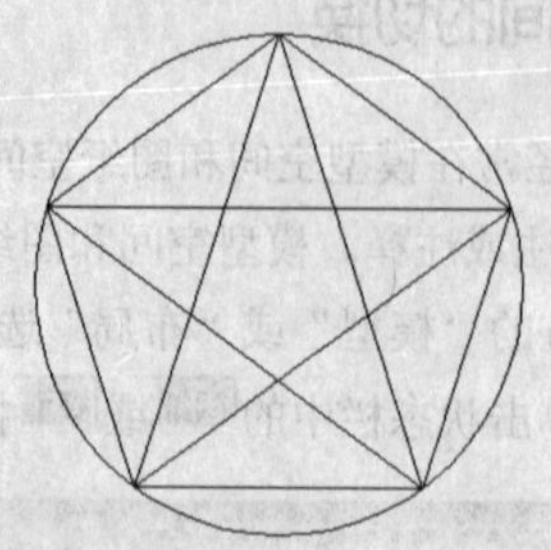

图 2.8.1 最终效果图

操作步骤

（1）单击“绘图”工具栏中的“圆”按钮，命令行提示如下：

命令：_circle

指定圆的圆心或 [三点(3P)/两点(2P)/相切、相切、半径(T)]:（在绘图窗口中任意指定一点）

指定圆的半径或 [直径(D)] <242.0258>：20（输入圆的半径）

（2）选择 工具(T) → 草图设置(F)... 命令，在弹出的 草图设置 对话框中选择 对象捕捉 选项卡，在该选项卡中选中 ☑ 启用对象捕捉 (F3)(O)、□ ☑ 端点(E) 和 ○ ☑ 圆心(C) 复选框，如图 2.8.2 所示。

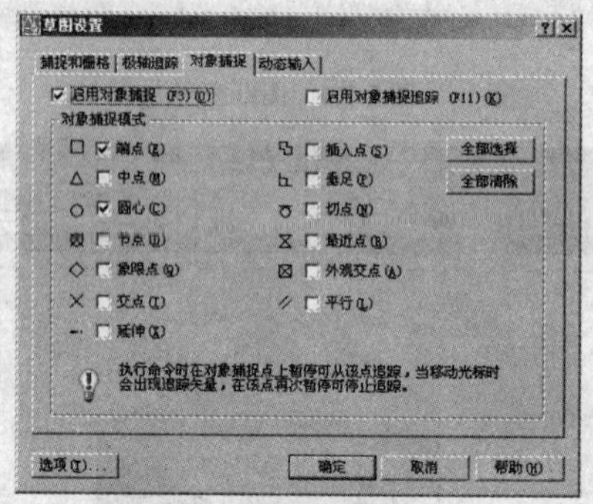

图 2.8.2 “草图设置”对话框

（3）单击“绘图”工具栏中的“正多边形”按钮，命令行提示如下：

命令：_polygon

输入边的数目 <4>：5（指定正多边形的边数）

指定正多边形的中心点或 [边(E)]:（捕捉圆的圆心）

输入选项 [内接于圆(I)/外切于圆(C)] <I>:（直接按回车键选择“内接于圆”选项）

指定圆的半径：20（指定圆的半径）

绘制的正多边形如图 2.8.3 所示。

（4）单击“绘图”工具栏中的“直线”按钮，命令行提示如下：

命令：_line

指定第一点：（捕捉如图 2.8.4 所示 A 点）

指定下一点或 [放弃(U)]：（捕捉如图 2.8.4 所示 B 点）

指定下一点或 [放弃(U)]：（按回车键结束命令）

绘制的直线如图 2.8.4 所示。

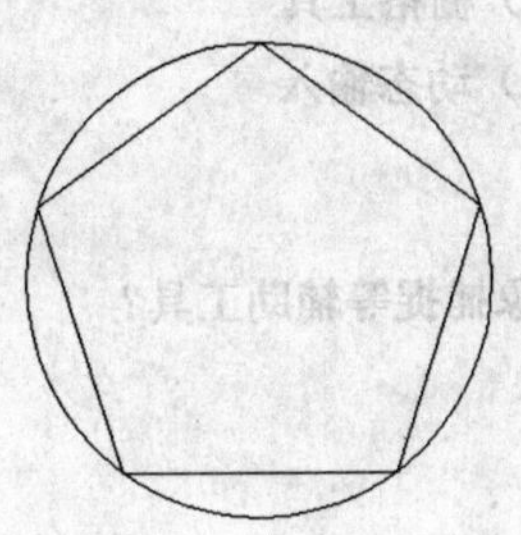

图 2.8.3 捕捉 A 点

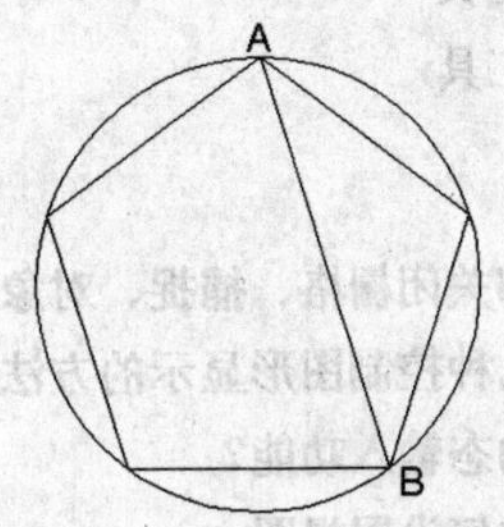

图 2.8.4 绘制直线

（5）重复执行步骤（4）的操作绘制其余直线，最终效果如图 2.8.1 所示。

本 章 小 结

本章主要介绍了绘图前的各项准备工作，如 AutoCAD 2008 中命令的使用、设置绘图环境、认识坐标系、精确绘制图形、控制图形显示和绘制等轴测绘图等。同时也介绍了有关的概念和名词，例如模型空间和图纸空间。通过本章的学习，可以为下一步的绘制和编辑图形做好技术准备。

过 关 练 习

一、填空题

1．绝对坐标是指点相对坐标原点的 X 轴、Y 轴和 Z 轴方向的位移，绝对坐标又分为_________和_________。

2．用户可以使用_________命令来控制坐标系图标的可见性及显示方法。

3．AutoCAD 2008 提供了两种捕捉类型供用户选择，即_________和_________。

4．AutoCAD 提供了几种方式来改变视图，_________、指定显示窗口、_________、改变显示的中心点以及_________等。

5．根据当前所处空间的不同，视口分为两类，一类是_________，另一类是_________。

二、选择题

1．用户可通过（ ）命令设置捕捉方式。

（A）on （B）off

（C）fill （D）snap

2．使用对象捕捉工具可捕捉到（ ）选项。

（A）圆心 （B）中点

（C）端点 （D）象限点

3．（ ）功能键用于控制对象捕捉功能的开启与关闭。

（A）F1　　（B）F2

（C）F3　　（D）F4

4．在 AutoCAD 2008 中使用（ ）时可以使用标注输入。

（A）捕捉工具　　（B）栅格工具

（C）正交工具　　（D）动态输入

三、简答题

1．如何打开和关闭栅格、捕捉、对象追踪以及对象捕捉等辅助工具？

2．简要介绍几种控制图形显示的方法。

3．如何使用动态输入功能？

4．简要介绍如何设置视图。

四、上机操作题

1．利用绘图界限、正交、栅格以及捕捉功能，用直线命令绘制长为 175 mm，宽为 130 mm 的长方形，如题图 2.1 所示。

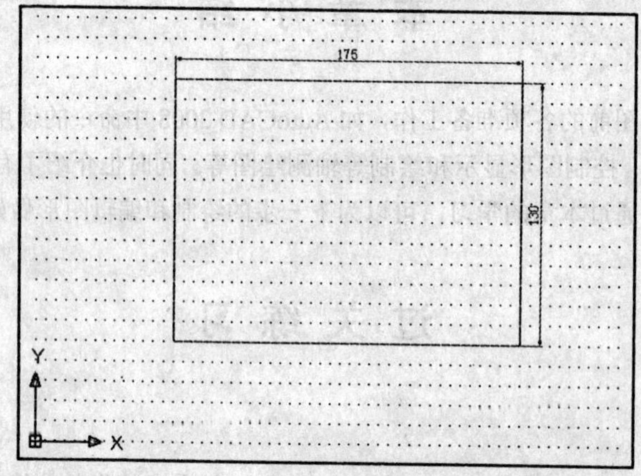

题图 2.1

2．使用对象捕捉工具绘制如题图 2.2 所示的图形。

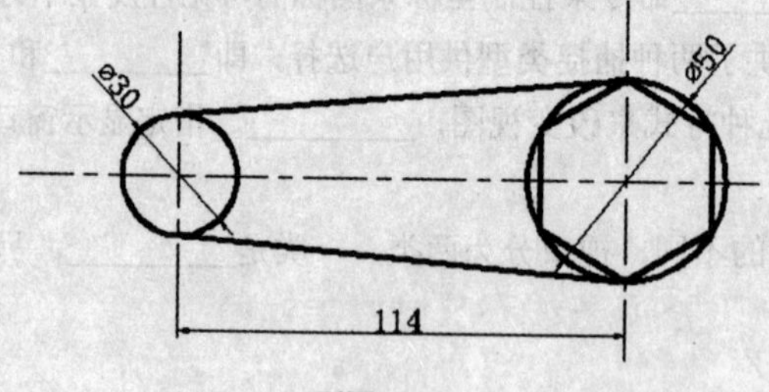

题图 2.2

第3章 绘制二维图形

章前导航

二维图形是指在二维平面空间绘制的图形，主要由一些基本元素组成，如直线、圆、椭圆、矩形、多边形等。AutoCAD 提供了大量的绘图工具，帮助用户完成二维图形的绘制。

本章要点

- 绘图方法
- 绘制点和线
- 绘制矩形和正多边形
- 绘制圆、圆弧和圆环
- 绘制椭圆和椭圆弧
- 绘制与编辑多线、多段线和样条曲线
- 徒手画线、修订云线和区域覆盖对象

3.1 绘 图 方 法

在 AutoCAD 2008 中，绘制基本二维图形的方法很多，用户可以使用“绘图”菜单、“绘图”工具栏以及命令行等方法执行绘制图形命令。

3.1.1 绘图菜单

“绘图”菜单是绘制图形最基本、最常用的方法。在 AutoCAD 2008 中，“绘图”菜单包含了绝大部分绘图命令，选择“绘图”菜单中的命令或子命令就可以执行绘制图形命令，如图 3.1.1 所示。例如，要绘制一条直线，可以选择 绘图(D) → 直线(L) 命令。

3.1.2 绘图工具栏

利用“绘图”工具栏可以快速执行绘图命令。“绘图”工具栏中的图标按钮与“绘图”菜单中的绘图命令相对应，单击“绘图”工具栏中的图标按钮即可执行相应的绘图命令，如图 3.1.2 所示。默认情况下，单击“绘图”工具栏中的图标按钮，系统会以默认的方法绘制图形，但同时也可以在命令行中选择其他命令选项，以另外的方法绘制图形。例如，单击“绘图”工具栏中的“圆”按钮，命令行提示如下：

命令：_circle↙

指定圆的圆心或 [三点(3P)/两点(2P)/相切、相切、半径(T)]：

如果用户需要用“三点”法来绘制圆，可以在命令行中输入 3p 后按回车键，如果需要用“相切、相切、半径”法绘制圆，可以在命令行中输入 T 后按回车键，依此类推。

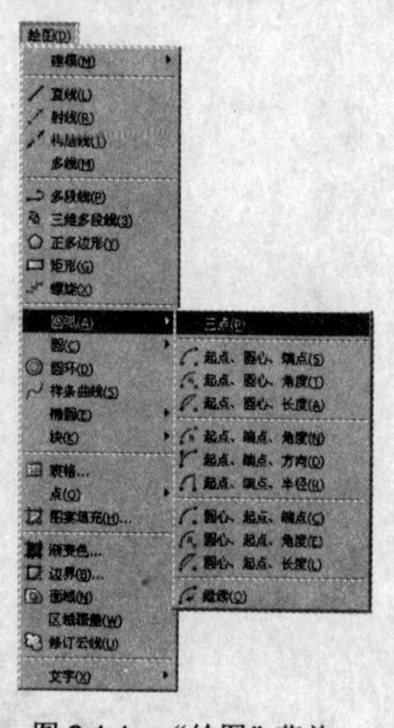

图 3.1.1 “绘图”菜单

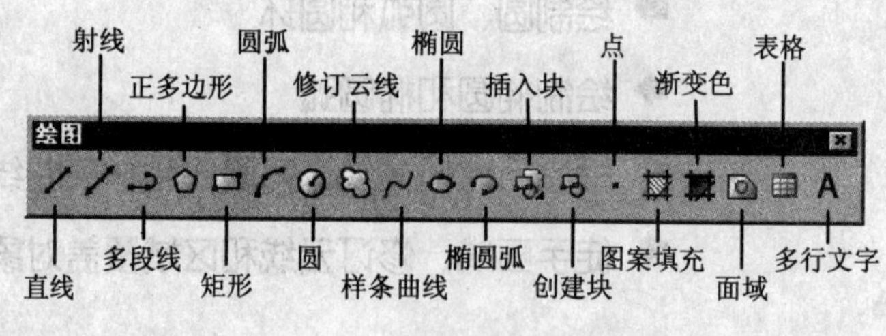

图 3.1.2 “绘图”工具栏

3.1.3 屏幕菜单

在 AutoCAD 2008 中还可以通过屏幕菜单来执行绘图命令。选择 工具(T) → 选项(N)... 命令，弹出 选项 对话框，在该对话框中的 显示 选项卡中选中 ☑ 显示屏幕菜单(U) 复选框，打开屏幕菜单，如图 3.1.3 所示。选择该菜单中的子菜单 绘制 1 和 绘制 2 中的命令，如图 3.1.4 所示，即可执行绘制图形命令。

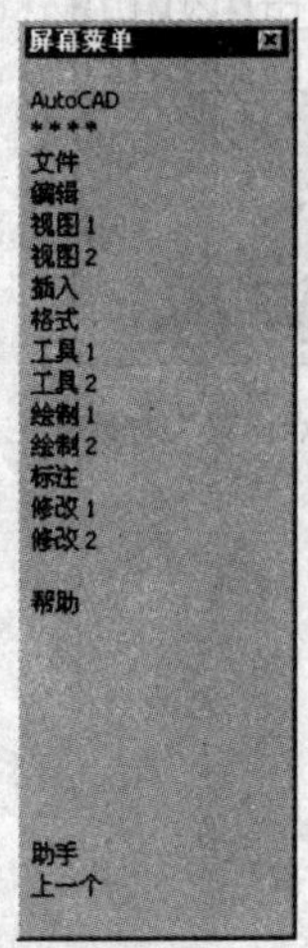

图 3.1.3　屏幕菜单

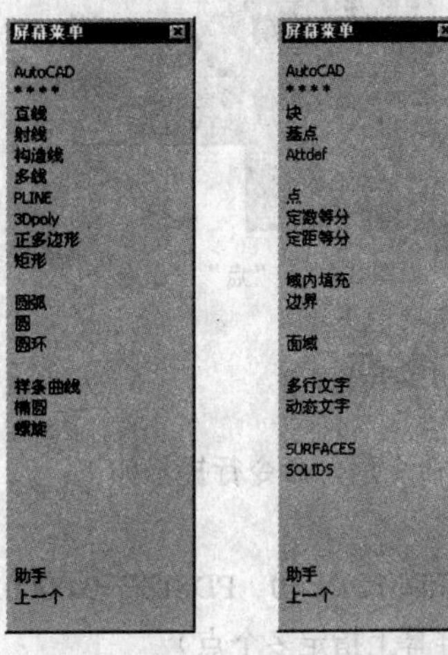

图 3.1.4　屏幕菜单中的“绘制 1”和“绘制 2”子菜单

3.1.4　绘图命令

以上 3 种绘制图形的方法都是调用绘图命令的方式，无论采用哪种方法绘制图形，都会对应一个绘图命令。在 AutoCAD 2008 中绘制每一种图形都只有一个命令，而执行绘制图形命令的方式可以有多种。利用绘图命令绘制图形是一种快捷、准确性高的方法，尤其是在专家模式中，这种方法的优越性更为突出，但前提是用户必须熟练掌握各种绘图命令及其命令选项的使用方法。

3.2　绘　制　点

在 AutoCAD 2008 中，点的绘制方法有 4 种，分别为绘制单点、绘制多点、绘制定数等分点和绘制定距等分点。启动绘制点命令有以下 3 种方法：

（1）单击“绘图”工具栏中的“点”按钮 ，绘制多点。

（2）选择 绘图(D) → 点(O) 命令，在其子命令中选择绘制点的方法，如图 3.2.1 所示。

（3）在命令行中输入命令 point（单点或多点），divide（定数等分点），measure（定距等分点）。

绘制点的类型不同，其操作方式也不相同，以下分别介绍。

3.2.1　绘制单点

启动绘制单点命令后，命令行提示如下：

命令：_point↙

当前点模式：PDMODE=0　PDSIZE=0.0000

指定点：（在屏幕上指定一点）

绘制单点命令一次只能绘制一个点，用户可以选择 格式(O) → 点样式(P)... 命令，在弹出的 点样式 对话框中选择要绘制的点的样式，如图 3.2.2 所示。

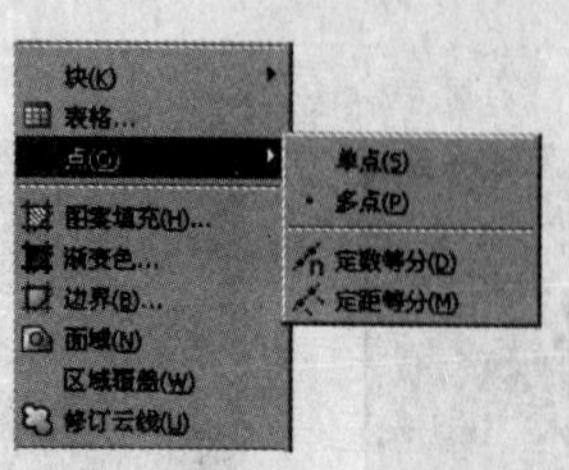

图 3.2.1 “点”子命令

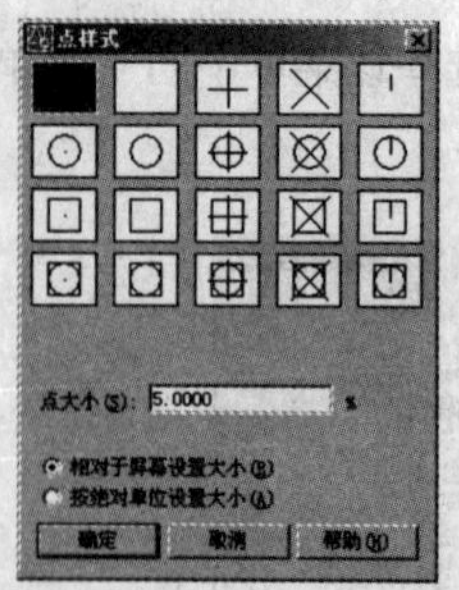

图 3.2.2 “点样式”对话框

3.2.2 绘制多点

启动绘制多点命令后，命令行提示如下：

命令：_point↙

当前点模式：PDMODE=0 PDSIZE=0.0000

指定点：（在屏幕上指定多个点）

按“Esc”键结束操作。绘制单点和多点的效果如图 3.2.3 所示。

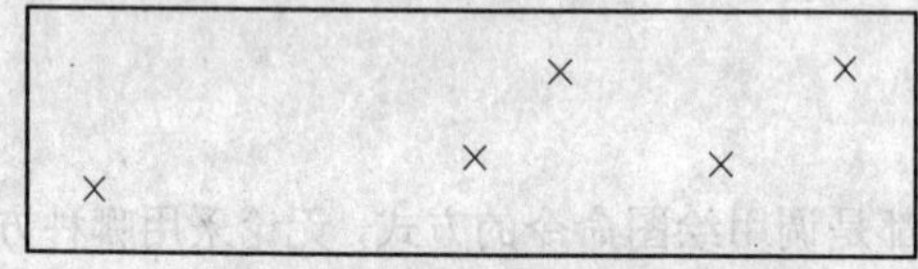

图 3.2.3 绘制单点和多点

3.2.3 绘制定数等分点

定数等分点是指在指定的对象上绘制等分点或在等分点处插入块。在 AutoCAD 2008 中，执行绘制定数等分点命令的方法有以下两种：

（1）选择 绘图(D) → 点(O) → 定数等分(D) 命令。

（2）在命令行中输入命令 divide。

执行以上命令后，选择要等分的对象，然后在命令行的提示下输入等分数，按回车键后即可将选中的对象分成 N 等份，即生成（N－1）个点。使用定数等分命令绘制点时，一次只能等分一个对象。

例如，将如图 3.2.4（a）所示的线段 AB 等分为 4 部分。

命令：_divide↙

选择要定数等分的对象：（选择线段 AB）

输入线段数目或 [块(B)]：4（输入等分数，按回车键）

定数等分后的线段如图 3.2.4（b）所示。

图 3.2.4 绘制定数等分点

3.2.4 绘制定距等分点

定距等分是指将对象按相同的距离进行划分。在 AutoCAD 2008 中，执行绘制定距等分点命令的方法有以下两种：

（1）选择 绘图(D) → 点(O) → 定距等分(M) 命令。

（2）在命令行中输入命令 measure。

执行以上命令后，选择要等分的对象，然后在命令行的提示下输入指定等分的距离，按回车键后即可将选中的对象按指定的距离进行等分。

例如：将一个椭圆定距等分，等分线段长度为 20，如图 3.2.5（a）所示。操作方法如下：

命令：_measure✓

选择要定距等分的对象：选择椭圆。

指定线段的长度或[块（B）]：20

绘制的图形如图 3.2.5（b）所示。

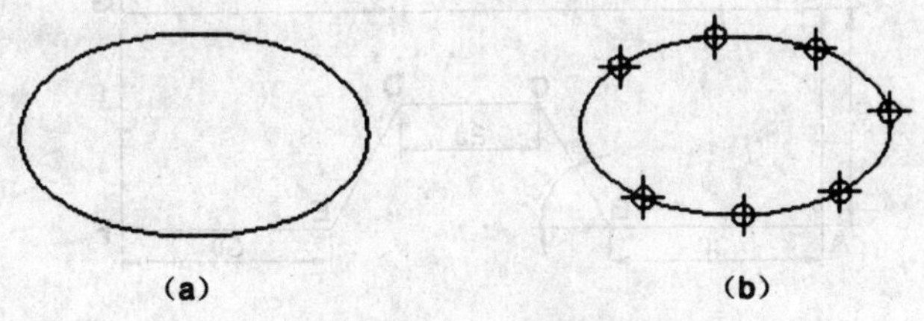

图 3.2.5 定距等分椭圆

3.3 绘制直线、射线和构造线

线性对象是绘图过程中最常用、也是最简单的一组对象，本节主要介绍直线、射线、构造线的绘制方法。

3.3.1 绘制直线

直线是图形中最基本、最常见的实体，常用于表示图形对象的轮廓。执行绘制直线命令的方法有以下 3 种：

（1）单击“绘图”工具栏中的“直线”按钮。

（2）选择 绘图(D) → 直线(L) 命令。

（3）在命令行中输入命令 line。

执行该命令后，命令行提示如下：

命令：_line✓

指定第一点：（指定直线的起点）

指定下一点或 [放弃(U)]：（指定直线的终点）

指定下一点或 [放弃(U)]：（指定下一段直线的终点或按回车键结束命令）

指定下一点或 [闭合(C)/放弃(U)]：（指定下一段直线的终点或选择输入 C，按回车键使图形闭合）

例如，用直线命令绘制如图 3.3.1 所示的图形。

执行绘制直线命令后，命令行提示如下：

命令：_line✓

指定第一点：（在绘图窗口中任意指定一点 A）

指定下一点或 [放弃(U)]：@30,0（输入 B 点坐标）

指定下一点或 [放弃(U)]：@20<60（输入 C 点坐标）

指定下一点或 [闭合(C)/放弃(U)]：@20,0（输入 D 点坐标）

指定下一点或 [闭合(C)/放弃(U)]：@20<-60（输入 E 点坐标）

指定下一点或 [闭合(C)/放弃(U)]：@30,0（输入 F 点坐标）

指定下一点或 [闭合(C)/放弃(U)]：@0,30（输入 G 点坐标）

指定下一点或 [闭合(C)/放弃(U)]：@-100,0（输入 H 点坐标）

指定下一点或 [闭合(C)/放弃(U)]：c（闭合绘制的图形）

绘制的图形如图 3.3.1 所示。

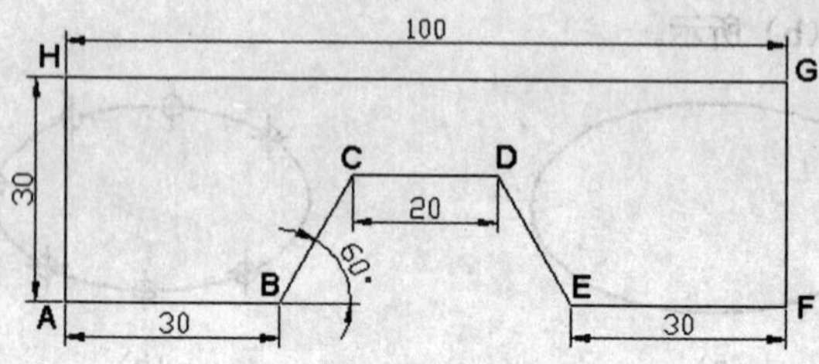

图 3.3.1 用直线绘制图形

3.3.2 绘制射线

射线是一端固定，另一端无限延伸的直线，常用做创建其他对象的参照。在 AutoCAD 2008 中，执行绘制射线命令的方法有以下两种：

（1）选择 绘图(D) → 射线(R) 命令。

（2）在命令行中输入命令 ray。

执行绘制射线命令后，命令行提示如下：

命令：_ray↙

指定起点：（指定射线的起点）

指定通过点：（指定射线通过的点）

指定通过点：（按回车键结束命令）

指定射线的起点后，每指定一个射线的通过点，即可绘制一条射线。

3.3.3 绘制构造线

构造线是一条向两边无限延伸的直线，没有起点和端点，常用做创建其他对象的参照。在 AutoCAD 2008 中，执行绘制构造线命令的方法有以下 3 种：

（1）单击“绘图”工具栏中的“构造线”按钮。

（2）选择 绘图(D) → 构造线(T) 命令。

（3）在命令行中输入命令 xline。

绘制如图 3.3.2 所示的图形，了解绘制构造线命令的使用方法。

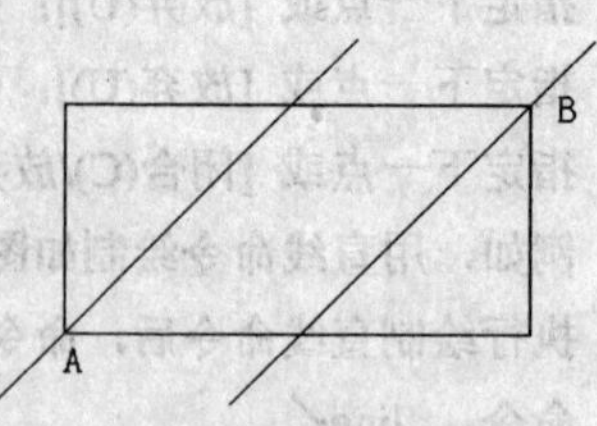

图 3.3.2 绘制构造线

（1）命令：xline↙。

（2）指定点或[水平(H)/垂直(V)/角度(A)/二等分(B)/偏移(O)]：a↙。

（3）输入构造线的角度(0)或[参照(R)]：45↙。

（4）指定通过点：捕捉点 A。

（5）指定通过点：捕捉点 B。

（6）指定通过点：↙。

上面提示选项的功能如下：

（1）指定点：该项是默认选项，主要用于绘制通过指定两点的构造线。

（2）水平(H)：该选项用于快速绘制水平方向的构造线。

（3）垂直(V)：该选项用于快速绘制垂直方向的构造线。

（4）角度(A)：该选项用于绘制与 X 轴正方向或与指定的直线成一定角度的构造线。

（5）二等分(B)：该选项绘制的构造线用于二等分指定的一个角。

（6）偏移(O)：该选项用于绘制和已知直线平行的、指定偏移量的构造线。

（7）参照(R)：通过选择参照对象绘制构造线。

3.4　绘制矩形和正多边形

矩形和正多边形都是绘图中使用频繁的基本图形，本节将介绍矩形和正多边形的绘制方法。

3.4.1　绘制矩形

矩形是基本二维图形中一种重要的图形对象，在 AutoCAD 2008 中，用户可以直接绘制倒角矩形、圆角矩形、有厚度的矩形等多种矩形。执行绘制矩形命令的方法有以下 3 种：

（1）单击“绘图”工具栏中的“矩形”按钮。

（2）选择 绘图(D) → 矩形(G) 命令。

（3）在命令行中输入命令 rectang。

执行绘制矩形命令后，命令行提示如下：

命令：_rectang

指定第一个角点或 [倒角(C)/标高(E)/圆角(F)/厚度(T)/宽度(W)]:

指定另一个角点或 [面积(A)/尺寸(D)/旋转(R)]:

其中各命令选项功能介绍如下：

（1）指定第一个角点：选择此命令选项，将指定矩形的两个角点绘制矩形，如图 3.4.1 所示。

（2）倒角(C)：选择此命令选项，绘制带倒角的矩形，如图 3.4.2 所示。

（3）标高(E)：选择此命令选项，设置矩形所在平面的高度，默认情况下矩形在 XOY 平面内，该选项用于绘制三维图形。

（4）圆角(F)：选择此命令选项，绘制带圆角的矩形，如图 3.4.3 所示。

（5）厚度(T)：选择此命令选项，设置矩形的厚度，如图 3.4.4 所示，该选项用于绘制三维图形。

（6）宽度(W)：选择此命令选项，设置矩形的线宽，如图 3.4.5 所示。

（7）面积(A)：使用面积与长度或宽度创建矩形。

（8）尺寸(D)：选择此命令选项，设置矩形的长度和宽度。

（9）旋转(R)：按指定的旋转角度创建矩形，如图 3.4.6 所示。

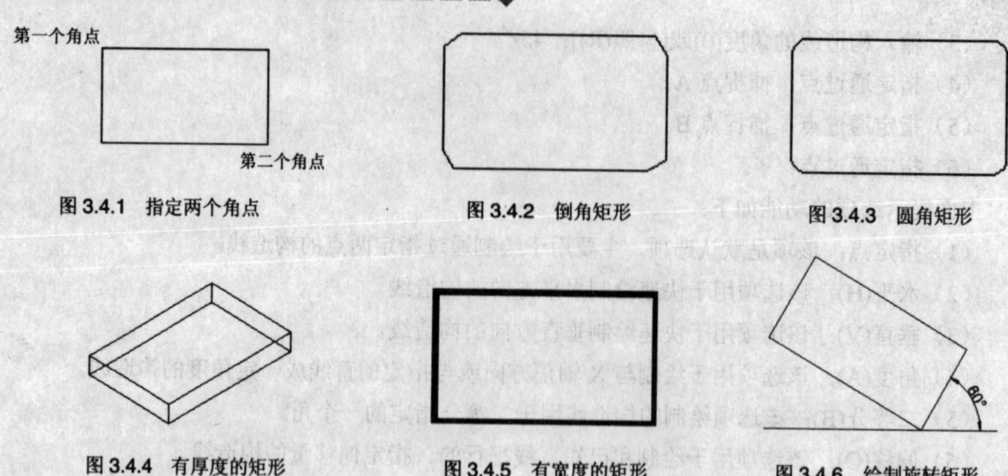

图 3.4.1　指定两个角点　　图 3.4.2　倒角矩形　　图 3.4.3　圆角矩形

图 3.4.4　有厚度的矩形　　图 3.4.5　有宽度的矩形　　图 3.4.6　绘制旋转矩形

3.4.2　绘制正多边形

在绘制平面图形时也会经常用到正多边形，在 AutoCAD 2008 中，执行绘制正多边形命令的方法有以下 3 种：

（1）单击“绘图”工具栏中的“正多边形”按钮。

（2）选择 绘图(D) → 正多边形(Y) 命令。

（3）在命令行中输入命令 polygon。

执行此命令后，命令行提示如下：

命令：_polygon

输入边的数目 <4>:（输入正多边形的边数或按回车键）

指定正多边形的中心点或 [边(E)]:（指定正多边形的中心点或选择其他命令选项）

输入选项 [内接于圆(I)/外切于圆(C)] <I>: I （选择绘制正多边形的方式）

指定圆的半径:（输入圆的半径）

其中各命令选项的功能介绍如下：

（1）边(E)：选择此命令选项，通过指定第一条边的端点来定义正多边形。命令行提示如下：

指定边的第一个端点:（指定正多边形边的第一个端点）

指定边的第二个端点:（指定正多边形边的第二个端点）

（2）内接于圆(I)：选择此命令选项，在要绘制的正多边形外边会出现一个假想的虚线圆，如图 3.4.7 所示，正多边形的所有顶点都在此圆周上，指定该圆的半径后即可创建正多边形。命令行提示如下：

指定圆的半径:（输入圆的半径）

如图 3.4.7 所示为用内接圆法绘制的正多边形。

（3）外切于圆(C)：选择此命令选项，在要绘制的正多边形的里边会出现一个假想的虚线圆，如图 3.4.8 所示，正多边形各边切点都在此圆周上，指定该圆的半径后即可创建正多边形。命令行提示如下：

指定圆的半径:（输入圆的半径）

如图 3.4.8 所示为用外切圆法绘制的正多边形。

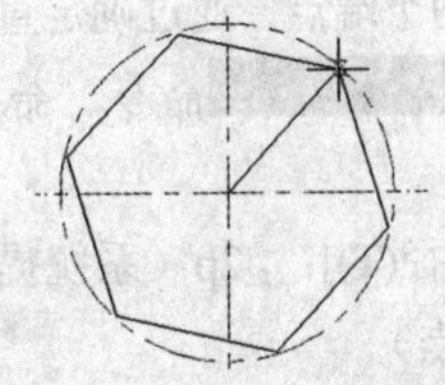

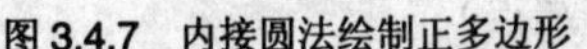

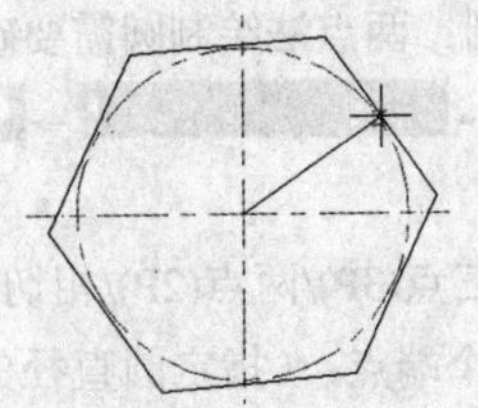

图 3.4.7　内接圆法绘制正多边形　　　图 3.4.8　外切圆法绘制正多边形

3.5　绘制圆和圆弧

圆和圆弧是绘图过程中经常使用的一组弧线对象，本节详细介绍这两个对象的绘制方法。

3.5.1　绘制圆

在 AutoCAD 2008 中，系统提供了 6 种绘制圆的方法，单击“绘图”工具栏中的“圆”按钮，或选择绘图(D)→圆(C)中的子命令，如图 3.5.1 所示，即可执行绘制圆命令。

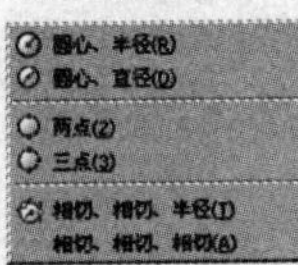

图 3.5.1　“圆”菜单子命令

（1）圆心、半径法绘制圆：圆心、半径法绘制圆是 AutoCAD 2008 默认的绘制圆的方法，也是最基本的绘制圆的方法。选择绘图(D)→圆(C)→圆心、半径(R)命令，命令行提示如下：

命令：_circle

指定圆的圆心或 [三点(3P)/两点(2P)/相切、相切、半径(T)]:（指定圆的圆心）

指定圆的半径或 [直径(D)] < 6.0000>:（输入圆的半径）

如图 3.5.2 所示为用圆心、半径法绘制的圆。

（2）圆心、直径法绘制圆：圆心、直径法绘制圆需要用户指定圆的圆心和直径两个值，选择绘图(D)→圆(C)→圆心、直径(D)命令，命令行提示如下：

命令：_circle

指定圆的圆心或 [三点(3P)/两点(2P)/相切、相切、半径(T)]:（指定圆的圆心）

指定圆的半径或 [直径(D)] <6.0000>: _d

指定圆的直径 < 24.0000>:（指定圆的直径）

如图 3.5.3 所示为用圆心、直径法绘制的圆。

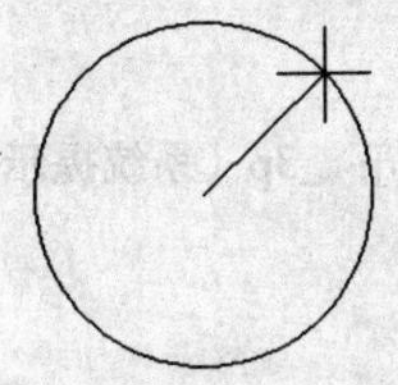

图 3.5.2　“圆心、半径”法绘制圆

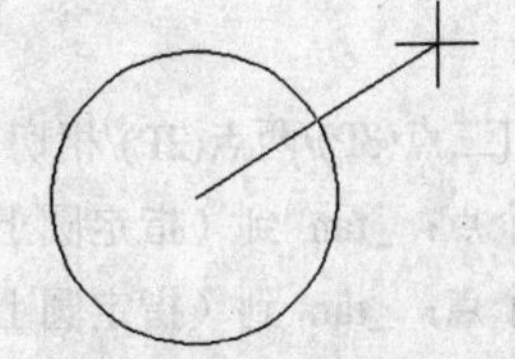

图 3.5.3　“圆心、直径”法绘制圆

（3）两点法绘制圆：两点法绘制圆需要确定直径的两个端点，通过确定直径的端点来确定圆的位置和大小。选择 绘图(D) → 圆(C) → 两点(2) 命令，命令行提示如下：

命令：_circle

指定圆的圆心或 [三点(3P)/两点(2P)/相切、相切、半径(T)]：_2p（系统提示）

指定圆直径的第一个端点：（指定圆直径的第一个端点）

指定圆直径的第二个端点：（指定圆直径的第二个端点）

如图 3.5.4 所示为用两点法绘制的圆。

（4）三点法绘制圆：三点法绘制圆需要确定圆周上的三个点，通过确定三个点的值来确定圆的位置和大小。选择 绘图(D) → 圆(C) → 三点(3) 命令，命令行提示如下：

命令：_circle

指定圆的圆心或 [三点(3P)/两点(2P)/相切、相切、半径(T)]：_3p（系统提示）

指定圆上的第一个点：（指定圆上的第一个点）

指定圆上的第二个点：（指定圆上的第二个点）

指定圆上的第三个点：（指定圆上的第三个点）

如图 3.5.5 所示为用三点法绘制的圆。

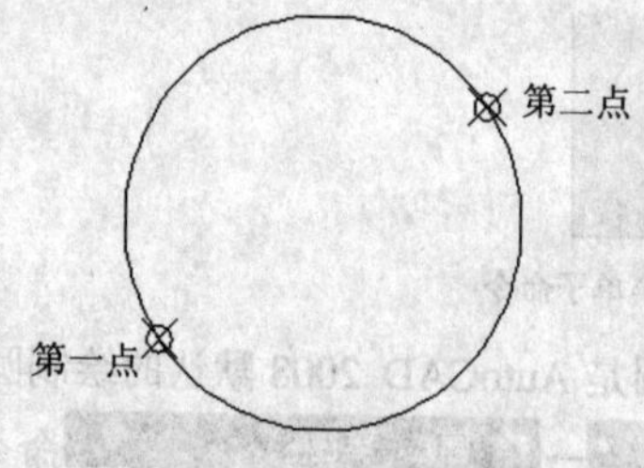

图 3.5.4 “两点”法绘制圆

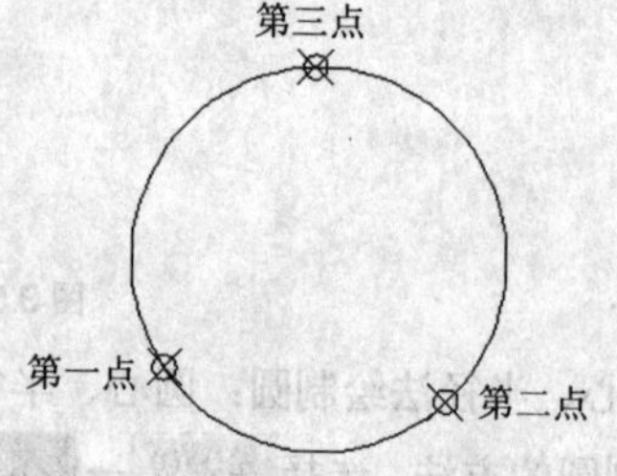

图 3.5.5 “三点”法绘制圆

（5）相切、相切、半径法绘制圆：相切、相切、半径法绘制的圆是两个实体的公切圆，用这种方法绘制圆需要确定圆与两个实体的切点和圆的半径。选择 绘图(D) → 圆(C) → 相切、相切、半径(T) 命令，命令行提示如下：

命令：_circle

指定圆的圆心或 [三点(3P)/两点(2P)/相切、相切、半径(T)]：_ttr（系统提示）

指定对象与圆的第一个切点：（指定第一个切点）

指定对象与圆的第二个切点：（指定第二个切点）

指定圆的半径 <8.0000>：（指定圆的半径）

如图 3.5.6 所示为用相切、相切、半径法绘制的圆。

（6）相切、相切、相切法绘制圆：相切、相切、相切法绘制的圆是 3 个实体的公切圆，用这种方法绘制圆需要确定圆与 3 个实体的切点。选择 绘图(D) → 圆(C) → 相切、相切、相切(A) 命令，命令行提示如下：

命令：_circle

指定圆的圆心或 [三点(3P)/两点(2P)/相切、相切、半径(T)]：_3p（系统提示）

指定圆上的第一个点：_tan 到（指定圆上的第一个切点）

指定圆上的第二个点：_tan 到（指定圆上的第二个切点）

指定圆上的第三个点：_tan 到（指定圆上的第三个切点）

如图 3.5.7 所示为用相切、相切、相切法绘制的圆。

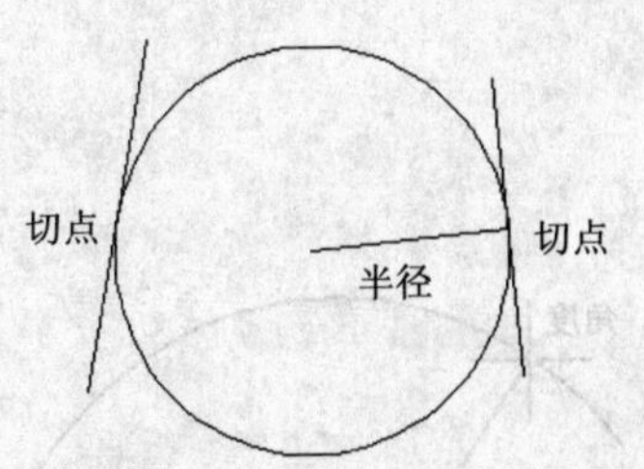

图 3.5.6　“相切、相切、半径”法绘制圆

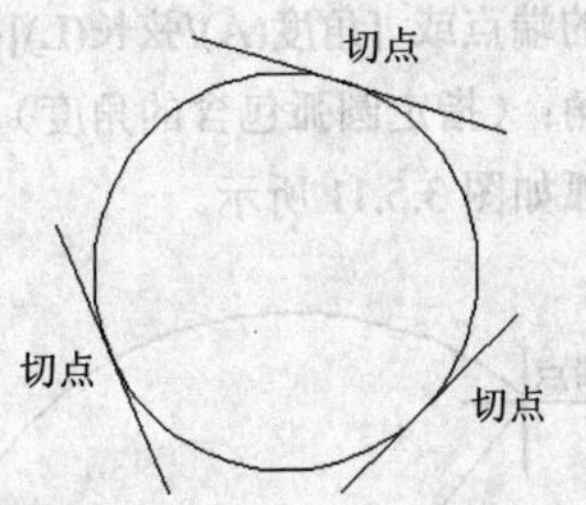

图 3.5.7　“相切、相切、相切”法绘制圆

3.5.2　绘制圆弧

在 AutoCAD 2008 中，系统提供了 11 种绘制圆弧的方法，单击“绘图”工具栏中的“圆弧”按钮，或选择 绘图(D) → 圆弧(A) 菜单的子命令，如图 3.5.8 所示，即可执行绘制圆弧命令。

（1）三点法绘制圆弧：三点法绘制圆弧是指通过指定圆弧上的三个点来确定圆弧的位置和长度。选择 绘图(D) → 圆弧(A) → 三点(P) 命令，命令行提示如下：

命令：_arc

指定圆弧的起点或 [圆心(C)]：（指定圆弧上的第一个点）

指定圆弧的第二个点或 [圆心(C)/端点(E)]：（指定圆弧上的第二个点）

指定圆弧的端点：（指定圆弧上的第三个点）

绘制的圆弧如图 3.5.9 所示。

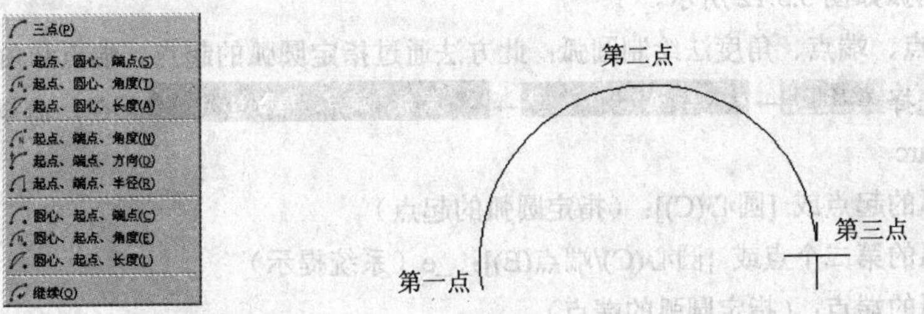

图 3.5.8　“圆弧”菜单子命令　　图 3.5.9　“三点”法绘制圆弧

（2）起点、圆心、端点法绘制圆弧：此方法通过指定圆弧的起点、圆心和端点来确定圆弧的位置和长度。选择 绘图(D) → 圆弧(A) → 起点、圆心、端点(S) 命令，命令行提示如下：

命令：_arc

指定圆弧的起点或 [圆心(C)]：（指定圆弧的起点）

指定圆弧的第二个点或 [圆心(C)/端点(E)]：_c

指定圆弧的圆心：（指定圆弧的圆心）

指定圆弧的端点或 [角度(A)/弦长(L)]：（指定圆弧的端点）

绘制的圆弧如图 3.5.10 所示。

（3）起点、圆心、角度法绘制圆弧：此方法通过确定圆弧的起点、圆心和角度来确定圆弧的位置和长度。选择 绘图(D) → 圆弧(A) → 起点、圆心、角度(T) 命令，命令行提示如下：

命令：_arc

指定圆弧的起点或 [圆心(C)]：（指定圆弧的起点）

指定圆弧的第二个点或 [圆心(C)/端点(E)]：_c

指定圆弧的圆心：(指定圆弧的圆心)

指定圆弧的端点或 [角度(A)/弦长(L)]：_a

指定包含角：(指定圆弧包含的角度)

绘制的圆弧如图 3.5.11 所示。

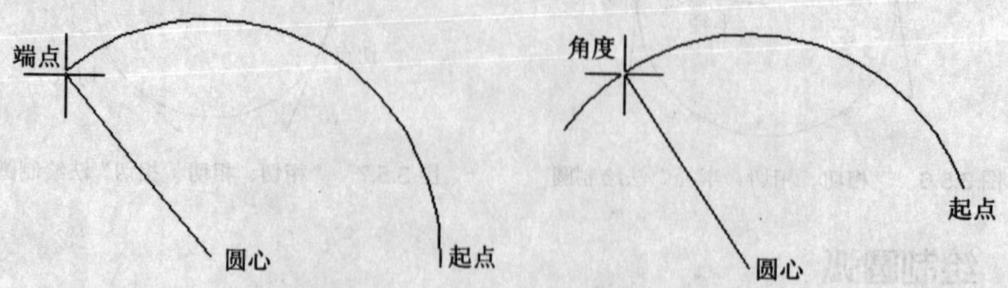

图 3.5.10 "起点、圆心、端点"法绘制圆弧　　图 3.5.11 "起点、圆心、角度"法绘制圆弧

(4) 起点、圆心、长度法绘制圆弧：此方法通过确定圆弧的起点、圆心和弧长来确定圆弧的位置和长度。选择 绘图(D) → 圆弧(A) → 起点、圆心、长度(A) 命令，命令行提示如下：

命令：_arc

指定圆弧的起点或 [圆心(C)]：(指定圆弧的起点)

指定圆弧的第二个点或 [圆心(C)/端点(E)]：_c

指定圆弧的圆心：(指定圆弧的圆心)

指定圆弧的端点或 [角度(A)/弦长(L)]：_l

指定弦长：(指定圆弧的弧长)

绘制的圆弧如图 3.5.12 所示。

(5) 起点、端点、角度法绘制圆弧：此方法通过指定圆弧的起点、端点和角度来确定圆弧的位置和长度。选择 绘图(D) → 圆弧(A) → 起点、端点、角度(N) 命令，命令行提示如下：

命令：_arc

指定圆弧的起点或 [圆心(C)]：(指定圆弧的起点)

指定圆弧的第二个点或 [圆心(C)/端点(E)]：_e(系统提示)

指定圆弧的端点：(指定圆弧的端点)

指定圆弧的圆心或 [角度(A)/方向(D)/半径(R)]：_a

指定包含角：(指定圆弧包含的角度)

绘制的圆弧如图 3.5.13 所示。

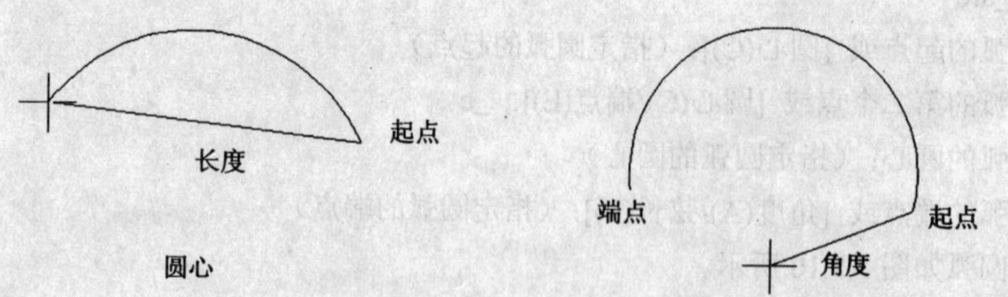

图 3.5.12 "起点、圆心、长度"法绘制圆弧　　图 3.5.13 "起点、端点、角度"法绘制圆弧

(6) 起点、端点、方向法绘制圆弧：此方法通过指定圆弧的起点、端点和方向来确定圆弧的位置和长度。选择 绘图(D) → 圆弧(A) → 起点、端点、方向(D) 命令，命令行提示如下：

命令：_arc

指定圆弧的起点或 [圆心(C)]:（指定圆弧的起点）

指定圆弧的第二个点或 [圆心(C)/端点(E)]: _e（系统提示）

指定圆弧的端点:（指定圆弧的端点）

指定圆弧的圆心或 [角度(A)/方向(D)/半径(R)]: _d

指定圆弧的起点切向:（指定圆弧的方向）

绘制的圆弧如图 3.5.14 所示。

（7）起点、端点、半径法绘制圆弧：此方法通过指定圆弧的起点、端点和半径来确定圆弧的位置和长度。选择 绘图(D) → 圆弧(A) → 起点、端点、半径(R) 命令，命令行提示如下：

命令：_arc

指定圆弧的起点或 [圆心(C)]:（指定圆弧的起点）

指定圆弧的第二个点或 [圆心(C)/端点(E)]: _e（系统提示）

指定圆弧的端点:（指定圆弧的端点）

指定圆弧的圆心或 [角度(A)/方向(D)/半径(R)]: _r

指定圆弧的半径:（指定圆弧的半径）

绘制的圆弧如图 3.5.15 所示。

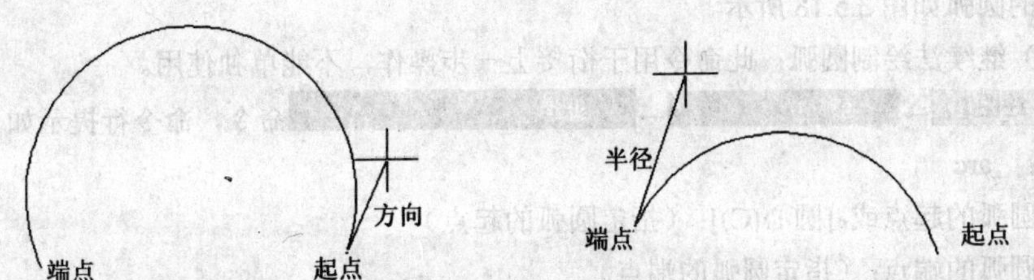

图 3.5.14 “起点、端点、方向”法绘制圆弧　　图 3.5.15 “起点、端点、半径”法绘制圆弧

（8）圆心、起点、端点法绘制圆弧：此方法通过指定圆弧的圆心、起点和端点来确定圆弧的位置和长度。选择 绘图(D) → 圆弧(A) → 圆心、起点、端点(C) 命令，命令行提示如下：

命令：_arc

指定圆弧的起点或 [圆心(C)]: _c

指定圆弧的圆心:（指定圆弧的圆心）

指定圆弧的起点:（指定圆弧的起点）

指定圆弧的端点或 [角度(A)/弦长(L)]:（指定圆弧的端点）

绘制的圆弧如图 3.5.16 所示。

（9）圆心、起点、角度法绘制圆弧：此方法通过指定圆弧的圆心、起点和角度来确定圆弧的位置和长度。选择 绘图(D) → 圆弧(A) → 圆心、起点、角度(E) 命令，命令行提示如下：

命令：_arc

指定圆弧的起点或 [圆心(C)]: _c

指定圆弧的圆心:（指定圆弧的圆心）

指定圆弧的起点:（指定圆弧的起点）

指定圆弧的端点或 [角度(A)/弦长(L)]: _a

指定包含角:（指定圆弧包含的角度）

绘制的圆弧如图 3.5.17 所示。

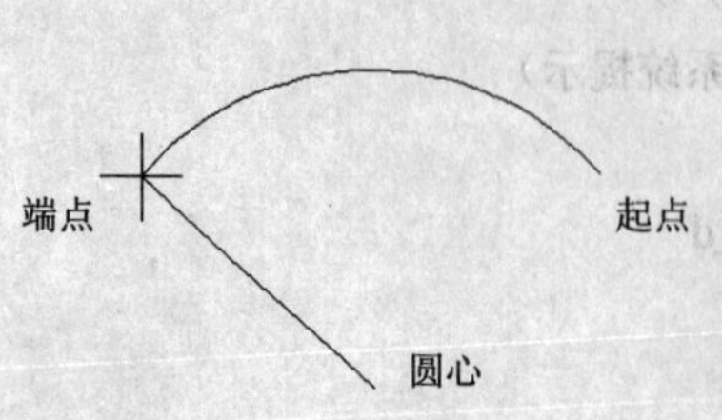

图 3.5.16 “圆心、起点、端点”法绘制圆弧

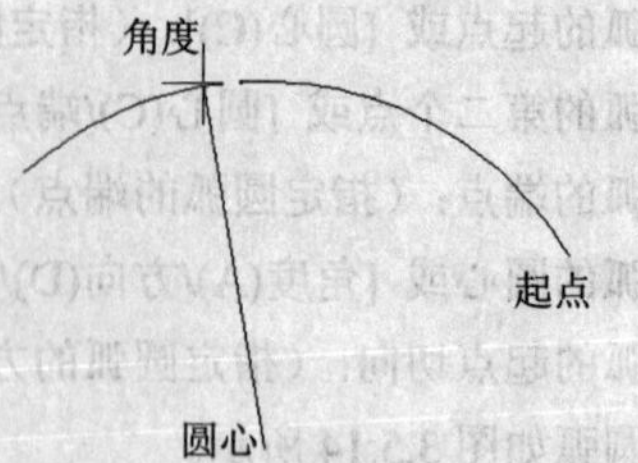

图 3.5.17 “圆心、起点、角度”法绘制圆弧

（10）圆心、起点、长度法绘制圆弧：此方法通过指定圆弧的圆心、起点和弦长来确定圆弧的位置和长度。选择 绘图(D) → 圆弧(A) → 圆心、起点、长度(L) 命令，命令行提示如下：

命令：_arc

指定圆弧的起点或 [圆心(C)]：_c

指定圆弧的圆心：（指定圆弧的圆心）

指定圆弧的起点：（指定圆弧的起点）

指定圆弧的端点或 [角度(A)/弦长(L)]：_l

指定弦长：（指定圆弧的弦长）

绘制的圆弧如图 3.5.18 所示。

（11）继续法绘制圆弧：此命令用于衔接上一步操作，不能单独使用。

选择 绘图(D) → 圆弧(A) → 继续(O) 命令，命令行提示如下：

命令：_arc

指定圆弧的起点或 [圆心(C)]：（指定圆弧的起点）

指定圆弧的端点：（指定圆弧的端点）

绘制的圆弧如图 3.5.19 所示。

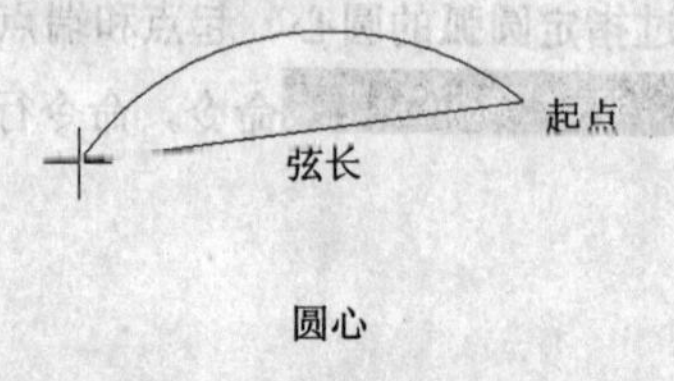

图 3.5.18 “圆心、起点、长度”法绘制圆弧

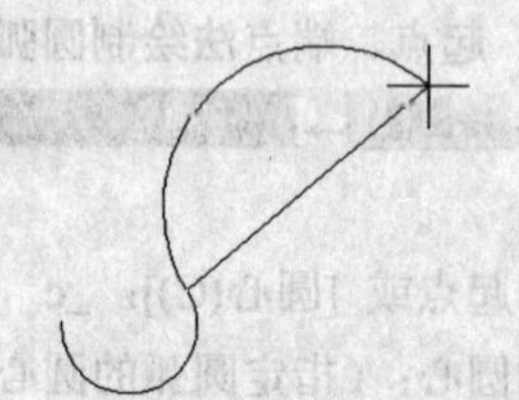

图 3.5.19 “继续”法绘制圆弧

3.6 绘制椭圆和椭圆弧

椭圆和椭圆弧是 AutoCAD 中另外一组重要的曲线对象，本节将详细介绍这两种曲线的绘制方法。

3.6.1 绘制椭圆

在 AutoCAD 2008 中，系统提供了两种绘制椭圆的方法，单击“绘图”工具栏中的“椭圆”按钮，或选择 绘图(D) → 椭圆(E) 菜单的子命令，如图 3.6.1 所示，即可执行绘制椭圆命令。

（1）中心点法绘制椭圆：用这种方法绘制椭圆，是指通过指定椭圆的中心点、一条轴的端点和另一条半轴的长度来确定椭圆的位置和大小。选择 绘图(D) → 椭圆(E) → 中心点(C) 命令，命令行提示如下：

命令：_ellipse

指定椭圆的轴端点或 [圆弧(A)/中心点(C)]：_c（执行中心点法绘制椭圆命令）

指定椭圆的中心点：（指定椭圆的中心点）

指定轴的端点：（指定椭圆一条轴的端点）

指定另一条半轴长度或 [旋转(R)]：（指定椭圆另一条半轴的长度）

用该方法绘制的椭圆如图 3.6.2 所示。

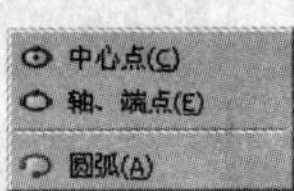

图 3.6.1　“椭圆”菜单子命令

（2）轴、端点法绘制椭圆：用这种方法绘制椭圆，是指通过指定椭圆一条轴的两个端点和另一条半轴的长度来确定椭圆的位置和大小。选择 绘图(D) → 椭圆(E) → 轴、端点(E) 命令，命令行提示如下：

命令：_ellipse

指定椭圆的轴端点或 [圆弧(A)/中心点(C)]：（指定椭圆轴的一个端点）

指定轴的另一个端点：（指定椭圆轴的另一个端点）

指定另一条半轴长度或 [旋转(R)]：（指定椭圆的另一条半轴长度）

用该方法绘制的椭圆如图 3.6.3 所示。

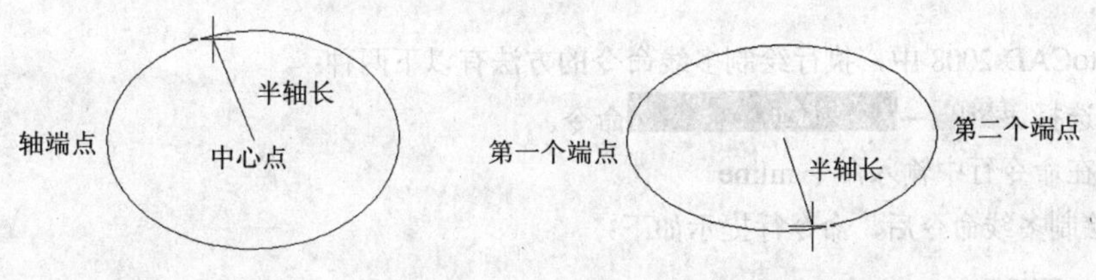

图 3.6.2　“中心点”法绘制椭圆　　　图 3.6.3　“轴、端点”法绘制椭圆

3.6.2　绘制椭圆弧

椭圆弧是在椭圆的基础上绘制出来的，在绘制椭圆弧之前首先要绘制一个虚拟的椭圆，然后指定椭圆弧的起点和终点。

在 AutoCAD 2008 中，单击“绘图”工具栏中的“椭圆弧”按钮，或选择 绘图(D) → 椭圆(E) → 圆弧(A) 命令即可执行绘制椭圆弧命令，命令行提示如下：

命令：_ellipse

指定椭圆的轴端点或 [圆弧(A)/中心点(C)]：_a（系统提示）

指定椭圆弧的轴端点或 [中心点(C)]：（指定椭圆弧的轴端点）

指定轴的另一个端点：（指定椭圆弧的另一个轴端点）

指定另一条半轴长度或 [旋转(R)]：（指定另一条半轴长度）

指定起始角度或 [参数(P)]：（指定椭圆弧的起始角度）

指定终止角度或 [参数(P)/包含角度(I)]：（指定椭圆弧的终止角度）

其中部分命令选项的功能介绍如下：

（1）参数(P)：此选项是 AutoCAD 绘制椭圆弧的另一种模式。选择此项后，命令行提示如下：

指定起始参数或[角度(A)]：（指定起始参数）

指定终止参数或[角度(A)/包含角度(I)]：（指定终止参数）

使用“起始参数”选项可以从“角度”模式切换到“参数”模式。

（2）包含角度(I)：定义从起始角度开始的包含角度。选择此项后，命令行提示如下：

指定弧的包含角度<180>：（输入椭圆弧包含的角度值）

绘制的椭圆弧如图 3.6.4 所示。

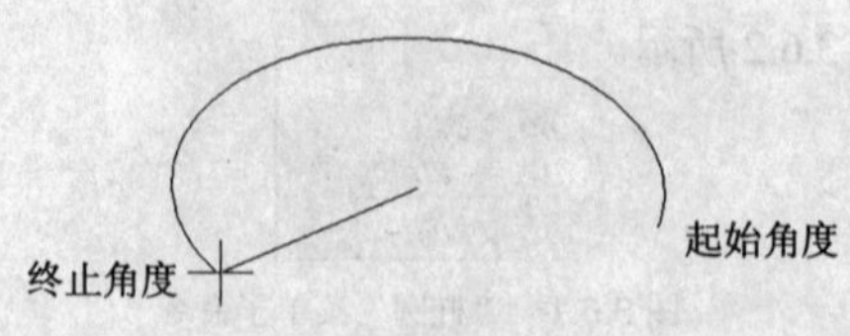

图 3.6.4　绘制椭圆弧

3.7　绘制与编辑多线

多线是由 1～16 条平行线组合而成的特殊的图形对象，多线常用来表示建筑图形中的墙体、电子线路图等平行线对象。

3.7.1　绘制多线

在 AutoCAD 2008 中，执行绘制多线命令的方法有以下两种：

（1）选择 绘图(D) → 多线(M) 命令。

（2）在命令行中输入命令 mline。

执行绘制多线命令后，命令行提示如下：

命令：_mline

当前设置：对正 = 上，比例 = 1.00，样式 = 墙线（系统提示）

指定起点或 [对正(J)/比例(S)/样式(ST)]：（指定多线的起点）

指定下一点：（指定多线的端点）

指定下一点或 [放弃(U)]：（按回车键结束命令）

其中各命令选项的功能介绍如下：

（1）对正(J)：该选项用于指定绘制多线的基准。选择该命令选项，命令行提示如下：

输入对正类型 [上(T)/无(Z)/下(B)] <上>:

系统提供了 3 种对正类型，分别为“上”“无”和“下”，其中，“上”表示以多线上侧的线为基线，以此类推。

（2）比例(S)：该选项用于指定多线间的宽度，选择该命令选项，命令行提示：“输入多线比例<20.00>”，要求用户输入平行线间的距离。输入值为零时平行线重合，值为负时多线的排列倒置。

（3）样式(ST)：该选项用于设置当前使用的多线样式。

例如，用多线命令绘制如图 3.7.1 所示的图形，具体操作如下：

命令：_mline

当前设置：对正 = 上，比例 = 20.00，样式 = STANDARD（系统提示）

指定起点或 [对正(J)/比例(S)/样式(ST)]：j（选择“对正”命令选项）

输入对正类型 [上(T)/无(Z)/下(B)] <上>：z（选择“无”命令选项）

当前设置：对正 = 无，比例 = 20.00，样式 = STANDARD（系统提示）

指定起点或 [对正(J)/比例(S)/样式(ST)]：s（选择“比例”命令选项）

输入多线比例 <20.00>：　50（输入多线比例）

当前设置：对正 = 无，比例 = 50.00，样式 = STANDARD（系统提示）

指定起点或 [对正(J)/比例(S)/样式(ST)]：800,0（指定多线的起点 A）

指定下一点：2 200,0（指定多线的下一个点 B）

指定下一点或 [放弃(U)]：2 200,1 800（指定多线的下一个点 C）

指定下一点或 [闭合(C)/放弃(U)]：2 000,1 800（指定多线的下一个点 D）

指定下一点或 [闭合(C)/放弃(U)]：2 000,2 700（指定多线的下一个点 E）

指定下一点或 [闭合(C)/放弃(U)]：0,2 700（指定多线的下一个点 F）

指定下一点或 [闭合(C)/放弃(U)]：0,800（指定多线的下一个点 G）

指定下一点或 [闭合(C)/放弃(U)]：800,800（指定多线的下一个点 H）

指定下一点或 [闭合(C)/放弃(U)]：c（选择“闭合”命令闭合绘制的多线）

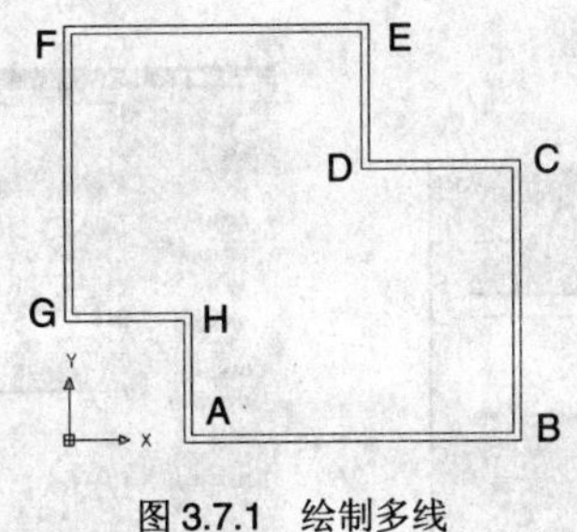

图 3.7.1　绘制多线

3.7.2　创建与修改多线样式

在 AutoCAD 2008 中，用户可以根据需要创建多线样式，在多线样式中可以设置多线的线条数目和拐角方式。选择 格式(O) → 多线样式(M)... 命令或在命令行中输入命令 mlstyle，都可弹出 多线样式 对话框，如图 3.7.2 所示。

该对话框中各个选项功能介绍如下：

（1） 样式(S): 列表框：该列表框中列出了当前图形中的所有多线样式。

（2） 置为当前(U) 按钮：在 样式(S): 列表框中选中一个多线样式后，单击此按钮即可将其设置为当前样式。

（3） 新建(N)... 按钮：单击此按钮，利用弹出的 创建新的多线样式 对话框创建新的多线样式，如图 3.7.3 所示。

（4） 修改(M)... 按钮：单击此按钮，利用弹出的 修改多线样式 对话框修改在 样式(S): 列表框中选中的多线样式。

（5） 重命名(R) 按钮：单击此按钮，重命名在 样式(S): 列表框中选中的多线样式名称。

（6） 删除(D) 按钮：单击此按钮，删除在 样式(S): 列表框中选中的多线样式。

（7） 加载(L)... 按钮：单击此按钮，弹出 加载多线样式 对话框，如图 3.7.4 所示，可以在该对话框中选取多线样式并将其加载到当前图形中。

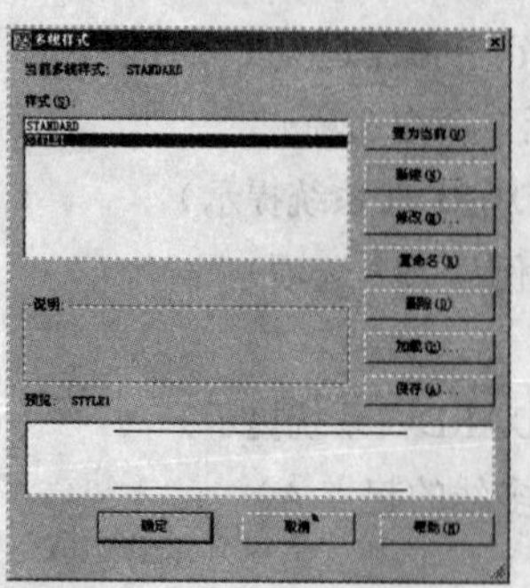

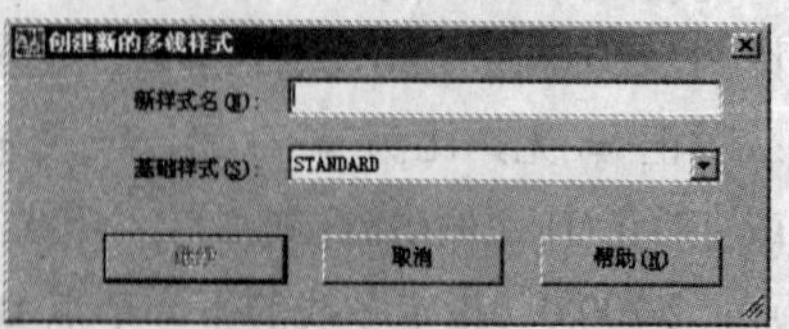

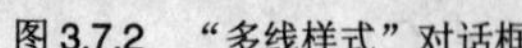

图 3.7.2 “多线样式”对话框　　图 3.7.3 “创建新的多线样式”对话框

（8）保存(A)... 按钮：单击此按钮，利用弹出的保存多线样式对话框将当前的多线样式保存为一个多线文件（*.mln）。

1．创建多线样式

在多线样式对话框中单击新建(N)... 按钮，弹出创建新的多线样式对话框，在该对话框中的新样式名(N): 文本框中输入多线样式名称，然后单击继续按钮，弹出新建多线样式：STYLE1 对话框，如图 3.7.5 所示。

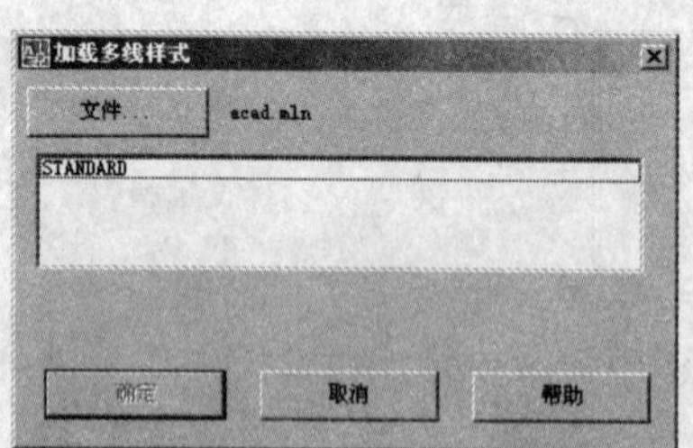

图 3.7.4 “加载多线样式”对话框

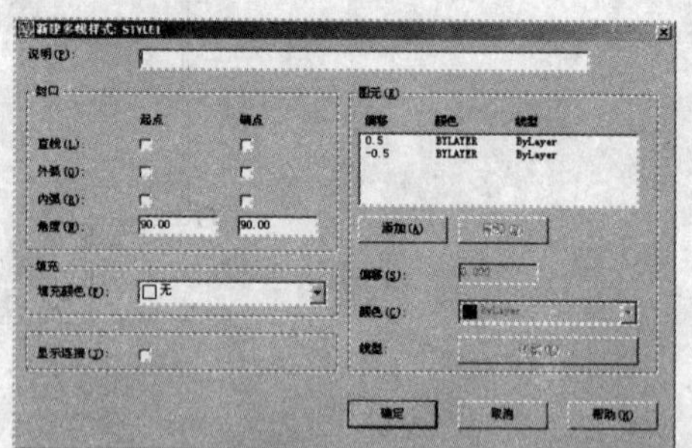

图 3.7.5 “新建多线样式：STYLE1”对话框

该对话框中各选项功能介绍如下：

（1）说明(P): 文本框：该文本框用于为多线样式添加说明，最多可以输入 255 个字符。

（2）封口选项组：该选项组用于控制多线起点和端点封口。多线的封口方式可以分为 4 种，分别为直线、外弧、内弧和角度，如图 3.7.6 所示。选中起点或端点对应的复选框即可设置多线的封口方式。

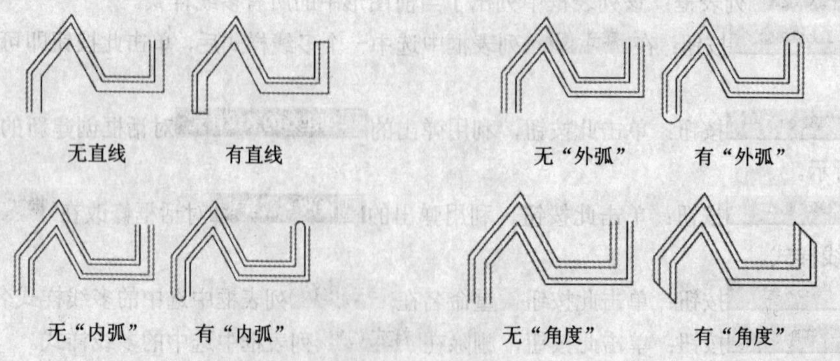

图 3.7.6 多线的封口方式

（3）填充下拉列表：该下拉列表用于控制多线的背景填充。

（4）显示连接(J)复选框：该复选框用于控制每条多线顶点处连接的显示，显示连接与不显示连接的效果如图 3.7.7 所示。

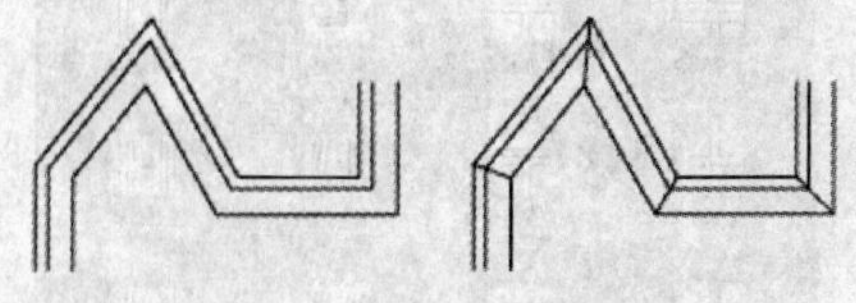

显示连接效果　　　　不显示连接效果

图 3.7.7　显示连接与不显示连接的效果

（5）图元(E)选项组：该选项组用于设置新的和现有的多线元素的元素特性，例如偏移、颜色和线型。

2. 修改多线样式

创建多线样式后，如果需要对“多线样式”进行修改，可以在多线样式对话框中单击修改(M)...按钮，在弹出的修改多线样式：STYLE1对话框中对已经创建的多线样式进行修改，如图 3.7.8 所示。

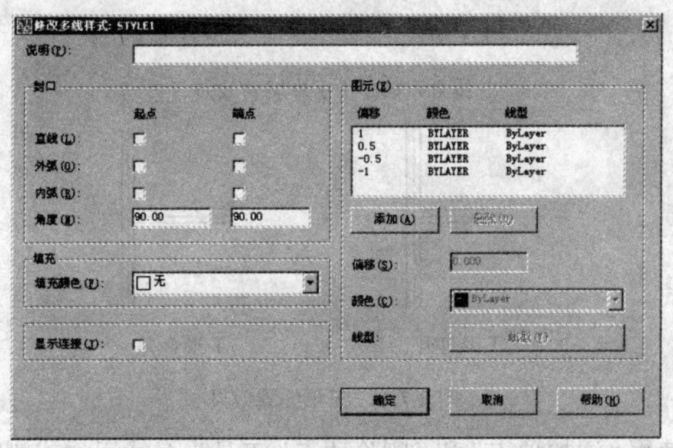

图 3.7.8　“修改多线样式：STYLE1”对话框

该对话框中各选项的功能与创建新的多线样式对话框中相同，用户可以参照创建多线样式的方法对多线样式进行修改。

3.7.3　编辑多线

利用多线编辑命令对绘制的多线进行编辑，可以创建出各种多线。在 AutoCAD 2008 中，执行编辑多线命令的方法有以下 3 种：

（1）选择修改(M)→对象(O)→多线(M)...命令。

（2）在命令行中输入命令 mledit。

（3）双击需要编辑的多线。

执行编辑多线命令后，弹出多线编辑工具对话框，如图 3.7.9 所示，在该对话框中选择相应的多线编辑工具，即可对多线进行编辑。

其中，“十字闭合”“十字打开”和“十字合并”工具用于消除各种十字相交线，效果如图 3.7.10 所示。“T 形闭合”“T 形打开”“T 形合并”和“角点结合”工具用于消除各种 T 形相交线，效果如图 3.7.11 所示。

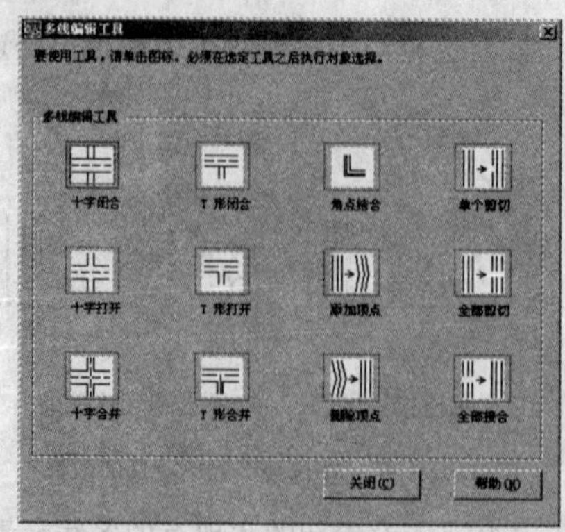

图 3.7.9 “多线编辑工具”对话框

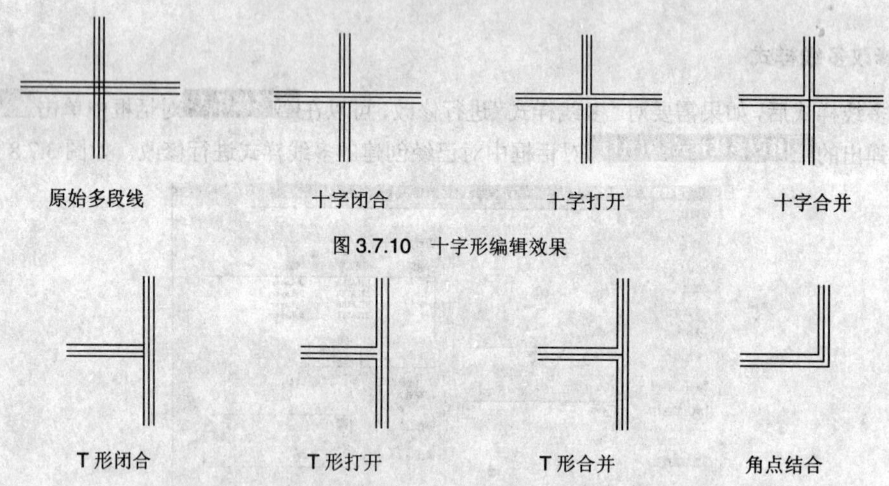

原始多段线　　十字闭合　　十字打开　　十字合并

图 3.7.10 十字形编辑效果

T 形闭合　　T 形打开　　T 形合并　　角点结合

图 3.7.11 T 形编辑效果

另外，用户还可以使用“添加顶点”和“删除顶点”工具为多线添加或删除顶点，还可以使用“单个剪切”“全部剪切”和“全部接合”工具对多线进行剪切和接合。

3.8 绘制与编辑多段线

多段线是由直线和圆弧构成的复杂的实体对象，多段线提供单个直线所不具备的编辑功能。例如，可以调整多段线的宽度和曲率。多段线作为一个单独的实体，可以统一对其进行编辑。

3.8.1 绘制多段线

在 AutoCAD 2008 中，执行绘制多段线命令的方法有以下 3 种：

（1）单击“绘图”工具栏中的“多段线”按钮 。

（2）选择 绘图(D) → 多段线(P) 命令。

（3）在命令行中输入命令 pline。

执行绘制多段线命令后，命令行提示如下：

命令：_pline

指定起点：(指定多段线的起点)

当前线宽为 0.0000（系统提示）

指定下一个点或 [圆弧(A)/半宽(H)/长度(L)/放弃(U)/宽度(W)]:（指定多段线的下一个端点或选择其他命令选项）

指定下一个点或 [圆弧(A)/闭合(C)/半宽(H)/长度(L)/放弃(U)/宽度(W)]:（按回车键结束命令）

其中各命令选项功能介绍如下：

（1）圆弧(A)：选择此命令选项，将弧线段添加到多段线中。

（2）闭合(C)：选择此命令选项，绘制封闭多段线并结束命令。

（3）半宽(H)：选择此命令选项，指定具有宽度的多段线的线段中心到其一边的宽度。

（4）长度(L)：选择此命令选项，用于确定多段线线段的长度。

（5）放弃(U)：选择此命令选项，删除最近一次添加到多段线上的直线段。

（6）宽度(W)：选择此命令选项，指定下一条直线段的宽度。

例如，用多段线命令绘制如图 3.8.1 所示的图形，具体操作如下：

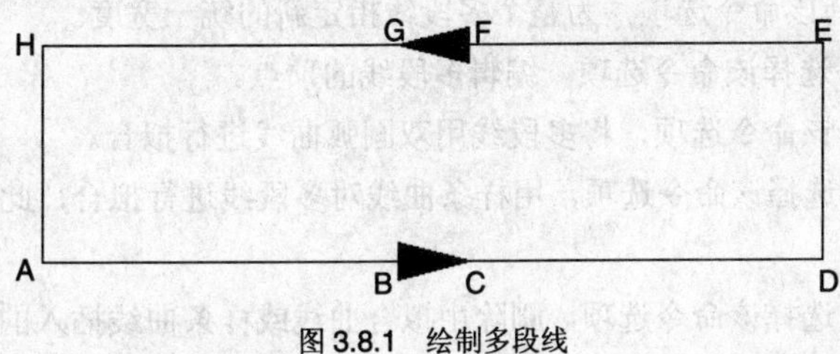

图 3.8.1　绘制多段线

命令：_pline

指定起点：（在绘图窗口中任意指定一点 A）

当前线宽为 0.0000（系统提示）

指定下一个点或 [圆弧(A)/半宽(H)/长度(L)/放弃(U)/宽度(W)]：@50,0（输入 B 点坐标）

指定下一点或 [圆弧(A)/闭合(C)/半宽(H)/长度(L)/放弃(U)/宽度(W)]：w（选择“宽度”命令选项）

指定起点宽度 <0.0000>：5（输入多段线的起点宽度）

指定端点宽度 <5.0000>：0（输入多段线的端点宽度）

指定下一点或 [圆弧(A)/闭合(C)/半宽(H)/长度(L)/放弃(U)/宽度(W)]：@10,0（输入 C 点坐标）

指定下一点或 [圆弧(A)/闭合(C)/半宽(H)/长度(L)/放弃(U)/宽度(W)]：@50,0（输入 D 点坐标）

指定下一点或 [圆弧(A)/闭合(C)/半宽(H)/长度(L)/放弃(U)/宽度(W)]：@0,30（输入 E 点坐标）

指定下一点或 [圆弧(A)/闭合(C)/半宽(H)/长度(L)/放弃(U)/宽度(W)]：@-50,0（输入 F 点坐标）

指定下一点或 [圆弧(A)/闭合(C)/半宽(H)/长度(L)/放弃(U)/宽度(W)]：w（选择“宽度”命令选项）

指定起点宽度 <0.0000>：5（输入多段线起点宽度）

指定端点宽度 <5.0000>：0（输入多段线端点宽度）

指定下一点或 [圆弧(A)/闭合(C)/半宽(H)/长度(L)/放弃(U)/宽度(W)]：@-10,0（输入 G 点坐标）

指定下一点或 [圆弧(A)/闭合(C)/半宽(H)/长度(L)/放弃(U)/宽度(W)]：@-50,0（输入 H 点坐标）

指定下一点或 [圆弧(A)/闭合(C)/半宽(H)/长度(L)/放弃(U)/宽度(W)]：c（选择“闭合”命令闭合绘制的多段线）

3.8.2　编辑多段线

在 AutoCAD 2008 中，可以一次编辑一条或多条多段线，执行编辑二维多段线命令的方法有以下两种：

（1）选择 修改(M) → 对象(O) → 多段线(P) 命令。

（2）在命令行中输入命令 pedit。

执行编辑多段线命令后，命令行提示如下：

命令：_pedit

选择多段线或 [多条(M)]：（选择要编辑的多段线）

输入选项 [闭合(C)/合并(J)/宽度(W)/编辑顶点(E)/拟合(F)/样条曲线(S)/非曲线化(D)/线型生成(L)/放弃(U)]：（选择编辑方式）

其中各命令选项的功能介绍如下：

（1）闭合(C)：创建多段线的闭合线，将首尾连接。

（2）合并(J)：选择该命令选项，在开放的多段线的尾端点添加直线、圆弧和多段线或从曲线拟合多段线中删除曲线拟合。

（3）宽度(W)：选择该命令选项，为整个多段线指定新的统一宽度。

（4）编辑顶点(E)：选择该命令选项，编辑多段线的顶点。

（5）拟合(F)：选择该命令选项，将多段线用双圆弧曲线进行拟合。

（6）样条曲线(S)：选择该命令选项，用样条曲线对多段线进行拟合，此时多段线的各个顶点作为样条曲线的控制点。

（7）非曲线化(D)：选择该命令选项，删除由拟合曲线或样条曲线插入的多余顶点，拉直多段线的所有线段。

（8）线型生成(L)：选择该命令选项，生成经过多段线顶点的连续图案线型。关闭此选项，将在每个顶点处以点画线开始和结束生成线型，该选项不能用于线宽不统一的多段线。

（9）放弃(U)：选择该命令选项，撤销上一步操作，可一直返回到编辑多段线任务的开始状态。

3.9 绘制与编辑样条曲线

样条曲线是一种高级的光滑曲线，也可以理解成是经过一系列指定点的光滑曲线，可以在指定的公差范围内把光滑的曲线拟合成一系列的点。样条曲线多用来表示机械图形的截面及地形外貌轮廓线等。

3.9.1 绘制样条曲线

在 AutoCAD 2008 中，执行绘制样条曲线命令的方法有以下 3 种：

（1）单击“绘图”工具栏中的“样条曲线”按钮。

（2）选择 绘图(D) → 样条曲线(S) 命令。

（3）在命令行中输入命令 spline。

执行绘制样条曲线命令后，命令行提示如下：

命令：_spline

指定第一个点或 [对象(O)]：（指定样条曲线的第一个点）

指定下一点：（指定样条曲线的下一点）

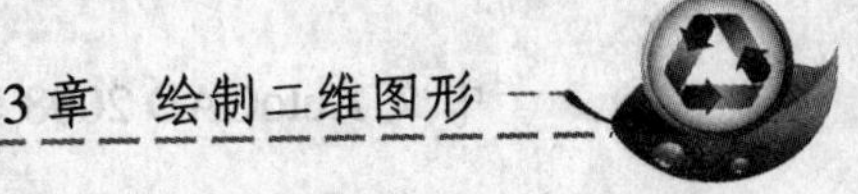

指定下一点或 [闭合(C)/拟合公差(F)] <起点切向>：（指定样条曲线的下一点）

指定下一点或 [闭合(C)/拟合公差(F)] <起点切向>：（按回车键结束指定）

指定起点切向：（拖动鼠标指定起点切向）

指定端点切向：（拖动鼠标指定端点切向）

其中各命令选项功能介绍如下：

（1）对象：选择此命令选项，将二维或三维的二次或三次样条拟合多段线转换成等价的样条曲线并删除多段线。

（2）闭合(C)：选择此命令选项，将最后一点定义为与第一点一致并使它在连接处相切，这样可以闭合样条曲线。

（3）拟合公差(F)：选择此命令选项，修改拟合当前样条曲线的公差。

例如，用样条曲线命令绘制如图 3.9.1 所示的断切面，具体操作方法如下：

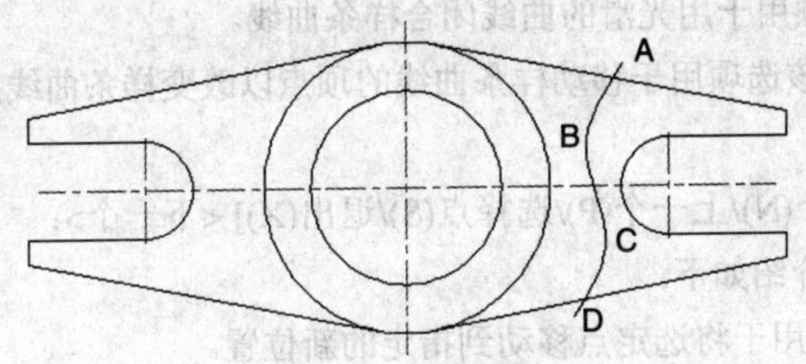

图 3.9.1　绘制断切面

命令：_spline

指定第一个点或 [对象(O)]：（捕捉 A 点）

指定下一点：（指定 B 点）

指定下一点或 [闭合(C)/拟合公差(F)] <起点切向>：（指定 C 点）

指定下一点或 [闭合(C)/拟合公差(F)] <起点切向>：（捕捉 D 点）

指定下一点或 [闭合(C)/拟合公差(F)] <起点切向>：（按回车键）

指定起点切向：（拖动鼠标到合适位置后按回车键）

指定端点切向：（拖动鼠标到合适位置后按回车键）

3.9.2　编辑样条曲线

在 AutoCAD 2008 中，用户可以使用编辑样条曲线命令对样条曲线的各种特征参数进行编辑。执行编辑样条曲线命令的方法有以下 3 种：

（1）单击“修改Ⅱ”工具栏中的“编辑样条曲线”按钮。

（2）选择 修改(M) → 对象(O) → 样条曲线(S) 命令。

（3）在命令行中输入命令 splinedit。

执行编辑样条曲线命令后，命令行提示如下：

命令：_splinedit

选择样条曲线：（选择要编辑的样条曲线）

输入选项 [拟合数据(F)/闭合(C)/移动顶点(M)/精度(R)/反转(E)/放弃(U)]：（选择编辑方式）

其中各命令选项功能介绍如下：

（1）拟合数据(F)：该选项用于编辑样条曲线通过的控制点。选择此命令选项，命令行提示如下：

输入拟合数据选项[添加(A)/闭合(C)/删除(D)/移动(M)/清理(P)/相切(T)/公差(L)/退出(X)] <退出>:

其中各命令选项功能介绍如下：

1）添加(A)：该选项用于在样条曲线中增加拟合点。

2）闭合(C)：该选项用于闭合开放的样条曲线，使其在端点处切向连续（平滑）。如果选定的样条曲线是闭合的，AutoCAD 将用“打开”选项来代替“闭合”选项。

3）删除(D)：该选项用于从样条曲线中删除拟合点并且用其余点重新拟合样条曲线。

4）移动(M)：该选项用于将拟合点移动到新位置。

5）清理(P)：该选项用于从图形数据库中删除样条曲线的拟合数据。

6）相切(T)：该选项用于编辑样条曲线的起点和端点切向。

7）公差(L)：该选项用于使用新的公差值将样条曲线重新拟合至现有点。

8）退出(X)：该选项用于返回编辑样条曲线的主提示。

（2）闭合(C)：该选项用于用光滑的曲线闭合样条曲线。

（3）移动顶点(M)：该选项用于移动样条曲线的顶点以改变样条曲线的形状。选择此命令选项，命令行提示如下：

指定新位置或 [下一个(N)/上一个(P)/选择点(S)/退出(X)] <下一个>:

其中各命令选项功能介绍如下：

1）新位置：该选项用于将选定点移动到指定的新位置。

2）下一个(N)：该选项用于将选定点移动到下一点。

3）上一个(P)：该选项用于将选定点移回前一点。

4）选择点(S)：该选项用于从控制点集中选择点。

5）退出(X)：该选项用于返回到编辑样条曲线的主提示。

（4）精度(R)：该选项用于对样条曲线进行更精确的编辑。选择此命令选项，命令行提示如下：

输入精度选项 [添加控制点(A)/提高阶数(E)/权值(W)/退出(X)] <退出>:

其中各命令选项功能介绍如下：

1）精度：该选项用于输入数值精确调整样条曲线。

2）添加控制点(A)：该选项用于增加控制部分样条的控制点数。

3）提高阶数(E)：该选项用于增加样条曲线上控制点的数目。

4）权值(W)：该选项用于修改不同样条曲线控制点的权值。较大的权值将样条曲线拉近控制点。

5）退出(X)：该选项用于返回到编辑样条曲线的主提示。

（5）反转(E)：该选项用于反转样条曲线的方向。

（6）放弃(U)：该选项用于取消上次对样条曲线的编辑。

3.10 绘制圆环

圆环可以认为是具有填充效果的环或实体填充的圆，即带有宽度的闭合多段线。执行绘制圆环命令的方式有以下两种：

（1）选择 绘图(D) → 圆环(D) 命令。

（2）在命令行中输入命令 donut。

执行该命令后，命令行提示如下：

命令：_donut

指定圆环的内径<0.5.0000>：（输入圆环内径值，按回车键）

指定圆环的外径<1.0000>：（输入圆环外径值，按回车键）

指定圆环的中心点或<退出>：（指定圆环中心位置）

指定圆环的中心点或<退出>：（指定圆环中心位置，绘制相同的圆环）

如图 3.10.1（a）所示。

提示：如果圆环的内径为 0，则绘出的圆环是实心圆，如图 3.10.1（b）所示。

在 AutoCAD 2008 中，fill 命令用来控制圆环是否填充。执行 fill 命令后，命令行提示如下：

命令：fill

输入模式[开（ON）/关（OFF）]<开>：（ON 表示填充，OFF 表示不填充）

如图 3.10.1（c）所示的图形是未填充的圆环。

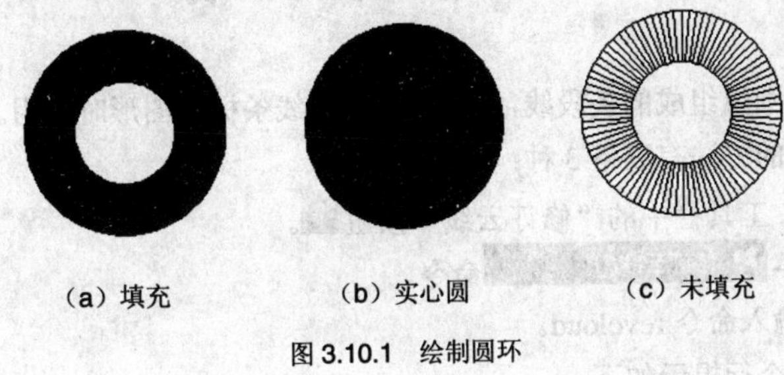

（a）填充　（b）实心圆　（c）未填充

图 3.10.1　绘制圆环

3.11 徒手画线

在 AutoCAD 2008 中，用户可以使用徒手画线命令（sketch）绘制一些不规则的图形。徒手绘制对于创建不规则边界或使用数字化仪追踪非常有用。用 sketch 命令绘制的图形是一些线段的组合，这些线段的长度通过记录增量来控制。在命令行中输入命令 sketch，按回车键后，命令行提示如下：

命令：sketch

记录增量 <0.6345>：（指定增量的长度）

徒手画. 画笔(P)/退出(X)/结束(Q)/记录(R)/删除(E)/连接(C)（指定画线的起点）

<笔落>（拖动鼠标绘制图形）

<笔提>（按回车键结束命令）

已记录 2 条直线（系统提示）

其中各命令选项功能介绍如下：

（1）画笔(P)：选择该命令选项，提笔和落笔。在用定点设备选取菜单项前必须提笔。

（2）退出(X)：选择该命令选项，记录及报告临时徒手画线段数并结束命令。

（3）结束(Q)：选择该命令选项，放弃从开始调用 sketch 命令或上一次使用“记录”选项时所有临时的徒手画线段，并结束命令。

（4）记录(R)：选择该命令选项，永久记录临时线段且不改变画笔的位置。

（5）删除(E)：删除临时线段的所有部分，如果画笔已落下则提起画笔。

（6）连接(C)：选择该命令选项，落笔继续从上次所画线段的端点或上次删除线段的端点开始画线。

如图 3.11.1 所示为用徒手画线命令绘制的图形。

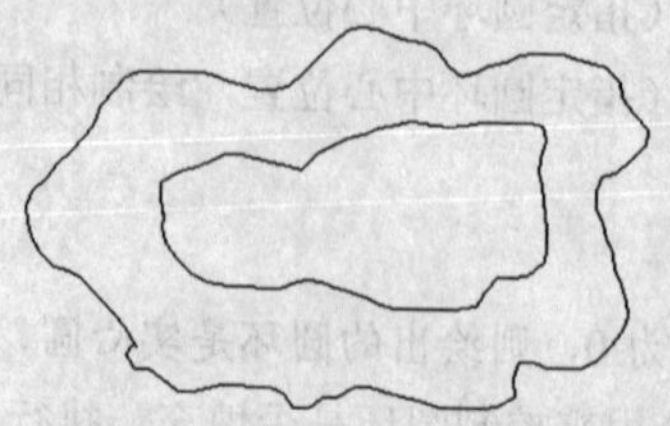

图 3.11.1 徒手绘制图形

3.12 修 订 云 线

修订云线是由连续圆弧组成的多段线，可在检查或用线条标注图形时使用。在 AutoCAD 2008 中，执行绘制修订云线命令的方法有以下 3 种：

（1）单击“绘图”工具栏中的“修订云线”按钮。

（2）选择 绘图(D) → 修订云线(U) 命令。

（3）在命令行中输入命令 revcloud。

执行此命令后，命令行提示如下：

命令：_revcloud

最小弧长：12　最大弧长：12　样式：普通（系统提示）

指定起点或 [弧长(A)/对象(O)/样式(S)] <对象>：（指定修订云线的起点）

沿云线路径引导十字光标...（拖动鼠标绘制修订云线）

修订云线完成（系统提示）

其中各命令选项功能介绍如下：

（1）弧长(A)：指定云线中弧线的长度。系统规定最大弧长不能大于最小弧长的三倍。选择此命令选项后，命令行提示如下：

指定最小弧长 <0.5000>：（指定最小弧长的值）

指定最大弧长 <0.5000>：（指定最大弧长的值）

沿云线路径引导十字光标...（系统提示）

修订云线完成（系统提示）

（2）对象(O)：指定要转换为云线的对象。选择此命令选项后，命令行提示如下：

选择对象：（选择要转换为修订云线的闭合对象）

反转方向 [是(Y)/否(N)]：（输入 Y 以反转修订云线中的弧线方向，或按回车键保留弧线的原样）

修订云线完成（系统提示）

（3）样式(S)：指定修订云线的样式。选择此命令选项后，命令行提示如下：

选择圆弧样式 [普通(N)/手绘(C)] <默认/上一个>：（选择修订云线的样式）

当拖动鼠标绘制修订云线时，一旦形成闭合区域，绘制修订云线命令即结束，如图 3.12.1 所示。

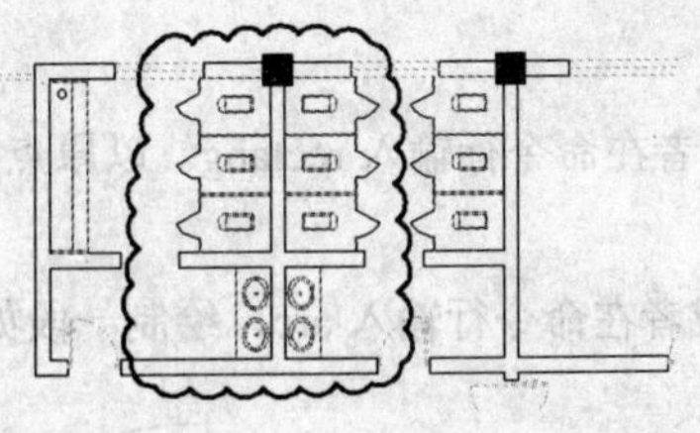

图 3.12.1　绘制修订云线

3.13　绘制区域覆盖对象

区域覆盖对象是一块多边形区域，它由一系列点指定的多边形区域组成，使用区域覆盖对象可以使用当前背景色屏蔽底层的对象。在 AutoCAD 2008 中，执行区域覆盖对象命令的方法有以下两种：

（1）选择 绘图(D) → 区域覆盖(W) 命令。

（2）在命令行中输入命令 wipeout。

执行该命令后，命令行提示如下：

命令：_wipeout

指定第一点或 [边框(F)/多段线(P)] <多段线>:

其中各命令选项功能介绍如下：

（1）第一点：选择该命令选项，通过指定构成多段线的端点来确定区域覆盖。

（2）边框(F)：选择该命令选项，确定是否显示所有区域覆盖对象的边。

（3）多段线(P)：选择该命令选项，根据选定的多段线确定区域覆盖对象的多边形边界。

如图 3.13.1 所示为区域覆盖对象的效果。

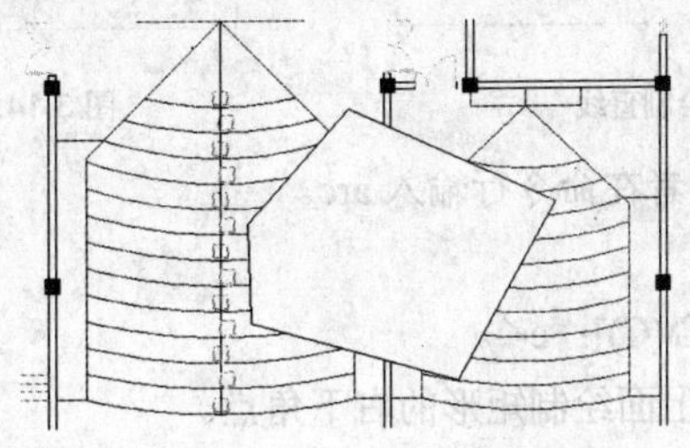

图 3.13.1　区域覆盖对象

3.14　典型实例——绘制进户门平面图

本节综合运用前面所学的知识绘制进户门平面图，最终效果如图 3.14.1 所示。

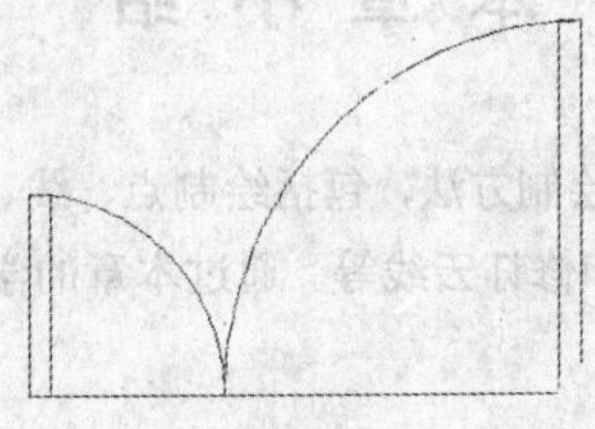

图 3.14.1　最终效果图

操作步骤

（1）单击“矩形”按钮▭或者在命令行输入 rectang。以原点为角点绘制一个长为 40，宽为 350 的矩形，如图 3.14.2 所示。

（2）单击“圆弧”按钮⌒或者在命令行输入 arc，绘制一段如图 3.14.3 所示的圆弧。

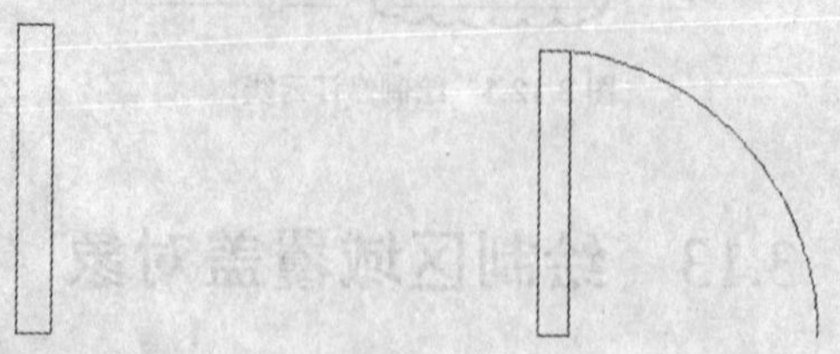

图 3.14.2　绘制矩形　　图 3.14.3　绘制圆弧

（3）单击“直线”按钮╱或者在命令行输入 line，捕捉矩形的左下角点，绘制一条长为 1000 的直线，如图 3.14.4 所示。

（4）单击“矩形”按钮▭或者在命令行输入 rectang。

1）命令：rectang↙。

2）指定第一个角点或 [倒角(C)/标高(E)/圆角(F)/厚度(T)/宽度(W)]：捕捉直线的左端点。

3）指定另一个角点或 [面积(A)/尺寸(D)/旋转(R)]：@-40,650↙，如图 3.14.5 所示。

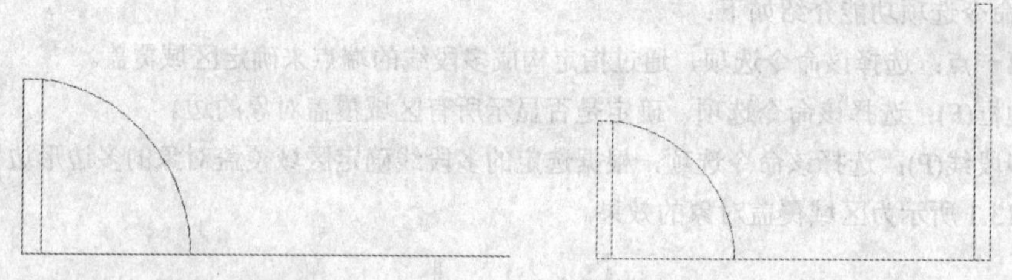

图 3.14.4　绘制直线　　图 3.14.5　绘制矩形

（5）单击“圆弧”按钮⌒或者在命令行输入 arc。

1）命令：arc↙。

2）指定圆弧的起点或 [圆心(C)]：c↙。

3）指定圆弧的圆心：捕捉上面绘制矩形的右下角点。

4）指定圆弧的起点：捕捉上面绘制矩形的右上角点。

5）指定圆弧的端点或 [角度(A)/弦长(L)]：a↙。

6）指定包含角：90↙，

进户门平面图绘制完成，最终效果如图 3.14.1 所示。

本 章 小 结

本章主要介绍了基本二维图形的绘制方法，包括绘制点、线、矩形和正多边形、圆和圆弧、椭圆和椭圆弧、多线、多段线、样条曲线和修订云线等。通过本章的学习，读者应该熟练掌握基本二维图形的绘制方法。

过 关 练 习

一、填空题

1. 在 AutoCAD 2008 中提供了 6 种绘制圆的方法，分别为________法，圆心、直径法，________法，________法，________法和相切、相切、相切法。

2. 多线是由________条平行线组合而成的特殊图形对象，多线常用来表示建筑图形中的墙体。

3. 在 AutoCAD 2008 中点的绘制有 4 种方法，分别为________、________、________和________。

4. 在 AutoCAD 2008 中提供了多种画线方式，包括绘制________、________、________、________和________。

5. 如果要绘制实心圆，则只需________________。

6. 在 AutoCAD 2008 中，用________命令控制圆环是否填充。

二、选择题

1. 在 AutoCAD 中，应用构造线的（ ）选项可以绘制通过顶点且平分两条线之间的夹角。

（A）水平　　（B）偏移

（C）二等分　　（D）角度

2.（ ）命令是执行绘制矩形的命令。

（A）line　　（B）circle

（C）rectang　　（D）ellipse

3. 在 AutoCAD 中，使用矩形命令可以绘制多种图形，其中包括（ ）。

（A）圆角矩形　　（B）倒角矩形

（C）带线宽的矩形　　（D）以下答案均正确

4. 在 AutoCAD 2008 中，系统提供了（ ）种绘制圆弧的方法。

（A）9　　（B）10

（C）11　　（D）12

5. 在 AutoCAD 2008 中，不是多线命令的对正方式的是（ ）。

（A）上　　（B）无

（C）下　　（D）中

6. 以下各命令中，用于绘制圆环命令的是（ ）。

（A）donut　　（B）rectang

（C）polygon　　（D）ellipse

三、简答题

1. 如何改变点样式？

2. 在 AutoCAD 2008 中有几种绘制构造线的方法？请举例说明一种绘制方法。

3. 在 AutoCAD 2008 中绘制圆弧有哪几种方法？AutoCAD 默认的是哪一种？

四、上机操作题

1. 利用直线和正多边形绘制如题图 3.1 所示的图形。

2．绘制如题图 3.2 所示的图形，其中用到实心圆环、多段线、圆弧的绘制。

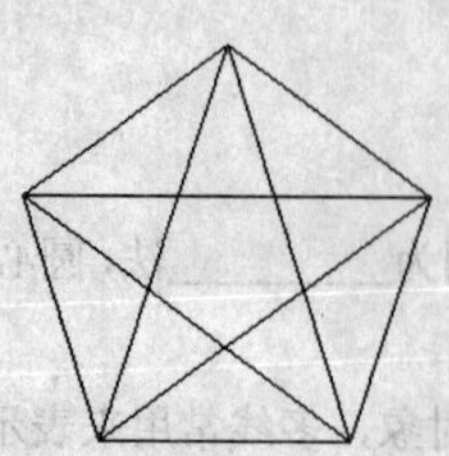
题图 3.1

题图 3.2

3．绘制如题图 3.3 所示的图形，其中用到圆、直线和圆弧的绘制。

4．绘制如题图 3.4 所示的图形，其中用到正多边形和圆的绘制。

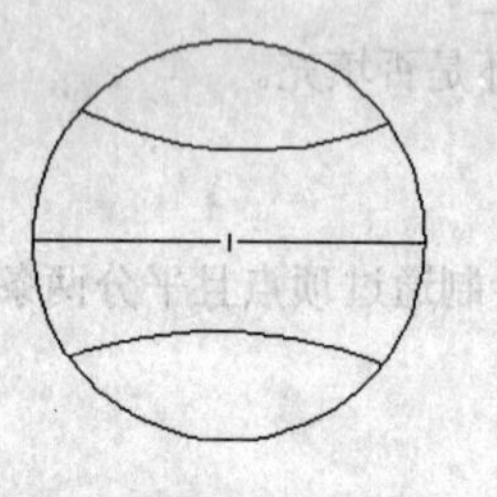
题图 3.3

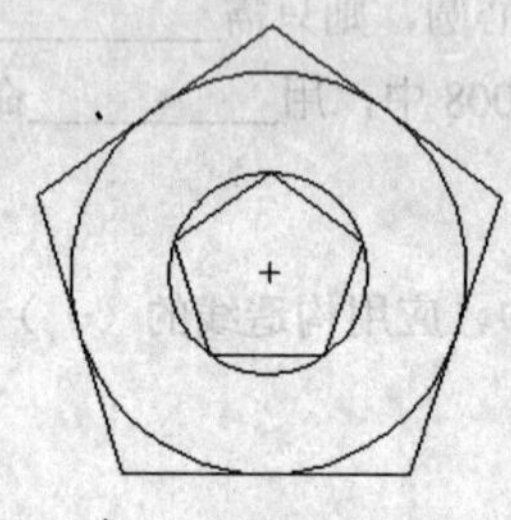
题图 3.4

5．利用直线、圆和圆弧等命令绘制如题图 3.5 所示的洗手池。

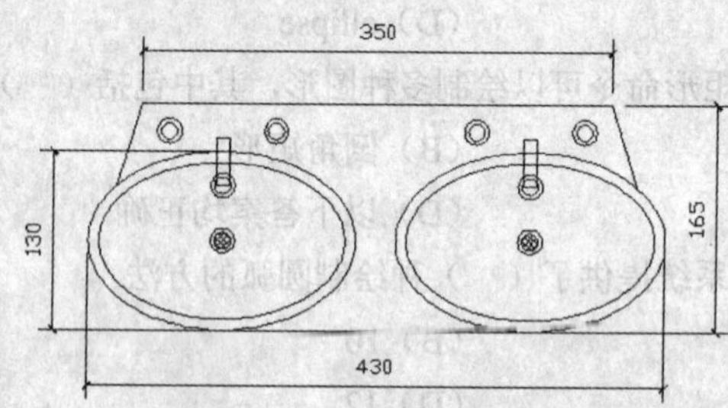

题图 3.5

6．利用多线命令绘制如题图 3.6 所示的建筑平面图。

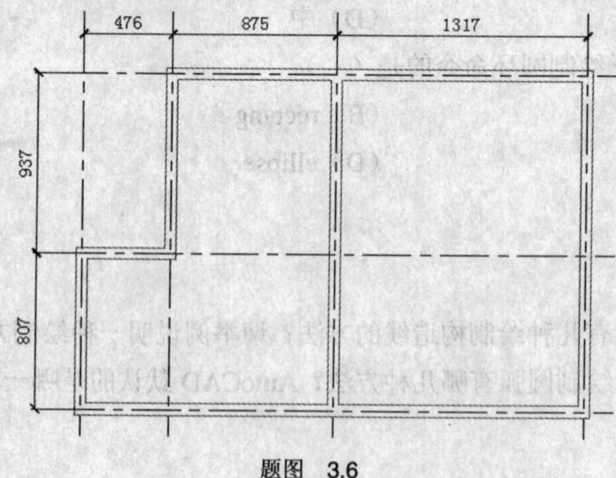

题图 3.6

第4章 编辑二维图形

章前导航

基本二维图形对象的数量毕竟是有限的，单纯依靠这些对象不能完全表现所有的二维平面图形，对于复杂的图形，还需要在绘制的图形上进行编辑。AutoCAD 2008 提供了非常强大的编辑工具，例如移动、旋转、拉伸等编辑命令，本章详细介绍这些编辑工具的使用方法及技巧。

本章要点

- 选择对象
- 删除、分解和恢复对象
- 复制类命令
- 改变位置类命令
- 改变几何特性类命令
- 倒角和圆角
- 使用夹点编辑对象
- 编辑对象特性

4.1 选择对象

在对图形进行编辑操作之前，首先需要确定所编辑的对象。AutoCAD 2008 提供了多种选择对象的方法，可以通过单击对象逐个拾取，也可以利用矩形窗口或交叉窗口选择；可以选择最近创建的对象、前面的选择集或图形中的所有对象等。用户可以根据不同的需要使用不同的方法来选择对象，以便更快地达到编辑对象的目的。

4.1.1 直接点取法创建选择集

在执行某些命令的过程中，系统会提示用户选择对象，此时十字光标显示为“拾取框”形状，被拾取框单击的对象即可被选中，被选中的对象显示为虚线。如果需要选择多个对象，可以在按下“Shift”键的同时选择其他对象，这也是编辑对象过程中最常用、最简单的一种方法。

4.1.2 选项法创建选择集

使用选项法创建选择集是指在执行命令的过程中，当命令行提示“选择对象”时输入“？”后，按回车键，命令行提示如下：

需要点或窗口(W)/上一个(L)/窗交(C)/框(BOX)/全部(ALL)/栏选(F)/圈围(WP)/圈交(CP)/编组(G)/添加(A)/删除(R)/多个(M)/前一个(P)/放弃(U)/自动(AU)/单个(SI) 选择对象:

其中各选项含义如下：

（1）点：该选项为默认选项，表示用户可通过逐个单击对象进行选择，这是较常用的一种对象选择方法。

（2）窗口(W)：拖动鼠标从左到右指定角点创建窗口选择，所有位于这个矩形窗口内的对象将被选中，呈虚线或高亮度方框显示，不在该窗口内或者只有部分在该窗口内的对象则不被选中，如图 4.1.1 所示。

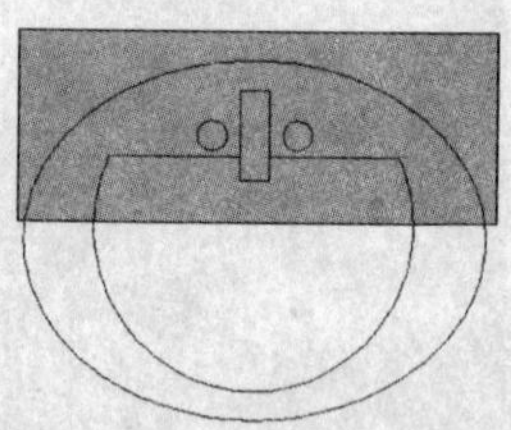
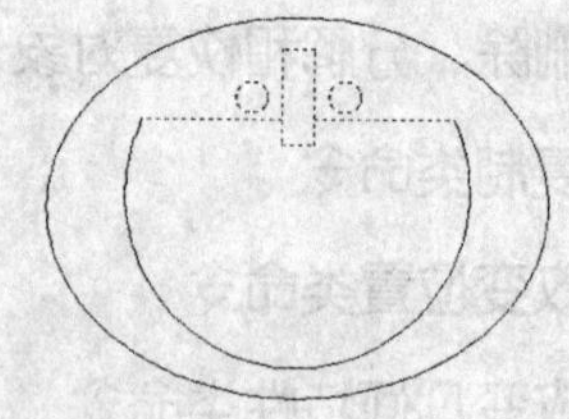

图 4.1.1 “窗口”选择方式

（3）上一个(L)：该选项用于自动选取最近一次创建的可见对象。

（4）窗交(C)：拖动鼠标从右到左指定角点创建窗交选择，与窗口选择方向恰好相反，选择区域框内部或与之相交的所有对象被选中，呈虚线或高亮度方框，如图 4.1.2 所示。

（5）框(BOX)：选择矩形框内部或与之相交的所有对象。如果矩形的点是从右至左指定的，框选与窗交等价。否则，框选与窗口选择等价。

（6）全部(ALL)：该选项用于选取图形中没有锁定、关闭或冻结的层上的所有对象。

（7）栏选(F)：用户可以通过该选项绘制一条开放的多点栅栏，其中所有与栅栏线相接触的对象均会被选中，栏选方法与圈交方法相似，只是栏选不闭合，并且栏选线可以相交，如图 4.1.3 所示。

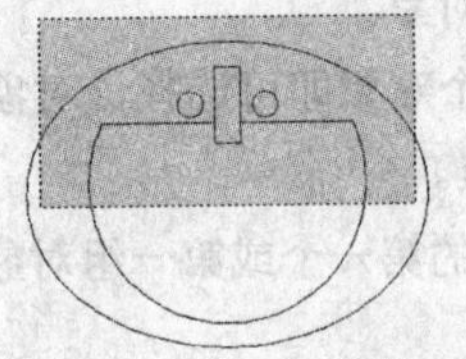
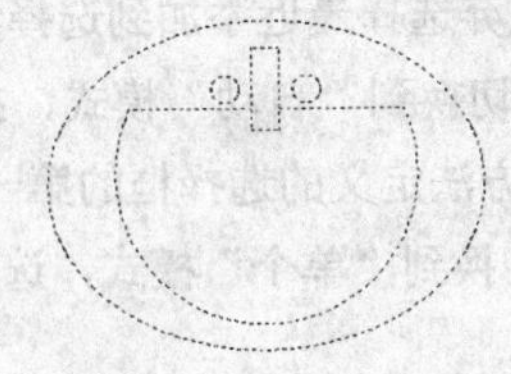

图 4.1.2　“窗交”选择方式

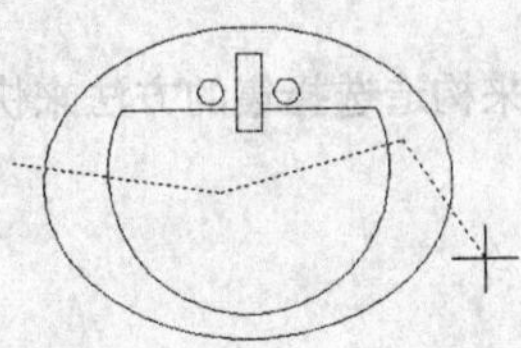
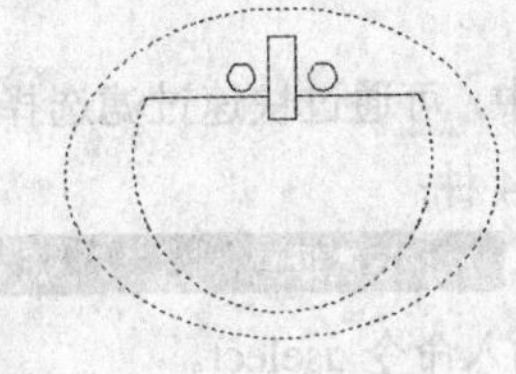

图 4.1.3　“栏选”选择方式

（8）圈围(WP)：选择多边形中的所有对象，该选项与“窗口”方式相似。不同的是该多边形可以为任意形状，但不能与自身相交或相切，且该多边形在任何时候都是闭合的，包含在多边形区域内的图形将被选中，如图 4.1.4 所示。

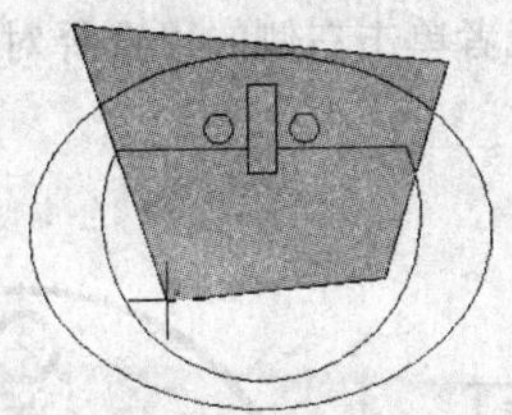
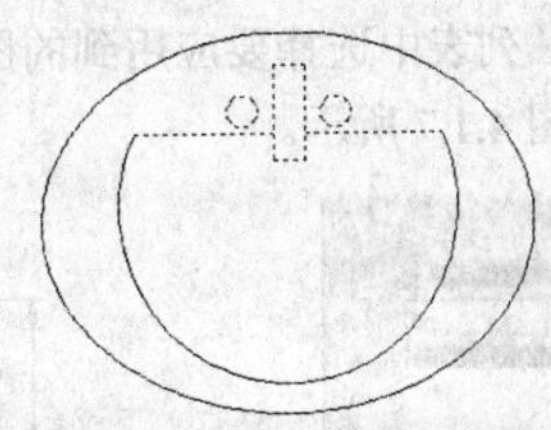

图 4.1.4　“圈围”选择方式

（9）圈交(CP)：选择多边形（通过在待选对象周围指定点来定义）内部或与之相交的所有对象。该多边形可以为任意形状，但不能与自身相交或相切，且该多边形在任何时候都是闭合的。该选项与“窗交”方式相似，与“圈围”方式不同的是与多边形边界相交的对象也将被选中，如图 4.1.5 所示。

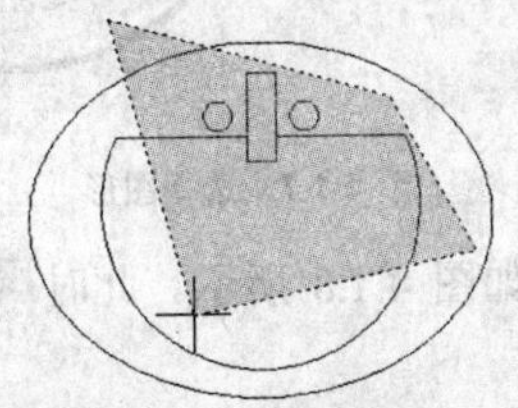
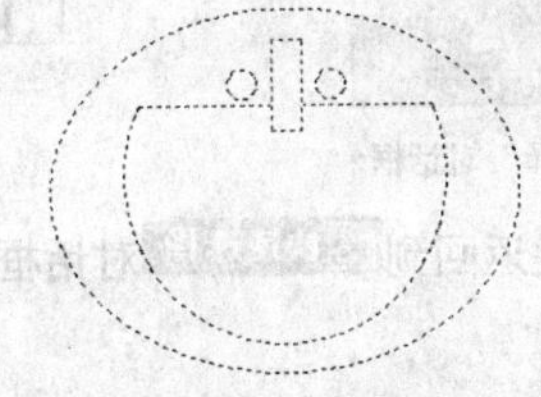

图 4.1.5　“圈交”选择方式

（10）编组(G)：选择指定组中的全部对象。

（11）添加(A)：切换到“添加”模式，可以使用任何对象选择方法将选定对象添加到选择集。“自动”和“添加”为默认模式。

（12）删除(R)：切换到“删除”模式，可以使用任何对象选择方法从当前选择集中删除对象。“删除”模式的替换模式是在选择单个对象时按下“Shift”键，或者使用“自动”选项。

（13）多个(M)：指定多次选择而不高亮显示对象，从而加快对复杂对象的选择过程。如果两次指定相交对象的交点，“多个”也将选中这两个相交对象。

（14）前一个(P)：选择最近创建的选择集。

（15）放弃(U)：放弃选择最近添加到选择集中的对象。

（16）自动(AU)：切换到“自动”模式，指向一个对象即可选择该对象。指向对象内部或外部的空白区，将形成框选方法定义的选择框的第一个角点。

（17）单个(SI)：切换到“单个”模式，选择指定的第一个或第一组对象而不继续提示进一步选择对象。

4.1.3 快速选择法创建选择集

在 AutoCAD 2008 中，可通过快速过滤选择条件来构造选择集的方法来快速选择对象。执行快速选择命令的方法有以下 4 种：

（1）选择 工具(T) → 快速选择(K)... 命令。

（2）在命令行中输入命令 qselect。

（3）在绘图窗口中单击鼠标右键，在弹出的快捷菜单中选择 快速选择(Q)... 命令。

（4）选择 工具(T) → 特性(P) CTRL+1 命令，在弹出的 特性 面板中单击“快速选择”按钮。

执行快速选择命令后，系统弹出 快速选择 对话框，如图 4.1.6 所示。快速选择的操作步骤如下：

（1）在 应用到(Y): 列表中选择要应用到的图形，或者单击右侧的“选择对象”按钮，在绘图窗口中选择图形，如图 4.1.7 所示。

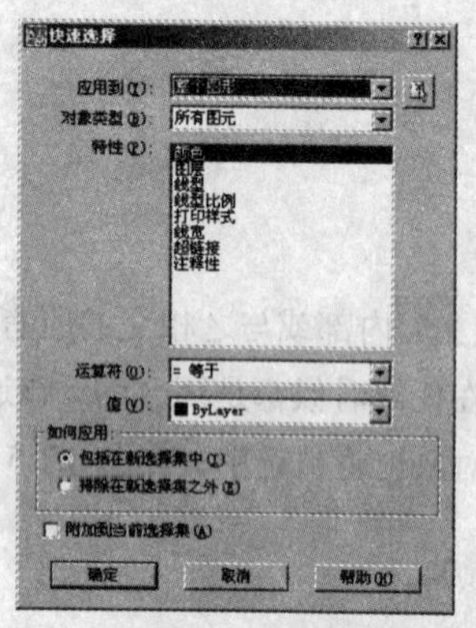

图 4.1.6 “快速选择”对话框

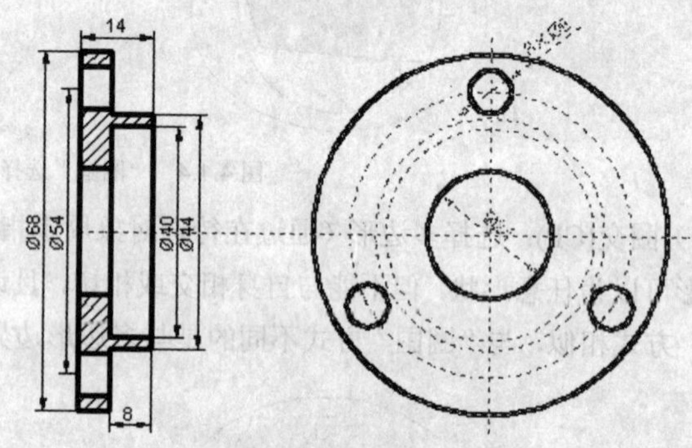

图 4.1.7 选择图形

（2）单击鼠标右键返回到 快速选择 对话框中，如图 4.1.8 所示。此时 应用到(Y): 下拉列表框中显示“当前选择”。

（3）在 对象类型(B): 下拉列表中选择用于过滤的目标类型，如“直径标注”。

（4）在 特性(P): 下拉列表中选择用于过滤目标的属性，如选择“颜色”。

（5）在 运算符(O): 下拉列表中选择控制过滤器中过滤值的范围，有等于、不等于、大于和小于 4 种类型可供选用。

（6）在 值(V): 文本框中设置用于过滤属性的值。

（7）在 如何应用 选项区中选取符合过滤条件的目标或不符合过滤条件的目标，它包括两个单选按钮。

1）包括在新选择集中(I) 单选按钮：选中该单选按钮选择绘图区中所有符合过滤条件的实体。

2）排除在新选择集之外(E) 单选按钮：选中该单选按钮选择绘图区中所有不符合过滤条件的实体。

（8）若选中 附加到当前选择集(A) 复选框，则将当前的选择设置保存在 快速选择 对话框中，作为该对话框的设置选项，否则不保存。

（9）设置完成后，单击 确定 按钮，此时图中所有符合设置的线都被选取，如图 4.1.9 所示。

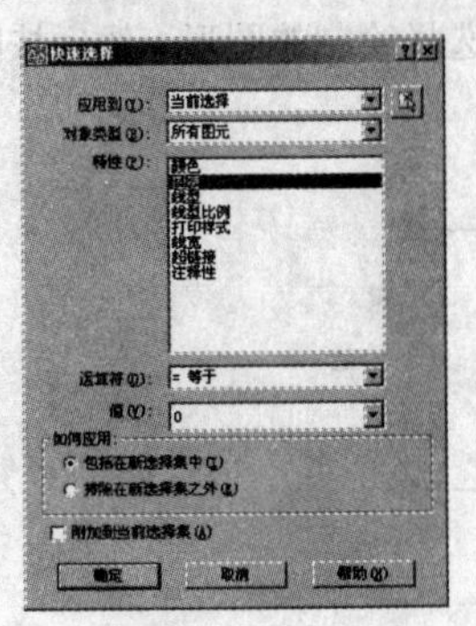

图 4.1.8　当前选择

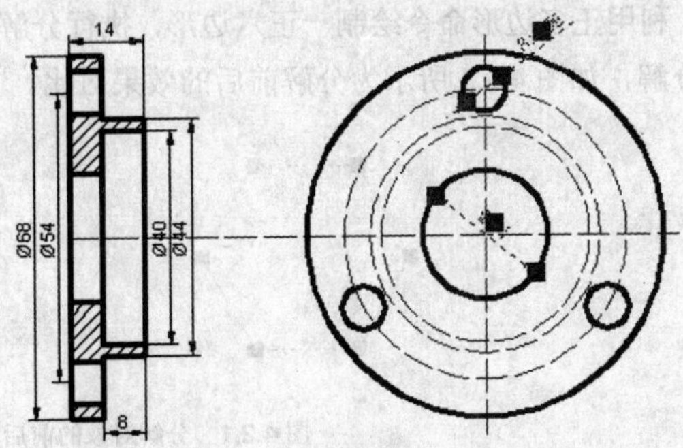

图 4.1.9　被选取的图形对象

提示：qselect 命令为透明命令。如果在调用 qselect 命令前没有选择，则在 对象类型(B): 下拉列表中将列出 AutoCAD 中目标的类型。如果已选择一个或多个目标类型，则此下拉列表将仅显示选中目标的类型。

4.2　删除、分解和恢复对象

在 AutoCAD 2008 中，用户可以将不需要的图形对象删除，还可以分解对象以及将误删的对象恢复。本节将详细介绍删除、分解和恢复图形对象的方法。

4.2.1　删除对象

在绘制图形时，有时因为操作需要将已经绘制的图形删除，此时可以使用 AutoCAD 中的删除命令。执行删除命令的方法有以下 3 种：

（1）单击“修改”工具栏中的“删除”按钮。

（2）选择 修改(M) → 删除(E) 命令。

（3）在命令行中输入命令 erase 或 e。

执行此命令后，命令行提示如下：

命令：_erase↙

选择对象：（选择要删除的对象）

选择对象：（按回车键结束命令）

技巧：选中要删除的图形对象后按“Delete”键，也可以将图形对象删除。

4.2.2　分解对象

在 AutoCAD 2008 中，使用分解命令可以将多个对象组合而成的对象分解成单个对象，例如可以将矩形分解成直线、将块分解成多个组成块的单个图形。执行分解命令的方法有以下 3 种：

（1）单击“修改”工具栏中的“分解”按钮。

（2）选择 修改(M) → 分解(X) 命令。

（3）在命令行中输入命令 explode。

例如：利用正多边形命令绘制一正六边形，执行分解命令，选择绘制的图形，然后按回车键即可对其进行分解，如图 4.2.1 所示为分解前后的效果对比。

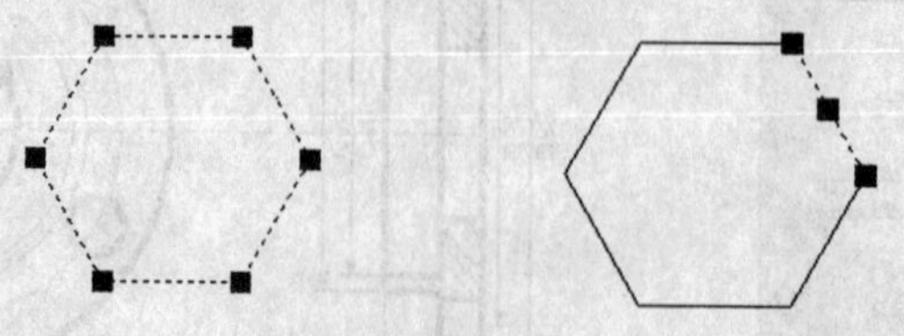

图 4.2.1　分解对象的前后效果对比

4.2.3　恢复已删除的对象

在绘制图形的过程中，如果误将图形对象删除，还可以利用恢复命令恢复已删除的对象。执行恢复命令的方法有以下两种：

（1）单击“标准”工具栏中的“放弃”按钮，可以取消错误操作，每单击一次该按钮，就可以取消一次上一步的操作。同样，单击“标准”工具栏中的“重做”按钮，可以恢复被放弃的操作，每单击一次该按钮，就可以恢复一次被放弃的操作。

（2）使用“oops”命令恢复对象。在命令行中输入命令 oops，可以恢复最近一次的操作。但该命令只能恢复一次操作，如果要恢复多步操作，还须使用“放弃”命令。

4.3　复制类命令

在 AutoCAD 2008 中，复制对象的方法有很多种，如直接复制对象、镜像复制对象、偏移复制对象和阵列复制对象等。

4.3.1　直接复制对象

直接复制对象是指利用 copy 命令直接复制对象。执行该命令的方法有以下 3 种：

（1）单击“修改”工具栏中的“复制”按钮。

（2）选择 修改(M) → 复制(Y) 命令。

（3）在命令行中输入命令 copy。

执行直接复制对象命令后，命令行提示如下：

命令：copy↙

选择对象：（选择要复制的对象）

指定基点或位移：（指定基点或位移）

指定位移的第二点或<用第一点作位移>：（指定对象的新位置）

指定位移的第二点或<用第一点作位移>：（继续指定对象的新位置或按回车键结束命令）

例如：复制如图 4.3.1 所示图形中的圆，效果如图 4.3.2 所示。其操作步骤如下：

（1）绘制如图 4.3.1 所示的图形。

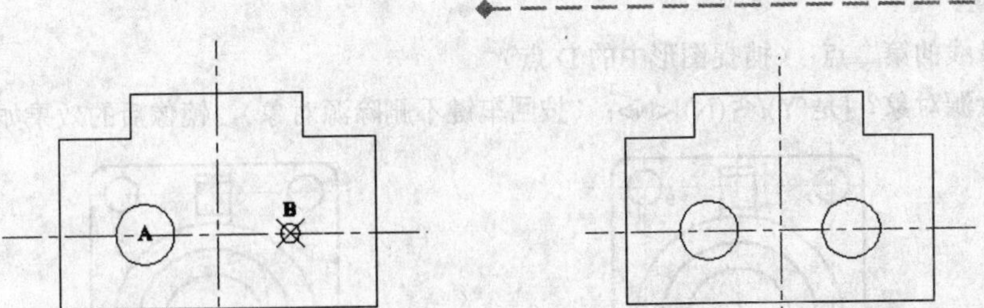

图 4.3.1　复制前的图形　　　图 4.3.2　复制后的图形

（2）选择 工具(T) → 草图设置(F)... 命令，弹出 草图设置 对话框，在该对话框中的 对象捕捉 选项卡中设置对象捕捉模式为圆心和交点。

（3）按“F3”键打开捕捉功能，单击修改工具栏中的“复制”按钮，命令行提示如下：

命令：copy↙

选择对象：（选择图形中的圆 A）

选择对象：（按回车键结束对象选择）

指定基点或位移：（捕捉图形中的圆 A 的圆心）

指定位移的第二点或<用第一点作位移>：（捕捉图形中的交点 B）

指定位移的第二点：（按回车键结束对象选择），复制后的效果如图 4.3.2 所示。

4.3.2　镜像复制对象

镜像复制对象是指利用指定的轴创建轴对称图形来复制对象。执行镜像复制对象命令的方法有以下 3 种：

（1）单击“修改”工具栏中的“镜像”按钮。

（2）选择 修改(M) → 镜像(I) 命令。

（3）在命令行中输入命令 mirror。

执行镜像复制对象命令后，命令行提示如下：

命令：_mirror↙

选择对象：（选择源对象）

指定镜像线的第一点：（指定轴线上的第一点）

指定镜像线的第二点：（指定轴线上的另一点）

是否删除源对象？[是(Y)/否(N)]<N>：（确定是否要删除源对象，同时结束镜像命令）

其中各命令选项功能介绍如下：

（1）是(Y)：选择此命令选项，将删除源对象，只保留镜像后的图形。

（2）否(N)：选择此命令选项，将保留镜像前和镜像后的图形。

例如：镜像复制如图 4.3.3 所示图形，效果如图 4.3.4 所示，具体操作步骤如下：

（1）绘制如图 4.3.3 所示的图形。

（2）按“F3”键打开对象捕捉功能，单击“修改”工具栏中的“镜像”按钮，命令行提示如下：

命令：_mirror↙

选择对象：（选择如图 4.3.3 所示的圆 A 和圆 B）

选择对象：（按回车键结束对象选择）

指定镜像线的第一点：（捕捉图形中的 C 点）

指定镜像线的第二点：(捕捉图形中的 D 点)

是否删除源对象？[是(Y)/否(N)]<N>：(按回车键不删除源对象)，镜像后的效果如图 4.3.4 所示。

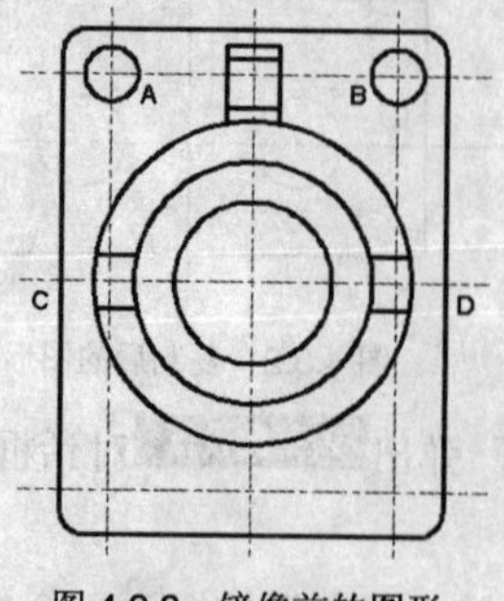

图 4.3.3 镜像前的图形

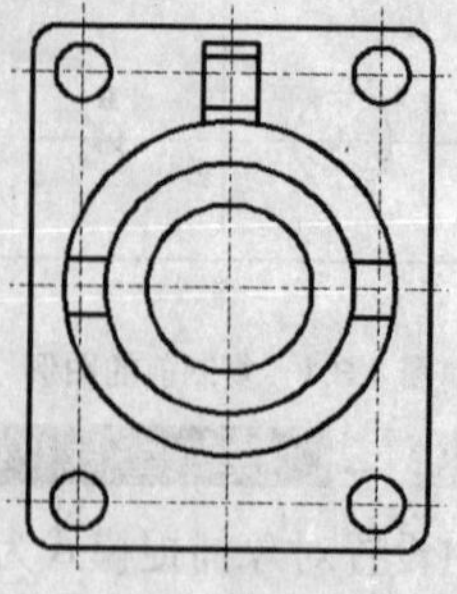

图 4.3.4 镜像后的图形

注意：镜像线由用户确定的两点决定，该线不一定要真实存在，且镜像线可以为任意角度的直线。另外，当对文字对象进行镜像时，其镜像结果由系统变量 MIRRTEXT 控制，当 MIRRTEXT=0 时，文字只是位置发生了镜像，但不产生颠倒，仍为可读，如图 4.3.5 所示；当 MIRRTEXT=1 时，文字不但位置发生镜像，而且产生颠倒，变为不可读，如图 4.3.6 所示。

图 4.3.5 MIRRTEXT=0 时的镜像文字　　图 4.3.6 MIRRTEXT=1 时的镜像文字

4.3.3 偏移复制对象

偏移是创建一个选定对象的等距曲线对象，即创建一个与选定对象类似的新对象，并把它放在离原对象一定距离的位置。可以偏移的对象包括直线、圆、圆弧、椭圆、椭圆弧、多段线、构造线和样条曲线等。启动偏移命令有以下 3 种方法：

(1) 选择 修改(M) → 偏移(S) 命令。

(2) 单击“修改”工具栏中的“偏移”按钮。

(3) 在命令行中输入 offset。

例如：偏移如图 4.3.7 所示的图形，偏移后的效果如图 4.3.8 所示，其操作步骤如下：

(1) 绘制如图 4.3.7 所示的图形。

(2) 按“F3”键打开对象捕捉功能，单击“修改”工具栏中的“偏移”按钮，命令行提示如下：

命令：_offset↙

当前设置：删除源=否　图层=源　OFFSETGAPTYPE=0

指定偏移距离或 [通过(T)/删除(E)/图层(L)] <通过>：3 (输入偏移距离)

选择要偏移的对象，或[退出(E)/放弃(U)] <退出>：(选择如图 4.3.7 所示的图形)

指定要偏移的一侧上的点，或[退出(E)/多个(M)/放弃(U)] <退出>：(在该图形的内侧单击)

选择要偏移的对象，或 [退出(E)/放弃(U)] <退出>：(按回车键结束)

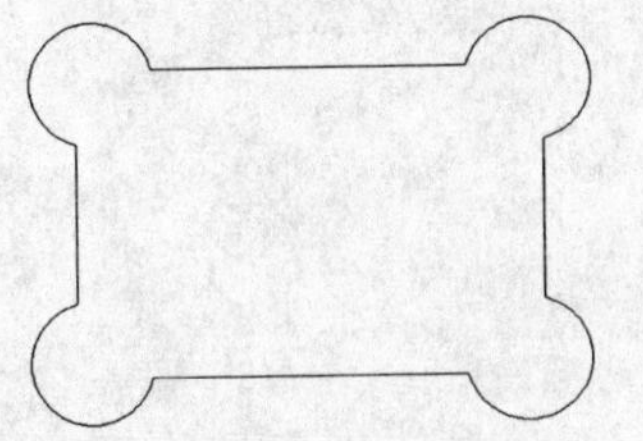

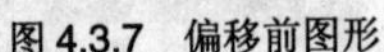

图 4.3.7　偏移前图形

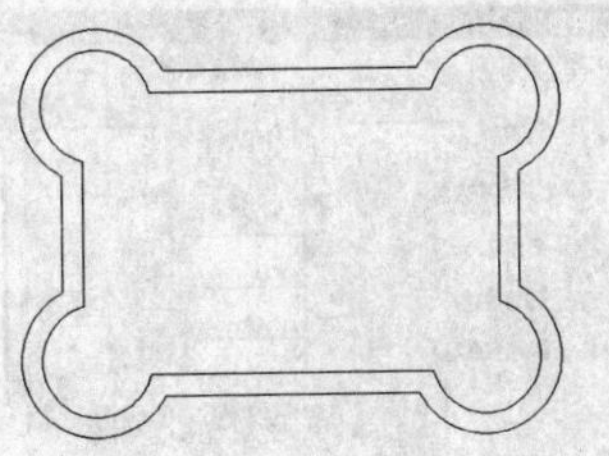

图 4.3.8　偏移后的效果

其中各选项含义介绍如下：

（1）通过(T)：用于通过确定通过点来偏移复制图形对象。

（2）删除(E)：确定是否在偏移后删除源对象。

（3）图层(L)：指定偏移对象的图层特性。

（4）退出(E)：结束偏移命令。

（5）放弃(U)：取消偏移操作。

4.3.4　阵列复制对象

使用阵列命令可以按矩形方式或环形方式重复复制指定的对象。对于矩形阵列，可以控制行和列的数目以及它们之间的距离；对于环形阵列，可以控制对象的数目和决定是否旋转对象。启动阵列命令有以下 3 种方法：

（1）单击“修改”工具栏中的“阵列”按钮。

（2）选择 修改(M) → 阵列(A)... 命令。

（3）在命令行中输入命令 array 或 ar。

执行阵列命令后，弹出 阵列 对话框，如图 4.3.9 所示。阵列的方式分为矩形阵列和环形阵列两种。

1．矩形阵列

矩形阵列是指将选中的对象进行多重复制并沿 X 轴和 Y 轴方向排列的阵列方式。选中 矩形阵列(R) 单选按钮时，系统将以矩形方式排列目标对象，该对话框（见图 4.3.9）中各选项含义如下：

（1）行(W): 文本框：输入矩形阵列的行数。

（2）列(O): 文本框：输入矩形阵列的列数。

（3）“选择对象”按钮：单击该按钮，阵列 对话框暂时消失，系统返回到绘图窗口，用户在此选择要进行阵列复制的图形对象。

（4）偏移距离和方向 选项区：用于指定行、列间距和阵列旋转角度。

1）行偏移(F): 文本框：用于输入矩形阵列的行间距，输入正值表示向 Y 轴正方向阵列，反之则向 Y 轴负方向阵列。

2）列偏移(M): 文本框：用于输入矩形阵列的列间距，输入正值表示向 X 轴正方向阵列，反之则向 X 轴负方向阵列。

3）阵列角度(A): 文本框：用于输入矩形阵列的旋转角度。

（5）预览(V) < 按钮：单击该按钮可在绘图窗口预览阵列生成效果，此时弹出提示框，如图 4.3.10 所示。

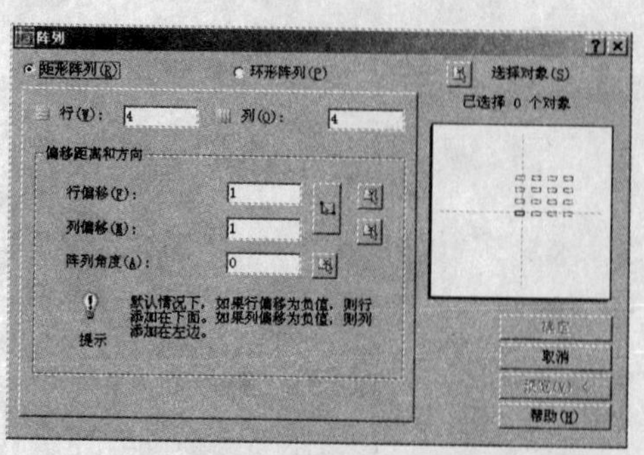

图 4.3.9 “阵列”对话框

图 4.3.10 “阵列”提示框

例如：用矩形阵列命令阵列如图 4.3.11 所示的图形，效果如图 4.3.12 所示，具体操作如下：

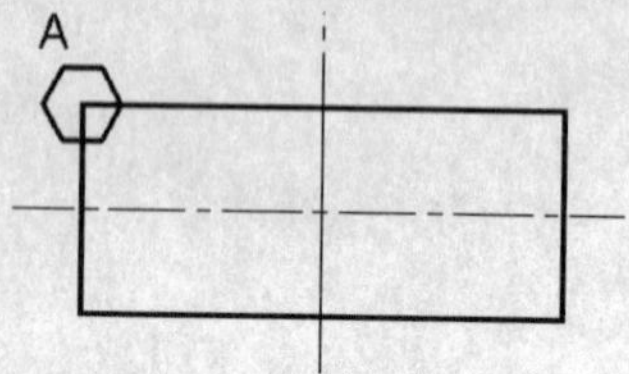

图 4.3.11 矩形阵列前的图形

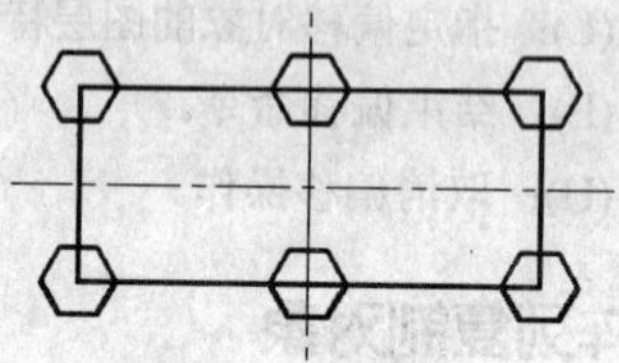

图 4.3.12 矩形阵列后的效果图

（1）单击“修改”工具栏中的“阵列”按钮，在弹出的阵列对话框中选中 矩形阵列(R) 单选按钮。

（2）在该对话框中的 行偏移(F): 文本框中输入行偏移的距离为 50；在该对话框中的 列偏移(M): 文本框中输入列偏移的距离为 60。

（3）单击阵列对话框中的“选择对象”按钮，系统切换到绘图窗口，选择图 4.3.11 中的图形 A，按回车键返回到阵列对话框，如图 4.3.13 所示。

（4）单击阵列对话框中的 预览(V) < 按钮，弹出阵列提示框，如图 4.3.14 所示，同时在绘图窗口中显示阵列后的效果。

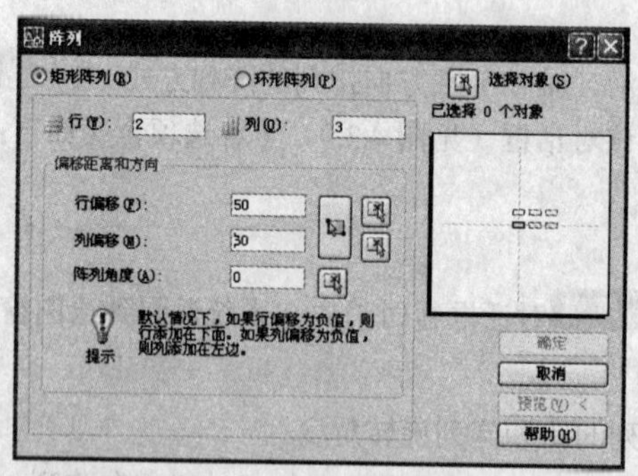

图 4.3.13 “阵列”对话框

图 4.3.14 “阵列”提示框

（5）如果对阵列后的效果满意，则单击 接受 按钮结束阵列操作；如果对阵列后的效果不满意，则单击 修改 按钮返回到阵列对话框，重新设置阵列参数。

2．环形阵列

环形阵列是以指定的一点为中心点，环绕该点创建对象的副本。执行环形阵列时，用户还可以指定创建对象副本的数目以及是否旋转副本对象。在阵列对话框中选中 环形阵列(P) 单选按钮，则执行环形阵列命令，如图 4.3.15 所示。

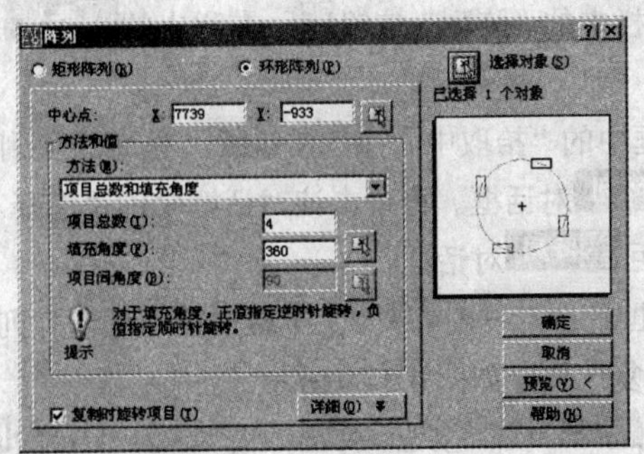

图 4.3.15　“环形阵列”选项设置

该对话框中各选项功能介绍如下：

（1）中心点: X: 7739 Y: -933 文本框：指定环形阵列的中心点。输入 X 和 Y 坐标值，或单击此文本框右边的“拾取中心点”按钮，在绘图窗口中指定中心点。

（2）方法和值选项组：用于设置环形阵列的排列方式。该选项组中各选项功能如下：

1）方法(M):下拉列表框：设置定位对象所用的方法。单击下拉列表框右边的按钮，在弹出的下拉列表中选择定位对象的方法。

2）项目总数(I):文本框：设置在阵列结果中显示的对象数目，默认值为“4”。

3）填充角度(F):文本框：通过定义阵列中第一个和最后一个元素的基点之间的包含角度来设置阵列大小，正值指逆时针旋转，负值指顺时针旋转。默认值为“360”，值不允许为“0”。

4）项目间角度(B):文本框：设置阵列对象的基点和阵列中心之间的包含角。输入的值必须为正值，默认值为“90”。

（3）☑ 复制时旋转项目(T)复选框：预览区域所示旋转阵列中的项目。选中此复选框，阵列时每个对象都朝向中心点，如图 4.3.16 所示；若不选中此复选框，阵列时每个对象都保持原方向，如图 4.3.17 所示。

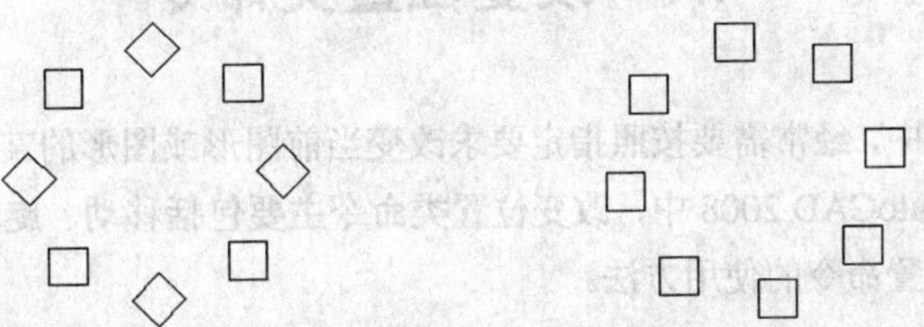

图 4.3.16　旋转阵列的效果　　图 4.3.17　不旋转阵列的效果

（4）详细(O) ▼ 按钮：单击此按钮，打开或关闭“阵列”对话框中附加选项的显示，其中的附加选项为设置对象基点的默认值。

例如：环形阵列如图 4.3.18 所示的图形，效果如图 4.3.19 所示，具体操作步骤如下：

图 4.3.18　环形阵列前的图形　　图 4.3.19　环形阵列后的图形

（1）绘制如图 4.3.18 所示的图形。

（2）单击“修改”工具栏中的“阵列”按钮，在弹出的阵列对话框中选中环形阵列(P)单选按钮。

（3）单击阵列对话框中的“拾取中心点”按钮，系统切换到绘图窗口，捕捉图 4.3.18 图形中的圆心，系统自动返回阵列对话框。再单击该对话框中的“选择对象”按钮，选择图 4.3.18 图形中的餐椅，系统自动返回阵列对话框。

（4）在阵列对话框中的项目总数(I):文本框中输入环形阵列的个数 8，同时选中该对话框下边的复制时旋转项目(T)复选框，如图 4.3.20 所示。

（5）单击该对话框中的预览(V) <按钮，弹出如图 4.3.21 所示的阵列提示框，同时在绘图窗口中显示阵列后的效果。

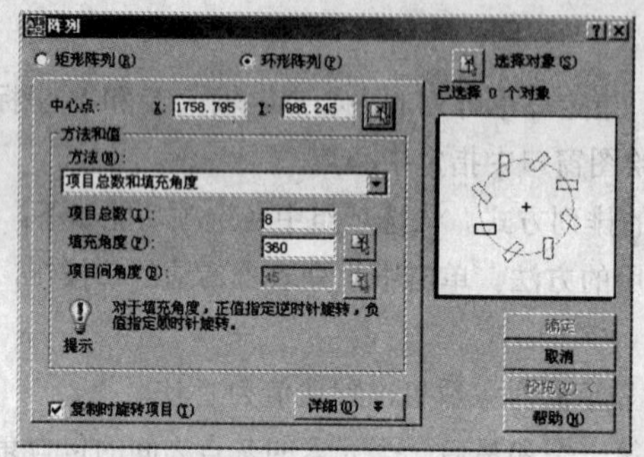

图 4.3.20 “阵列”对话框

图 4.3.21 “阵列”提示框

（6）如果对阵列后的效果满意，则单击接受按钮结束阵列操作；如果对阵列后的效果不满意，则单击修改按钮返回阵列对话框，重新设置阵列参数。

环形阵列后的效果如图 4.3.19 所示。

4.4 改变位置类命令

在绘制图形的过程中，经常需要按照指定要求改变当前图形或图形的某部分的位置，这样才能绘制出准确的图形。在 AutoCAD 2008 中，改变位置类命令主要包括移动、旋转和缩放等。本节将详细介绍这几种改变对象位置命令的使用方法。

4.4.1 移动对象

移动对象是指将图形对象从一个位置移动到另一个位置，图形对象的形状和大小均不发生改变。执行移动命令的方法有以下 3 种：

（1）单击“修改”工具栏中的“移动”按钮。

（2）选择修改(M)→移动(V)命令。

（3）在命令行中输入命令 move。

执行移动命令后，命令行提示如下：

命令：_move↙

选择对象：（选择要移动的对象）

选择对象：（按回车键结束对象选择）

指定基点或 [位移(D)] <位移>：（指定移动对象的基点）

指定第二个点或 <使用第一个点作为位移>：（指定对象移动的具体位置）

其中各命令选项功能介绍如下：

（1）指定基点：确定对象移动矢量的第一个点。移动命令是通过指定两个点来定义对象移动的位移，它指明了选定对象移动的距离和方向。

（2）位移(D)：指定位移量。输入的坐标值将指定相对于基点的距离和方向。

例如用移动命令移动如图 4.4.1 所示的图形，效果如图 4.4.2 所示，具体操作步骤如下：

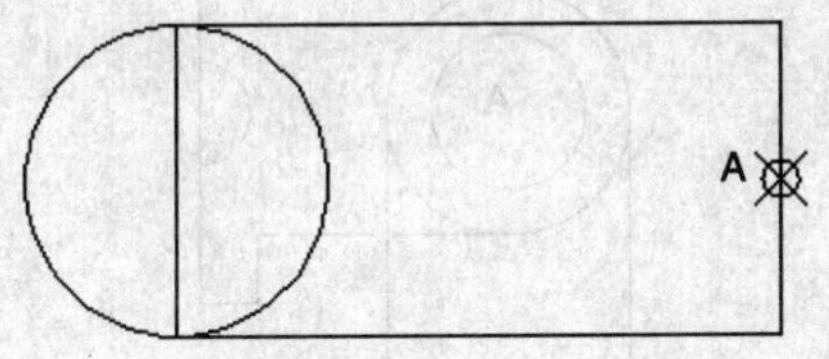

图 4.4.1　移动前的图形对象

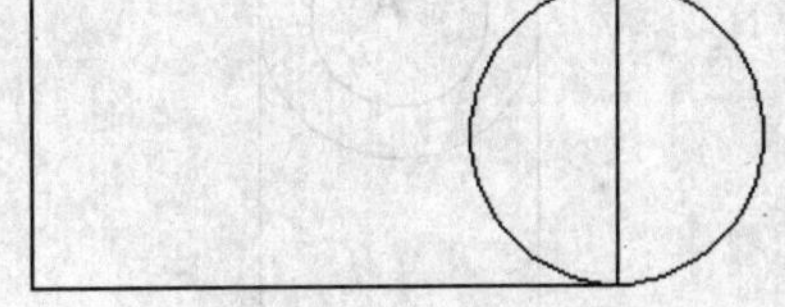

图 4.4.2　移动后的图形对象

（1）绘制如图 4.4.1 所示的图形。

（2）按“F3”键打开对象捕捉功能。单击“移动”按钮，命令行提示如下：

命令：_move↙

选择对象：（选择如图 4.4.1 所示的圆）

选择对象：（按回车键结束对象选择）

指定基点或 [位移(D)] <位移>：（捕捉如图 4.4.1 所示圆的圆心）

指定第二个点或 <使用第一个点作为位移>：（捕捉如图 4.4.1 所示的 A 点）

移动图形后的效果如图 4.4.2 所示。

4.4.2　旋转对象

旋转对象是指将对象绕指定的基点进行旋转，在旋转的过程中不改变其大小。执行旋转命令的方法有以下 3 种：

（1）单击“修改”工具栏中的“旋转”按钮。

（2）选择 修改(M) → 旋转(R) 命令。

（3）在命令行中输入命令 rotate 或 ro。

执行旋转命令后，命令行提示如下：

命令：_rotate↙

UCS 当前的正角方向：ANGDIR=逆时针　ANGBASE=0

选择对象：（选择要旋转的对象）

选择对象：（按回车键结束对象选择）

指定基点：（捕捉对象的旋转基点）

指定旋转角度，或 [复制(C)/参照(R)] <0>：（指定旋转角度或选择其他命令选项）

其中各命令选项的功能介绍如下：

1）复制(C)：选择此命令选项，则在旋转对象的同时创建其副本。

2）参照(R)：选择此命令选项，则在图形中指定参照角，以新角度旋转对象。命令行提示如下：

指定旋转角度，或 [复制(C)/参照(R)] <30>：r（选择“参照”命令选项）

指定参照角 <15>：(指定参照角的第一点)

指定第二点：(指定参照角的第二点)

指定新角度或 [点(P)] <45>：(拖动鼠标指定新角度)

注意：在 AutoCAD 中，系统通过输入值或指定两点来指定参照角和新角度。

例如用旋转命令旋转如图 4.4.3 所示的图形，效果如图 4.4.4 所示，具体操作步骤如下：

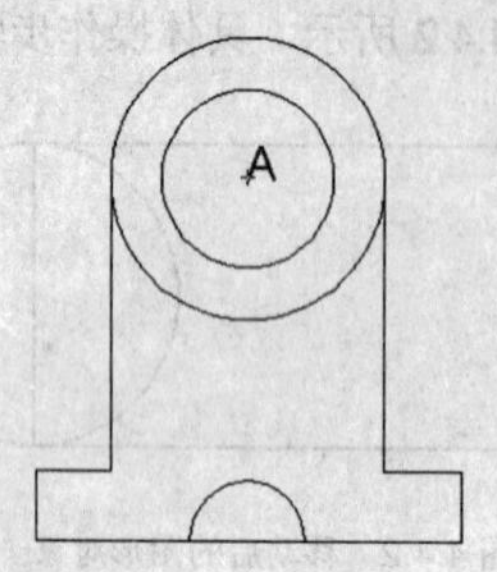

图 4.4.3　旋转前的图形

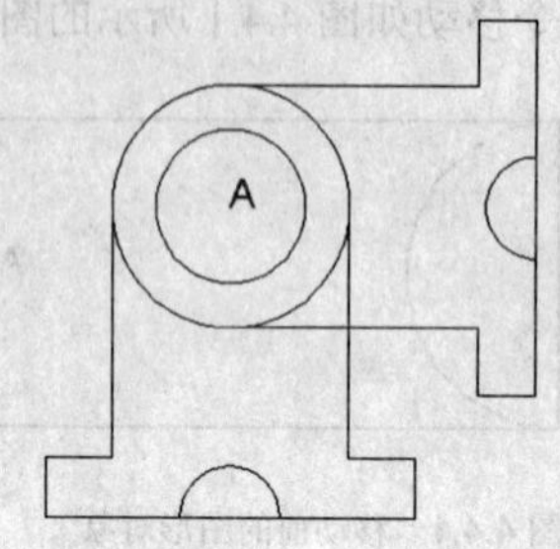

图 4.4.4　旋转后的图形

（1）绘制如图 4.4.3 所示的图形对象。

（2）按“F3”键打开对象捕捉功能，单击“旋转”按钮，其命令行提示如下：

命令：_rotate↙

选择对象：(用交叉窗口选择如图 4.4.3 所示的图形)

选择对象：(按回车键结束对象选择)

指定基点：(指定圆心 A 为基点)

指定旋转角度，或[复制(C)/参照(R)] <0>：C（输入旋转角度值）

旋转后的效果如图 4.4.4 所示。

4.4.3　缩放对象

缩放是指以指定的点为基点，按比例因子对图形进行放大或缩小。执行缩放命令的操作方法有以下 3 种：

（1）单击“修改”工具栏上的“缩放”按钮。

（2）选择 修改(M) → 缩放(L) 命令。

（3）在命令行中输入命令 scale。

执行缩放命令后，命令行提示如下：

命令：_scale↙

选择对象：(选择要缩放的对象)

选择对象：(按回车键结束对象选择)

指定基点：(指定对象的基点)

指定比例因子或 [复制(C)/参照(R)] <1.0000>：(指定缩放的比例因子或选择其他命令选项)

其中各命令选项功能介绍如下：

（1）复制(C)：选择此命令选项，在缩放对象的同时创建对象的副本。

（2）参照(R)：选择此命令选项，以指定的参照对图形进行缩放。命令行提示如下：

指定比例因子或 [复制(C)/参照(R)] <1.5000>： r（选择“参照”命令选项）

指定参照长度 <200.0000>：（指定参照长度的起点）

指定第二点：（指定参照长度的终点）

指定新的长度或 [点(P)] <200.0000>：（指定新长度的终点）

例如：缩放如图 4.4.5 所示图形，效果如图 4.4.6 所示，具体操作步骤如下：

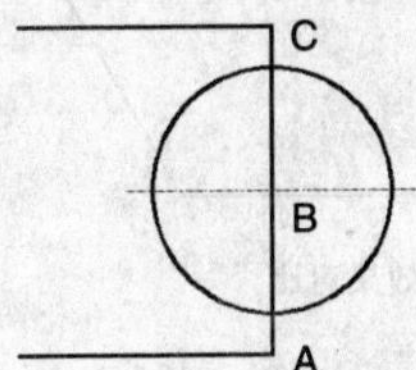

图 4.4.5　缩放前的图形

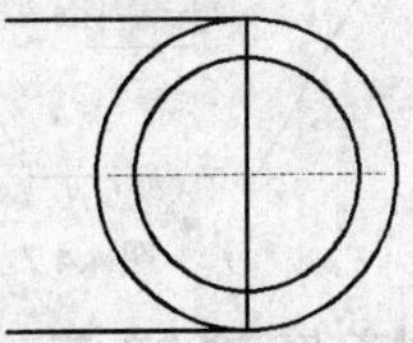

图 4.4.6　缩放后的图形

（1）绘制如图 4.4.5 所示的图形。

（2）单击“修改”工具栏中的“缩放”按钮，命令行提示如下：

命令：_scale↙

选择对象：找到 1 个（选择如图 4.4.5 所示图形中的圆）

选择对象：（按回车键结束对象选择）

指定基点：（捕捉圆的圆心 B）

指定比例因子或 [复制(C)/参照(R)] <0.9000>：c（选择“复制”命令选项）

缩放一组选定对象。（系统提示）

指定比例因子或 [复制(C)/参照(R)] <0.9000>：r（选择“参照”命令选项）

指定参照长度<1.0000>：（捕捉圆心 B）

指定第二点：（捕捉端点 A）

指定新的长度或 [点(P)] <1.0000>：（捕捉端点 C）

利用缩放绘制的图形如图 4.4.6 所示。

注意：如果输入的比例因子介于 0～1 之间，则缩小对象；如果输入的比例因子大于 1，则放大对象。

4.4.4　对齐对象

在 AutoCAD 2008 中，使用对齐命令可以使选中的二维对象或三维对象与其他对象对齐。选择 修改(M) → 三维操作(3) → 对齐(L) 命令即可执行对齐命令。

在对齐对象时，可以使用一对、两对或三对对齐点（源点和目标点）来对齐选中的对象，使用对齐点的个数不同，操作的过程也不相同。

如果使用一对对齐点，命令行提示如下：

命令：_align↙

选择对象：（选择要对齐的对象）

选择对象：（按回车键结束对象选择）

指定第一个源点：（指定第一个源点）

指定第一个目标点：（指定第一个目标点）

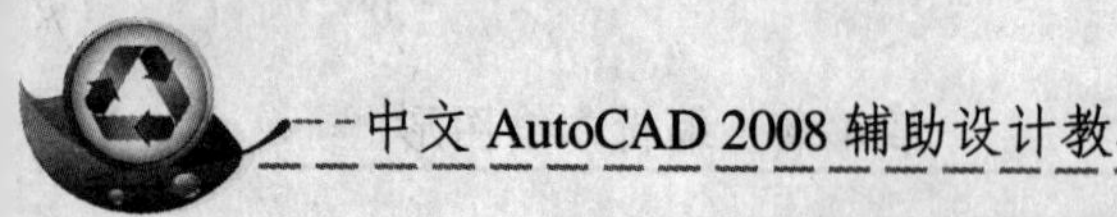

指定第二个源点：（按回车键结束命令）

如图 4.4.7 所示为使用一对对齐点对齐对象的效果。

图 4.4.7　使用一对对齐点对齐对象的效果对比

如果使用两对对齐点，命令行提示如下：

命令：_align↙

选择对象：（选择要对齐的对象）

选择对象：（按回车键结束对象选择）

指定第一个源点：（指定第一个源点）

指定第一个目标点：（指定第一个目标点）

指定第二个源点：（指定第二个源点）

指定第二个目标点：（指定第二个目标点）

指定第三个源点或 <继续>：（按回车键）

是否基于对齐点缩放对象？[是(Y)/否(N)] <否>：（选择是否缩放对象）

如果不使用缩放，则对齐后的效果与使用一对对齐点的效果相同。如图 4.4.8 所示为使用两对对齐点对齐对象的效果。

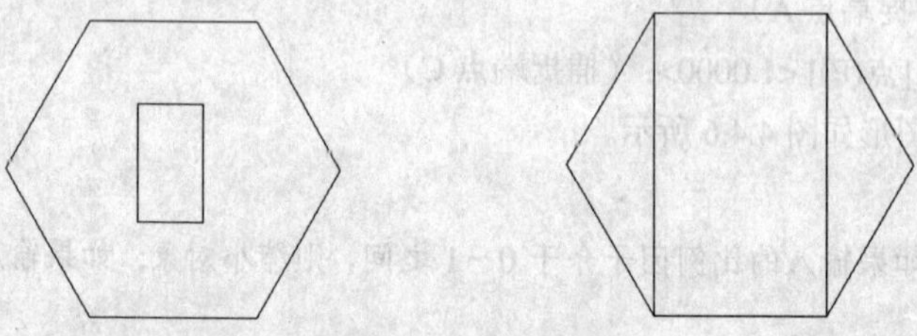

图 4.4.8　使用两对对齐点对齐对象效果对比

如果使用三对对齐点，命令行提示如下：

命令：_align↙

选择对象：（选择要对齐的对象）

选择对象：（按回车键结束对象选择）

指定第一个源点：（指定第一个源点）

指定第一个目标点：（指定第一个目标点）

指定第二个源点：（指定第二个源点）

指定第二个目标点：（指定第二个目标点）

指定第三个源点或 <继续>：（指定第三个源点）

指定第三个目标点或 [退出(X)] <X>：（指定第三个目标点）

如图 4.4.9 所示为使用三对对齐点对齐对象的效果。

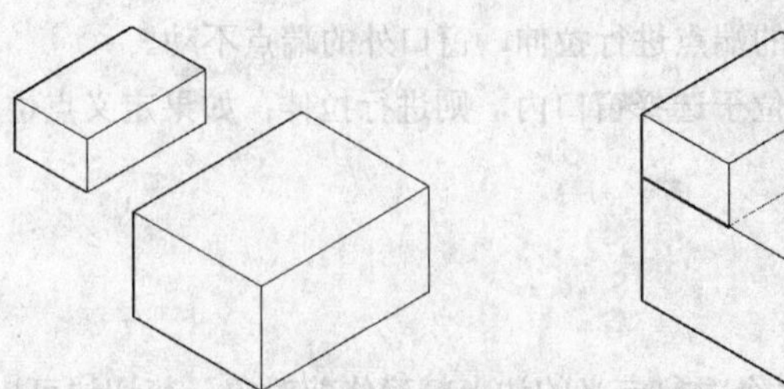

图 4.4.9　使用三对对齐点对齐对象效果对比

4.5　改变几何特性类命令

在 AutoCAD 2008 中，改变几何特性类命令是将对象在被选择后其几何特性发生改变，主要包括拉伸、修剪、延伸、拉长、打断和合并等命令。本节将详细介绍这些命令的使用方法。

4.5.1　拉伸对象

拉伸是指通过移动对象的端点、顶点或控制点来改变对象的局部形状。执行拉伸命令的方法有以下 3 种：

（1）单击“修改”工具栏中的“拉伸”按钮。

（2）选择 修改(M) → 拉伸(H) 命令。

（3）在命令行中输入命令 stretch 或 s。

例如：拉伸如图 4.5.1 所示的图形，效果如图 4.5.3 所示，具体操作步骤如下：

命令：_stretch↙

以交叉窗口或交叉多边形选择要拉伸的对象...

选择对象：（交叉选择如图 4.5.2 所示图形中的对象）

选择对象：（按回车键结束对象选择）

指定基点或 [位移(D)] <位移>：（捕捉如图 4.5.1 所示图形中的圆心 A）

指定第二个点或 <使用第一个点作为位移>：（捕捉如图 4.5.1 所示图形中的圆心 B）

拉伸后的图形如图 4.5.3 所示。

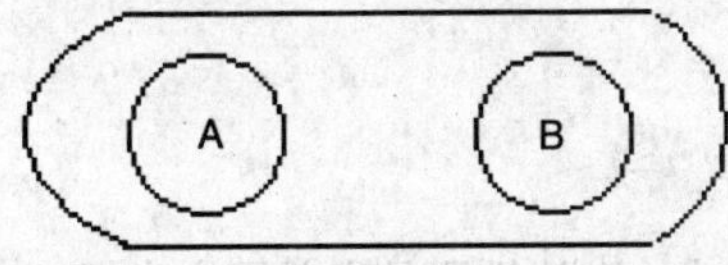

图 4.5.1　拉伸前的对象

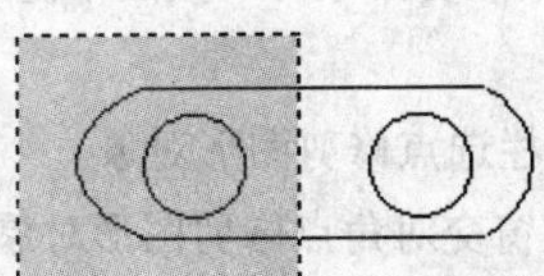

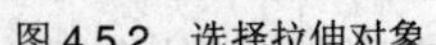

图 4.5.2　选择拉伸对象

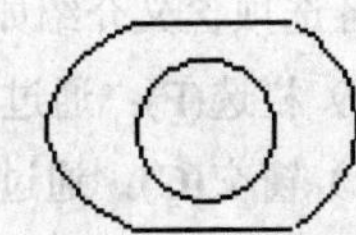

图 4.5.3　拉伸后的对象

在选择要拉伸的图形对象时，如果将图形对象全部选中，则 AutoCAD 执行移动命令；如果选择图形对象的一部分，则拉伸规则如下：

（1）直线：选择窗口内的端点进行拉伸，另一端点不动。

（2）多段线：选择窗口内的部分进行拉伸，选择窗口外的部分保持不变。

（3）圆弧：选择窗口内的端点进行拉伸，另一端点不动。但与直线不同的是，圆弧在拉伸过程中弦高保持不变，改变的是圆弧的圆心位置、圆弧起始角和终止角的值。

（4）区域填充：选择窗口内的端点进行拉伸，窗口外的端点不动。

（5）其他对象：如果定义点位于选择窗口内，则进行拉伸；如果定义点位于选择窗口外，则不进行拉伸。

4.5.2 修剪对象

使用修剪命令可以在一个或多个对象定义的边上精确修剪对象。剪切边可以是直线、圆弧、圆、多段线、椭圆、样条曲线、构造线以及图纸空间中的视口，并且可以修剪到隐含交点。对于有宽度的多段线，剪切是沿着中心线进行的。启动修剪命令有以下 3 种方式：

（1）选择 修改(M) → 修剪(T) 命令。

（2）单击“修改”工具栏中的“修剪”按钮。

（3）在命令行中输入 trim。

例如：修剪如图 4.5.4 所示的图形，修剪效果如图 4.5.5 所示。其操作步骤如下：

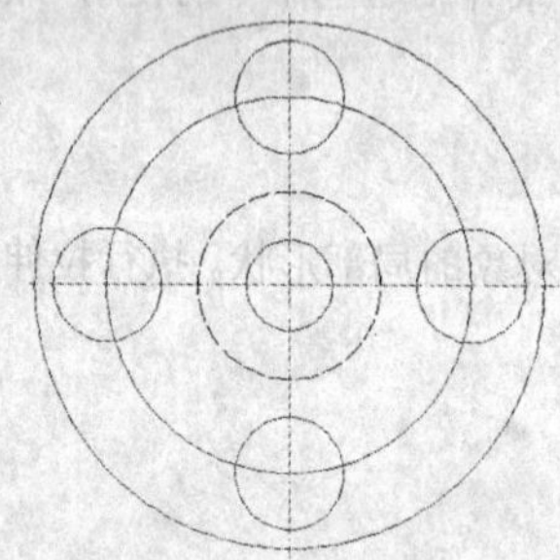

图 4.5.4 利用矩形和正多边形等命令绘制图形

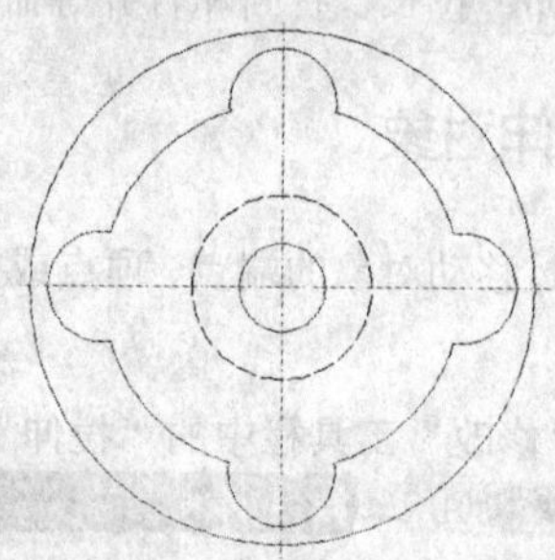

图 4.5.5 修剪后的图形

命令：_trim↙

当前设置：投影=UCS，边=无　选择剪切边...（系统提示）

选择对象<全部选择>:（选择图 4.5.4 中的所有对象）

选择对象：（按回车键结束选择对象）

选择要修剪的对象，或按住“Shift”键选择要延伸的对象，或[栏选(F)/窗交(C)/投影(P)/边(E)/删除(R)/放弃(U)]:（单击需要剪切的对象）

选择要修剪的对象，或按住“Shift”键选择要延伸的对象，或[栏选(F)/窗交(C)/投影(P)/边(E)/删除(R)/放弃(U)]（按回车键结束修剪命令）:（按回车键结束修剪命令）

其各选项含义介绍如下：

（1）栏选(F)：通过指定栏选点修剪图形对象。

（2）窗交(C)：通过指定窗交对角点修剪图形对象。

（3）投影(P)：用于设置在修剪对象时系统使用的投影模式，默认设置是当前用户坐标。

（4）边(E)：用于设置修剪边的隐含延伸模式。

（5）删除(R)：确定要删除的对象。

（6）放弃(U)：用于取消上一次操作。

技巧：在 AutoCAD 2008 中，用户可以用矩形框一次选择多个对象进行修剪，可以极大地提高绘图效率。

4.5.3　延伸对象

延伸是指将图形中选中的对象延伸到指定对象处，以方便绘制图形。执行延伸命令的方法有以下 3 种：

（1）单击“修改”工具栏中的“延伸”按钮。

（2）选择 修改(M) → 延伸(D) 命令。

（3）在命令行中输入命令 extend 或 ex。

例如：延伸如图 4.5.6 所示的图形，延伸效果如图 4.5.7 所示。其操作步骤如下：

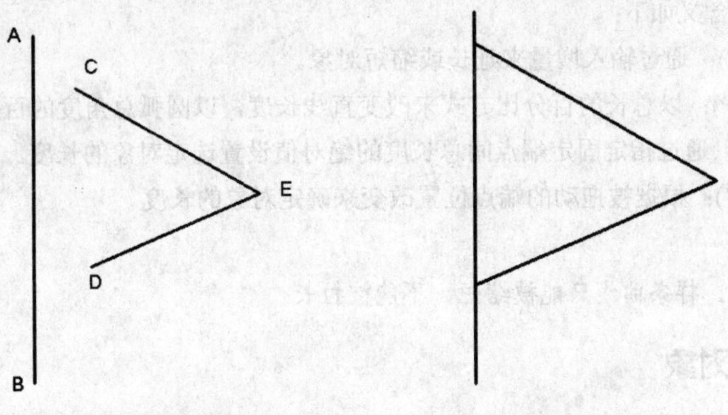

图 4.5.6　延伸前的对象　　图 4.5.7　延伸后的对象

命令：_extend↙

当前设置:投影=UCS，边=无。(系统提示）

选择边界的边.. （系统提示）

选择对象：(选择作为边界的边，即选择直线 AB）

选择对象：(按回车键结束对象选择）

选择要延伸的对象，或按住“Shift”键选择要修剪的对象，或[投影(P)/边(E)/放弃(U)]：(选择直线 CE）

选择要延伸的对象，或按住“Shift”键选择要修剪的对象，或[投影(P)/边(E)/放弃(U)]：(选择直线 DE）

选择要延伸的对象，或按住“Shift”键选择要修剪的对象，或[投影(P)/边(E)/放弃(U)]：(按回车键结束命令）

延伸效果如图 4.5.7 所示。

其中各命令选项功能介绍如下：

（1）按住“Shift”键选择要修剪的对象：将选定对象修剪到最近的边界而不是将其延伸。这是在修剪和延伸之间切换的简便方法。

（2）栏选(F)：选择与选择栏相交的所有对象。选择栏是以两个或多个栏选点指定的一系列临时直线段。选择栏不能构成闭合的环。

（3）窗交(C)：选择由两点定义的矩形区域内部或与之相交的对象。

（4）投影(P)：指定延伸对象时使用的投影方法。

（5）边(E)：将对象延伸到另一个对象的隐含边，或仅延伸到三维空间中与其实际相交的对象。

（6）放弃(U)：放弃最近由延伸命令所做的修改。

4.5.4 拉长对象

拉长命令用于延长和缩短直线、多段线、样条曲线、圆弧、椭圆弧和非封闭的曲线。

启动拉长命令有两种方法：

菜单栏：选择 修改(M) → 拉长(G) 命令。

命令行：在命令行输入 lengthen，并按回车键。

执行拉长命令后，命令行提示信息如下：

选择对象或[增量(DE)/百分数(P)/全部(T)/动态(DY)]：选择要进行拉长的对象或者选择其他选项。

命令行各选项含义如下：

（1）增量(DE)：通过输入增量来延长或缩短对象。

（2）百分数(P)：以总长的百分比方式来改变直线长度，以圆弧总角度的百分比修改圆弧角度。

（3）全部(T)：通过指定固定端点间总长度的绝对值设置选定对象的长度。

（4）动态(DY)：根据被拖动的端点位置改变来确定对象的长度。

注意：样条曲线只能被缩短，不能被拉长。

4.5.5 打断对象

打断是将一个对象打断为两个对象，对象之间可以有间隙，也可以没有间隙。执行打断命令的方法有以下 3 种：

（1）单击“修改”工具栏中的“打断”按钮。

（2）选择 修改(M) → 打断(K) 命令。

（3）在命令行中输入命令 break 或 br。

例如：打断如图 4.5.8 所示图形，效果如图 4.5.9 所示，具体操作步骤如下：

命令：_break↙

选择对象：（选择要打断的对象，选择圆 A）

指定第二个打断点或[第一点(F)]：f（选择“第一点”命令选项）

指定第一个打断点：（单击圆 A 的下象限点）

指定第二个打断点：（单击圆 A 的右象限点）

打断后的结果如图 4.5.9 所示。

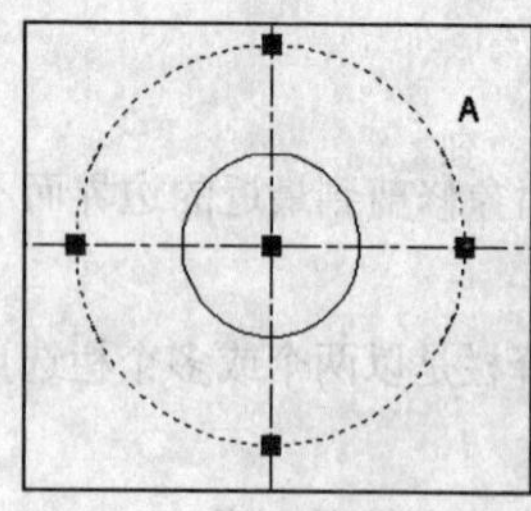

图 4.5.8 打断前的图形

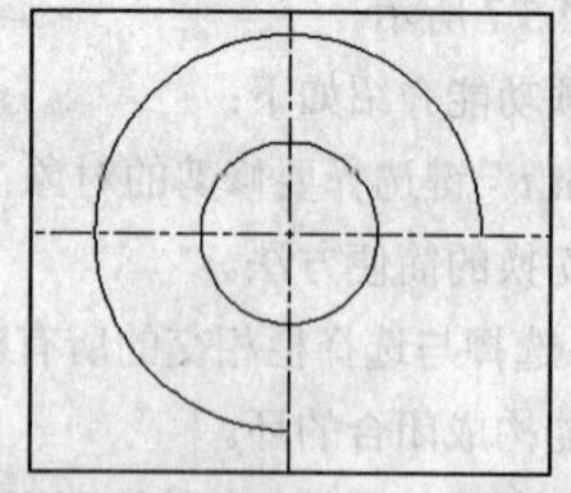

图 4.5.9 打断后的图形

提示：AutoCAD 系统默认以选择对象时的拾取点作为第一个打断点。

指定两个打断点后，两个指定点之间的对象部分将被删除。如果第二个点不在对象上，将选择对象上与该点最接近的点作为第二个点。在 AutoCAD 中，可以用打断命令打断的对象有直线、圆弧、圆、多段线、椭圆、样条曲线、圆环等，但多线、三维实体等对象不能用打断命令进行编辑。在打断圆或圆弧时，系统会按逆时针方向删除圆或圆弧上第一个打断点到第二个打断点之间的部分。

4.5.6 合并对象

合并命令用于将某一连续图形上的两个部分连接成一个对象，或将某段圆弧闭合为整圆。在 AutoCAD 2008 中，执行合并命令的方法有以下 3 种：

（1）单击“修改”工具栏中的“合并”按钮。

（2）选择 修改(M) → 合并(J) 命令。

（3）在命令行中输入命令 join。

执行合并命令后，命令行提示如下：

命令：_join↙

选择源对象：（选择要合并的对象）

根据用户选择对象的不同，命令行提示也有所不同，如果用于选择的对象为线性对象，则命令行提示如下：

选择要合并到源的直线：（选择线性对象）

如果用户选择的对象为弧，则命令行提示如下：

选择圆弧，以合并到源或进行[闭合(L)]：1

例如：合并如图 4.5.10 所示图形中的两个圆弧，效果如图 4.5.11 所示，具体操作步骤如下：

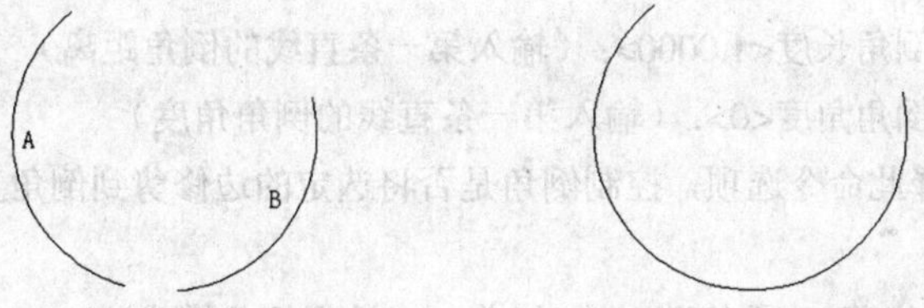

图 4.5.10 合并前的图形　　图 4.5.11 合并后的图形

命令：_join↙

选择源对象：（选择如图 4.5.10 所示的圆弧 A）

选择圆弧，以合并到源或进行[闭合(L)]：（选择如图 4.5.10 所示的圆弧 B）

选择要合并到源的圆弧：找到 1 个（按回车键结束命令）

已将 1 个圆弧合并到源（系统提示）

4.6 倒角和圆角

倒角和圆角是 AutoCAD 2008 中非常重要的两个编辑命令，它们不仅可以用于编辑各种二维图形，而且还可以用于编辑三维实体。本节将详细介绍这两个编辑命令在平面图形中的使用方法。

4.6.1 倒角

倒角是指用一个倾斜的面代替图形中的角。可以进行倒角的对象有直线、多段线、射线、构造线和三维实体。执行倒角命令的方法有以下 3 种：

（1）单击“修改”工具栏中的“倒角”按钮。

（2）选择 修改(M) → 倒角(C) 命令。

（3）在命令行中输入命令 chamfer。

执行倒角命令后，命令行提示如下：

命令：_chamfer↙

（“修剪”模式）当前倒角距离 1 = 0.0000，距离 2 = 0.0000（系统提示）

选择第一条直线或 [放弃(U)/多段线(P)/距离(D)/角度(A)/修剪(T)/方式(E)/多个(M)]：

其中各命令选项功能介绍如下：

（1）放弃(U)：选择此命令选项，恢复在命令中执行的上一步操作。

（2）多段线(P)：选择此命令选项，对整个二维多段线进行倒角。命令行提示如下：

选择二维多段线：（选择需要倒角的二维多段线）

注意：执行此命令之前，首先要设置倒角的距离，如果多段线包含的线段过短以至于无法容纳倒角距离，则不对这些线段倒角。

（3）距离(D)：选择此命令选项，设置倒角至选定边端点的距离。

指定第一个倒角距离<1.0000>：（输入第一个倒角距离）

指定第二个倒角距离<2.0000>：（输入第二个倒角距离）

（4）角度(A)：选择此命令选项，用第一条线的倒角距离和第二条线的角度设置倒角。命令行提示如下：

指定第一条直线的倒角长度<1.0000>：（输入第一条直线的倒角距离）

指定第一条直线的倒角角度<0>：（输入第一条直线的倒角角度）

（5）修剪(T)：选择此命令选项，控制倒角是否将选定的边修剪到倒角直线的端点。命令行提示如下：

输入修剪模式选项[修剪(T)/不修剪(N)] <修剪>：（选择倒角模式）

注意：系统默认的倒角模式为“修剪”，还有不同模式下的倒角效果。

（6）方式(E)：选择此命令选项，控制使用两个距离还是一个距离和一个角度来创建倒角。

（7）多个(M)：选择此命令选项，为多组对象的边倒角。

提示：当倒角值大于倒角边长时，不进行倒角；当倒角值为 0 时，将延伸倒角边使其相交，但不进行倒角。

例如：使用倒角命令对如图 4.6.1 所示的图形进行倒角处理，效果如图 4.6.2 所示。

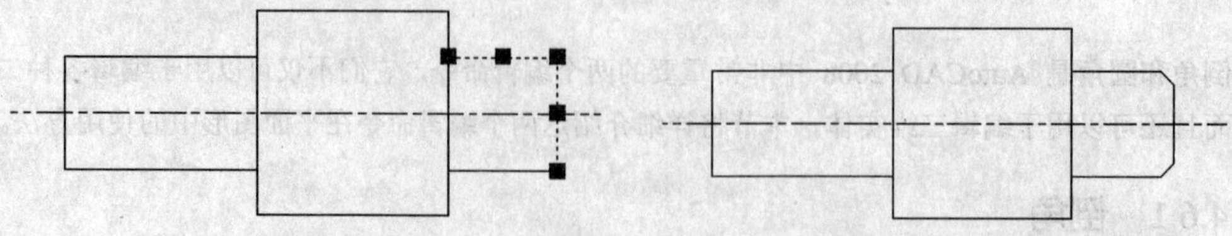

图 4.6.1　倒角前的对象　　　　图 4.6.2　倒角后的对象

（1）命令：chamfer↙。

（2）(“修剪”模式)当前倒角距离 1=0.0000，距离 2=0.0000。

（3）选择第一条直线或[放弃(U)/多段线(P)/距离(D)/角度(A)/修剪(T)/方式(E)/多个(M)]：d↙。

（4）指定第一个倒角距离<0.0000>：25↙。

（5）指定第二个倒角距离<25.0000>：↙。

（6）选择第一条直线或[放弃(U)/多段线(P)/距离(D)/角度(A)/修剪(T)/方式(E)/多个(M)]：选择如图 4.6.1 所示的直线。

（7）选择第二条直线，或按住“Shift”键选择要应用角点的直线：选择另一条直线。

重复倒角命令，对另一角点进行倒角处理，效果如图 4.6.2 所示。

4.6.2　圆角

圆角是指用光滑的弧来替代图形对象中的角。在 AutoCAD 2008 中，可进行圆角操作的对象有圆弧、圆、椭圆和椭圆弧、直线、多段线、射线、样条曲线、构造线和三维实体。执行圆角命令的方法有以下 3 种：

（1）单击“修改”工具栏中的“圆角”按钮。

（2）选择 修改(M) → 圆角(F) 命令。

（3）在命令行中输入命令 fillet。

执行圆角命令后，命令行提示如下：

命令：_fillet↙

当前设置：模式=修剪，半径 = 0.0000（系统提示）

选择第一个对象或[放弃(U)/多段线(P)/半径(R)/修剪(T)/多个(M)]:

其中各命令选项功能介绍如下：

（1）放弃(U)：选择此命令选项，恢复执行的上一个操作。

（2）多段线(P)：选择此命令选项，在二维多段线中两条线段相交的每个顶点处插入圆角弧。命令行提示如下：

选择二维多段线：(选择二维多段线)

（3）半径(R)：选择此命令选项，定义圆角弧的半径。命令行提示如下：

指定圆角半径 <2.0000>：(输入圆角的半径)

选择第一个对象或 [放弃(U)/多段线(P)/半径(R)/修剪(T)/多个(M)]：(选择第一个圆角边)

选择第二个对象，或按住“Shift”键选择要应用角点的对象：(选择第二个圆角边)

（4）修剪(T)：控制圆角是否将选定的边修剪到圆角弧的端点。

（5）多个(M)：给多个对象集加圆角。

例如：使用圆角命令对如图 4.6.3 所示的图形进行圆角处理，效果如图 4.6.4 所示。

（1）命令：fillet↙。

（2）当前设置：模式=修剪，半径=0.0000。

（3）选择第一个对象或[多段线(P)/半径(R)/修剪(T)/多个(U)]：r↙。

（4）指定圆角半径<0.0000>：100↙。

（5）选择第一个对象或[多段线(P)/半径(R)/修剪(T)/多个(U)]：选择图 4.6.3 中的一条直线。

（6）选择第二个对象：选择另一条直线。

（7）选择第一个对象或[多段线(P)/半径(R)/修剪(T)/多个(U)]：↙。

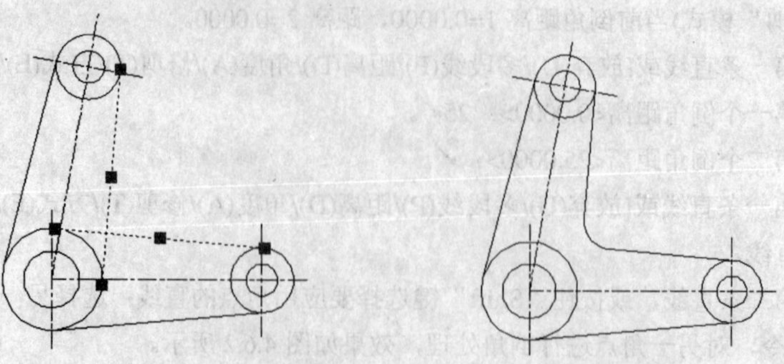

图 4.6.3　圆角前的图形　　　　图 4.6.4　圆角后的图形

提示：用圆角命令对圆、圆弧和直线进行圆角时，根据选择点的不同会出现不同的效果。

4.7　使用夹点编辑对象

当选中图形对象时，在对象上会显示出若干个小方框形状的控制点，这些控制点就是夹点。不同对象上的夹点数和夹点显示的位置有所不同，如图 4.7.1 所示。当夹点被选中时，用户可以利用夹点对图形对象进行移动、拉伸、旋转、复制、比例缩放以及镜像等操作。

4.7.1　控制夹点显示

默认情况下，夹点的显示始终是打开的，用户可以通过选择 工具(T) → 选项(N)... 命令，在弹出的 选项 对话框中选择 选择集 选项卡，在该选项卡中可以设置夹点的颜色、显示和大小，如图 4.7.2 所示。

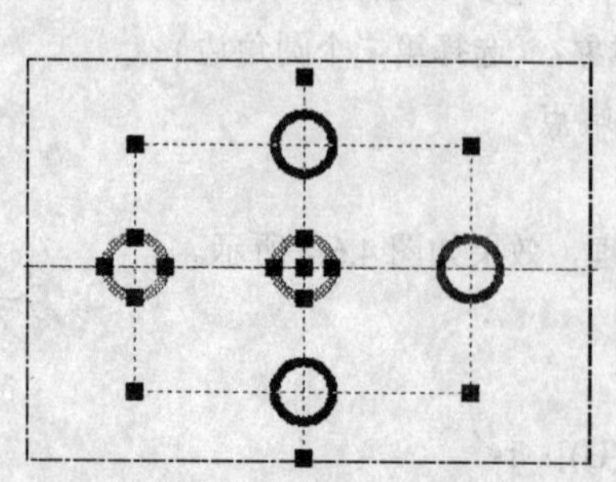

图 4.7.1　不同对象的夹点数和位置

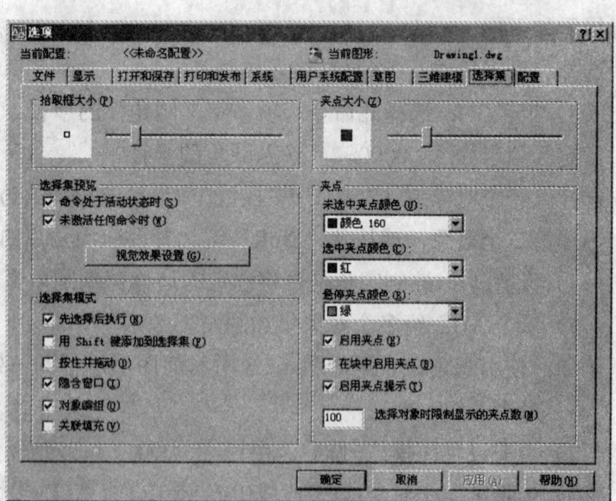

图 4.7.2　“选择集”选项卡

当夹点显示打开时，选择不同的对象，对象上显示的夹点数量和位置都不一样，AutoCAD 2008 中常见对象的夹点特征如表 4.1 所示。

表 4.1 AutoCAD 2008 中图形对象的夹点特征

对象类型	夹点特征
直线	两个端点和中点
多段线	直线段的两端点、圆弧段的中点和两端点
构造线	控制点以及线上的邻近两点
射线	起点以及射线上的一个点
多线	控制线上的两个端点
圆弧	两个端点和中点
圆	4 个象限点和圆心
椭圆	4 个顶点和中心点
椭圆弧	端点、中点和中心点
区域填充	各个顶点
文字	插入点和第二个对齐点（如果有）
段落文字	各顶点
属性	插入点
插入图形	插入点
三维网格	网格上的各个顶点
三维面	周边顶点
线型标注、对齐标注	尺寸线和尺寸界线的端点、尺寸文字的中心点
角度标注	尺寸线端点和指定尺寸标注弧的端点，尺寸文字的中心点
半径标注、直径标注	半径或直径标注的端点，尺寸文字的中心点
坐标标注	被标注点，用户指定的引出线端点和尺寸文字的中心点

4.7.2 使用夹点编辑对象

在 AutoCAD 2008 中，根据对象被选中的情况，夹点的状态可以分为热态、冷态和温态 3 种。选中对象后，对象上的夹点便显示出来，此时的夹点处于温态，温态下的夹点不能进行夹点编辑操作；选中一个温态夹点，夹点的颜色由蓝色变成红色，此时的夹点处于热态，热态下的夹点可以进行各种夹点编辑操作；所谓冷态夹点是指没有在当前选择对象上的夹点。

1．拉伸

当夹点处于热态时，用户就可以首先对图形进行拉伸操作，此时命令行提示如下：

** 拉伸 **

指定拉伸点或 [基点(B)/复制(C)/放弃(U)/退出(X)]:

指定夹点到新位置或直接输入新坐标即可拉伸对象。但对于某些图形对象上的夹点，如文字、直线中点、圆心等进行夹点拉伸操作，不能拉伸该对象，而是移动该对象。

夹点处于热态时，命令行提示中有 5 个命令选项。其功能分别为：

（1）指定拉伸点：选择该选项，确定夹点被拉伸的新位置。

（2）基点(B)：选择该选项，指定新夹点为当前编辑夹点。

（3）复制(C)：选择该选项，可以在拉伸夹点的同时进行多次复制。如果该夹点不能被拉伸，则该选项功能为复制对象。

（4）放弃(U)：选择该选项，将取消最近一次操作。

（5）退出(X)：选择该选项，将退出当前操作。

2．移动

此模式用于将图形对象从当前位置移动到新位置，而图形对象的大小与方向均不改变。当夹点处于热态时，选择该模式，命令行提示如下：

** 移动 **

指定移动点或 [基点(B)/复制(C)/放弃(U)/退出(X)]:

指定夹点到新位置或直接输入新的坐标值即可移动对象，其他命令选项的功能与在“拉伸”模式下相同。

3. 旋转

此模式用于以当前夹点为中心旋转图形对象。当夹点处于热态时，选择该模式，命令行提示如下：

** 旋转 **

指定旋转角度或 [基点(B)/复制(C)/放弃(U)/参照(R)/退出(X)]:

直接拖动鼠标或输入旋转角度值，或指定参照对象，按回车键后，系统将以当前夹点为中心点旋转被选择的对象，其他命令选项的功能与在“拉伸”模式下相同。

4. 比例缩放

此模式用于以当前夹点为基点按指定比例缩放被选中的对象。当夹点处于热态时，选择该模式，命令行提示如下：

** 比例缩放 **

指定比例因子或 [基点(B)/复制(C)/放弃(U)/参照(R)/退出(X)]:

拖动鼠标确定图形缩放比例或直接输入比例因子，或指定参照，系统将以当前夹点为基点缩放被选中的对象。其他命令选项的功能与在“拉伸”模式下相同。

5. 镜像

此模式用于以当前夹点为镜像线的第一点，镜像被选中的对象。当夹点处于热态时，选择该模式，命令行提示如下：

** 镜像 **

指定第二点或 [基点(B)/复制(C)/放弃(U)/退出(X)]:

拖动鼠标确定镜像线的第二点，或直接输入镜像线第二点的坐标，即可确定镜像线，系统就会以此镜像线镜像被选中的对象，但并不保留原图形。如果要保留原图形对象，就必须选择“复制（C）”命令选项。

例如，使用夹点编辑功能绘制如图 4.7.3 所示图形，具体操作如下：

（1）单击“绘图”工具栏中的“正多边形”按钮，在绘图窗口中绘制一个正三角形，该三角形外接圆的半径为 80，效果如图 4.7.4 所示。

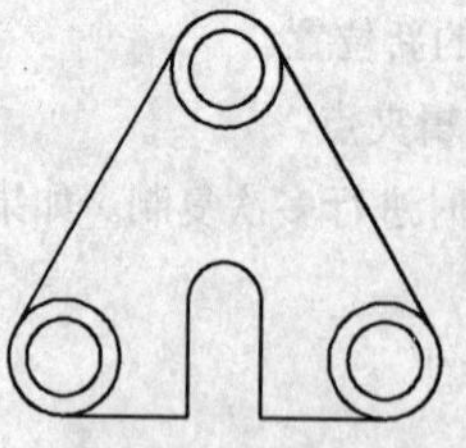

图 4.7.3 夹点编辑效果

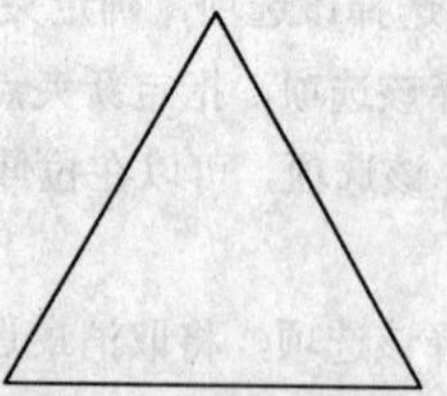

图 4.7.4 绘制正三角形

（2）单击“修改”工具栏中的“分解”按钮，对绘制的正三角形进行分解。然后单击“绘图”工具栏中的“直线”按钮，用直线连接三角形的顶点和对边中点，效果如图 4.7.5 所示。

（3）打开正交功能，选中绘制的直线，并激活该直线中点处的夹点，命令行提示如下：

命令：

** 拉伸 **

指定拉伸点或 [基点(B)/复制(C)/放弃(U)/退出(X)]：（按回车键切换夹点编辑方式为“移动”）

** 移动 **

指定移动点或 [基点(B)/复制(C)/放弃(U)/退出(X)]：c（选择“复制”命令选项）

** 移动 (多重) **

指定移动点或 [基点(B)/复制(C)/放弃(U)/退出(X)]：10（鼠标左移，输入移动距离后按回车键）

** 移动 (多重) **

指定移动点或 [基点(B)/复制(C)/放弃(U)/退出(X)]：10（鼠标右移，输入移动距离后按回车键）

** 移动 (多重) **

指定移动点或 [基点(B)/复制(C)/放弃(U)/退出(X)]：（按回车键结束命令）

选中三角形底边直线，并激活该直线中点处的夹点，命令行提示如下：

命令：

** 拉伸 **

指定拉伸点或 [基点(B)/复制(C)/放弃(U)/退出(X)]：（按回车键切换夹点编辑方式为“移动”）

** 移动 **

指定移动点或 [基点(B)/复制(C)/放弃(U)/退出(X)]：c（选择“复制”命令选项）

** 移动 (多重) **

指定移动点或 [基点(B)/复制(C)/放弃(U)/退出(X)]：30（鼠标上移，输入移动距离后按回车键）

** 移动 (多重) **

指定移动点或 [基点(B)/复制(C)/放弃(U)/退出(X)]：10（按回车键结束命令）

夹点编辑后的效果如图 4.7.6 所示。

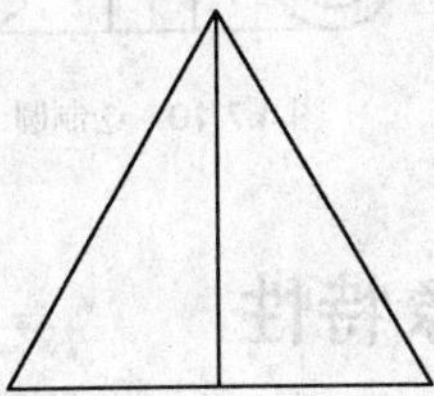

图 4.7.5　绘制直线

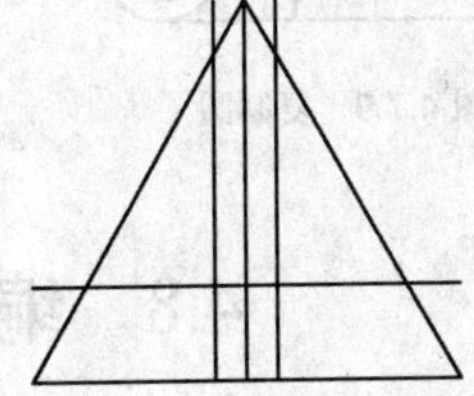

图 4.7.6　角点编辑

（4）单击“修改”工具栏中的“圆角”按钮，设置圆角半径为 15，对三角形的三个顶点进行圆角操作，效果如图 4.7.7 所示。

（5）单击“绘图”工具栏中的“圆”按钮，捕捉如图 4.7.7 所示图形中的圆心 A，分别绘制半径为 15 和 10 的两个同心圆，效果如图 4.7.8 所示。

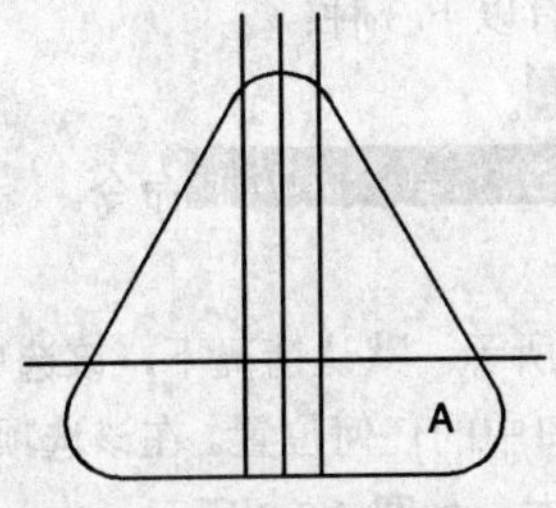

图 4.7.7　倒圆角效果

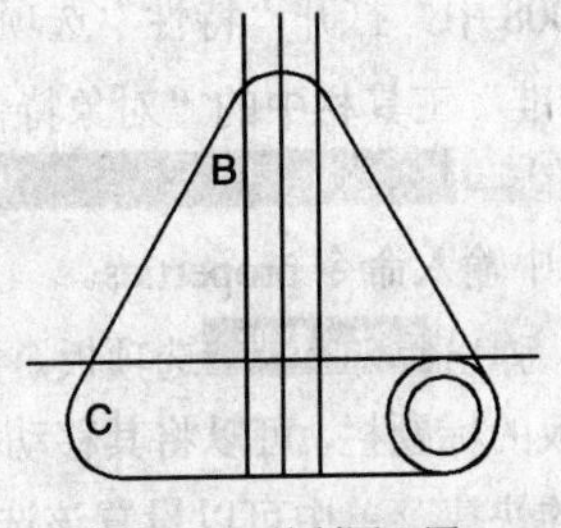

图 4.7.8　绘制同心圆

（6）选中绘制的同心圆，并激活同心圆的圆心，命令行提示如下：

命令：

** 拉伸 **

指定拉伸点或 [基点(B)/复制(C)/放弃(U)/退出(X)]：（按回车键切换夹点编辑方式为“移动”）

** 移动 **

指定移动点或 [基点(B)/复制(C)/放弃(U)/退出(X)]：c（选择“复制”命令选项）

** 移动 (多重) **

指定移动点或 [基点(B)/复制(C)/放弃(U)/退出(X)]：（捕捉如图 4.7.8 所示图形中的圆心 B）

** 移动 (多重) **

指定移动点或 [基点(B)/复制(C)/放弃(U)/退出(X)]：（捕捉如图 4.7.8 所示图形中的圆心 C）

** 移动 (多重) **

指定移动点或 [基点(B)/复制(C)/放弃(U)/退出(X)]：（按回车键结束命令）

夹点编辑后的效果如图 4.7.9 所示。

（7）继续用夹点编辑方式移动并复制一个半径为 10 的圆到如图 4.7.9 所示图形中的 D 点。

（8）单击“修改”工具栏中的“修剪”按钮，对如图 4.7.10 所示图形进行修剪，最终效果如图 4.7.3 所示。

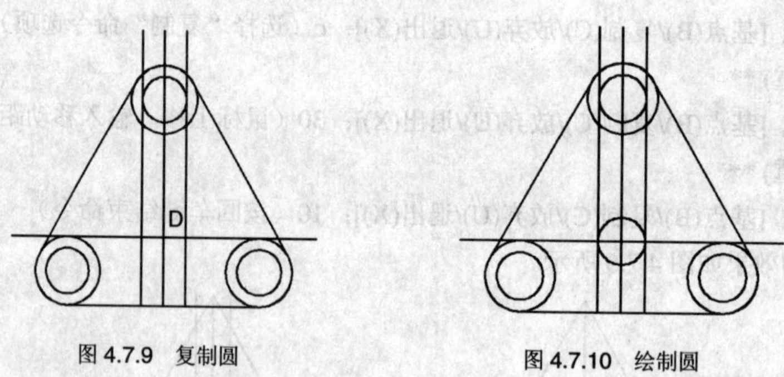

图 4.7.9　复制圆　　　图 4.7.10　绘制圆

4.8　编辑对象特性

对象特性包含一般特性和几何特性，一般特性是指对象的颜色、线型、图层和线宽等，几何特性是指对象的尺寸和位置等，这些特性都可以在“特性”选项板中进行设置。

4.8.1　“特性”选项板

在 AutoCAD 2008 中，打开“特性”选项板的方法有以下 3 种：

（1）单击“标准”工具栏中的“对象特性”按钮。

（2）选择 工具(T) → 选项板 → 特性(P) CTRL+1 命令。

（3）在命令行中输入命令 properties。

执行该命令后，弹出 特性 选项板，如图 4.8.1 所示。默认情况下，该选项板处于浮动状态，用鼠标拖动该选项板的标题栏，可以将其移动到绘图窗口中的任何位置。在该选项板的标题栏上单击鼠标右键，在弹出的快捷菜单中可以设置该选项板的状态，如图 4.8.2 所示。

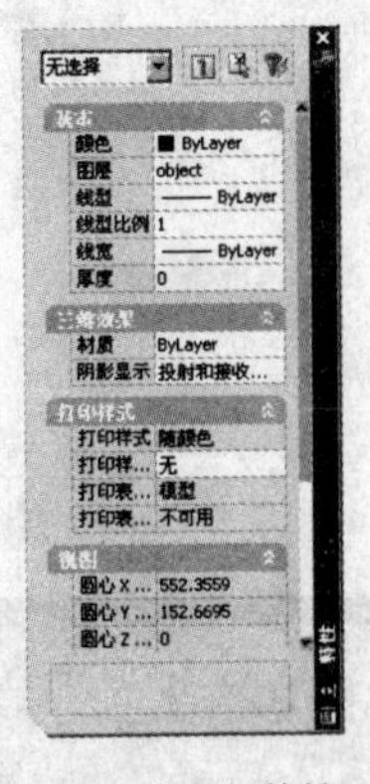

显示当前图层特性

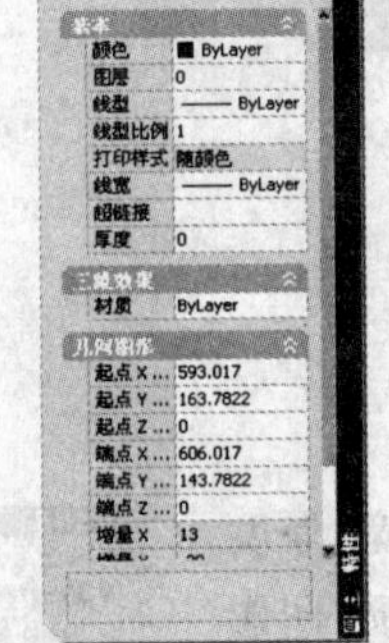

显示单个对象特性

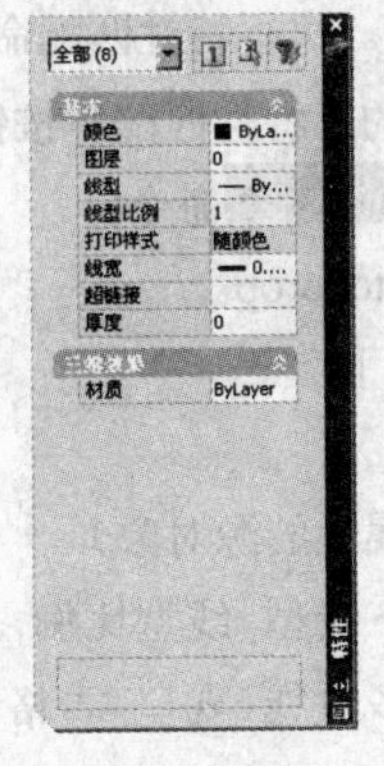

显示多个对象的特性

图 4.8.1　“特性”选项板

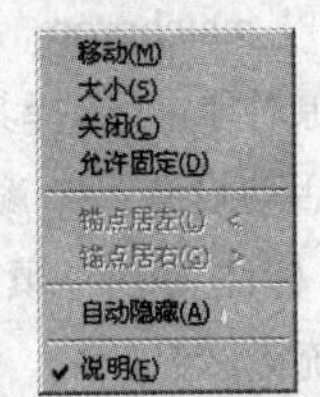

图 4.8.2　右键快捷菜单

4.8.2　“特性”选项板的功能

特性选项板用于显示当前图层或当前选中对象的特性。根据用户选择对象的不同，该选项板中的选项也会不同。用户可以利用该选项板对选中对象的属性进行编辑。各选项功能介绍如下：

（1）“对象类型”下拉列表框：显示选定对象的类型。如果没有选中对象，则显示“无选择”；如果选中单个对象，则显示对象的类型；如果选中多个对象，则显示“全部（N）”，N 代表对象的个数，如图 4.8.1 所示。此时单击该下拉列表框右边的下三角按钮，在弹出的下拉列表框中会对选中的多个对象进行分类，并显示每类对象的个数。

（2）“切换 pickadd 系统变量的值”按钮：系统变量 pickadd 用于控制每个选定的对象是添加到当前选择集中还是替换当前选择集。当 pickadd 值为 1 时，该按钮显示为，此时每个选定的对象将添加到当前选择集中；当 pickadd 值为 0 时，该按钮显示为，此时每个选定的对象将替换当前选择集。

（3）“选择对象”按钮：单击此按钮，可以使用任意选择方法选择所需对象。

（4）“快速选择”按钮：单击此按钮，弹出快速选择对话框，利用快速选择法选择对象。

（5）基本选项组：该选项组用于设置图层、布局或对象的基本特性，包括颜色、图层、线型比例、线宽、厚度和打印样式等。

（6）三维效果选项组：该选项组用于设置图层、布局或对象的三维效果，其中包括材质和阴影显示效果。

（7）打印样式选项组：该选项组用于设置图层或布局的打印样式，其中包括打印样式的颜色设置、打印样式表的类型设置、打印附着到模型或布局空间，以及打印表的类型是否可用。

（8）视图选项组：该选项组用于显示图层或布局中圆心的坐标以及当前视口的高度与宽度。

（9）几何图形选项组：该选项组用于设置选中对象的几何特性，即各对象上关键点坐标以及对象的长度、角度、面积等特性。

4.8.3　特性匹配

在 AutoCAD 2008 中，使用特性匹配命令可以将一个对象或某些对象的所有特性都复制到其他一个或多个对象上，这些特性包括颜色、图层、线型、线宽、线型比例、厚度和打印样式，以及尺寸标注和文本标注的格式、阴影图案等。执行特性匹配命令的方法有以下 3 种：

（1）单击“标准”工具栏中的“特性匹配”按钮。

（2）选择 修改(M) → 特性匹配(M) 命令。

（3）在命令行中输入命令 matchprop。

执行该命令后，命令行提示如下：

命令：'_matchprop

选择源对象：（选择具有需要属性的源对象）

当前活动设置：　颜色 图层 线型 线型比例 线宽 厚度 打印样式 标注 文字 填充图案 多段线 视口 表格材质 阴影显示（系统提示）

选择目标对象或 [设置(S)]：（选择匹配到的对象）

选择目标对象或 [设置(S)]：（按回车键结束命令）

如果选择“设置”命令选项，则弹出 特性设置 对话框，如图 4.8.3 所示。该对话框中有两个选项组，分别为“基本特性”和“特殊特性”。在“基本特性”选项组中，用户可以设置匹配的颜色、图层、线型、线型比例、线宽、厚度和打印样式等特性。在“特殊特性”选项组中，用户可以设置匹配标注、文字、填充图案、多段线、视口、表、材质和阴影显示等特性。

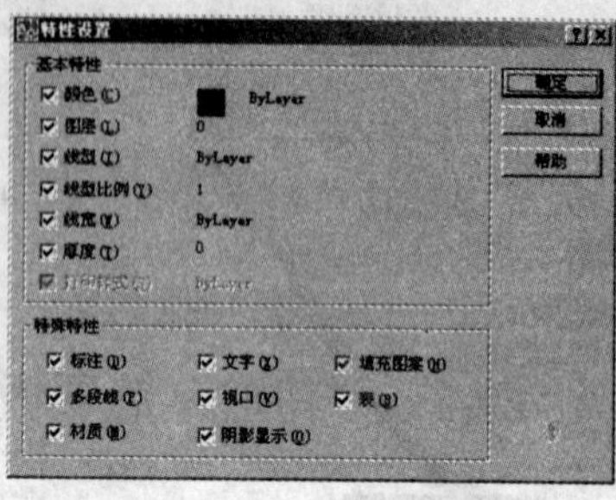

图 4.8.3 “特性设置”对话框

4.9 典型实例——绘制双人床

本节综合运用前面所学的知识绘制双人床，最终效果如图 4.9.1 所示。

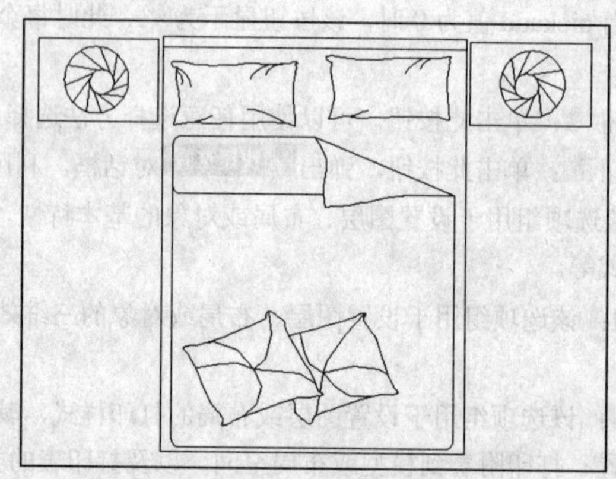

图 4.9.1 最终效果图

操作步骤

（1）单击“绘图”工具栏中的“矩形”按钮，在绘图窗口中绘制一个长为 1 500，宽为 2 000 的矩形，然后单击“修改”工具栏中的“分解”按钮，将绘制的矩形分解，效果如图 4.9.2 所示。

（2）单击“修改”工具栏中的“偏移”按钮，设置偏移距离分别为 50，480，760 和 1 980，将分解后的矩形的边 AB 向下进行偏移，再次执行偏移命令，设置偏移距离为 55，将分解后的矩形的边 AD 和 BC 分别向内进行偏移，偏移后的效果如图 4.9.3 所示。

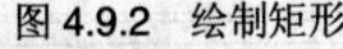
图 4.9.2 绘制矩形

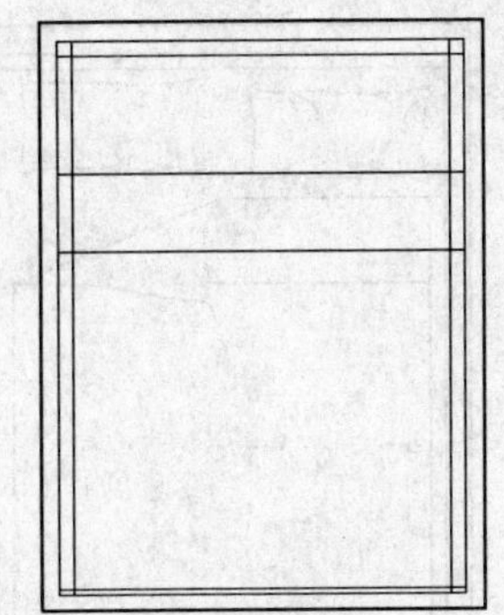
图 4.9.3 偏移操作

（3）单击“修改”工具栏中的“修剪”按钮，对偏移后的图形进行修剪，修剪后的效果如图 4.9.4 所示。

（4）在命令行中输入 sketch 命令，利用徒手画线命令绘制如图 4.9.5 所示的图形。

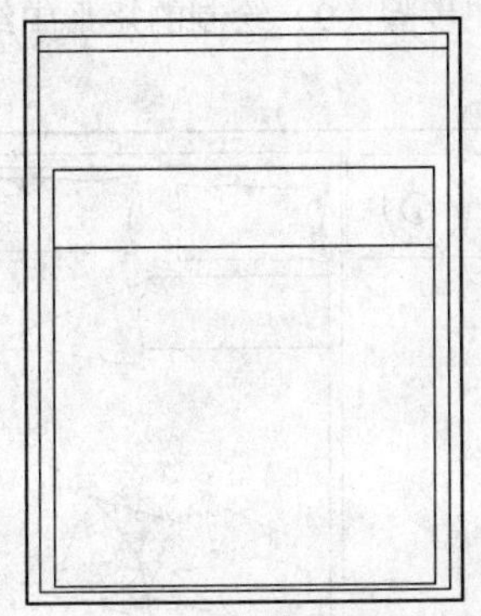
图 4.9.4 修剪图形

图 4.9.5 徒手绘制图形

（5）单击“绘图”工具栏中的“直线”按钮，连接如图 4.9.6 所示图形中的 A 点和 B 点，效果如图 4.9.6 所示。

（6）单击“绘图”工具栏中的“样条曲线”按钮，绘制如图 4.9.7 所示的图形。

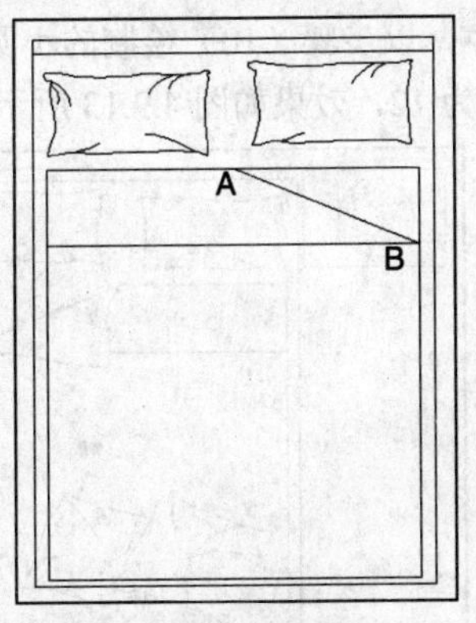

图 4.9.6 绘制直线

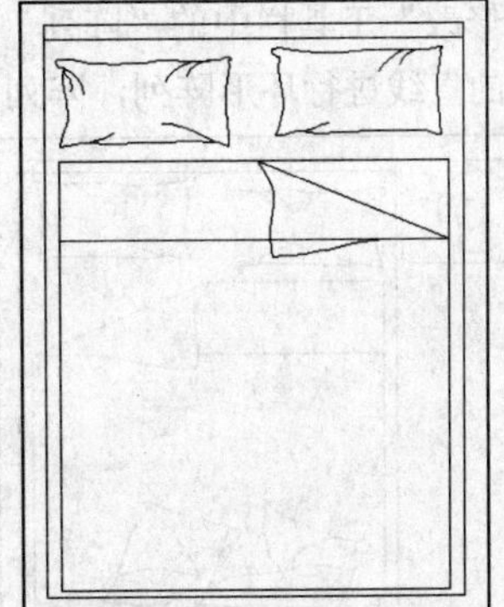
图 4.9.7 绘制样条曲线

（7）单击“修改”工具栏中的“修剪”按钮，对如图 4.9.7 所示图形进行修剪操作，修剪后的效果如图 4.9.8 所示。

（8）再次执行徒手画线命令，绘制如图 4.9.9 所示的图形。

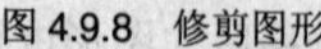
图 4.9.8　修剪图形

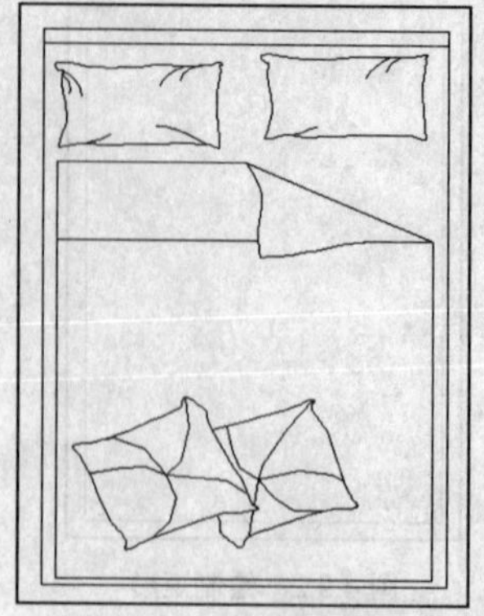
图 4.9.9　徒手画线

（9）单击“绘图”工具栏中的“矩形”按钮，在如图 4.9.10 所示图形中绘制一个长为 600，宽为 400 的矩形，效果如图 4.9.10 所示。

（10）单击“绘图”工具栏中的“圆”按钮，在步骤（9）绘制的矩形中绘制半径分别为 60 和 160 的两个圆，效果如图 4.9.11 所示。

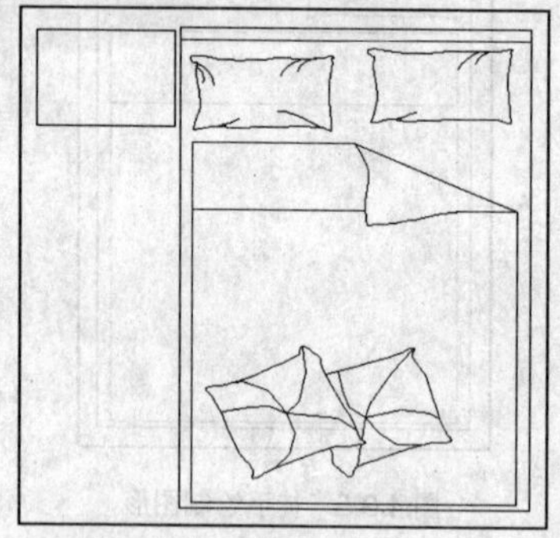
图 4.9.10　绘制矩形

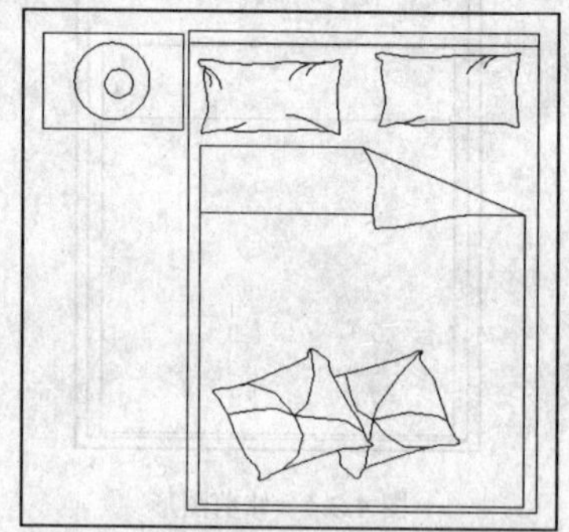
图 4.9.11　绘制圆

（11）单击“绘图”工具栏中的“直线”按钮，在如图 4.9.11 所示图形中的两个圆之间绘制一条直线，效果如图 4.9.12 所示。

（12）单击“修改”工具栏中的“阵列”按钮，以步骤（10）绘制的小圆的圆心为中心点，对步骤（11）绘制的直线进行环形阵列，阵列的数目为 12，效果如图 4.9.13 所示。

图 4.9.12　绘制直线

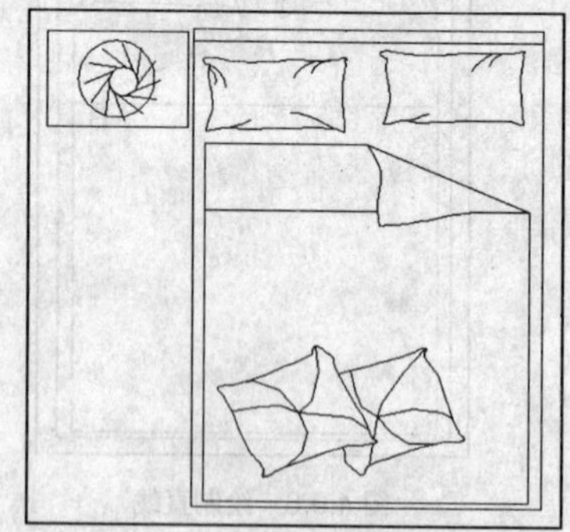
图 4.9.13　环形阵列

（13）单击“修改”工具栏中的“延伸”按钮，将阵列后的直线延伸到半径为 160 的圆的圆周处，然后单击“修改”工具栏中的“修剪”按钮，对阵列后的图形进行修剪，效果如图 4.9.14 所示。

（14）单击“修改”工具栏中的“镜像”按钮，以如图 4.9.14 所示图形中的中点连线 EF 为镜像线，对绘制的图形进行镜像操作，效果如图 4.9.15 所示。

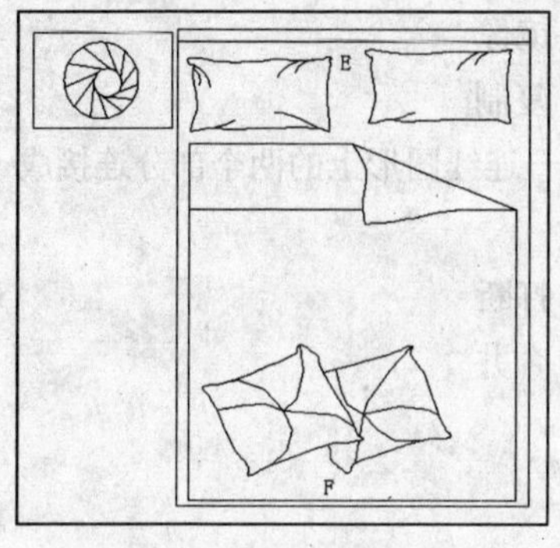

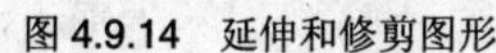

图 4.9.14　延伸和修剪图形

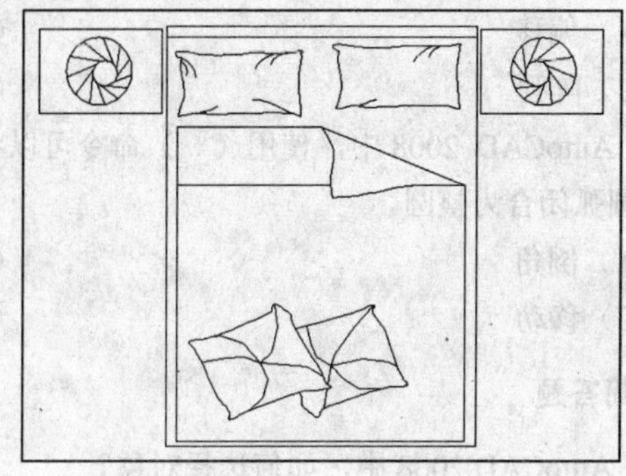

图 4.9.15　镜像图形

（15）单击“修改”工具栏中的“圆角”按钮，对如图 4.9.15 所示图形进行圆角操作，最终效果如图 4.9.1 所示。

本 章 小 结

本章主要介绍了 AutoCAD 中常用编辑工具的使用方法，通过对基本二维图形的编辑，可以创建出各种复杂的二维图形。通过本章的学习，读者应该熟练掌握 AutoCAD 中基本二维图形的编辑方法。

过 关 练 习

一、填空题

1. 在 AutoCAD 2008 中，可以通过__________、__________、镜像、__________和__________等命令复制对象。

2. 在 AutoCAD 2008 中，修改对象的方法有很多种，例如__________、缩放、__________、__________、__________、__________等。

3. 在 AutoCAD 2008 中，使用夹点编辑可以对图形进行__________、__________、__________和__________等编辑。

二、选择题

1. 在 AutoCAD 中，运用（　）命令，可以执行修剪。

（A）TRIM　　（B）COPY

（C）HIDE　　（D）REGEN

2. 设置矩形阵列时，（　）是系统允许的。

（A）阵列角度和行列偏移都不能为负

（B）阵列角度和行列偏移都可以为负

（C）阵列角度可以为负，行列偏移不可以为负

（D）行列偏移可以为负，阵列角度不能为负

3．在 AutoCAD 2008 中，使用（　）命令可以按矩形或环形的方式创建多个与原对象相同的图形对象。

（A）偏移　　（B）镜像

（C）阵列　　（D）复制

4．在 AutoCAD 2008 中，使用（　）命令可以将某一连续图形上的两个部分连接成一个对象，或将某段圆弧闭合为整圆。

（A）倒角　　（B）打断

（C）移动　　（D）合并

三、简答题

1．在 AutoCAD 2008 中，如何选择对象？

2．拉伸和拉长命令有什么区别？

3．什么是夹点，如何控制夹点的显示？

四、上机操作题

1．绘制如题图 4.1 所示的图形。

2．绘制如题图 4.2 所示的图形。

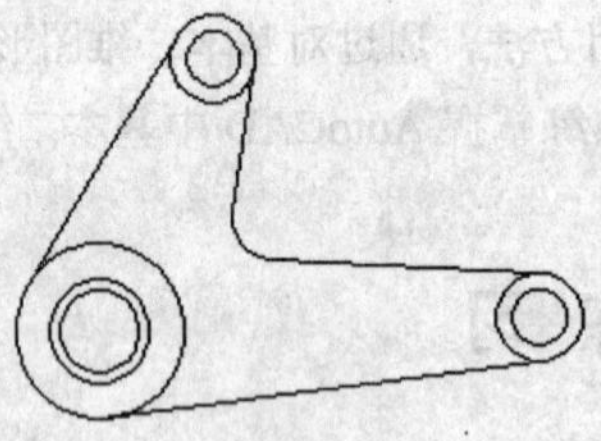

题图　4.1

题图　4.2

第5章 面域与图案填充

章前导航

面域是没有厚度的闭合区域，它不仅包括边界属性，还包括边界内部面的属性，如面积、质心、惯性距等，通过创建面域，可以创建具有某些特性的平面对象。图案填充是指使用指定线条或图案来填充闭合的区域，从而使该区域具有特殊的意义，如机械图中的剖视图，建筑图中的地板、断层等。本章主要介绍面域和图案填充的创建方法。

本章要点

- 创建面域
- 面域的运算
- 图案填充

5.1 创建面域

在 AutoCAD 2008 中，用户可以将封闭的平面二维图形转换成面域对象，也可以用边界定义面域，本节将详细介绍这两种创建面域的方法。

5.1.1 由二维图形创建面域

用于创建面域的二维图形必须是封闭的对象，这些对象可以是圆、椭圆、封闭的二维多段线或封闭的样条曲线等。用此方法创建面域对象，执行命令的方法有以下 3 种：

（1）单击“绘图”工具栏中的“面域”按钮。

（2）选择 绘图(D) → 面域(N) 命令。

（3）在命令行中输入命令 region。

执行该命令后，命令行提示如下：

命令：_ region↙

选择对象：(选择封闭的二维对象)

选择对象：(按回车键结束对象选择)

已提取 1 个环。

已创建 1 个面域。

将封闭的二维平面图形创建成面域对象后，用户并不能直观地看到图形有什么变化，但可以在“对象特性管理器”选项板中看到面域对象已经具有了二维图形所不具有的一些特性。

5.1.2 用边界定义面域

用边界定义面域是指利用图形中已有的对象边界来创建面域。执行此命令的方法有以下两种：

（1）选择 绘图(D) → 边界(B)... 命令。

（2）在命令行中输入命令 boundary。

执行该命令后，弹出 边界创建 对话框，如图 5.1.1 所示。在该对话框中的 对象类型(T) 下拉列表中选择 面域 选项，然后单击该对话框左上角的“拾取点”按钮，系统切换到绘图窗口，在封闭区域的内部指定一点，按回车键后封闭的区域即可被创建成面域。

例如，用边界定义面域的方法对如图 5.1.2 所示的图形进行操作，创建如图 5.1.3 所示的面域图形，具体操作方法如下：

（1）选择 绘图(D) → 边界(B)... 命令，执行创建面域命令。

（2）在弹出的 边界创建 对话框中的 对象类型(T) 下拉列表中选择 面域 选项。

（3）单击 边界创建 对话框左上角的“拾取点”按钮，系统切换到绘图窗口。

（4）在如图 5.1.2 所示图形的虚线区域内指定一点，按回车键结束命令。

（5）用鼠标选中创建的面域对象，将其移动到绘图窗口中的空白区域，效果如图 5.1.3 所示。

在 AutoCAD 2008 中创建面域对象时，还应注意以下 3 点：

（1）用户可以用复制、移动、阵列等编辑命令编辑面域图形。

（2）用边界法创建面域时，如果系统变量 delobj 的值为 1，则创建面域后系统会删除原始对象；

如果 delobj 的值为 0，则创建面域后保留原始对象，系统默认 delobj 的值为 1。

（3）面域对象可以用分解命令转换成线、圆、弧等对象。

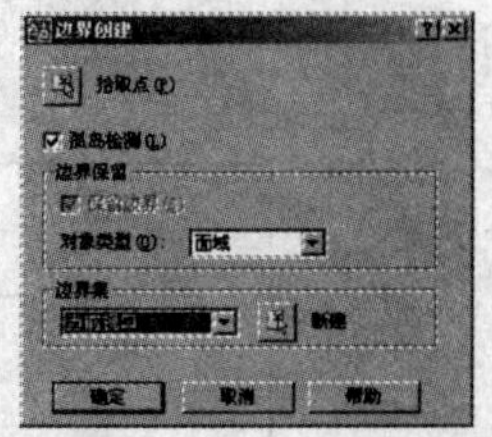

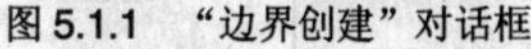
图 5.1.1　“边界创建”对话框

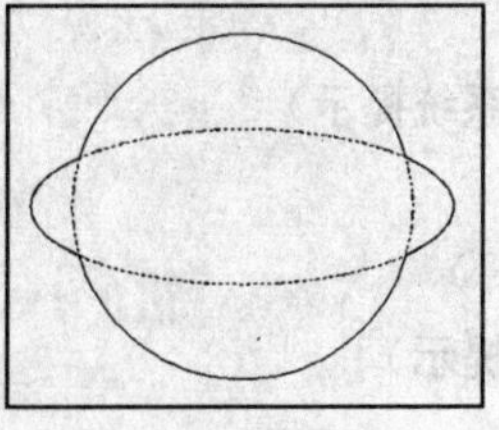
图 5.1.2　原始图形

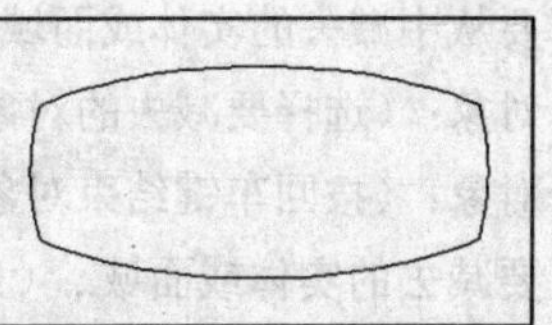
图 5.1.3　效果图

5.2　面域的运算

面域对象具有很多平面图形所没有的特性，如面积、质心、惯性距等，用户可以对这些特性进行编辑。在 AutoCAD 2008 中，使用布尔运算可以对面域图形进行并集、差集和交集运算，以下分别进行介绍。

5.2.1　并集

并集运算是将多个面域对象转换成一个面域对象。在 AutoCAD 2008 中，执行并集命令的方法有以下 3 种：

（1）单击“实体编辑”工具栏中的“并集”按钮。

（2）选择 修改(M) → 实体编辑(N) → 并集(U) 命令。

（3）在命令行中输入命令 union。

执行并集命令后，命令行提示如下：

命令：_union↙

选择对象：（选择需要进行并集运算的对象，至少两个）

选择对象：（按回车键结束命令）

使用布尔运算对如图 5.2.1 所示图形进行并集运算，效果如图 5.2.2 所示。

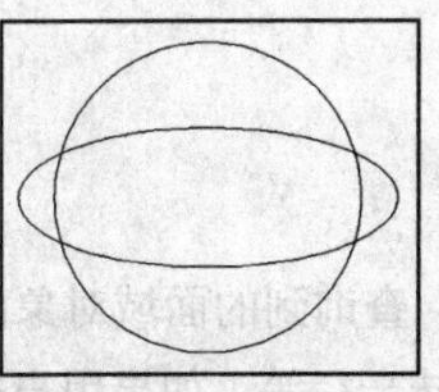
图 5.2.1　原始图形

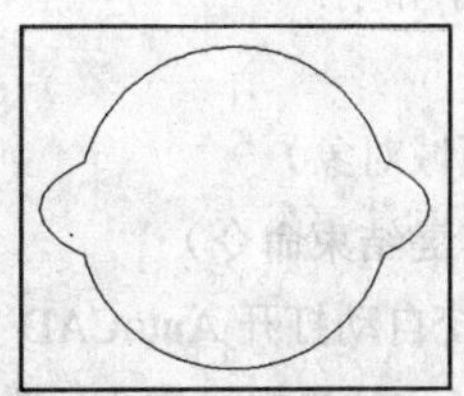
图 5.2.2　并集效果图

5.2.2　差集

差集运算是从一个或多个面域对象中减去另一个或多个面域对象，从而创建新的面域对象的运算。在 AutoCAD 2008 中，执行差集命令的方法有以下 3 种：

（1）单击“实体编辑”工具栏中的“差集”按钮。

（2）选择 修改(M) → 实体编辑(N) → 差集(S) 命令。

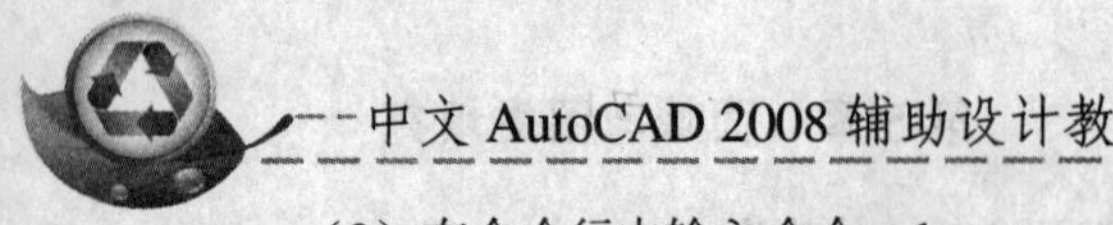

（3）在命令行中输入命令 subtract。

执行差集命令后，命令行提示如下：

命令：_subtract↙

选择要从中减去的实体或面域...（系统提示）

选择对象：（选择要减去的对象）

选择对象：（按回车键结束对象选择）

选择要减去的实体或面域...（系统提示）

选择对象：（选择被减的对象）

选择对象：（按回车键结束对象选择，同时结束差集命令）

使用差集命令对如图 5.2.1 所示图形进行差集运算，效果如图 5.2.3 所示。

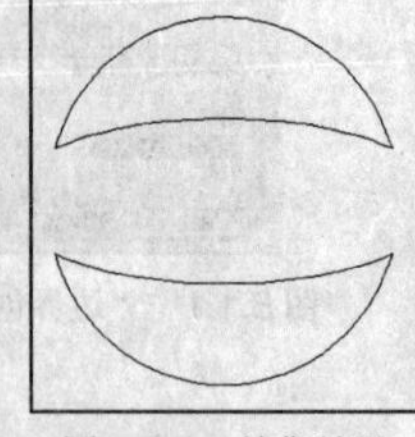

图 5.2.3　差集效果

5.2.3　交集

交集运算是创建多个面域对象的重叠部分，并将不重叠部分删除，从而创建新的面域对象的运算。在 AutoCAD 2008 中，执行交集运算命令的方法有以下 3 种：

（1）单击“实体编辑”工具栏中的“交集”按钮。

（2）选择 修改(M) → 实体编辑(N) → 交集(I) 命令。

（3）在命令行中输入命令 intersect。

执行交集运算命令后，命令行提示如下：

命令：_intersect↙

选择对象：（选择要进行交集运算的面域对象）

选择对象：（按回车键结束交集运算命令）

使用交集命令对如图 5.2.1 所示图形进行交集运算，效果如图 5.2.4 所示。

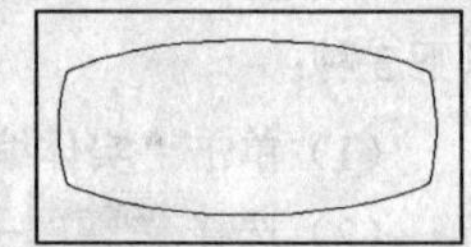

图 5.2.4　交集效果

5.2.4　从面域中提取数据

面域对象不仅包含了图形的边界属性，而且还包含了边界内部面的属性。在 AutoCAD 2008 中，选择 工具(T) → 查询(Q) → 面域/质量特性(M) 命令可以查询面域对象所具有的属性。执行该命令后，命令行提示如下：

命令：_massprop↙

选择对象：（选择面域对象）

选择对象：（按回车键结束命令）

执行此命令后，系统自动打开 AutoCAD 文本窗口，查询到的面域对象的所有特性信息都显示在该窗口中，如面积、周长、边界框、质心、惯性距、旋转半径等。如果用户需要保存这些信息，可以在命令行的提示下输入相应的命令选项进行保存。

5.3　图 案 填 充

在利用 AutoCAD 绘图的过程中，经常需要对某一指定区域填充特定的图案，以表示该区域的特别含义，这一过程叫做图案填充。

5.3.1　创建图案填充

在 AutoCAD 2008 中，用户可以用指定的图案为某一封闭的区域创建图案填充，执行该命令的方法有以下 3 种：

（1）单击“绘图”工具栏中的“图案填充”按钮。

（2）选择 绘图(D) → 图案填充(H)... 命令。

（3）在命令行中输入命令 bhatch。

执行该命令后，弹出 图案填充和渐变色 对话框，如图 5.3.1 所示。该对话框中各选项功能详细介绍如下：

（1）类型和图案 选项组：指定图案填充的类型和图案，该选项组中包含以下选项。

1）类型(Y): 下拉列表框：该选项用于设置填充图案的类型。AutoCAD 提供了“预定义”“用户定义”和“自定义”3 种类型供用户选择。

2）图案(P): 下拉列表框：在该下拉列表中选择图案名称，或单击该下拉列表框右边的“预览”按钮，在弹出的 填充图案选项板 对话框中选择其他图案类型进行设置，如图 5.3.2 所示。

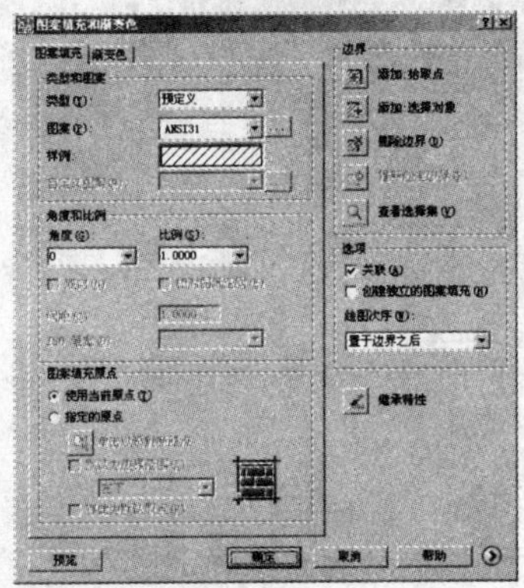

图 5.3.1　“图案填充和渐变色”对话框

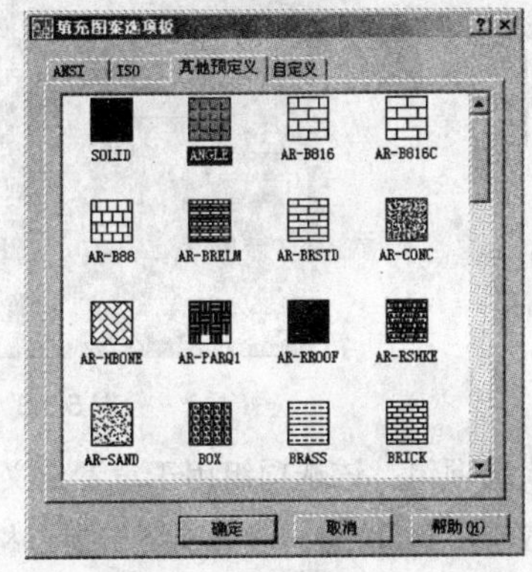

图 5.3.2　“填充图案选项板”对话框

3）样例: 列表框：该列表框用于显示选定的图案。单击该列表框中的图案也可以弹出 填充图案选项板 对话框，并可以选择其他图案进行设置。

4）自定义图案(M): 下拉列表框：该列表框用于将填充的图案设置为用户自定义的图案，用法与 图案(P): 下拉列表框相同。该选项只有在“自定义”类型下才可用。

（2）角度和比例 选项组：指定选定填充图案的角度和比例。该选项组包含以下选项：

1）角度(G): 下拉列表框：指定填充图案的角度（相对当前 UCS 坐标系的 X 轴设置角度）。

2）比例(S): 下拉列表框：放大或缩小预定义或自定义图案。只有将 类型(Y): 设置为“预定义”或“自定义”时，此选项才可用。

3）☑ 双向(U) 复选框：对于用户定义的图案，将绘制第二组直线，这些直线与原来的直线成 90° 角，从而构成交叉线。只有在“图案填充”选项卡上将 类型(Y): 设置为“用户定义”时此选项才可用。

4）☑ 相对图纸空间(E) 复选框：相对于图纸空间缩放填充图案。使用此选项，可以很容易地以适合于布局的比例显示填充图案，该选项仅适用于布局。

5）间距(C): 文本框：指定用户定义图案中的直线间距。只有将 类型(Y): 设置为“用户定义”时此选项才可用。

6）ISO 笔宽(O): 下拉列表框：基于选定笔宽缩放 ISO 预定义图案。只有将 类型(Y): 设置为“预定义”选项，并将 图案(P): 设置为可用的 ISO 图案的一种时，此选项才可用。

（3）图案填充原点 选项组：控制填充图案生成的起始位置。某些图案填充需要与图案填充边界上的一点对齐。默认情况下，所有图案填充原点都对应于当前的 UCS 原点，该选项组包含以下选项：

1）⊙ 使用当前原点(T) 单选按钮：使用存储在 hporiginmode 系统变量中的设置。默认情况下，原点设置为（0，0）。

2）⊙ 指定的原点 单选按钮：指定新的图案填充原点。选中此单选按钮时以下选项才可用。

3）☑ 默认为边界范围(X) 复选框：基于图案填充的矩形范围计算出新原点，可以选择该范围的 4 个角点及其中心。

4）☑ 存储为默认原点(F) 复选框：将新图案填充原点的值存储在 hporigin 系统变量中。

单击 图案填充和渐变色 对话框右下角的 按钮，弹出所有公共选项，如图 5.3.3 所示。

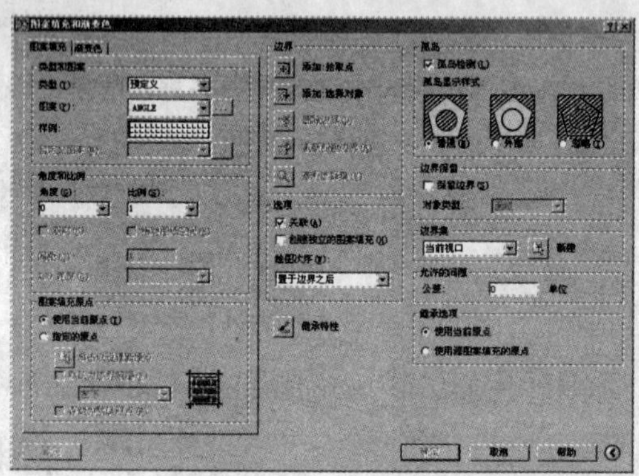

图 5.3.3　所有公共选项

（4）边界 选项组：该选项组用于设置定义边界的方式。

1）“拾取点”按钮：根据围绕指定点构成封闭区域的现有对象确定边界。

2）“选择对象”按钮：根据构成封闭区域的选定对象确定边界。

3）“删除边界”按钮：从边界定义中删除以前添加的所有对象。

4）“重新创建边界”按钮：围绕选定的图案填充或填充对象创建多段线或面域，并使其与图案填充对象相关联。

5）“查看选择集”按钮：暂时关闭对话框，并使用当前的图案填充或填充设置显示当前定义的边界。如果未定义边界，则此选项不可用。

（5）选项 选项组：控制几个常用的图案填充或填充选项，其中包括以下 3 项内容：

1）☑ 关联(A) 复选框：控制图案填充或填充的关联。关联的图案填充或渐变色填充在用户修改其边界时将会更新。

2）☑ 创建独立的图案填充(H) 复选框：控制当指定了几个独立的闭合边界时，是创建单个图案填充对象，还是创建多个图案填充对象。

3）绘图次序(W): 下拉列表框：为图案填充或渐变色填充指定绘图次序。图案填充可以放在所有其他对象之后、所有其他对象之前、图案填充边界之后或图案填充边界之前。

（6）“继承特性”按钮：使用选定图案填充对象的图案填充或渐变色填充特性，对指定的边界进行图案填充或渐变色填充。

（7）孤岛 选项组：指定在最外层边界内填充对象的方法，该选项组中包括以下两项内容：

1）☑ 孤岛检测(L) 复选框：控制是否检测内部闭合边界（称为孤岛）。

2）孤岛显示样式：AutoCAD 提供了 3 种孤岛显示样式，分别介绍如下：

① ⊙ 普通(N)：从外部边界向内填充。如果遇到一个内部孤岛，它将停止进行图案填充或渐变色填充，直到遇到该孤岛内的另一个孤岛再继续进行填充。

② ⊙ 外部：从外部边界向内填充。如果遇到内部孤岛，它将停止进行图案填充或渐变色填充。此选项只对结构的最外层进行图案填充或渐变色填充，而结构内部保留空白。

③ ⊙ 忽略(I)：忽略所有内部的对象，填充图案时将填充这些对象。

（5）边界保留选项组：指定是否将边界保留为对象，并确定应用于这些对象的对象类型。选中 ☑ 保留边界(S) 复选框，然后在 对象类型：下拉列表中选择对象类型为“面域”或“多段线”。

（6）边界集选项组：定义从指定点定义边界时要分析的对象集。当使用“选择对象”定义边界时，选定的边界集无效。

（7）允许的间隙选项组：设置将对象用做图案填充边界时可以忽略的最大间隙。默认值为 0，此值指定对象必须为封闭区域。

（8）继承选项选项组：使用此选项创建图案填充时，这些设置将控制图案填充原点的位置。其中包括以下两个选项。

1）⊙ 使用当前原点 单选按钮：使用当前的图案填充原点设置。

2）⊙ 使用源图案填充的原点 单选按钮：使用源图案填充的图案填充原点。

如图 5.3.4 所示为创建图案填充后的图形。

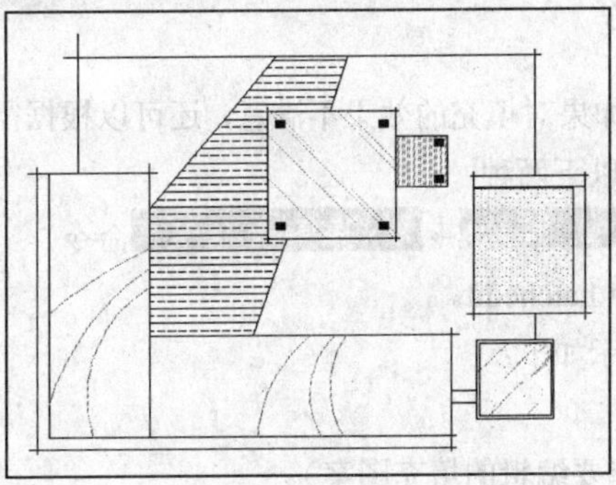

图 5.3.4　图案填充效果

5.3.2　创建渐变色填充

在 AutoCAD 2008 中，用户还可以创建单色或双色渐变色，对指定的闭合区域进行填充。执行渐变色填充命令的方法有以下 3 种：

（1）单击“绘图”工具栏中的“渐变色”按钮。

（2）选择 绘图(D) → 渐变色... 命令。

（3）在命令行中输入命令 gradient。

执行该命令后，弹出 图案填充和渐变色 对话框，打开 渐变色 选项卡，如图 5.3.5 所示。

该选项卡中各选项功能介绍如下：

（1）颜色(C)选项组：定义要应用的渐变填充的外观。

1）⊙ 单色(O) 单选按钮：指定使用从较深色调到较浅色调平滑过渡的单色填充。

2）⊙ 双色(T) 单选按钮：指定在两种颜色之间平滑过渡的双色渐变填充。

（2）方向选项组：指定渐变色的角度及其是否对称。

1）☑ 居中(C) 复选框：指定对称的渐变配置。如果没有选定此选项，渐变填充将朝左上方变化，创建光源在对象左边的图案。

2）角度(L): 下拉列表框：指定渐变填充的角度。相对当前 UCS 指定角度，此选项与指定给图案填充的角度互不影响。

该选项卡中的公共选项和 图案填充 选项卡中的相同，这里就不再赘述。创建的渐变色填充效果如图 5.3.6 所示。

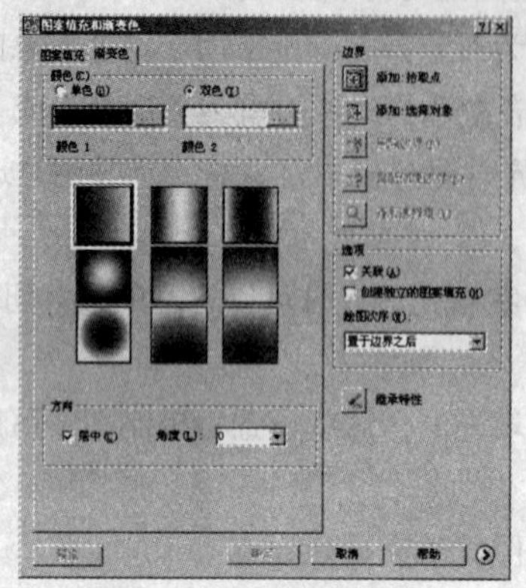

图 5.3.5 “渐变色”选项卡

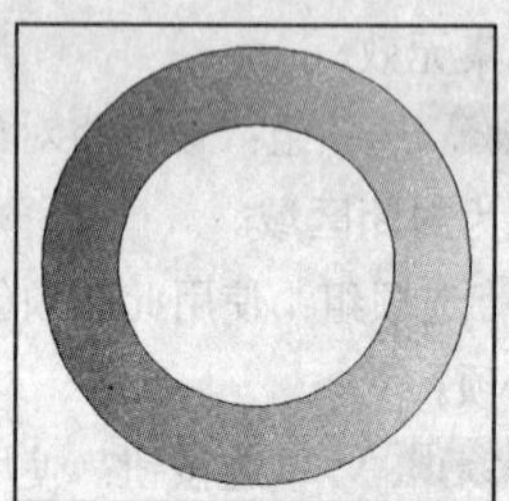

图 5.3.6 渐变色填充效果

5.3.3 编辑图案填充

对图形进行图案填充后，如果对填充的效果不满意，还可以根据需要对填充的图案进行编辑。执行编辑填充图案命令的方法有以下两种：

（1）选择 修改(M) → 对象(O) → 图案填充(H)... 命令。

（2）在命令行中输入命令 hatchedit。

执行此命令后，命令行提示如下：

命令：_hatchedit↙

选择图案填充对象：(选择要编辑的填充图案)

选择填充图案后，弹出 图案填充编辑 对话框，如图 5.3.7 所示。该对话框中各选项功能与创建图案填充和渐变色填充时的 图案填充和渐变色 对话框相同，用户可以在其中修改填充图案、图案的旋转比例、旋转角度和关联性等，然后单击 确定 按钮即可。

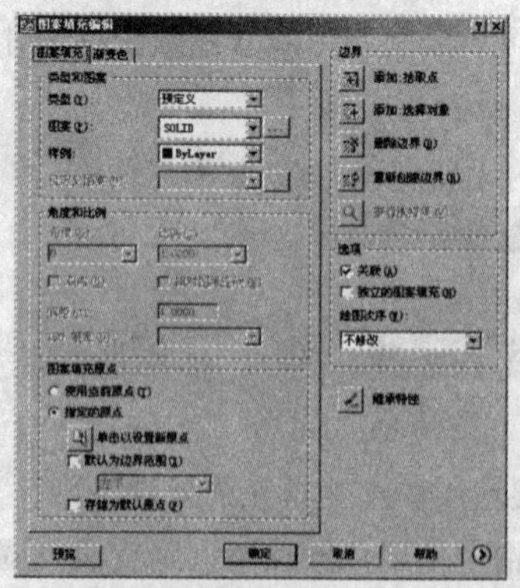

图 5.3.7 “图案填充编辑”对话框

5.3.4 控制图案填充的可见性

在 AutoCAD 2008 中，用户可以通过以下两种方法来控制填充图案的可见性。

（1）在命令行中输入命令 fill 后按回车键，命令行提示如下：

命令：fill↙

输入模式 [开(ON)/关(OFF)] <开>:

如果选择“开”命令选项，则填充图案可见；如果选择“关”命令选项，则填充图案不可见。设置图案填充模式后，选择 视图(V) → 重生成(G) 命令显示效果。

（2）利用图层来控制填充图案的可见性，关闭填充图案所在的图层可以立刻使填充图案的不可见性生效。

5.4 典型实例——填充图案

本节综合运用前面所学的知识填充图案，最终效果如图 5.4.1 所示。

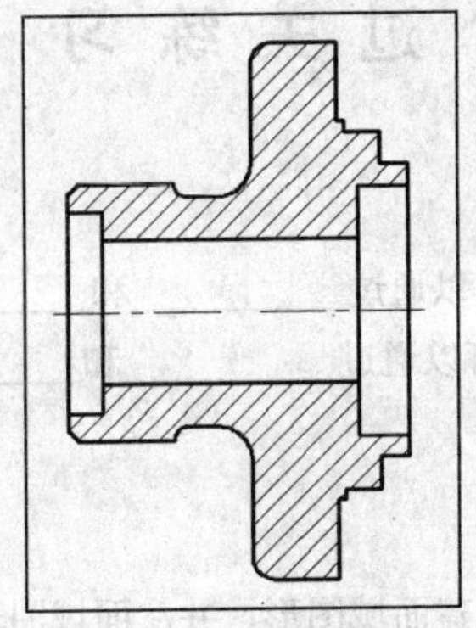

图 5.4.1　最终效果图

操作步骤

（1）利用直线、多段线、圆弧、偏移、修剪、删除等命令绘制如图 5.4.2 所示图形。

（2）单击“绘图”工具栏中的“图案填充”按钮，弹出 图案填充和渐变色 对话框。单击该对话框中 类型和图案 选项组中 样例: 选项后边的图案，在弹出的 填充图案选项板 对话框中选择如图 5.4.3 所示的图案。

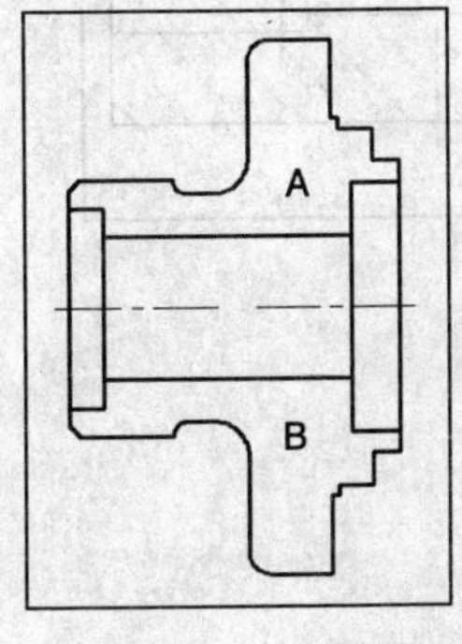

图 5.4.2　绘制图形

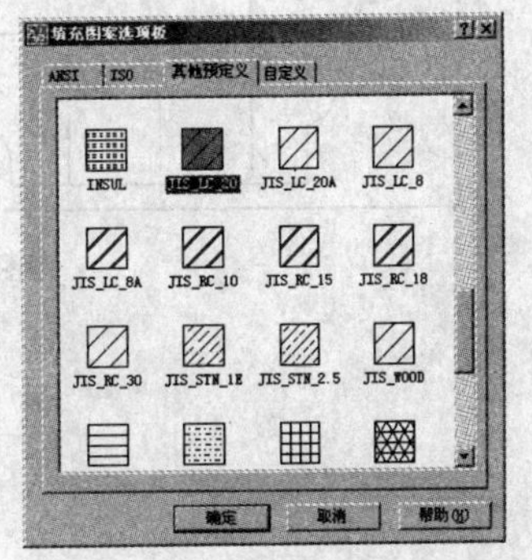

图 5.4.3　“填充图案选项板”对话框

（3）单击 确定 按钮后返回到 图案填充和渐变色 对话框，在该对话框中 角度和比例 选项组中的 比例(S): 选项组中设置合适的比例，然后单击该对话框右上角的“添加：拾取点”按钮。

（4）系统切换到绘图窗口，用鼠标在如图 5.4.2 所示的封闭区域 A 和封闭区域 B 单击，按回车键返回到 图案填充和渐变色 对话框。

（5）单击 图案填充和渐变色 对话框左下角的 预览 按钮，预览图案填充的效果，如果对填充的效果比较满意，则按回车键或单击鼠标右键结束命令，否则按“Esc”键返回到 图案填充和渐变色 对话框中重新进行设置。

（6）绘制的图形填充后的效果如图 5.4.1 所示。

本 章 小 结

本章主要介绍了面域与图案填充的方法，包括创建面域、面域的运算和图案填充。通过本章的学习，用户应该能够熟练掌握面域与图案填充的使用方法。

过 关 练 习

一、填空题

1．在 AutoCAD 2008 中，用户可以通过__________和__________两种方法来创建面域对象。

2．在 AutoCAD 2008 中，用户可以通过__________和__________两种方法来控制图案填充的可见性。

二、简答题

1．在 AutoCAD 2008 中，如何创建面域图形，并从面域图形中提取数据？

2．在 AutoCAD 2008 中，如何使用渐变色填充？

三、上机操作题

绘制并填充如题图 5.1 所示的图形。

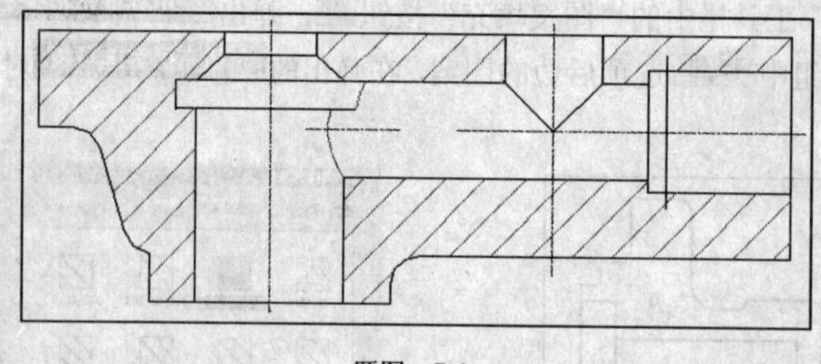

题图　5.1

第 6 章 图层与图形信息查询

章前导航

图层是大多数图形软件的基本组成元素。在 AutoCAD 2008 中，增强的图层管理功能可以帮助用户有效地管理大量图层。在图层中设置线型及颜色，可以更直观地将对象相互区分开来，使图形易于查看。另外，在工程制图中，查询也是一项很重要的功能，它能计算对象之间的距离和角度以及图形的面积。

本章要点

- 图层设置
- 图形信息查询
- CAD 标准

6.1 图层设置

用 AutoCAD 绘图时，任何图形对象都是处于某个图层上。在缺省情况下，只有一个层，即 0 层。如果用户要使用图层定制组织和管理自己的图形，就需要创建新图层，并对图层的特性进行设置。

在建筑工程制图中，图形中主要包括轮廓线、虚线、尺寸标注以及文字说明等元素。如果用图层来管理它们，不仅能使图形的各种信息清晰、有序，便于观察，而且也会给图形的编辑、修改和输出带来很大的方便。

6.1.1 创建新图层

在默认情况下，AutoCAD 只能自动创建一个图层，即图层 0。如果用户要使用图层来组织自己的图形，就需要先创建新图层。

选择 格式(O) → 图层(L)... 命令，弹出 图层特性管理器 对话框，如图 6.1.1 所示。单击“新建图层”按钮，在图层列表中将出现一个名称为“图层 1”的新图层。所添加的图层呈高亮显示状态。在 名称 列中为新建的图层命名，图层名最多可包含 255 个字符，其中包括字母、数字和特殊字符，但不可包含空格。如果要创建多个图层，可以多次单击“新建图层”按钮，并以同样的方法为每个新建图层命名。

在使用过程中，为满足绘图需要，用户一般给每个图层指定新的颜色、线型、线宽和打印样式。

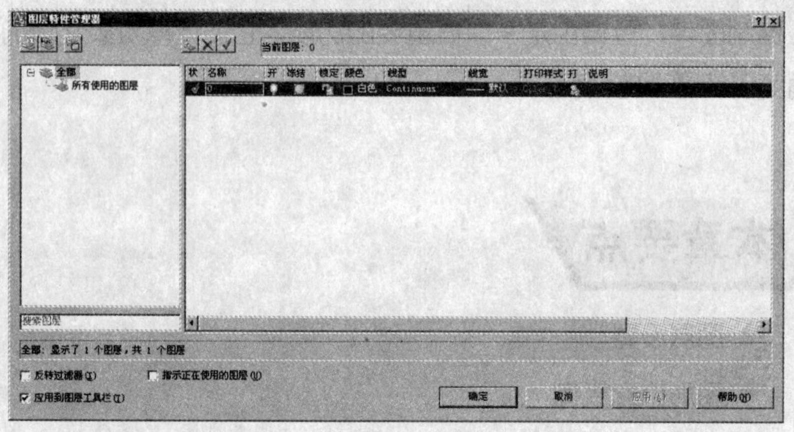

图 6.1.1 “图层特性管理器”对话框

6.1.2 设置图层颜色

图层的颜色是指在该层上绘制图形对象时采用的颜色，每层都有一个相应的颜色，但不同图层颜色也可以相同。AutoCAD 2008 提供了丰富的颜色，颜色提供方式有 3 种：索引颜色、真彩色和配色系统。

要设置图层的颜色，可以在 图层特性管理器 对话框中选择 颜色 列对应的颜色，弹出 选择颜色 对话框，如图 6.1.2 所示。

该对话框中提供了 索引颜色 、 真彩色 和 配色系统 3 个选项卡来选择颜色，用户可以根据需要在上述选项卡中选择颜色。

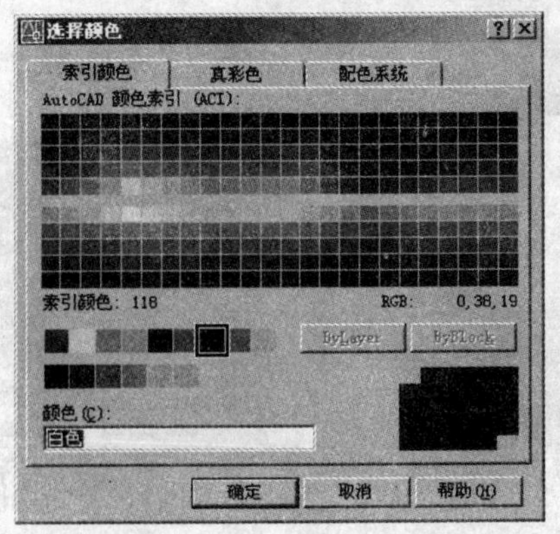

图 6.1.2　“选择颜色”对话框

（1）在 索引颜色 选项卡中有 255 种颜色可供选择。当选择某一种颜色时，在 颜色(C): 文本框中显示所选颜色的名称或编号。

（2）“标准颜色”选项区中包含了红、黄、绿、紫等 9 种标准颜色，使用它们可以将图层的颜色设置为标准颜色。

（3）“灰度颜色”选项区：在该选项区，可以将图层的颜色设置为灰度颜色。

（4） ByLayer 按钮：单击该按钮，确定颜色为随层方式。

（5） ByBlock 按钮：单击该按钮，确定颜色为随块方式。

为了满足增强色彩效果，可以使用 真彩色 和 配色系统 选项卡来调配颜色，如图 6.1.3 所示。

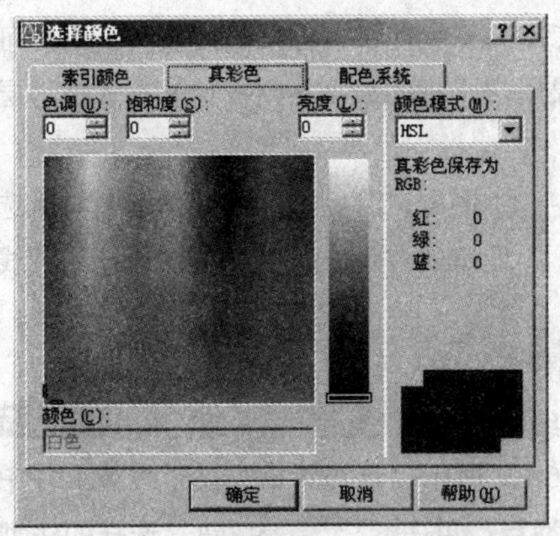

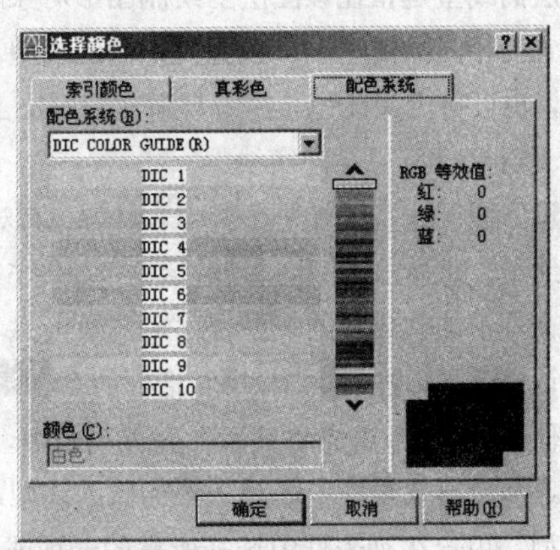

图 6.1.3　选择“真彩色”和“配色系统”选项卡设置颜色

6.1.3　设置图层线宽

线宽的设置实际上就是改变线条的宽度，用不同宽度的线条表现对象的大小或类型，以提高图形的表达能力和可读性。

要设置图层的线宽，首先在 图层特性管理器 对话框中选中图层，然后单击该图层相应的线宽，弹出 线宽 对话框，如图 6.1.4 所示。

也可以选择 格式(O) → 线宽(W)... 命令，弹出 线宽设置 对话框，通过调整线宽比例，使图形中的线显示得更宽或更窄，如图 6.1.5 所示。

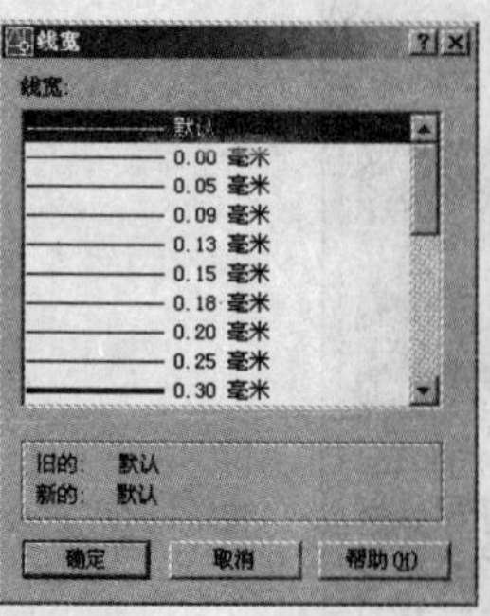

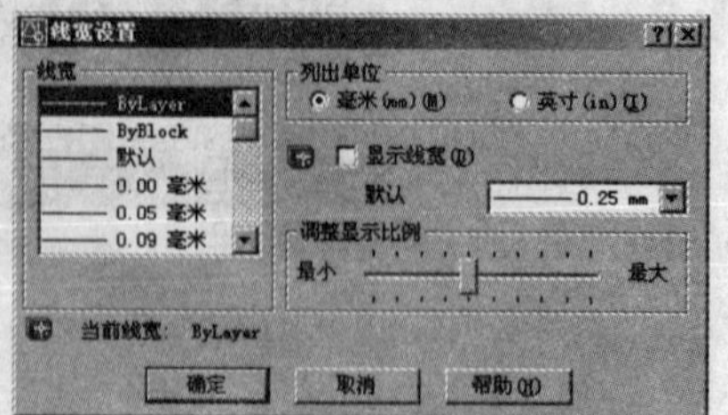

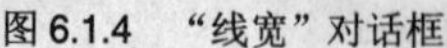
图 6.1.4 “线宽”对话框　　图 6.1.5 “线宽设置”对话框

在线宽设置对话框中，各主要选项的含义如下：

（1）线宽列表框：选择线条的宽度。

（2）列出单位选项区：设置线宽的单位。

（3）☑显示线宽(D)复选框：设置是否按照实际线宽来显示图形。此外，通过单击状态栏上的线宽按钮也可实现线宽显示与不显示的切换。

（4）默认下拉列表框：设置默认线宽值。

（5）调整显示比例选项区：设置线宽的显示比例。

6.1.4 设置图层线型

图层的线型是指在该图层上绘制图形对象时采用的线型，每层都有一个相应的线型。不同的图层可以设置为相同的线型也可设置为不同的线型。AutoCAD 2008 提供了标准的线型库，用户可从中选择线型，也可自定义线型。在所有新建的图层上，如果用户不指明线型，则按默认方式把该层的线型设置为“Continuous”，即实线。

要设置图层线型，首先在图层特性管理器对话框中选中图层，然后单击图层列表中与所选图层相关联的线型，即弹出选择线型对话框，如图 6.1.6 所示。通过此对话框，用户可以选择一种线型或从线型库文件中加载更多的线型。

默认情况下，在选择线型对话框的已加载的线型列表框中，只有 Continuous 一种线型，如果要选择其他线型，必须首先将其添加到该列表中。要添加线型，单击加载(L)...按钮，弹出加载或重载线型对话框，从当前线型库中选择需要加载的线型，如图 6.1.7 所示。该对话框列出了线型文件中包含的所有线型，用户在列表框中选择所需的一种或几种线型后，单击确定按钮，选择的线型就出现在选择线型对话框的已加载的线型列表中。选择一种与选中层相适应的线型，然后单击确定按钮，即完成了对图层线型的设置。

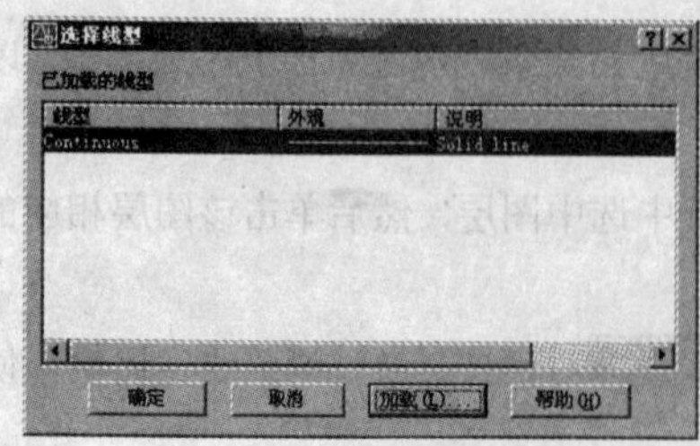

图 6.1.6 “选择线型”对话框

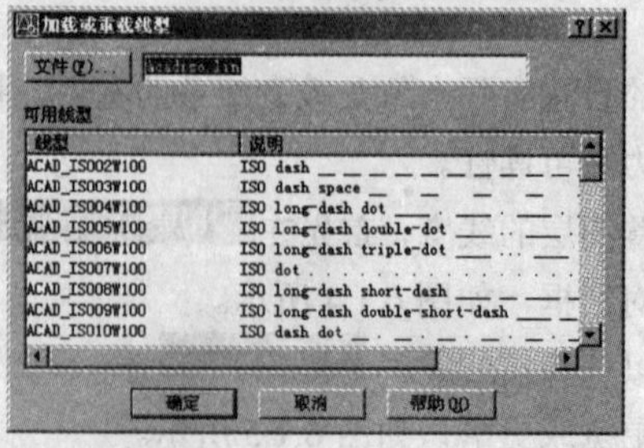

图 6.1.7 “加载或重载线型”对话框

提示：在加载线型时，要同时指定多个连续排列的线型，按住“Shift”键，然后单击第一个和最后一个线型名；如果线型名的排列是不连续的，则按住“Ctrl”键，然后分别单击要添加的线型名，被选中的线型名将呈高亮显示。

AutoCAD 2008 中的线型包含在线型库定义文件 acad.lin 和 acadiso.lin 中。其中，在英制测量系统下，使用 acad.lin 文件；在公制测量系统下，使用 acadiso.lin 文件。用户可以单击“加载或重载线型”对话框中的“文件(F)...”按钮，弹出“选择线型文件”对话框，选择合适的线型库文件。

6.1.5　管理图层

在 AutoCAD 中，使用“图层特性管理器”对话框不仅可以创建图层，设置图层的颜色、线型及线宽，还可以对图层进行更多的设置与管理，如图层的切换、重命名、删除以及图层的显示控制等。

1. 切换当前层

在“图层特性管理器”对话框的图层列表中，选择某一图层后，单击“置为当前”按钮，即可将该层设置为当前层。这时，用户就可以在该层上绘制或编辑图形了。

在实际绘图时，为了便于操作，主要通过“图层”工具栏中的图层控制下拉列表框来实现图层切换，只须选择将其设置为当前的图层名称即可，如图 6.1.8 所示。

2. 设置图层过滤器特性

当图形中包含大量图层时，单击“新特性过滤器”按钮，弹出“图层过滤器特性”对话框，如图 6.1.9 所示。

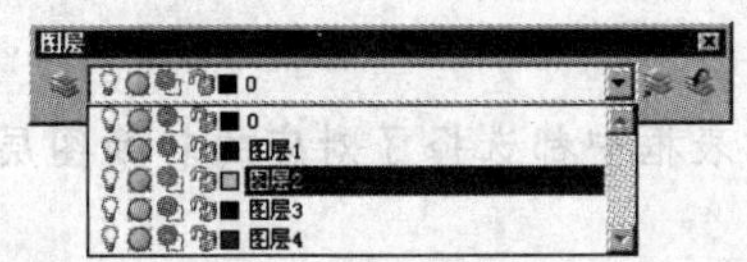

图 6.1.8　在“图层”工具栏中设置当前图层

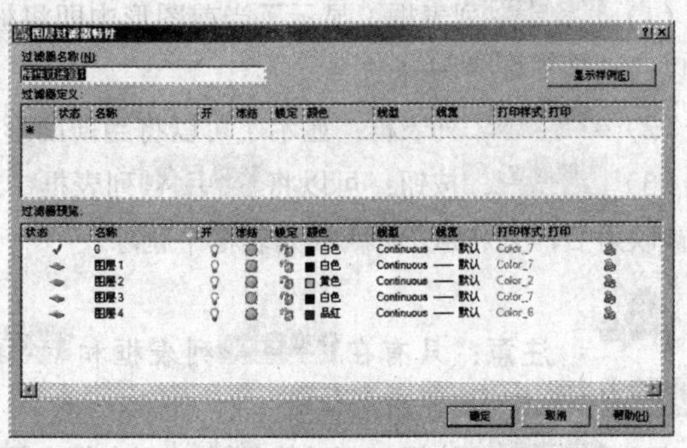

图 6.1.9　“图层过滤器特性”对话框

在“图层过滤器特性”对话框的“过滤器名称(N):”文本框中可以输入过滤器名称，但过滤器中不允许使用< > ^ “” : ; ? * | , = 等字符。在“过滤器定义:”列表中，可以设置图层名称、状态、颜色等过滤条件。当指定过滤器的图层名称时，可使用标准的“?”和“*”等两种通配符，其中，“*”用来代替任意多个字符，“?”用来代替任意一个字符。

3. 保存和恢复图层状态

在“图层过滤器特性”对话框中单击“图层状态管理器”按钮，弹出“图层状态管理器”对话框，如图 6.1.10 所示。

在“图层状态管理器”对话框中显示了当前图层已保存下来的图层状态名称以及从外部输入的图层状态名称。

如果要保存图层状态，可单击图层状态管理器对话框中的新建(N)...按钮，弹出要保存的新图层状态对话框，如图 6.1.11 所示。在新图层状态名(L):文本框中输入图层状态的名称；在说明(D)文本框中输入相关的图层说明文字，然后单击确定按钮，返回图层状态管理器对话框。

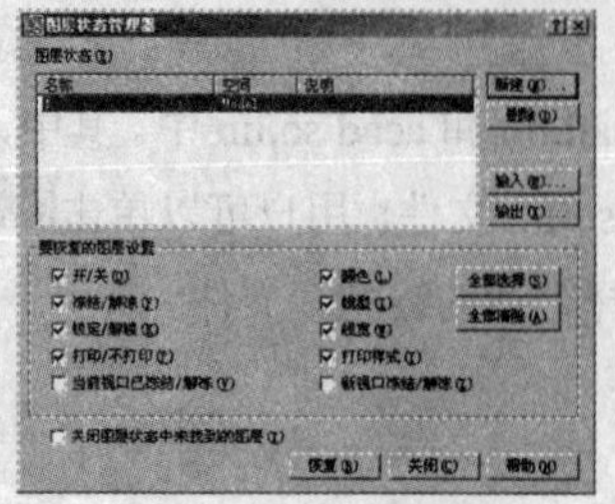

图 6.1.10 “图层状态管理器”对话框

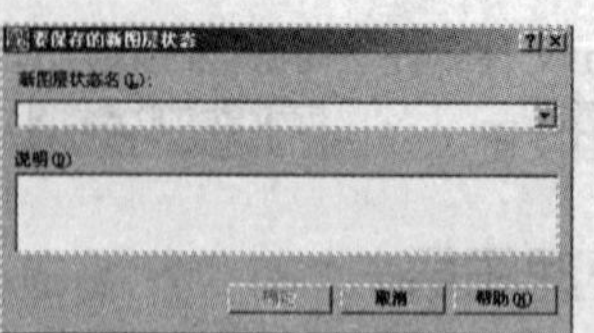

图 6.1.11 “要保存的新图层状态”对话框

4．删除图层

选中图层后，单击图层特性管理器对话框中的“删除图层”按钮，可以删除该层，但是，当前层、含有实体的图层、0 层和 Defpoint 图层依赖于外部参照的图层不能被删除。

5．转换图层

使用“图层转换器”可以转换图层，实现图形的标准化和规范化。“图层转换器”能够转换当前图形的图层，使之与其他图形的图层结构或 CAD 标准文件相匹配。

选择工具(T)→CAD 标准(S)→图层转换器(L)...命令，或在 CAD 标准工具栏中单击“图层转换器”按钮，弹出图层转换器对话框，如图 6.1.12 所示。

在图层转换器对话框中，各选项的含义如下：

（1）转换自(F)列表框：显示了当前图形中即将被转换的图层结构，用户可以在列表框中选择，也可以通过选择过滤器(I)来选择。

（2）转换为(O)列表框：显示了可以将当前图形的图层转换成新图层的名称。

（3）映射(M)按钮：可以将转换自(F)列表框中选中的图层映射到转换为(O)列表框中，并且当图层被映射后，它将从转换自(F)列表框中删除。

注意：只有在转换自(F)列表框和转换为(O)列表框中都选择了对应的转换图层后，映射(M)按钮才可以使用。

（4）映射相同(A)按钮：可以将转换自(F)列表框和转换为(O)列表框中名称相同的图层进行转换映射。

（5）转换(T)按钮：开始转换图层，并关闭图层转换器对话框。

（6）设置(G)...按钮：单击该按钮，弹出设置对话框，在该对话框中可以设置图层的转换规则，如图 6.1.13 所示。

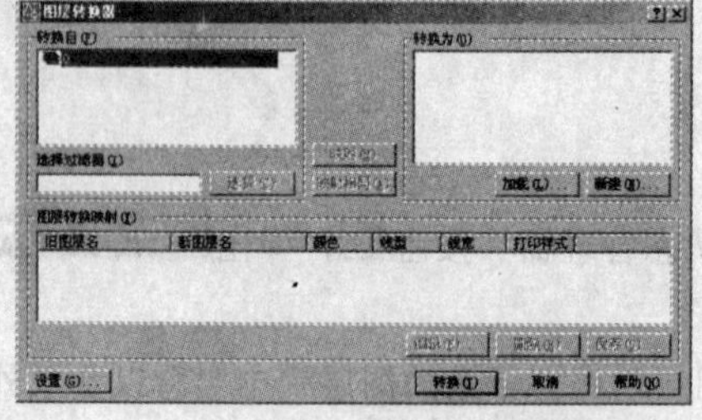

图 6.1.12 “图层转换器”对话框

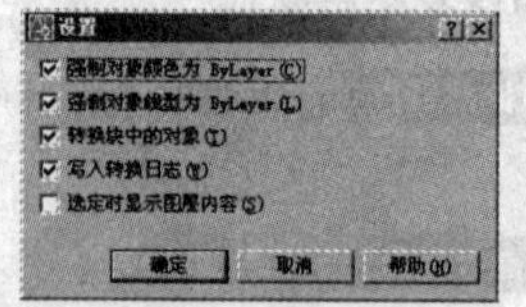

图 6.1.13 “设置”对话框

6. 使用“对象特性”工具栏

默认情况下，在某一图层上创建的图形对象都将使用该层所设置的颜色、线型和线宽，即所谓的“Bylayer”（随层）。但是，用户可以根据需要，通过对象特性工具栏重新设置或修改对象特性，以覆盖图层的所有设置，即所谓的显示设置。显示设置后，新绘制的图形对象都将以新设置的颜色、线型或线宽来显示。

“对象特性”工具栏如图 6.1.14 所示。

图 6.1.14 “对象特性”工具栏

6.2 图形信息查询

在工程设计绘图中，有时需要查询与图形相关的信息。AutoCAD 2008 提供了多种图形查询功能，如查询指定点的距离、某一区域的面和周长等。

AutoCAD 2008 提供了两种方法调用查询命令：

（1）选择工具(T)→查询(Q)菜单下的子命令，如图 6.2.1 所示。

（2）单击“查询”工具栏中的命令按钮，如图 6.2.2 所示。

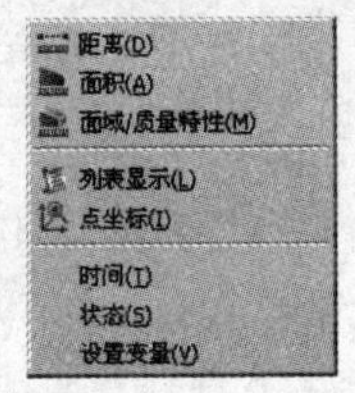

图 6.2.1 “查询”子菜单 图 6.2.2 “查询”工具栏

6.2.1 测量距离

测量距离用于测量图形对象上某一直线段或指定两点间的距离。启动测量距离命令有 3 种方法：

（1）菜单栏：选择工具(T)→查询(Q)→距离(D)命令。

（2）工具栏：单击“查询”工具栏中的“距离”按钮。

（3）命令行：在命令行中输入 dist。

查询如图 6.2.3 所示的点 A 和点 B 的距离，执行测量距离命令后，命令行提示如下：

图 6.2.3 查询距离

（1）命令：dist↙

（2）指定第一点：（捕捉点 A）

（3）指定第二点：（捕捉点 B）

距离= 223.9932，XY 平面中的倾角= 332，　与 XY 平面的夹角= 0

X 增量 = 196.9662，　Y 增量 = - 106.6643，　Z 增量 = 0.0000

上述测量距离信息的含义如下：

（1）距离：指定两点（点 A 和点 B）间的距离。

（2）XY 平面中的倾角：两点连线在 XY 平面上的投影与 X 轴间的夹角。

（3）与 XY 平面的夹角：两点连线与 XY 平面间的夹角。

（4）X 增量：两点的 X 坐标差值。

（5）Y 增量：两点的 Y 坐标差值。

（6）Z 增量：两点的 Z 坐标差值。

6.2.2 计算面积和周长

计算由若干点所确定区域的面积和周长，还可以对面积进行加、减运算。启动计算面积和周长的命令有 3 种方法：

（1）菜单栏：选择 工具(T) → 查询(Q) → 面积(A) 命令。

（2）工具栏：单击“查询”工具栏中的“区域”按钮。

（3）命令行：在命令行中输入 area。

计算如图 6.2.4 所示图形的面积和周长，执行计算面积和周长命令后，命令行提示如下：

命令：area↙

指定第一个角点或 [对象(O)/加(A)/减(S)]：（捕捉点 A）

指定下一个角点或按 ENTER 键全选：（捕捉点 B）

指定下一个角点或按 ENTER 键全选：（捕捉点 C）

指定下一个角点或按 ENTER 键全选：（/捕捉点 D）

指定下一个角点或按 ENTER 键全选：（捕捉点 E）

指定下一个角点或按 ENTER 键全选：（捕捉点 F）

指定下一个角点或按 ENTER 键全选：（捕捉点 G）

指定下一个角点或按 ENTER 键全选：（捕捉点 H）

指定下一个角点或按 ENTER 键全选：（按回车键结束命令）

面积= 22476.9540，周长= 849.6794。

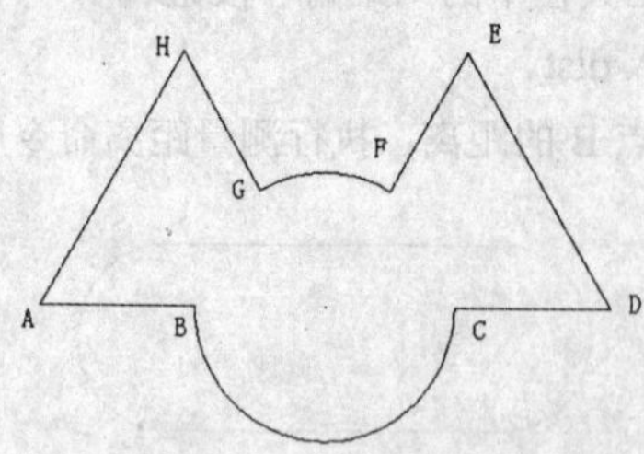

图 6.2.4　计算面积和周长

上述计算面积和周长信息的含义如下：

（1）对象(O)：由指定对象所围成的面积。

（2）加(A)：将新测量的面积加入总面积中。

（3）减(S)：将新测量的面积从总面积中减去。

6.2.3　查询点坐标

用于查询图形对象上某点的绝对坐标。启动查询点坐标命令有 3 种方法：

（1）菜单栏：选择 工具(T) → 查询(Q) → 点坐标(I) 命令。

（2）工具栏：单击“查询”工具栏中的“定位点”按钮。

（3）命令行：在命令行中输入 id。

查询如图 6.2.5 所示的图形中点 A 的坐标，执行查询点坐标命令后，命令行提示如下：

命令：id↙

指定点：（捕捉点 A）

X = 391.5007　　Y = − 43.3107　　Z = 0.0000

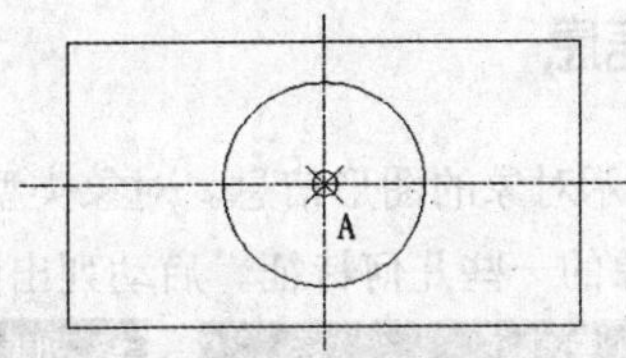

图 6.2.5　查询点坐标

6.2.4　查询时间

用于查询关于图形的创建日期和时间的信息。启动查询时间命令有两种方法：

（1）菜单栏：选择 工具(T) → 查询(Q) → 时间(T) 命令。

（2）命令行：在命令行中输入 time。

执行查询时间命令后，系统打开如图 6.2.6 所示的 AutoCAD 文本窗口。该文本窗口列出了关于当前图形的日期和时间等相关信息。

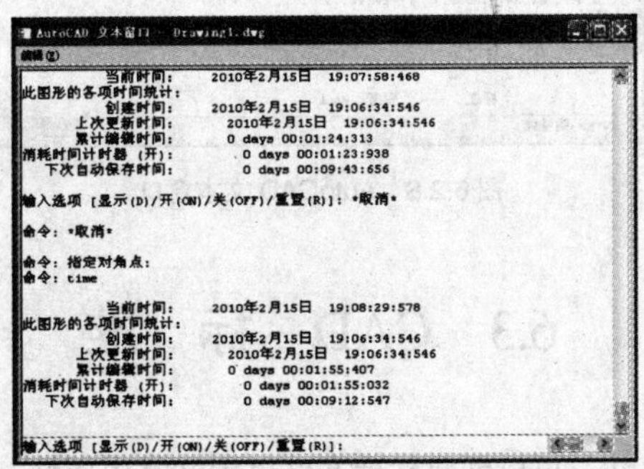

图 6.2.6　AutoCAD 文本窗口

6.2.5　查询面域/质量特性

用于查询面域对象的各种特性参数。启动查询面域/质量特性命令有 3 种方法：

（1）菜单栏：选择 工具(T) → 查询(Q) → 面域/质量特性(M) 命令。

（2）工具栏：单击“查询”工具栏中的“面域/质量特性”按钮。

（3）命令行：在命令行输入 massprop。

执行查询面域/质量特性命令，选择面域对象后，系统打开 AutoCAD 文本窗口，如图 6.2.7 所示。

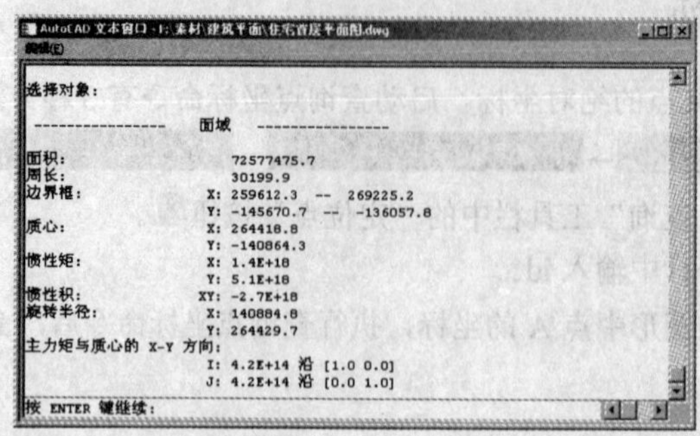

图 6.2.7 AutoCAD 文本窗口

6.2.6 列出对象的图形信息

AutoCAD 还能够以列表形式显示对象的图形信息。对象类型不同，所列信息也不尽相同，但一般包括对象类型、图层、颜色及对象的一些几何特征。启动列出图形信息命令有 3 种方法：

（1）菜单栏：选择 工具(T) → 查询(Q) → 列表显示(L) 命令。

（2）工具栏：单击“查询”工具栏中的“列表”按钮。

（3）命令行：在命令行中输入 list。

执行查询列表命令后，系统打开如图 6.2.8 所示的 AutoCAD 文本窗口，该窗口显示所选图形的特性信息。

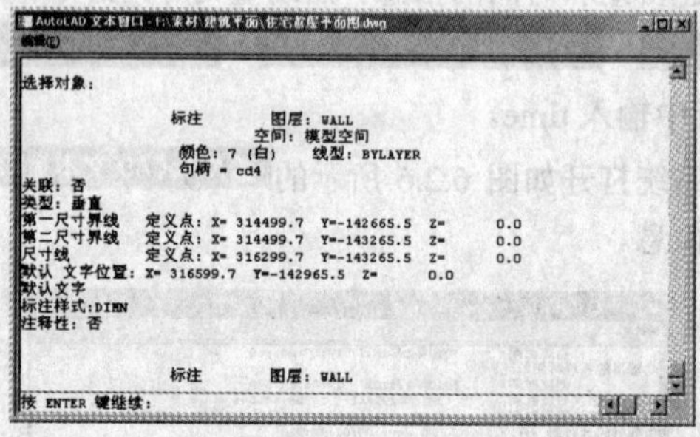

图 6.2.8 AutoCAD 文本窗口

6.3 CAD 标 准

为了维护图形文件的一致性，可以创建标准文件以定义常用属性。CAD 标准为命名对象（例如图层和文字样式）定义一组常用特性。为了增强一致性，用户或用户的 CAD 管理员可以创建、应用和核查图形中的标准。因为标准可使其他用户容易对图形做出解释，在合作环境下，许多人都致力于创建一个图形，所以标准特别有用。

在 AutoCAD 2008 中创建 CAD 标准文件的步骤如下：

（1）创建一个新的图形文件。

（2）根据用户的实际需要，设置该图形文件的绘图环境，包括绘图区域、绘图单位、线型、线宽、图层、文字样式、标注样式等。

（3）选择 文件(F) → 另存为(A)... CTRL+SHIFT+S 命令，弹出 图形另存为 对话框。在该对话框中的 文件名(N): 文本框中设置文件为 Standard，然后单击 文件类型(T): 下拉列表框右边的三角按钮，在弹出的下拉列表中选择 AutoCAD 图形标准 (*.dws) 选项，设置完成后单击 保存(S) 按钮，完成标准文件的创建。

6.3.1　配置标准

配置标准是将当前图形与标准文件关联，并列出用于检查标准的插入模块。执行该命令的方法有以下 3 种：

（1）单击“CAD 标准”工具栏中的“配置”按钮。

（2）选择 工具(T) → CAD 标准(S) → 配置(C)... 命令。

（3）在命令行中输入命令 standards。

执行该命令后，弹出 配置标准 对话框，如图 6.3.1 所示。该对话框中各选项卡功能介绍如下：

1.“标准”选项卡

该选项卡如图 6.3.1 所示，其中各选项功能介绍如下：

（1） 与当前图形关联的标准文件(F): 列表：列出与当前图形相关联的所有标准（DWS）文件。如果此列表中的多个标准之间发生冲突（例如，如果两个标准指定了名称相同但特性不同的图层），则该列表中首先显示的标准文件优先。

（2）“添加标准文件”按钮：单击该按钮，使标准（DWS）文件与当前图形相关联。

（3）“删除标准文件”按钮：单击该按钮，从列表中删除某个标准文件（删除某个标准文件并不是实际删除它，而只是断开它与当前图形的关联性）。

（4）“上移”按钮：单击该按钮，将列表中的某个标准文件上移一个位置。

（5）“下移”按钮：单击该按钮，将列表中的某个标准文件下移一个位置。

2.“插入模块”选项卡

该选项卡如图 6.3.2 所示，其中各选项功能介绍如下：

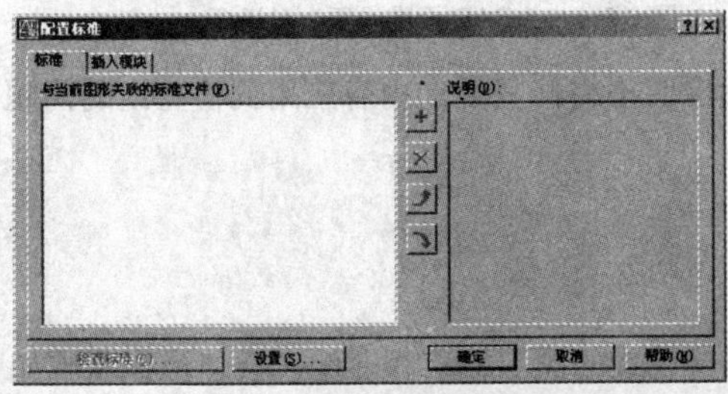

图 6.3.1　“配置标准”对话框

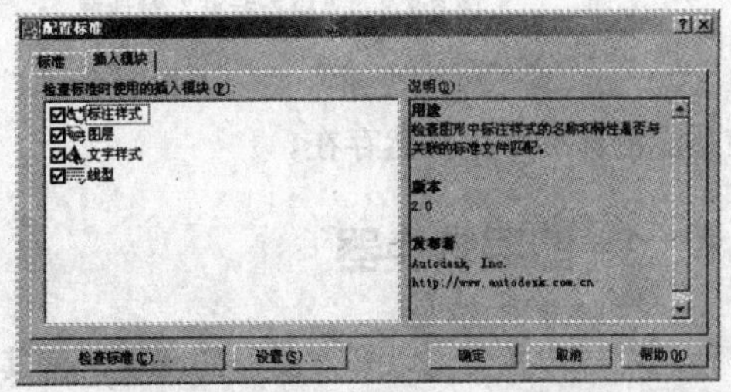

图 6.3.2　“插入模块”选项卡

（1） 检查标准时使用的插入模块(P): 列表：列出当前系统中的标准插入模块。通过从此列表中选择插入模块，可以指定核查图形时使用哪个插入模块。

（2） 说明(D): 列表框：提供列表中当前选定的标准插入模块的概要信息。

6.3.2 检查标准

检查标准是指根据指定的标准文件对当前图形的绘图设置进行检查，并显示检查结果。用户可以根据检查的结果利用标准文件的设置来替换当前图形文件中不符合标准的设置。选择 工具(T) → CAD 标准(S) → 检查(K)... 命令，弹出 检查标准 对话框，如图 6.3.3 所示。

单击“CAD 标准”工具栏中的“检查”按钮，或在命令行中输入命令 checkstandards，也可以执行检查命令。

该对话框中各选项功能介绍如下：

（1）问题(P): 提示栏：提供关于当前图形中非标准对象的说明。

（2）替换为(R): 列表：列出当前标准冲突的可能替换选项。如果存在推荐修复方案，其前面则带有一个复选标记；如果推荐的修复方案不可用，则“替换为”列表中没有亮显项目。

（3）预览修改(V): 提示栏：如果应用了“替换为”列表中当前选定的修复选项，则表示将被修改的非标准对象的特性。

（4）☑ 将此问题标记为忽略(I) 复选框：选中该复选框，将当前问题标记为忽略。如果在“CAD 标准设置”对话框中关闭了“显示忽略的问题”选项，下一次检查该图形时将不显示已标记为忽略的问题。

（5）下一个(N) 按钮：前进到当前图形中的下一个非标准对象而不应用修复。

（6）设置(S)... 按钮：单击此按钮，弹出 CAD 标准设置 对话框，如图 6.3.4 所示，从中可以为 检查标准 对话框和 配置标准 对话框指定其他设置。

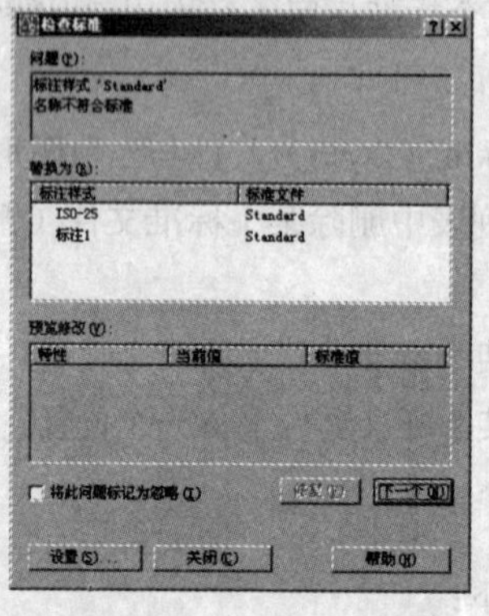

图 6.3.3 “检查标准”对话框

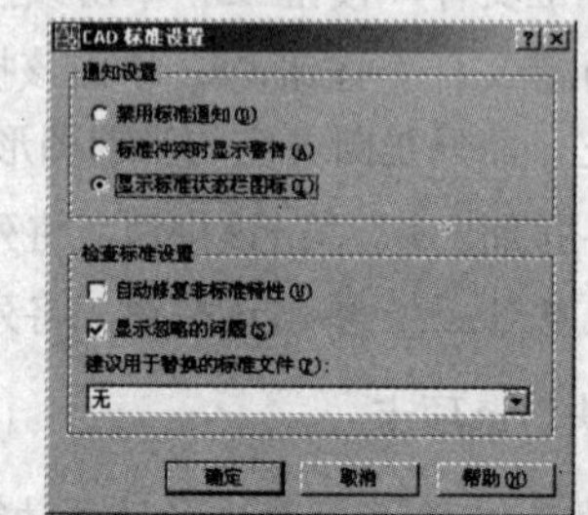

图 6.3.4 “CAD 标准设置”对话框

（7）关闭(C) 按钮：关闭“检查标准”对话框而不将修复后的内容应用到检查出的问题中，当前显示的标准冲突仍然存在。

6.3.3 图层转换器

使用图层转换器可以修改图形的图层，使其与用户设置的图层标准相匹配。具体操作步骤如下：

（1）选择 工具(T) → CAD 标准(S) → 图层转换器(L)... 命令，弹出 图层转换器 对话框，如图 6.3.5 所示。

（2）单击该对话框中的 加载(L)... 按钮，从其他图形中加载图层。

（3）单击 新建(N)... 按钮，弹出 新图层 对话框，如图 6.3.6 所示。在该对话框中设置新图层的名称和属性，然后单击 确定 按钮完成新图层的创建。

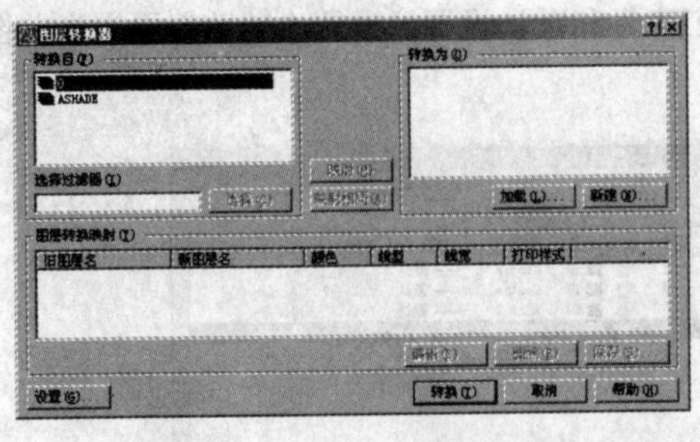

图 6.3.5　“图层转换器”对话框

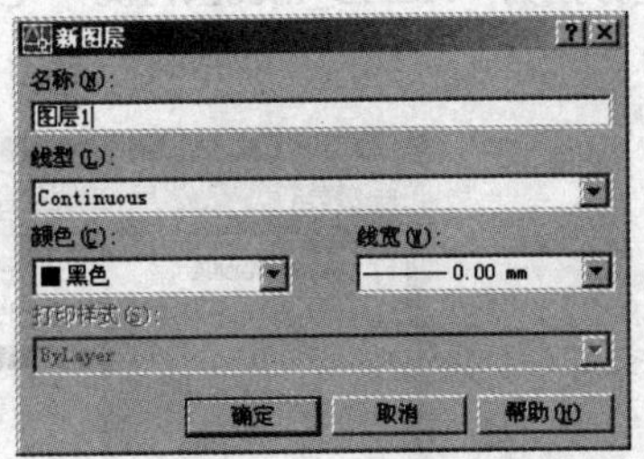

图 6.3.6　“新图层”对话框

（4）选中转换为(O)列表中的图层，单击映射(M)按钮，然后在图层转换映射(Y)列表框中选中该图层，单击编辑(E)...按钮，在弹出的编辑图层对话框中对图层的线型、颜色以及线宽进行修改，设置完成后单击确定按钮。

（5）单击设置(G)...按钮，弹出设置对话框，如图 6.3.7 所示，用户可以自定义图层转换的步骤。

该对话框中各选项功能介绍如下：

1）☑强制对象颜色为 ByLayer(C)复选框：指定每一个已转换对象是否采用指定给其图层的颜色。如果选择该选项，每个对象将呈现各自图层的颜色；如果不选择该选项，每个对象将保持其初始颜色。

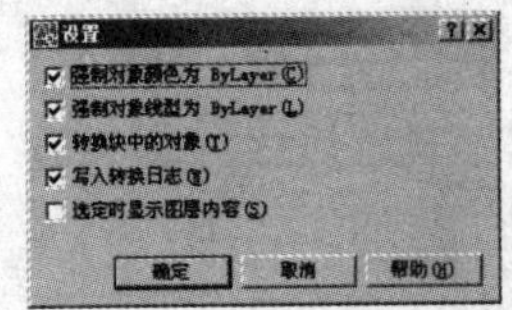

图 6.3.7　“设置”对话框

2）☑强制对象线型为 ByLayer(L)复选框：指定每一个已转换对象是否采用指定给其图层的线型。如果选择该选项，每个对象将呈现各自图层的线型；如果不选择该选项，每个对象将保持其初始线型。

3）☑转换块中的对象(T)复选框：指定是否转换块中嵌套的对象。如果选择该选项，块中嵌套的对象将转换；如果不选择该选项，块中嵌套的对象将不转换。

4）☑写入转换日志(W)复选框：指定是否创建详细说明转换结果的日志文件。如果选择该选项，将在与转换图形相同的文件夹中创建日志文件，该日志文件与已转换的图形的名称相同，文件扩展名为.log；如果不选择该选项，将不创建日志文件。

5）☑选定时显示图层内容(S)复选框：指定将在绘图区域中显示的图层。如果选择此选项，仅在绘图区域中显示在“图层转换器”对话框中选择的图层；如果不选择此选项，将显示图形中的所有图层。

6.4　典型实例——绘制螺钉

本节综合运用前面所学的知识绘制螺钉，最终效果如图 6.4.1 所示。

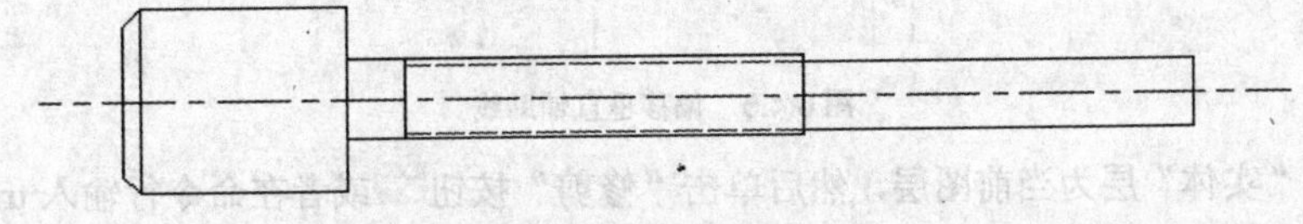

图 6.4.1　最终效果图

操作步骤

（1）选择格式(O)→图层(L)...命令，弹出图层特性管理器对话框。在该对话框中单击“新建图层”按钮，创建 3 个图层，名称分别为“虚线”“辅助”和“实体”，颜色分别为“绿色”“红色”和“蓝色”，线型分别为“ACAD_IS002W100”“CENTER”和默认设置。设置“辅助”层为当前图层，如图 6.4.2 所示。

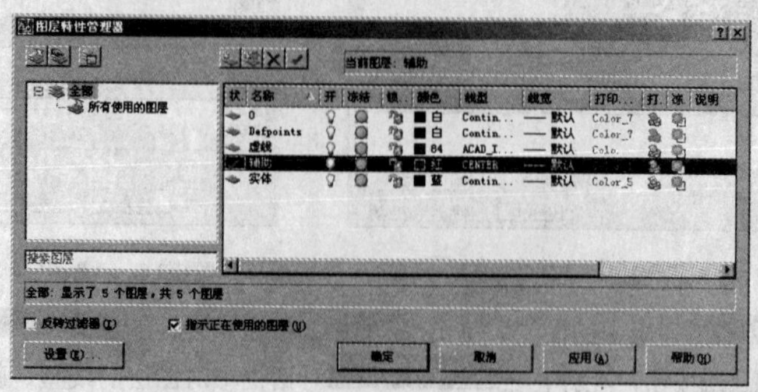

图 6.4.2 “图层特性管理器”对话框

（2）单击“直线”按钮或者在命令行输入 line，以原点为起点，绘制两条互相垂直的辅助线，长度约为 150，宽度约为 40，如图 6.4.3 所示。

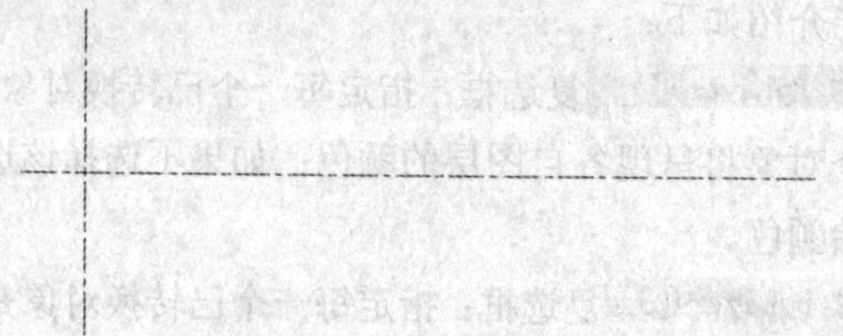

图 6.4.3 绘制辅助线

（3）单击“偏移”按钮或者在命令行输入 offset，将上一步绘制的水平辅助线向上、向下各偏移 3，3.5 和 8 个单位，如图 6.4.4 所示。

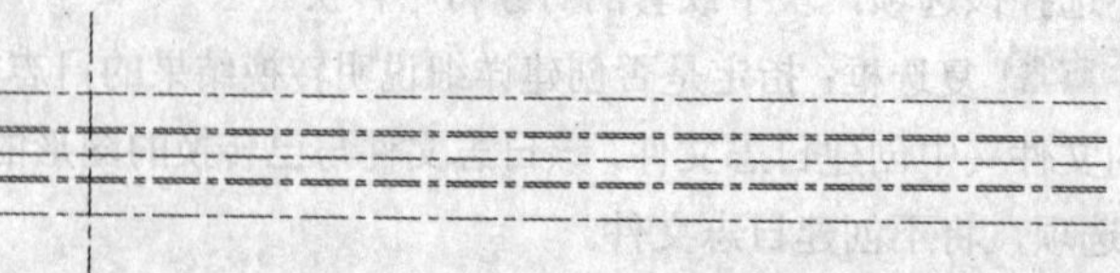

图 6.4.4 偏移水平辅助线

（4）重复偏移命令，将步骤（2）绘制的垂直辅助线向右偏移 20，25，60 和 95 个单位，如图 6.4.5 所示。

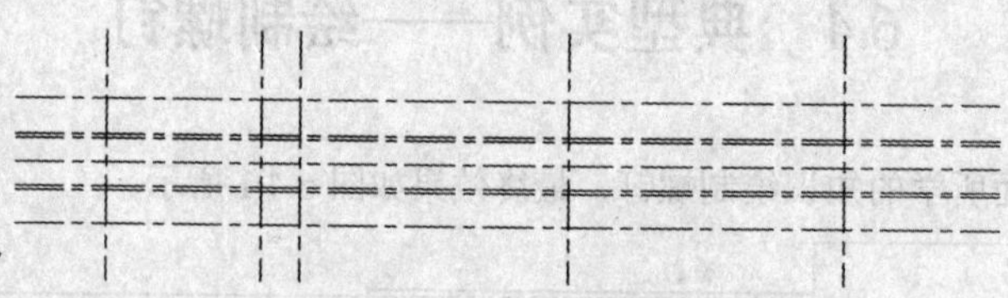

图 6.4.5 偏移垂直辅助线

（5）设置“实体”层为当前图层，然后单击“修剪”按钮或者在命令行输入 trim，修剪偏移后的辅助线并将部分辅助线分别转换为实体线和虚线，如图 6.4.6 所示。

（6）单击“倒角”按钮或者在命令行输入 chamfer，捕捉如图 6.4.7 所示的两条直线并对其进行倒角处理，倒角距离为 1.5。重复倒角命令，对其他的边用同样的距离进行倒角处理，效果如图 6.4.8 所示。

图 6.4.6　修剪辅助线并转换为实体线和虚线

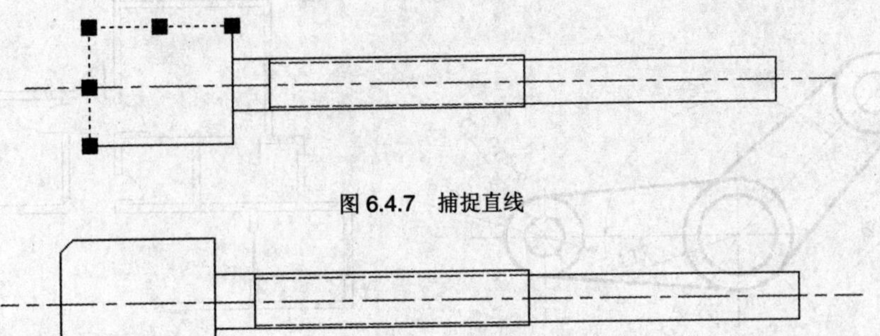

图 6.4.7　捕捉直线

图 6.4.8　倒角效果

（7）利用直线命令连接倒角，最终效果如图 6.4.1 所示。

本 章 小 结

本章主要讲述了 AutoCAD 2008 的图层设置、图形的查询功能以及 CAD 标准等方面的内容，其中图层设置包括颜色、线型和线宽，随着图形中对象数量的增加，使用图层功能绘制复杂图形是 AutoCAD 一个非常有用的技巧。

过 关 练 习

一、填空题

1．在 AutoCAD 2008 中，使用_________对话框可以创建图层。

2．通过 AutoCAD 提供的_________命令，用户可以将一个图形对象实体（源实体）的属性复制给另一个或另一组图形对象实体（目标实体），使这些实体的某些属性或全部属性与源实体相同。

二、选择题

1．用于计算空间中任意两点间的距离和角度的命令是（　）。

（A）dist　　（B）aree

（C）dise　　（D）area

2．用于查询实体特征参数的命令是（　）。

（A）list　　（B）lest

（C）dist　　（D）dest

三、简答题

简要叙述图层有哪些特性。

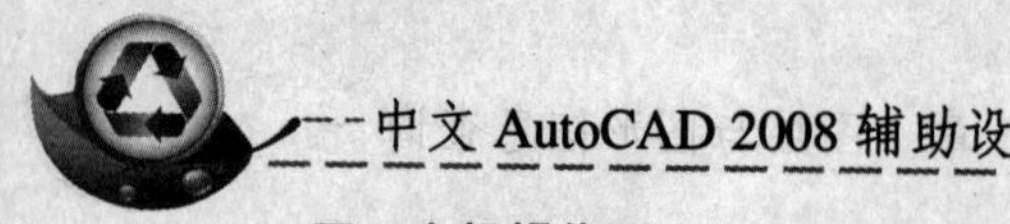

四、上机操作题

1．使用图层命令绘制如题图 6.1 所示的机械平面图。

2．利用图层命令绘制如题图 6.2 所示的建筑平面图。

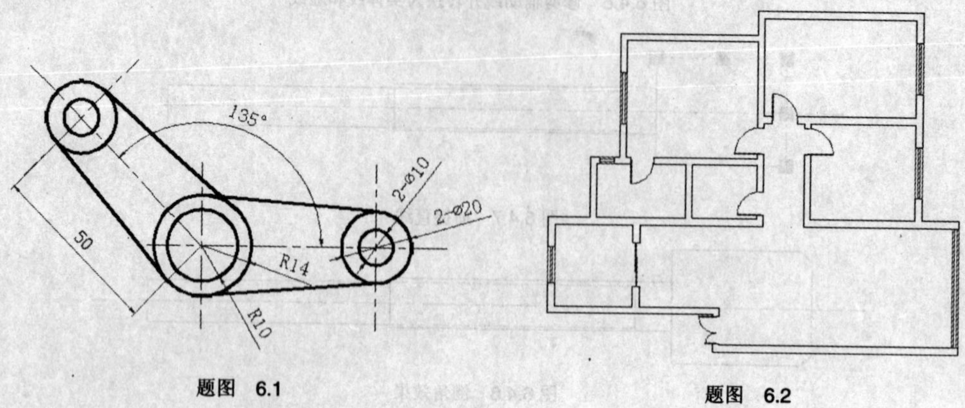

题图 6.1

题图 6.2

3．利用查询图形命令查询如题图 6.3 所示图形的周长和面积。

4．计算如题图 6.4 所示图形的面积和周长。

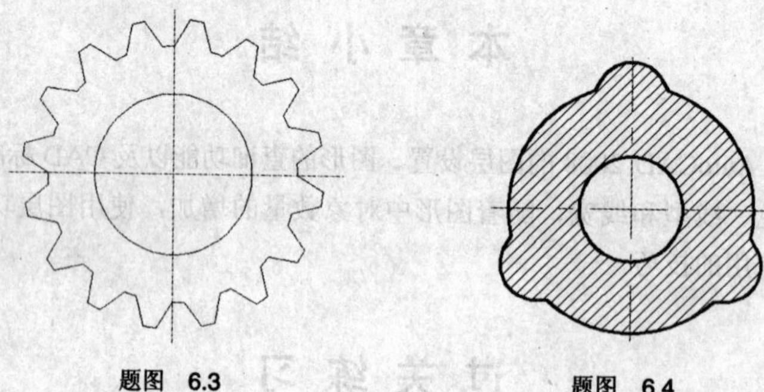

题图 6.3

题图 6.4

第7章 文字标注与表格

章前导航

在 AutoCAD 2008 中，用户可以非常方便地在图形文件中创建文字和表格，以便给图形添加各种注释。另外，利用文字与表格的编辑工具还可以对已经创建的文字和表格进行编辑，这样大大提高了绘图的速度，同时也使图形表达的信息更加清晰。

本章要点

- 文字的样式
- 文字的标注
- 文字的编辑
- 创建与设置表格样式
- 创建与编辑表格

7.1　文字的样式

在标注文字之前，首先要根据不同的需要设置不同的文字样式。设置文字样式时，用户可以定义文字的高度、字体、倾斜角度等。AutoCAD 允许用户在一幅图形中创建多种标注，以满足不同文字标注的需求。执行创建文字样式的方法有以下 3 种：

（1）单击“样式”工具栏中的“文字样式”按钮。

（2）选择 格式(O) → 文字样式(S)... 命令。

（3）在命令行中输入命令 style。

执行此命令后，弹出 文字样式 对话框（见图 7.1.1），用户可以在该对话框中设置有关文字样式的各种参数。

该对话框中各选项功能介绍如下：

（1）样式(S) 选项组：显示文字样式名、添加新样式和删除现有样式。该下拉列表中包括已经定义的样式名，并默认显示当前样式。

1）新建(N)... 按钮：单击此按钮，弹出 新建文字样式 对话框，如图 7.1.2 所示，并为当前设置自动提供名为“样式 n”的样式名称。用户可以采用默认值或在该对话框中输入自定义的样式名称，然后单击 确定 按钮使新样式名采用当前样式设置。

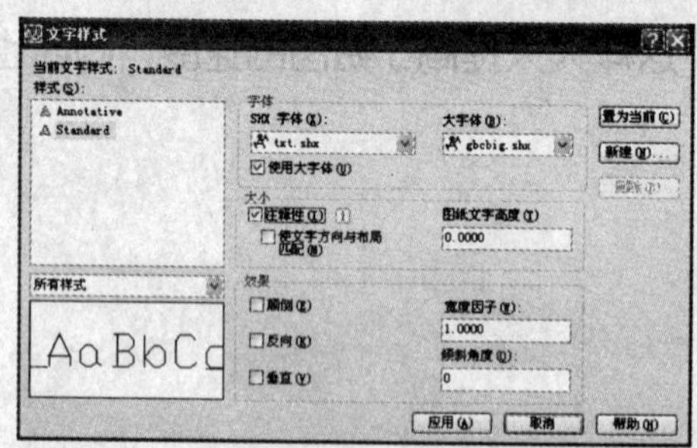

图 7.1.1　“文字样式”对话框

图 7.1.2　“新建文字样式”对话框

2）删除(D) 按钮：从样式名下拉列表中选择一个样式名将其置为当前，然后单击此按钮即可将该样式删除。

（2）字体 选项组：更改样式的字体。

1）SHX 字体(X): 下拉列表框：在该下拉列表中列出所有注册的 TrueType 字体和 Fonts 文件夹中编译的形（SHX）字体的字体族名。

2）大字体(B): 下拉列表框：指定字体格式，比如斜体、粗体或者常规字体。选中 ☑ 使用大字体(U) 复选框后，该选项变为“大字体”，用于选择大字体文件。

（3）大小 选项组：注释编辑字体大小。

1）☐注释性(I) 复选框：体现文字注释性。

2）☐使文字方向与布局匹配(M) 复选框：使文字方向和布局匹配。

3）图纸文字高度(T) 数值框：根据输入的值设置文字高度。如果输入 0，每次用该样式输入文字时，系统都将提示输入文字高度；输入大于 0 的高度值，则为该样式设置固定的文字高度。在相同的高度设置下，TrueType 字体显示的高度要小于 SHX 字体。

（4）效果选项组：修改字体的特性，例如宽度比例、倾斜角度及是否颠倒显示、反向或垂直。

1）☑ 颠倒(E) 复选框：选中此复选框，颠倒显示字符。

2）☑ 反向(K) 复选框：选中此复选框，反向显示字符。

3）☑ 垂直(V) 复选框：选中此复选框，显示垂直对齐的字符。只有在选定字体支持双向时此选项才可用。TrueType 字体的垂直定位不可用。

4）宽度因子(W) 数值框：设置字符间距。输入小于 1.0 的值将压缩文字；输入大于 1.0 的值则扩大文字。

5）倾斜角度(O): 数值框：设置文字的倾斜角。输入一个-85～85 之间的值将使文字倾斜。

用户只需要在该选项组中选中相应效果前面的复选框，或在文本框中输入数值，就可以设置相应的文字效果。这 5 种文字效果如图 7.1.3 所示。

AutoCAD 2008

（a）正常状态下的文字

AutoCAD 2008

（b）使用“颠倒”选项后的文字

AutoCAD 2008

（c）使用“反向”选项后的文字

AutoCAD 2008

（d）宽度比例为 0.5 的文字

正角度倾斜

（e）倾斜角度为正的文字

负角度倾斜

（f）倾斜角度为负的文字

（g）使用“垂直”选项后的文字

图 7.1.3　文字效果

注意：如果改变现有文字样式的方向或字体文件，当图形重生成时所有具有该样式的文字对象都将使用新值。

（5）应用(A) 按钮：文字样式设置完成后，单击此按钮应用设置的文字样式。

7.2　文字的标注

多数图形中的文字都比较重要，例如图纸中的明细表和技术要求等。在 AutoCAD 2008 中，文字标注有两种方式：一种是单行文字标注，即只能输入一行文字，系统不会自动换行；另一种是多行文字标注，一次可以输入多行文字。AutoCAD 2008 除提供了处理汉字、数字等常用符号的功能外，还提供了处理特殊字符的功能。本节将详细介绍单行文字标注、多行文字标注和特殊字符的输入。

7.2.1　单行文字标注

创建单行文字命令的启动方式有以下 3 种：

（1）单击“文字”工具栏中的“单行文字”按钮 A|。

（2）选择 绘图(D) → 文字(X) → 单行文字(S) 命令。

（3）在命令行中输入命令 dtext。

启动创建单行文字命令后，命令行提示如下：

命令：_dtext✓

当前文字样式: Standard 当前文字高度: 184.020 2

指定文字的起点或[对正(J)/样式(S)]:（指定单行文字的起点）

指定高度<184.020 2>:（输入文字的高度）

指定文字的旋转角度<0>:（输入文字的旋转角度）

输入文字：（输入文字）

输入文字：（按回车键结束命令）

其中各命令选项的功能介绍如下：

（1）对正(J)：选择该命令选项，设置单行文字的对齐方式，同时命令行提示如下：

输入选项[对齐(A)/调整(F)/中心(C)/中间(M)/右(R)/左上(TL)/中上(TC)/右上(TR)/左中(ML)/正中(MC)/右中(MR)/左下(BL)/中下(BC)/右下(BR)]:

其中各命令选项功能介绍如下：

对齐：通过指定基线端点来指定文字的高度和方向。

调整：指定文字按照由两点定义的方向和一个高度值布满一个区域。只适用于水平方向的文字。

中心：从基线的水平中心对齐文字，此基线是由用户给出的点指定的。

中间：文字在基线的水平中点和指定高度的垂直中点上对齐。中间对齐的文字不保持在基线上。

右：在由用户给出的点指定的基线上右对正文字。

左上：在指定为文字顶点的点上左对正文字，只适用于水平方向的文字。

中上：以指定为文字顶点的点居中对正文字，只适用于水平方向的文字。

右上：以指定为文字顶点的点右对正文字，只适用于水平方向的文字。

左中：在指定为文字中间点的点上靠左对正文字，只适用于水平方向的文字。

正中：在文字的中央水平和垂直居中对正文字，只适用于水平方向的文字。

右中：以指定为文字的中间点的点右对正文字，只适用于水平方向的文字。

左下：以指定为基线的点左对正文字，只适用于水平方向的文字。

中下：以指定为基线的点居中对正文字，只适用于水平方向的文字。

右下：以指定为基线的点靠右对正文字，只适用于水平方向的文字。

单行文字的对正方式如图 7.2.1 所示。

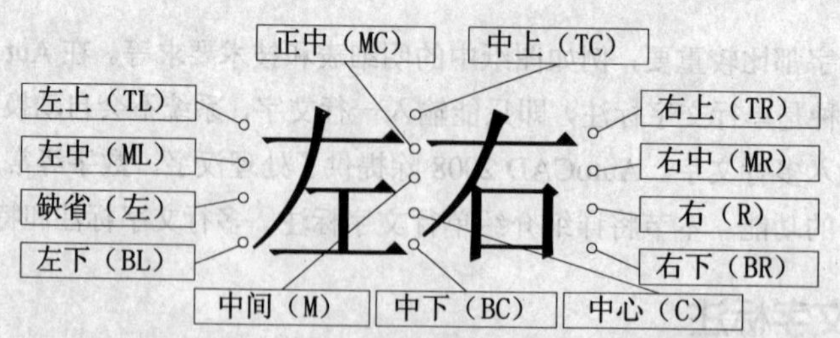

图 7.2.1 单行文字的对正方式

（2）样式(S)：选择该命令选项，设置当前文字使用的样式。

例如，在图形中输入如图 7.2.2 所示的一段单行文字。其具体操作方法如下：

命令：_dtext↙

当前文字样式："Standard" 当前文字高度：0.0000（系统提示）

指定文字的起点或 [对正(J)/样式(S)]：(在绘图窗口中任意指定一点)

指定高度 <00.0000>：50（指定文字的高度）

指定文字的旋转角度<0>：0（指定文字的旋转角度）

指定文字的旋转角度后，在绘图窗口中的文字框中输入“AutoCAD 是当今优秀的设计与绘图软件之一”，然后按回车键结束命令，标注单行文字的效果如图 7.2.2 所示。

AutoCAD是当今优秀的设计与绘图软件之一

图 7.2.2　创建单行文字

7.2.2　多行文字标注

执行创建多行文字命令的方法有以下 3 种：

（1）单击“文字”工具栏中的“多行文字”按钮 A。

（2）选择 绘图(D) → 文字(X) → 多行文字(M)... 命令。

（3）在命令行中输入命令 mtext。

执行该命令后，命令行提示如下：

命令：_mtext↙

当前文字样式："Standard" 当前文字高度：10（系统提示）

指定第一角点：(在绘图窗口中指定多行文本编辑窗口的第一个角点)

指定对角点或[高度(H)/对正(J)/行距(L)/旋转(R)/样式(S)/宽度(W)]：(指定多行文本编辑窗口的第二个角点)

其中各命令选项功能介绍如下：

（1）高度(H)：选择此命令选项，指定用于多行文字字符的高度。

（2）对正(J)：选择此命令选项，根据文字边界确定新文字或选定文字的文字对齐和文字走向。

（3）行距(L)：选择此命令选项，指定多行文字对象的行距。行距是一行文字的底部（或基线）与下一行文字底部之间的垂直距离。

（4）旋转(R)：选择此命令选项，指定文字边界的旋转角度。

（5）样式(S)：选择此命令选项，指定用于多行文字的文字样式。

（6）宽度(W)：选择此命令选项，指定文字边界的宽度。

指定第二个角点后，在绘图窗口中弹出如图 7.2.3 所示的多行文本编辑器。

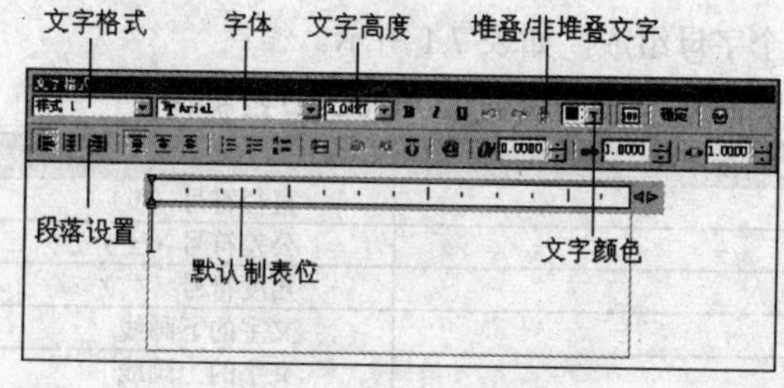

图 7.2.3　多行文本编辑器

多行文本编辑器用来控制多行文字的样式及文字的显示效果。其中各选项的功能介绍如下：

1）样式 1 下拉列表框：该下拉列表框用于设置多行文字的文字样式。

2）Arial 下拉列表框：该下拉列表框用于设置多行文字的字体。

3）2.5 下拉列表框：该下拉列表框用于确定文字的字符高度。在其下拉列表中可选择文字高度或直接在文本框中输入文字高度。

4）“堆叠/非堆叠文字”按钮：单击此按钮，创建堆叠文字。例如，在多行文本编辑器中输入：“%%C6+0.02^-0.02”，然后选中“+0.02^-0.02”，单击此按钮，效果如图 7.2.4 中第一个图所示。如图 7.2.4 所示的为文字堆叠的 3 种效果，后两种效果的原始输入格式为“%%C8H2/H5”和“41#3”。

5）下拉列表框：该下拉列表框用于设置或改变文本的颜色。

创建的多行文字效果如图 7.2.5 所示。

$Ø6^{+0.02}_{-0.02}$　$Ø8\frac{H2}{H5}$　$4\,^{1}/_{3}$

图 7.2.4　文字堆叠效果

“多行文字”又称为段落文字，是一种更易于管理的文字对象，可以由两行以上的文字组成，而且各行文字都是作为一个整体处理。在机械制图中，常使用多行文字创建较为复杂的文字说明，如技术要求、装配说明等。

图 7.2.5　创建多行文字

7.2.3　特殊字符的输入

在绘制图形的过程中，经常需要输入一些特殊的字符，但这些字符不能直接从键盘上输入。在 AutoCAD 2008 中，单击文字格式编辑器右侧的“选项”按钮，弹出“文字编辑”下拉菜单，选择其中的符号(S)选项，弹出如图 7.2.6 所示的子菜单，选择该菜单中的相应命令，即可插入与其对应的特殊符号。

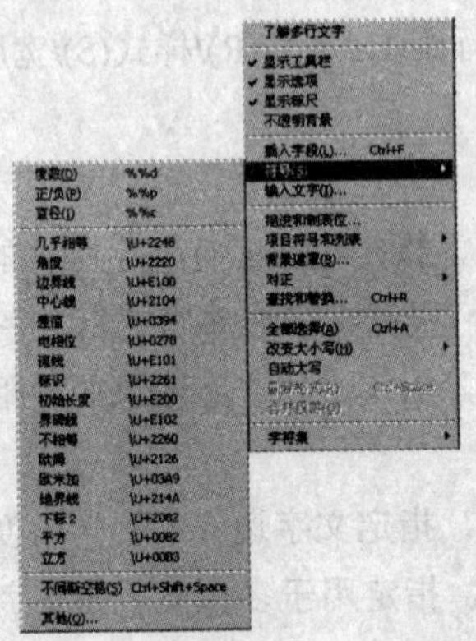

图 7.2.6　“文字编辑”下拉菜单

另外，AutoCAD 2008 还提供了一些简捷的控制码，用于输入一些常用的特殊字符。这些控制码由两个百分号（%%）和一个字母组成，如表 7.1 所示。

表 7.1　AutoCAD 控制码

控制符	字　符
%%C	直径符号（Φ）
%%P	公差符号（±）
%%D	角度符号（°）
%%U	文字的下画线
%%O	文字的上画线

其中，%%U 和%%O 用于控制打开和关闭文字的上画线和下画线，当第一次出现符号时即为打

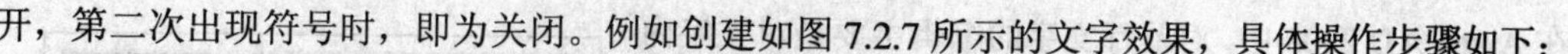

开，第二次出现符号时，即为关闭。例如创建如图 7.2.7 所示的文字效果，具体操作步骤如下：

特殊文字标注
圆的半径为∅ =30
两直线夹角为15 °
公差值： ± 0. 014

图 7.2.7 特殊字符的输入

（1）单击“文字”工具栏中的“单行文字”按钮，命令行提示如下：

命令：_dtext↙

当前文字样式：样式 1 当前文字高度：1.0000（系统提示）

指定文字的起点或 [对正(J)/样式(S)]：（在绘图窗口中任意指定一点）

指定高度 <1.0000>：（指定标注文字的高度）

指定文字的旋转角度 <0>：（直接按回车键默认文字的旋转角度为 0）

（2）此时在绘图窗口中出现一个文本框，在该文本框中输入字符串“%%u 特殊%%u%%o 文字%%o 标注”，按回车键结束命令。

（3）再次执行创建单行文字命令，在文本框中输入字符串“圆的半径为%%C＝30”，按回车键结束命令。

（4）再次执行创建单行文字命令，在文本框中输入字符串“两直线夹角为 15 %%D”，按回车键结束命令。

（5）再次执行创建单行文字命令，在文本框中输入字符串“公差值：%% P0.014”，按回车键结束命令，创建的特殊文字标注效果如图 7.2.7 所示。

用户可以使用新的 Dgnattach 命令，将 DGN 文件作为外部参照绑定到 AutoCAD 图形中。绑定 DGN 文件后，它与图像、DWG 外部参照和 DWF 等的其他外部参照文件一样，显示在“外部参照”对话框中。可使用新的 Dgnclip 命令来修剪 DGN 的显示区域，可使用“属性”选项板或“Dgnadjust”命令来调整 DGN 的属性，包括对比度、褪色度和色调。

7.3 文字的编辑

在 AutoCAD 2008 中，用户可以利用文字编辑命令对已经创建的文字进行各种编辑，本节将详细介绍文字编辑的各种方法。

7.3.1 编辑单行文字

在 AutoCAD 2008 中，用户还可以利用编辑文字命令对已经标注的文字进行编辑。执行编辑文字命令的方法有以下 5 种：

（1）单击“文字”工具栏中的“编辑文字”按钮。

（2）选择 修改(M) → 对象(O) → 文字(T) → 编辑(E)... 命令。

（3）在命令行中输入命令 ddedit。

（4）选择单行文本，然后单击鼠标右键，在弹出的快捷菜单中选择“编辑”选项。

（5）在需要编辑的单行文本对象上双击鼠标左键。

在 AutoCAD 2008 中，对单行文字的编辑主要是对文字内容的编辑，执行编辑文字命令后，选择要编辑的单行文字，文字对象即可变为如图 7.3.1 所示的状态，此时，用户只要重新输入新的文字内容即可。

图 7.3.1 编辑中的单行文字

如果编辑的文字对象是多行文字，则执行编辑文字命令后，弹出文字格式编辑器，用户可以在该编辑器中对多行文字的样式、字体、文字高度和颜色等属性进行编辑。

7.3.2 编辑多行文字

在 AutoCAD 2008 中，执行编辑多行文字命令的方法有以下 5 种：

（1）单击“文字”工具栏中的“编辑文字”按钮。

（2）选择 修改(M) → 对象(O) → 文字(T) → 编辑(E)... 命令。

（3）在命令行中输入命令 mtedit。

（4）选择多行文本，然后单击鼠标右键，在弹出的快捷菜单中选择“编辑多行文字”选项。

（5）在需要编辑的多行文本对象上双击鼠标左键。

执行此命令后，弹出文字格式编辑器，用户可以在该编辑器中对多行文字的样式、字体、文字高度和颜色等属性进行编辑。

7.3.3 比例调整

比例调整是指对文字的大小进行调整，用户可以将同一幅图形中的文字对象按同一比例同时进行缩放，也可以将各文字对象按不同比例进行缩放。在 AutoCAD 2008 中执行比例调整命令的方法有以下两种：

（1）选择 修改(M) → 对象(O) → 文字(T) → 比例(S) 命令。

（2）在命令行中输入命令 scaletext。

执行该命令后，命令行提示如下：

命令：_scaletext↙

选择对象：(选择要修改的文本对象)

选择对象：(按回车键结束对象选择)

输入缩放的基点选项[现有(E)/左(L)/中心(C)/中间(M)/右(R)/左上(TL)/中上(TC)/右上(TR)/左中(ML)/正中(MC)/右中(MR)/左下(BL)/中下(BC)/右下(BR)] <现有>：c（指定比例缩放的基点，这里选择基点位置为中心）

指定新高度或 [匹配对象(M)/缩放比例(S)] <50>：s（执行文本对象新的高度或选择其他命令选项，这里选择缩放比例）

指定缩放比例或 [参照(R)] <2>：(指定缩放的比例)

部分命令选项功能介绍如下：

（1）匹配对象(M)：缩放最初选定的文字对象以与选定文字对象的大小匹配。

（2）缩放比例(S)：通过输入比例因子的数值来缩放所选文字对象。

（3）参照(R)：以相对参照长度和新长度来缩放选定的文字对象。如果新长度小于参照长度，选定的文字对象将缩小。

比例缩放的效果如图 7.3.2 所示。

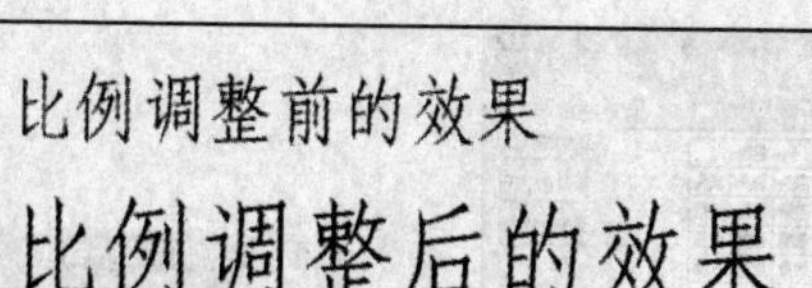

图 7.3.2　比例缩放

7.3.4　文字对正

单行文字没有换行，所以不存在文字对正问题，在 AutoCAD 2008 中，文字对正编辑只针对多行文字而言。执行文字对正命令的方法有以下两种：

（1）选择 修改(M) → 对象(O) → 文字(T) → 对正(J) 命令。

（2）在命令行中输入 justifytext。

命令：_justifytext↙

选择对象：（选择需要对正的文本对象）

选择对象：（按回车键结束对象选择）

输入对正选项[左(L)/对齐(A)/调整(F)/中心(C)/中间(M)/右(R)/左上(TL)/中上(TC)/右上(TR)/左中(ML)/正中(MC)/右中(MR)/左下(BL)/中下(BC)/右下(BR)] <中心>：（选择对正方式）

部分文字对正效果如图 7.3.3 所示。

文字对正效果 之左对齐	文字对正效果 之对齐	文字对正效果 之右对齐

图 7.3.3　文字对正

7.4　创建与设置表格样式

在 AutoCAD 2008 中，用户可以使用插入命令在图形文件中直接绘制表格，还可以将图形文件中的表格的数据输入，以供其他应用程序使用。

7.4.1　新建表格样式

在 AutoCAD 2008 中，系统提供了默认的表格样式。如果用户需要创建新的表格样式，可以通过以下 3 种方法执行创建表格样式命令：

（1）单击“样式”工具栏中的“表格样式”按钮。

（2）选择 格式(O) → 表格样式(B)... 命令。

（3）在命令行中输入命令 tablestyle。

执行该命令后，弹出 表格样式 对话框（见图 7.4.1），单击该对话框中的 新建(N)... 按钮，弹出 创建新的表格样式 对话框，如图 7.4.2 所示。

在 创建新的表格样式 对话框中的 新样式名(N): 文本框中输入新的表格样式名称，然后单击 基础样式(S): 下拉列表框右边的按钮，在弹出的下拉列表中选择一种基础样式，然后单击 继续 按钮，弹出 新建表格样式: MOVE 对话框，如图 7.4.3 所示。

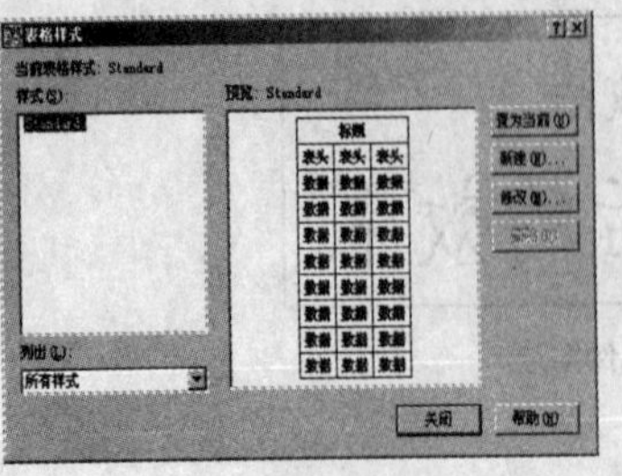

图 7.4.1 “表格样式”对话框

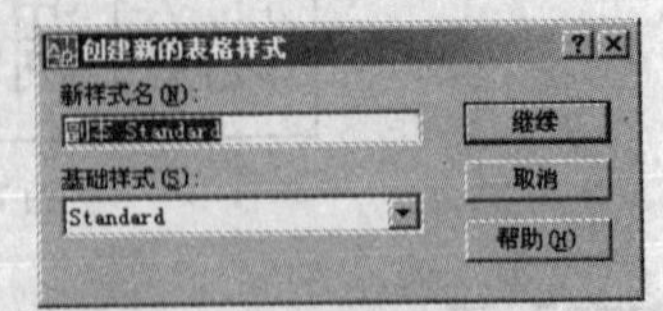

图 7.4.2 “创建新的表格样式”对话框

用户可以在该对话框中设置表格的参数，最后单击 确定 按钮完成新表格样式的创建，同时返回到 表格样式 对话框，在该对话框中单击 置为当前(U) 按钮，即可设置新建的表格样式为当前样式。

在 表格样式 对话框中的 样式(S): 列表框中选择表格样式，单击 修改(M)... 按钮，弹出 修改表格样式: MOVE 对话框，如图 7.4.4 所示。该对话框与 新建表格样式: MOVE 对话框的内容相同，修改表格参数后，单击 确定 按钮完成对表格样式的修改。

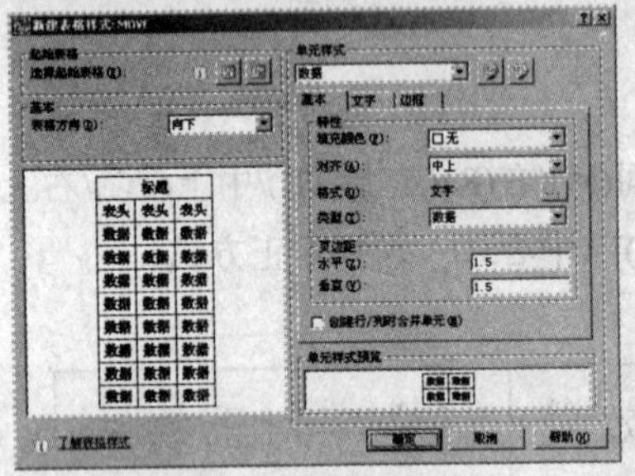

图 7.4.3 “新建表格样式：MOVE”对话框

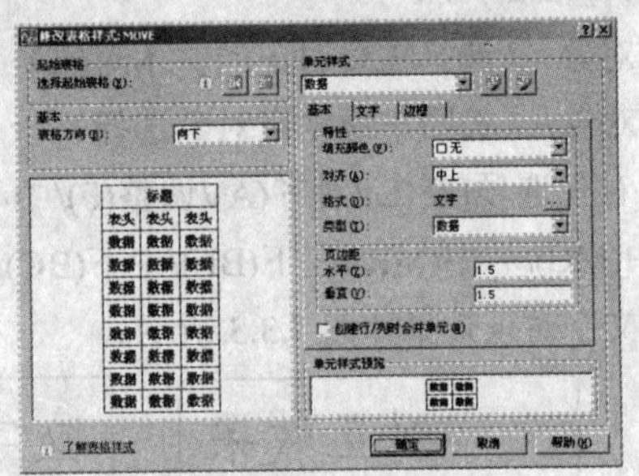

图 7.4.4 “修改表格样式：MOVE”对话框

7.4.2 设置表格样式参数

用户可以在创建表样式时在 新建表格样式: MOVE 对话框中设置表样式的参数，也可以在修改表样式时在 修改表格样式: MOVE 对话框中设置表样式参数，这两个对话框中的内容相同，都有 4 个选项组，即 起始表格 、 基本 、 单元样式 和 单元样式预览，其中各选项组中又有多个选项卡。

1. “起始表格”选项组

该选项组用于选择起始表格，即选择一个表格用做此表格样式的起始表格。

2. “基本”选项组

该选项组用于设置表格的方向。单击该对话框中 表格方向(D): 右边的 按钮，在弹出的下拉列表中选择“上”或“下”选项。如果选择“上”选项，则创建由下而上读取的表格，标题行和表头行位于表格的底部；如果选择“下”选项，则创建由上而下读取的表格，标题行和表头行位于表格的顶部。这两种表格的效果如图 7.4.5 所示。

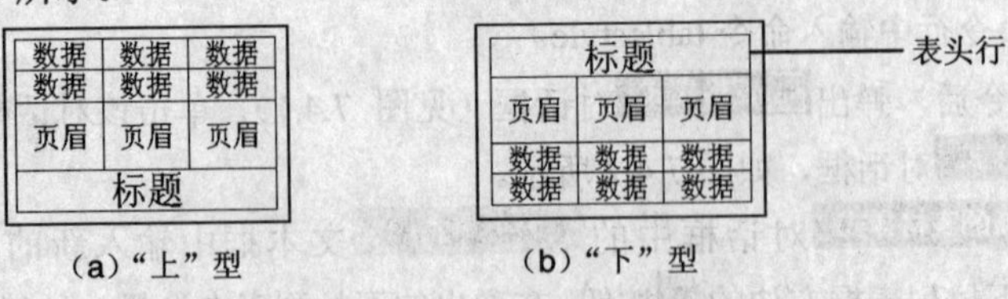

图 7.4.5 两种表格的效果

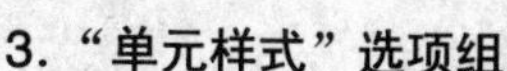

3. “单元样式”选项组

该选项组用于设置数据单元、表头和表格标题的外观，具体取决于当前所用的选项组：“基本”选项卡、“文字”选项卡和“边框”选项卡。其功能介绍如下：

（1）基本 选项卡：该选项卡用来设置表格单元的背景色、表格的格式、文字类型以及单元格中的页边距。其该选项卡的特性与页边距功能介绍如下：

1）填充颜色(F): 下拉列表：该下拉列表用于指定表格单元的背景色，系统默认值为“无”。单击该下拉列表右边的按钮，在弹出的下拉列表中可选择合适的颜色。

2）对齐(A): 下拉列表：该下拉列表用于设置表格单元中文字的对正和对齐方式。单击该下拉列表右边的按钮，在弹出的下拉列表中选择合适的对齐方式。系统为用户提供了“中上”“右上”“左上”“正中”“右中”“左下”和“中下”7 种对齐方式。

3）格式(O): 系统默认为常规。如果用户需要创建新的表格格式，可以单击该文本框右边的按钮，在弹出的表格单元格式对话框中创建新的表格单元格式。

4）类型(T): 下拉列表：该下拉列表用于指定文字类型，单击该下拉列表右边的按钮，在弹出的下拉列表中选择合适的类型。

5）水平(Z): 文本框：该文本框用于设置单元格中的文字或块与左右单元边界之间的距离。

6）垂直(V): 文本框：该文本框用于设置单元格中的文字或块与上下单元边界之间的距离。

（2）文字 选项卡：该选项卡用来控制文字的设置。其该选项卡的特性功能介绍如下：

1）文字样式(S): 下拉列表：该下拉列表中列出图形中的所有文字样式。如果用户需要创建新的文字样式，可以单击该下拉列表右边的按钮，在弹出的文字样式对话框中创建新的文字样式。

2）文字高度(E): 文本框：该文本框用于设置文字高度。

3）文字颜色(C): 下拉列表：该下拉列表用于指定文字颜色，单击该下拉列表右边的按钮，在弹出的下拉列表中选择合适的颜色。

4）文字角度(G): 文本框：该文本框用于设置文字角度。

（3）边框 选项卡：该选项卡用于控制单元边界的外观。其该选项卡的特性功能介绍如下：

1）线宽(L): 下拉列表：该下拉列表用于指定线宽，单击该下拉列表右边的按钮，在弹出的下拉列表中选择合适的线宽。

2）线型(N): 下拉列表：该下拉列表用于指定线型，单击该下拉列表右边的按钮，在弹出的下拉列表中选择合适的线型。

3）颜色(C): 下拉列表：该下拉列表用于指定边框颜色，单击该下拉列表右边的按钮，在弹出的下拉列表中选择合适的颜色。

4）“所有边框”按钮：将边界特性设置应用于所有数据单元、表头单元或标题单元的所有边界，具体取决于当前活动的选项卡。

5）“外边框”按钮：将边界特性设置应用于所有数据单元、表头单元或标题单元的外部边界，具体取决于当前活动的选项卡。

6）“内边框”按钮：将边界特性设置应用于所有数据单元或表头单元的内部边界，具体取决于当前活动的选项卡，此选项不适用于标题单元。

7）“无边框”按钮：隐藏数据单元、表头单元或标题单元的边界，具体取决于当前活动的选项卡。

8）“底部边框”按钮：将边界特性设置应用于所有数据单元、表头单元或标题单元的底边界，具体取决于当前活动的选项卡。

9）“左边框”按钮：将边界特性设置应用于所有数据单元、表头单元或标题单元的左边界，具体取决于当前活动的选项卡。

10）“上边框”按钮：将边界特性设置应用于所有数据单元、表头单元或标题单元的上边界，具体取决于当前活动的选项卡。

11）“右边框”按钮：将边界特性设置应用于所有数据单元、表头单元或标题单元的右边界，具体取决于当前活动的选项卡。

4.“单元样式预览”选项组

将当前设置的表格其中的单元样式提供给用户预览。

7.5 创建与编辑表格

在 AutoCAD 2008 中，用户可以创建任意行和列的表格，还可以对创建的表格进行编辑。

7.5.1 创建表格

在 AutoCAD 2008 中，执行创建表格命令的方法有以下 3 种：

（1）单击“绘图”工具栏中的“表格”按钮。

（2）选择 绘图(D) → 表格... 命令。

（3）在命令行中输入命令 table。

执行该命令后，弹出 插入表格 对话框，如图 7.5.1 所示。

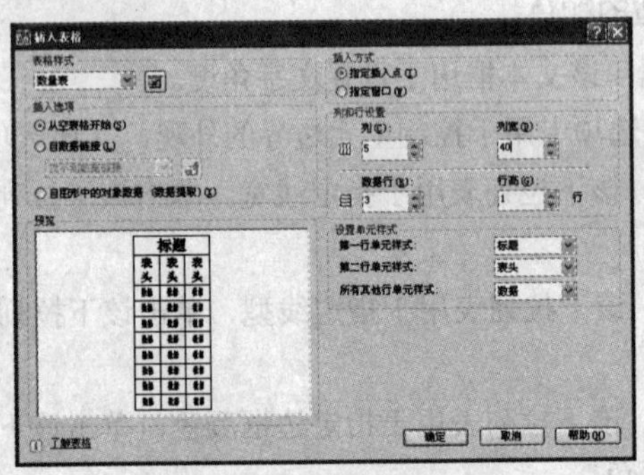

图 7.5.1 “插入表格”对话框

该对话框中各选项功能介绍如下：

（1）表格样式 选项组：在该对话框中可以通过“表格样式”下拉列表框选择表格样式或单击其右侧的按钮，在弹出的 表格样式 对话框中创建新的表格样式。

（2）插入选项 选项组：该选项组用于指定表格的起始位置。其中包括以下 3 个选项：

1）从空表格开始(S) 单选按钮：选中此单选按钮，指定将从一个空表格开始。

2）自数据链接(L) 单选按钮：选中此单选按钮，指定此表格将与数据链接。

3）自图形中的对象数据（数据提取）(X) 单选按钮：选中此单选按钮，此表格将从图形中的对象数据中提取。

（3）插入方式选项组：该选项组用于指定表格位置。其中包括以下两个选项：

1）指定插入点(I)单选按钮：选中此单选按钮，指定表格左上角的位置。

2）指定窗口(W)单选按钮：选中此单选按钮，指定表格的大小和位置。

（4）列和行设置选项组：该选项组用于设置列和行的数目和大小。

1）列(C):微调框：指定列的数值。

2）列宽(D):微调框：指定列间距。

3）数据行(R):微调框：指定行的数值。

4）行高(G):微调框：指定行间距。

（5）设置单元样式选项组：该选项组用于设置单元格式，其中包括 3 种选择样式：

1）第一行单元样式:下拉列表：该下拉列表用于设置第一行单元样式，单击该下拉列表右边的按钮，在弹出的下拉列表中选择合适的样式。

2）第二行单元样式:下拉列表：该下拉列表用于设置第二行单元样式，单击该下拉列表右边的按钮，在弹出的下拉列表中选择合适的样式。

3）所有其他行单元样式:下拉列表：该下拉列表用于设置所有其他单元样式，单击该下拉列表右边的按钮，在弹出的下拉列表中选择合适的样式。

如图 7.5.2 所示为创建的表格。

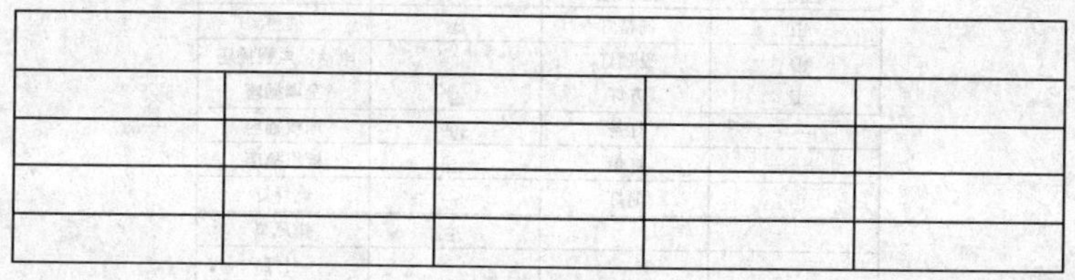

图 7.5.2　创建的表格

7.5.2　编辑表格

创建表格后，系统就会弹出文字格式编辑器，同时激活第一个单元格，要求用户输入数据，如图 7.5.3 所示。在输入数据的过程中，用户可以通过键盘上的“Tab”键在各单元格之间进行切换，单击确定按钮完成数据输入。用鼠标双击单元格，也可以激活单元格，同时弹出文字格式编辑器，用户可以在该编辑器中对表格中的数据进行编辑。

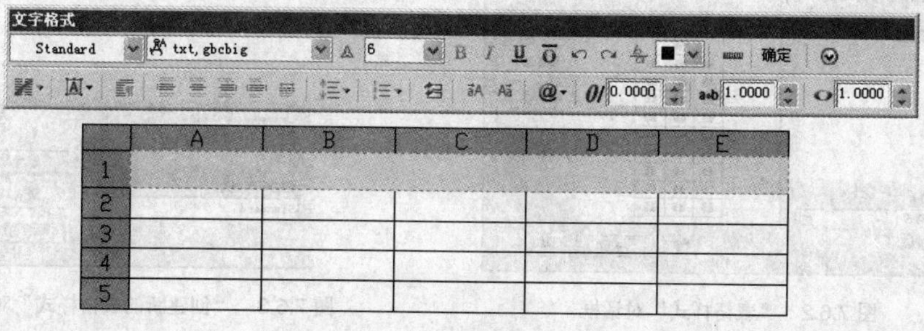

图 7.5.3　编辑表格数据

单击表格中的某个单元格，然后在选中的单元格上单击鼠标右键，弹出如图 7.5.4 所示的快捷菜单，用户可以利用该快捷菜单对单元格进行剪切、复制、对齐、插入块或公式、插入行或列、合并单元格等操作（必须同时选中两个以上的单元格）。经过创建与编辑后的表格如图 7.5.5 所示。

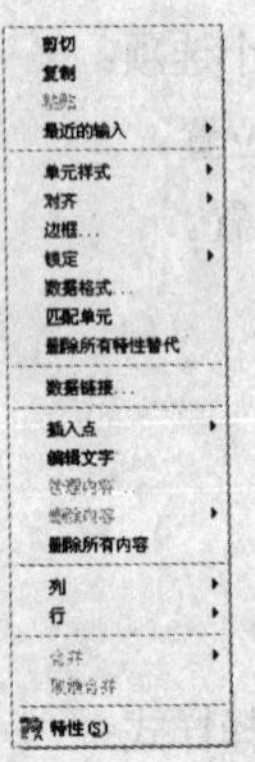

图 7.5.4 “单元格”快捷菜单

零件表				
序号	零件名称	制图单位	比例	校对
001	螺钉	毫米（mm）	1:1	张升
002	螺母	毫米（mm）	1:1	刘伟
003	弹簧	毫米（mm）	1:1	段玉岚

图 7.5.5 编辑后的表格

7.6 典型实例——绘制表格

本节综合运用前面所学的知识绘制表格，最终效果如图 7.6.1 所示。

图块说明			
图块	图块名	图块	图块名
	栅格灯		插座
	吸顶灯		电话、电视插座
	方灯		空调插座
	灯带		地板插座
	灯带		柜机插座
	筒灯		地坪灯
			排风扇
			射灯
			水下灯

图 7.6.1 表格效果

操作步骤

（1）选择 格式(O) → 表格样式(B)... 命令，打开 表格样式 对话框，如图 7.6.2 所示。

（2）单击该对话框中的 新建(N)... 按钮，打开 创建新的表格样式 对话框，如图 7.6.3 所示。在该对话框中的 新样式名(N): 文字框中输入文字“图块”。

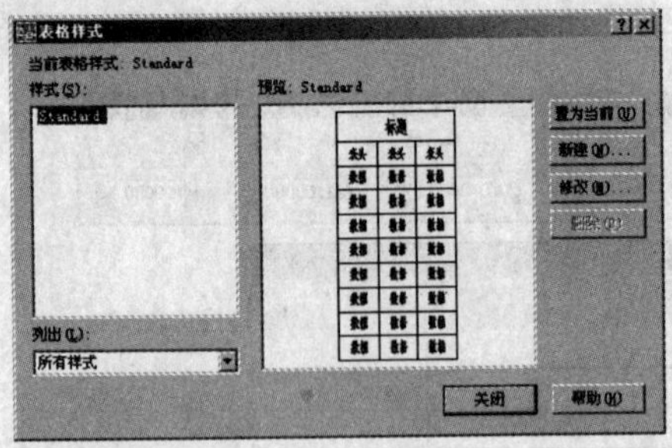

图 7.6.2 “表格样式”对话框

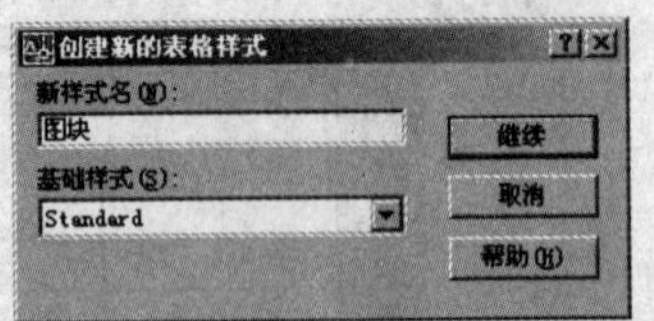

图 7.6.3 “创建新的表格样式”对话框

（3）单击 继续 按钮，打开 新建表格样式: 图块 对话框，在该对话框中设置各项参数如图 7.6.4 所示。单击 确定 按钮返回到 表格样式 对话框，单击 置为当前(U) 按钮将新创建的表格样式设置为当前表格样式，关闭 表格样式 对话框。

（4）单击"绘图"工具栏中的"表格"按钮，打开"插入表格"对话框，在该对话框中设置各项参数如图 7.6.5 所示。

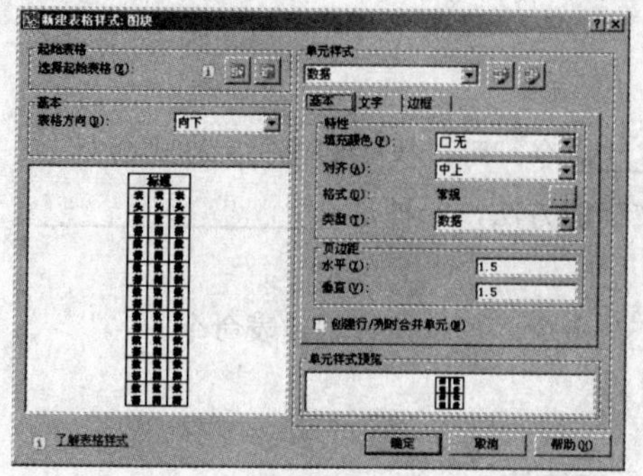

图 7.6.4　"新建表格样式：图块"对话框

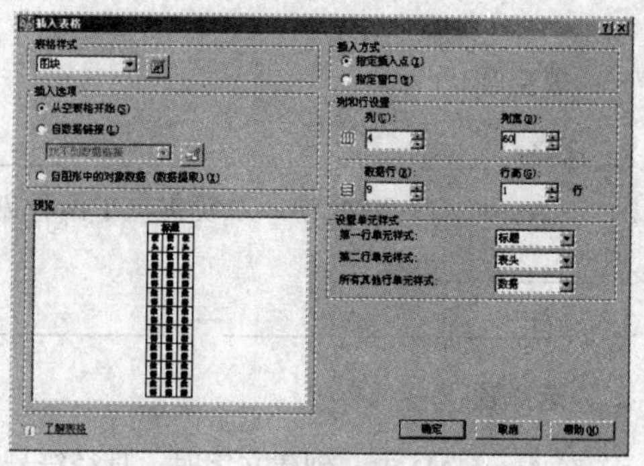

图 7.6.5　"插入表格"对话框

（5）单击"确定"按钮在绘图窗口中插入表格，效果如图 7.6.6 所示。

（6）在标题单元格和表头单元格中输入文字，效果如图 7.6.7 所示。

图 7.6.6　插入表格

图块说明			
图块	图块名	图块	图块名

图 7.6.7　输入标题文字

（7）执行插入命令，在绘制的表格中插入图块，效果如图 7.6.8 所示。

图块说明			
图块	图块名	图块	图块名
		K	
		D	

图 7.6.8　插入图块

（8）在数据单元格中输入图块名称，最终效果如图 7.6.1 所示。

本 章 小 结

本章主要介绍了创建文字标注和表格的方法，包括文字的样式、文字的标注、文字的编辑、创建与设置表格样式以及创建与编辑表格等，通过本章的学习，读者应该能够熟练掌握文字与表格的使用方法，从而可以有效地提高绘图速度。

过 关 练 习

一、填空题

1. 选择________→________命令，可以执行创建文字样式命令。

2. 在 AutoCAD 2008 中，系统提供了两种创建文字的方法，一种是________；另一种是________。

3. 选择________→________命令，可以执行创建表命令。

二、选择题

1. 在 AutoCAD 中，创建文字时，直径符号的表示方法是（　）。

（A）%%D　　（B）%%P

（C）%%C　　（D）%%U

2. 在 AutoCAD 中，如果要修改单行文字或多行文字的内容，可以使用（　）方法。

（A）使用 DDEDIT 命令　　（B）直接双击文字

（C）使用 SCALETEXT 命令　　（D）使用“特性”窗口

3. 在 AutoCAD 2008 中，执行创建单行文字的命令是（　）。

（A）dtext　　（B）mtext

（C）ddedit　　（D）table

4. 在 AutoCAD 2008 中创建文字样式时，可以为文字设置（　）效果。

（A）颠倒　　（B）垂直

（C）反向　　（D）倾斜

三、简答题

1. 在 AutoCAD 2008 中，如何设置文字样式和表格样式？

2. 在 AutoCAD 2008 中，如何创建表并为表格添加数据？

四、上机操作题

1. 创建如题图 7.1 所示的文字标注。

2. 绘制如题图 7.2 所示的表格。

上画线和下画线

直径符号　ø=18

角度符号　30°

公差符号　±0.024

题图　7.1

<table>
<tr><td colspan="3" rowspan="2">房屋平面图</td><td>结　构</td><td>钢混</td></tr>
<tr><td>总层数</td><td>26</td></tr>
<tr><td>设计者</td><td>李兰</td><td>张明</td><td>层　高</td><td>3m</td></tr>
<tr><td>制图者</td><td>王红</td><td></td><td>比　例</td><td>1:100</td></tr>
<tr><td>审核者</td><td>赵军</td><td></td><td>图　号</td><td>21605</td></tr>
</table>

房屋建筑设计信息表

题图　7.2

第8章 尺寸标注

章前导航

尺寸标注是 AutoCAD 中一种重要的信息表达形式。利用尺寸标注可以清晰地反映出图形中对象的真实大小和相互之间的位置关系。AutoCAD 2008 为用户提供了一整套完整的标注方法，可完全满足不同行业的所有标注要求。

本章要点

- 尺寸标注基础
- 创建与设置标注样式
- 尺寸标注
- 编辑尺寸标注

8.1 尺寸标注基础

尺寸标注是 AutoCAD 图形的重要组成部分，在对图形进行尺寸标注之前，首先应了解尺寸标注的规则及其组成。

8.1.1 尺寸标注规则

在我国的工程制图国家标准中，对尺寸标注的规则作出了一些规定，要求尺寸标注必须遵守以下基本规则：

（1）物体的真实大小应以图形上标注的尺寸数值为依据，与图形的显示大小和绘图的精度无关。

（2）图形中的尺寸以毫米为单位时，不需要标注尺寸单位的代号或名称。如果采用其他单位，则必须注明尺寸单位的代号或名称，如度、厘米、英寸等。

（3）图形中所标注的尺寸为图形所表示的物体的最后完工尺寸，如果是中间过程的尺寸，则必须另加说明。

（4）物体的每个尺寸，一般只标注一次，并应标注在最能清晰反映该结构的视图中。

8.1.2 尺寸标注的组成

通常，AutoCAD 将构成一个尺寸的尺寸线、尺寸界线、箭头和标注文字以块的形式放在图形文件中，因此可以把一个尺寸看成一个对象。其中各部分含义介绍如下：

（1）尺寸线：表示尺寸标注的范围。通常使用箭头来指出尺寸线的起点和端点。

（2）尺寸界线：表示尺寸线的开始和结束位置，从标注物体的两个端点处引出两条线段表示尺寸标注范围的界线。

（3）箭头：表示尺寸测量的开始和结束位置。

（4）标注文字：表示实际的测量值。该值可以是 AutoCAD 系统计算的值，也可以是用户指定的值，还可以取消标注文字。

一个完整的尺寸标注由尺寸线、尺寸界线、箭头和标注文字组成，如图 8.1.1 所示。

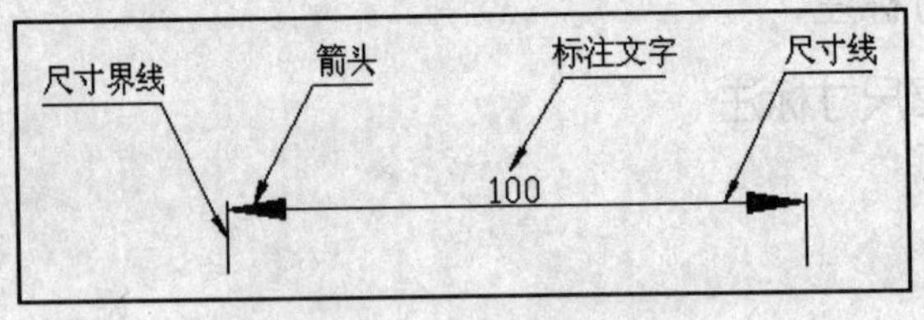

图 8.1.1 尺寸标注的组成

8.2 创建与设置标注样式

在 AutoCAD 2008 中，尺寸标注的样式可以由用户自己定义，根据不同的需要，可以在一幅图形中创建多种尺寸标注样式。合理地设置标注样式，可以有效地提高绘图速度。

8.2.1　创建标注样式

新建一个图形文件后，系统默认的尺寸标注样式为“ISO-25”，用户可以直接使用该标注样式对图形进行标注，也可以对该标注样式进行修改或创建新的标注样式。

执行创建标注样式命令的方法有以下 3 种：

（1）单击“标注”工具栏中的“标注样式”按钮。

（2）选择 标注(N) → 标注样式(S)... 命令。

（3）在命令行中输入命令 dimstyle。

执行该命令后，弹出 标注样式管理器 对话框，如图 8.2.1 所示。

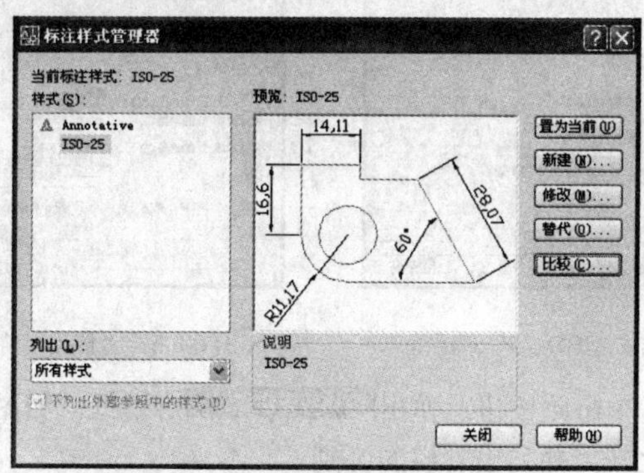

图 8.2.1　“标注样式管理器”对话框

1） 样式(S): 列表框：在该列表框下边的 列出(L): 下拉列表中选择 所有样式 或 正在使用的样式 选项，就会在该列表框中按要求列出当前图形中的样式名称。

2） 预览: ISO-25 区域：在 样式(S): 列表框中选择一种标注样式，该预览区域中就会显示这种标注样式的模板。

3） 置为当前(U) 按钮：单击此按钮，将选中的标注样式设置为当前样式。

4） 新建(N)... 按钮：单击此按钮，弹出 创建新标注样式 对话框，如图 8.2.2 所示。在 新样式名(N): 文本框中输入样式名称，在 基础样式(S): 下拉列表框中选择一种标注样式作为基础样式，在 用于(U): 下拉列表框中选择创建的标注样式适用的范围，然后单击 继续 按钮，弹出 新建标注样式: 副本 ISO-25 对话框，如图 8.2.3 所示，在该对话框中对新建的标注样式进行设置。

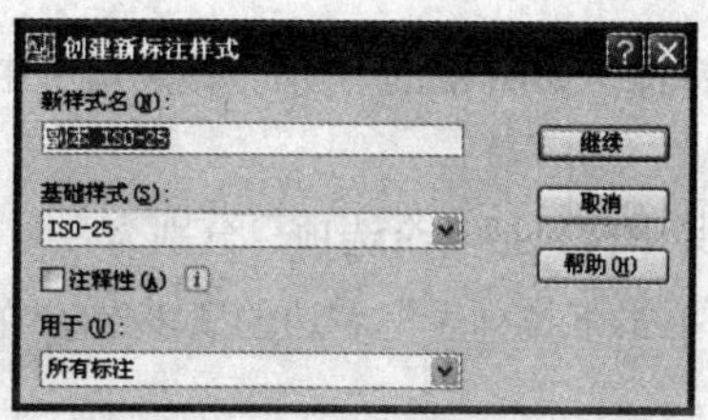

图 8.2.2　“创建新标注样式”对话框

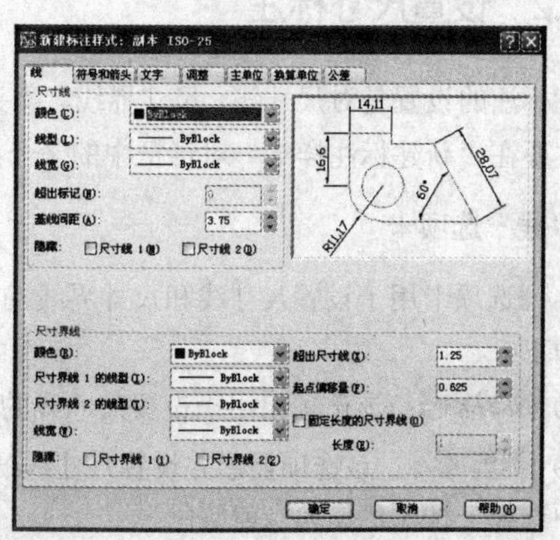

图 8.2.3　“新建标注样式：副本 ISO-25”对话框

5）修改(M)... 按钮：在 样式(S): 列表框中选中一种标注样式后，单击此按钮，弹出 修改标注样式: ISO-25 对话框，如图 8.2.4 所示，在该对话框中对选中的标注样式进行修改。

6）替代(O)... 按钮：单击此按钮，弹出 替代当前样式: ISO-25 对话框，如图 8.2.5 所示，用新设置的样式替代系统默认的标注样式 ISO-25。此功能只有在选中当前样式下才可用。

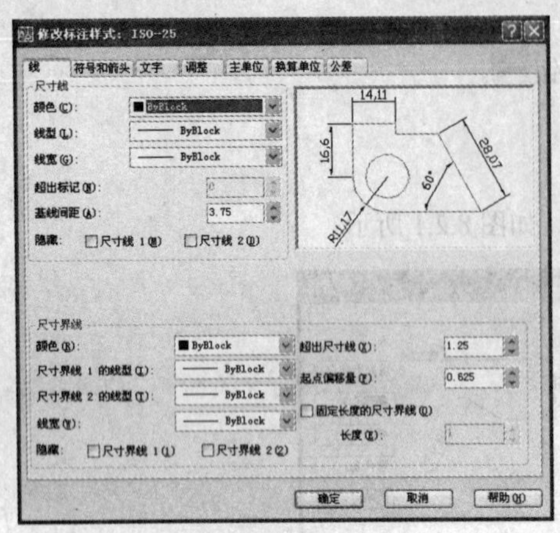

图 8.2.4 “修改标注样式：ISO-25”对话框

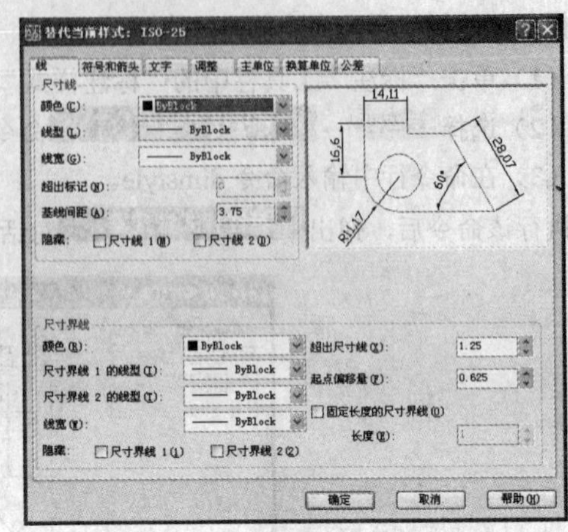

图 8.2.5 “替代当前样式：ISO-25”对话框

7）比较(C)... 按钮：单击此按钮，弹出 比较标注样式 对话框，如图 8.2.6 所示，在该对话框中可以对两个标注样式进行比较，并列出它们的区别。

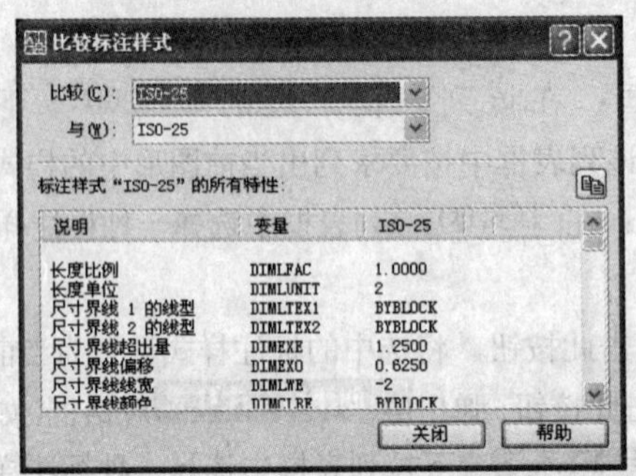

图 8.2.6 “比较标注样式”对话框

8.2.2 设置尺寸标注

尺寸标注的设置是对尺寸线、尺寸界线、箭头和标注文字及其相互位置与大小的设置，这些参数的设置主要在“新建标注样式”对话框中的 7 个选项卡中进行，各选项卡的功能介绍如下：

1.“线”选项卡

线 选项卡用于设置尺寸线和尺寸界线的格式和特性，如图 8.2.7 所示。该选项卡中各选项功能介绍如下：

（1）尺寸线：该选项组用于设置尺寸线的特性。其中又包括 6 个选项，分别为

1）颜色(C)：该选项显示并设置尺寸线的颜色。单击下拉列表框右边的 ▼ 按钮，在弹出的下拉列表中选择一种颜色作为当前颜色。

2）线型(L)：设置尺寸线的线型。

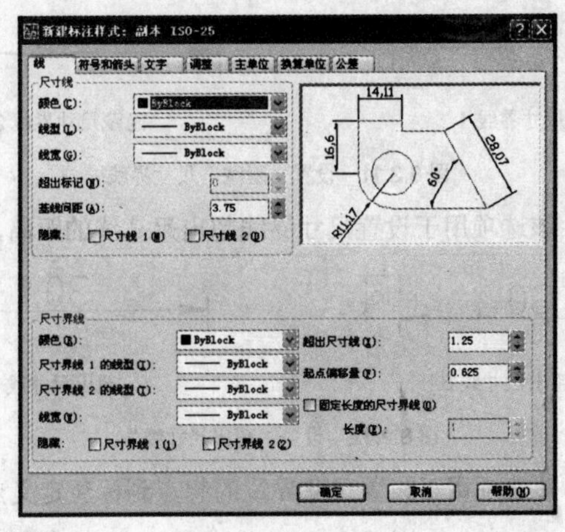

图 8.2.7　“线”选项卡

3）线宽(G)：该选项设置尺寸线的宽度。单击下拉列表框右边的按钮，在弹出的下拉列表中选择一种线宽作为当前线宽，如图 8.2.8 所示。

线宽为 0.00 mm 的尺寸线　　线宽为 0.30 mm 的尺寸线

图 8.2.8　设置“线宽”

4）超出标记(N)：该选项用于指定在使用箭头倾斜、建筑标记、积分标记或无箭头标记时，尺寸线伸出尺寸界线的长度。只有当使用箭头倾斜、建筑标记、积分标记或无箭头标记时，该选项才可用，如图 8.2.9 所示。

超出标记为 0　　超出标记为 3

图 8.2.9　设置“超出标记”

5）基线间距(A)：该选项用于设置基线标注的尺寸线之间的间距。

6）隐藏：该选项用于隐藏尺寸线的箭头。选中 尺寸线 1(M) 或 尺寸线 2(D) 复选框，即可隐藏尺寸线的箭头，如图 8.2.10 所示。

隐藏尺寸线 1　　隐藏尺寸线 2

图 8.2.10　设置“隐藏”尺寸线

（2）尺寸界线：该选项组用于设置尺寸界线的特性。其中包括以下 8 项内容：

1）颜色(R)：该选项用于设置尺寸界线的颜色。

2）尺寸界线 1(I)：设置第一条尺寸界线的线型。

3）尺寸界线 2(T)：设置第二条尺寸界线的线型。

4）线宽(W)：设置尺寸界线的线宽。

5）隐藏：该选项用于设置是否显示或隐藏第一条和第二条尺寸界线，如图 8.2.11 所示。

图 8.2.11　设置“隐藏”尺寸界线

6）超出尺寸线(X)：该选项用于设置尺寸界线超出尺寸线的距离，如图 8.2.12 所示。

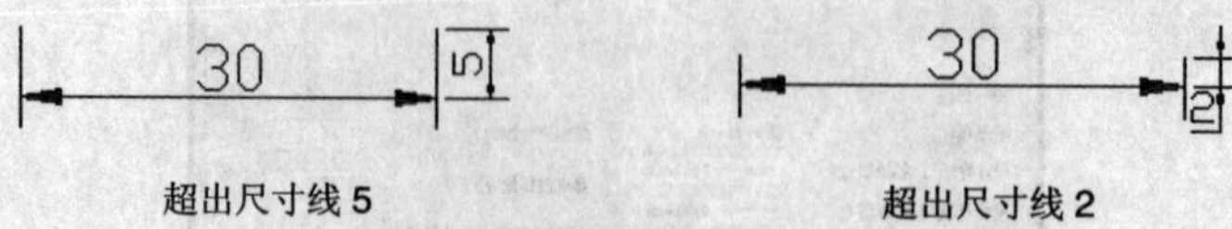

图 8.2.12　设置“超出尺寸线”

7）起点偏移量(F)：该选项用于设置尺寸界线的起点到标注定义点的距离，如图 8.2.13 所示。

图 8.2.13　设置“起点偏移量”

8）☑ 固定长度的尺寸界线(O)：设置尺寸界线从尺寸线开始到标注原点的总长度。可以在该选项组中的长度(E):文本框中直接输入尺寸界线的长度。

2.“符号和箭头”选项卡

符号和箭头选项卡用于设置箭头、圆心标记、弧长符号和折弯半径标注的格式和位置，如图 8.2.14 所示。

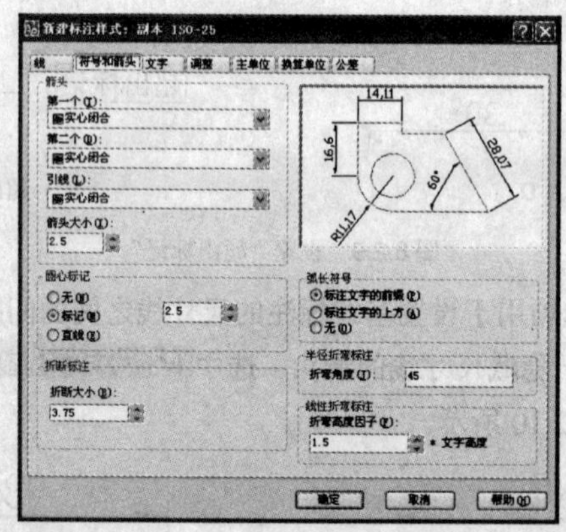

图 8.2.14　“符号和箭头”选项卡

该选项卡中各选项功能介绍如下：

（1）箭头：该选项组用于控制标注箭头的外观。

1）第一个(T)：设置第一条尺寸线的箭头。当改变第一个箭头的类型时，第二个箭头将自动改变以同第一个箭头相匹配。

2）第二个(D)：设置第二条尺寸线的箭头。

3）箭头大小(I)：显示和设置箭头的大小。

（2）圆心标记：该选项组用于控制直径标注和半径标注的圆心标记以及中心线的外观，如图

8.2.15 所示。

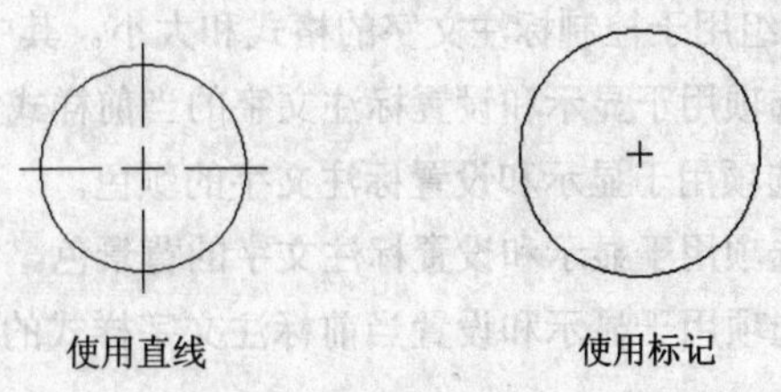

图 8.2.15　设置"圆心标记"

1）无(N)：选中此单选按钮，不创建圆心标记或中心线。

2）标记(M)：选中此单选按钮，创建圆心标记。

3）直线(E)：选中此单选按钮，创建中心线。

4）2.5：显示和设置圆心标记或中心线的大小。只有在选中 标记(M) 或 直线(E) 单选按钮时才有效。

（3）弧长符号：该选项组用于控制弧长标注中圆弧符号的显示。

1）标注文字的前缀(P)：选中此单选按钮，将弧长符号放在标注文字的前面。

2）标注文字的上方(A)：选中此单选按钮，将弧长符号放在标注文字的上方。

3）无(O)：选中此单选按钮，不显示弧长符号。

（4）半径标注折弯：该选项组控制折弯（Z 字型）半径标注的显示。折弯半径标注通常在中心点位于页面外部时创建。折弯角度是指确定用于连接半径标注的尺寸界线和尺寸线的横向直线的角度。用户可以直接在 折弯角度(J): 数值框中输入角度值。

（5）折断标注选项组：该选项组用于控制折断标注的大小。在该选项组的"折断大小"数值框中可以设置标注折断时的折断大小。

（6）线性折弯标注选项组：在该选项组的"折弯高度因子"数值框中可以设置折弯文字的高度。

技巧：当尺寸线的终端采用斜线时，尺寸线与尺寸界线必须互相垂直。一般按实心箭头、开口箭头、空心箭头和斜线的顺序选用。

3."文字"选项卡

文字 选项卡用于设置标注文字的格式、位置和对齐，如图 8.2.16 所示。

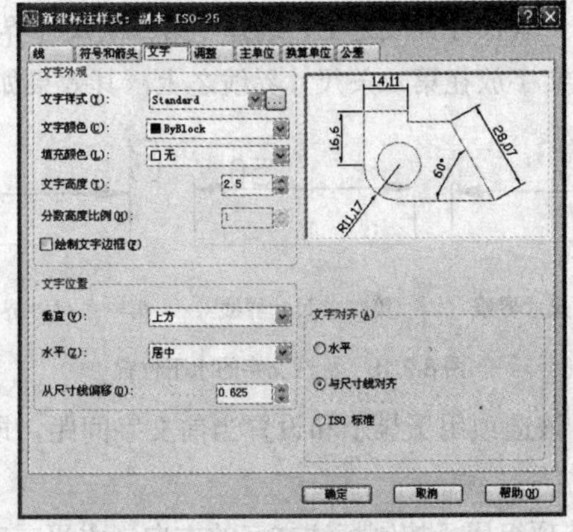

图 8.2.16　"文字"选项卡

该选项卡中各选项功能介绍如下：

（1）文字外观：该选项组用于控制标注文字的格式和大小。其中包括 6 个选项：

1）文字样式(Y)：该选项用于显示和设置标注文字的当前样式。

2）文字颜色(C)：该选项用于显示和设置标注文字的颜色。

3）填充颜色(L)：该选项用于显示和设置标注文字的背景色。

4）文字高度(T)：该选项用于显示和设置当前标注文字样式的高度，在微调框中直接输入数值即可。

5）分数高度比例(H)：该选项用于设置比例因子，计算标注分数和公差的文字高度。

6）☑ 绘制文字边框(F)：选中此复选框，将在标注文字外绘制一个边框。

（2）文字位置：该选项组用于控制标注文字的位置。其中包括 3 个选项：

1）垂直(V)：该选项用于控制标注文字相对于尺寸线的垂直对正。其他标注设置也会影响标注文字的垂直对正。单击该下拉列表框右边的▼按钮，在弹出的下拉列表中选择标注文字的垂直位置，其中包括置中（将标注文字放在尺寸线中间）、上方（将标注文字放在尺寸线上方）、外部（将标注文字放在距离定义点最近的尺寸线一侧）和 JIS（按照日本工业标准放置标注文字），如图 8.2.17 所示。

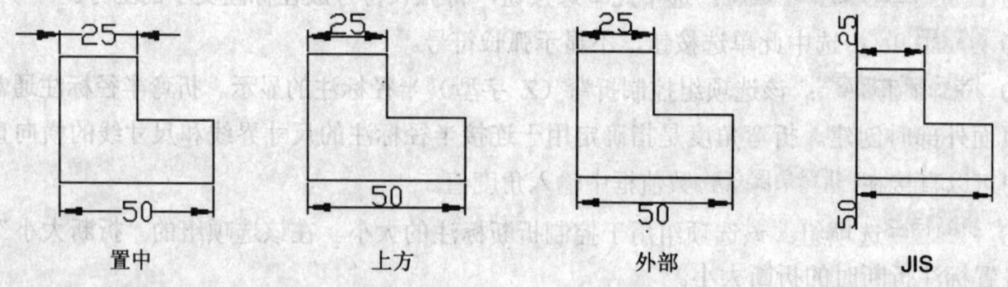

图 8.2.17　标注文字的垂直位置

2）水平(Z)：该选项用于控制标注文字在尺寸线方向上相对于尺寸界线的水平位置。单击下拉列表框右边的▼按钮，在弹出的下拉列表框中选择标注文字的水平位置，共有 5 个选项卡可供选择。选择“置中”选项，将标注文字沿尺寸线放在两条尺寸界线的中间；选择“第一条尺寸界线”选项，沿尺寸线与第一条尺寸界线左对正，尺寸界线与标注文字的距离是箭头大小加上文字间距之和的两倍；选择“第二条尺寸界线”选项，沿尺寸线与第一条尺寸界线右对正，尺寸界线与标注文字的距离是箭头大小加上文字间距之和的两倍；选择“第一条尺寸界线上方”选项，沿着第一条尺寸界线放置标注文字或把标注文字放在第一条尺寸界线之上；选择“第二条尺寸界线上方”选项，沿着第二条尺寸界线放置标注文字或将标注文字放在第二条尺寸界线之上，其效果如图 8.2.18 所示。

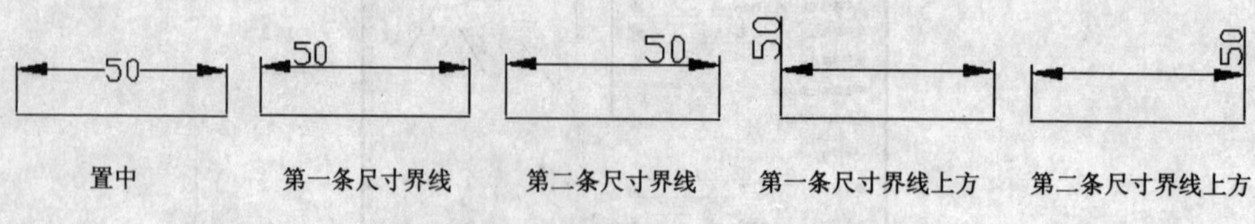

图 8.2.18　标注文字的水平位置

3）从尺寸线偏移(O)：该选项用于显示和设置当前文字间距，即断开尺寸线以容纳标注文字时与标注文字的距离。

（3）文字对齐(A)：该选项组用于控制标注文字的方向（水平或对齐）在尺寸界线的内部或外部。其中包括 3 种对齐方式：

1） ⊙水平 ：选中此单选按钮，标注文字将水平放置。

2） ⊙与尺寸线对齐 ：选中此单选按钮，标注文字方向与尺寸线方向一致。

3） ⊙ISO 标准 ：选中此单选按钮，标注文字按 ISO 标准放置。

4.“调整”选项卡

调整 选项卡用于控制标注文字、箭头、引线和尺寸线的位置，如图 8.2.19 所示。

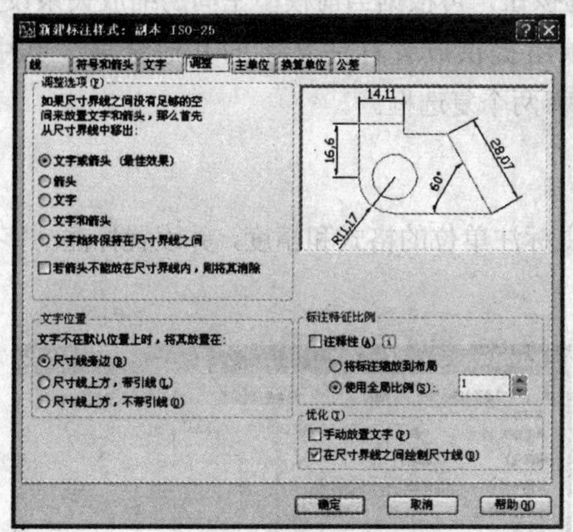

图 8.2.19 “调整”选项卡

该选项卡中各选项功能介绍如下：

（1） 调整选项(F) ：该选项组的功能是根据尺寸界线之间的可用空间控制将文字和箭头放置在尺寸界线内部还是外部。此选项组可进一步调整标注文字、尺寸线和尺寸箭头的位置。其中包括以下各选项：

1） ⊙文字或箭头（最佳效果）：选中此单选按钮，根据最佳调整方案将文字或箭头移动到尺寸界线外。

2） ⊙箭头 ：选中此单选按钮，先将箭头移动到尺寸界线外，然后再移动文字。

3） ⊙文字 ：选中此单选按钮，先将文字移动到尺寸界线外，然后再移动箭头。

4） ⊙文字和箭头 ：选中此单选按钮，当尺寸界线间的空间不足以容纳文字和箭头时，将箭头和文字都移出。

5） ⊙文字始终保持在尺寸界线之间 ：选中此单选按钮，始终将文字放置在尺寸界线之间。

6） ☑若箭头不能放在尺寸界线内，则将其消除：选中此复选框，如果尺寸界线之间的空间不足以容纳箭头，则不显示标注箭头。

文字、箭头的调整效果如图 8.2.20 所示。

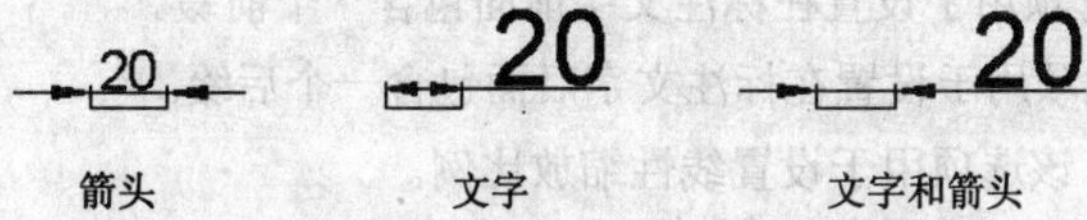

图 8.2.20 调整标注尺寸文字和箭头的放置位置

（2） 文字位置 ：该选项组用于控制文字移动时的反应，指定当文字不在默认位置时，将其放置的位置。AutoCAD 系统提供了 3 种位置：

1） ⊙尺寸线旁边(B) ：选中此单选按钮，尺寸线将随标注文字移动。

2） ⊙尺寸线上方，带引线(L) ：选中此单选按钮，尺寸线不随文字移动。如果将文字从尺寸线移开，AutoCAD 将创建引线连接文字和尺寸线。

3）尺寸线上方，不带引线(O)：选中此单选按钮，尺寸线不随文字移动。如果将文字从尺寸线移开，文字不与尺寸线相连。

（3）标注特征比例：该选项组用于设置全局标注比例值或图纸空间缩放比例。如果选中使用全局比例(S)：单选按钮，可对全局尺寸标注设置缩放比例，此比例不改变尺寸的测量值；如果选中将标注缩放到布局单选按钮，可根据当前模型空间的缩放关系设置比例。

（4）优化(T)：该选项组提供放置标注文字的其他选项，其中包括手动放置文字(P)和在尺寸界线之间绘制尺寸线(D)两个复选框。

5. "主单位"选项卡

主单位选项卡用于设置主标注单位的格式和精度，并设置标注文字的前缀和后缀，"主单位"选项卡如图 8.2.21 所示。

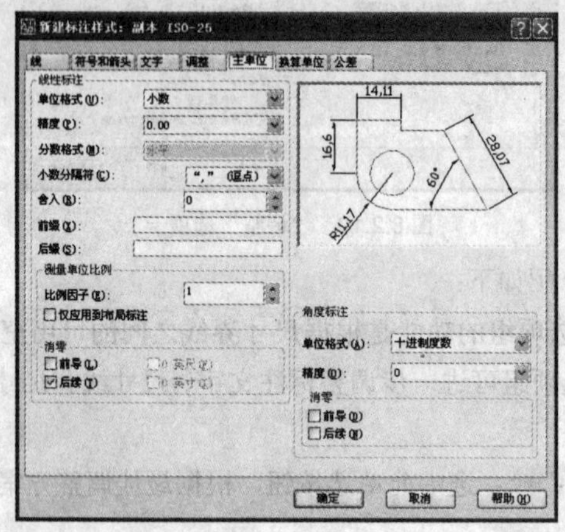

图 8.2.21 "主单位"选项卡

该选项卡中各选项功能介绍如下：

（1）线性标注：该选项组用于设置线性标注的格式和精度。

1）单位格式(U)：该选项用于为除角度外的各类标注设置当前单位格式。

2）精度(P)：该选项用于显示和设置标注文字的小数位。

3）分数格式(M)：该选项用于设置分数格式。

4）小数分隔符(C)：该选项用于设置小数格式的分隔符。

5）舍入(R)：该选项用于设置非角度标注测量值的舍入规则。

6）前缀(X)：该选项用于设置在标注文字前面包含一个前缀。

7）后缀(S)：该选项用于设置在标注文字后面包含一个后缀。

8）测量单位比例：该选项用于设置线性缩放比例。

9）消零：该选项控制是否显示尺寸标注中的前导和后续。

（2）角度标注：该选项组用于显示和设置角度标注的当前角度格式。

1）单位格式(A)：该选项用于设置角度单位格式。

2）精度(O)：该选项用于显示和设置角度标注的小数位。

3）消零：控制前导和后续消零。

6. “换算单位”选项卡

换算单位选项卡用于指定标注测量值中换算单位的显示并设置其格式和精度，如图 8.2.22 所示。该选项卡中各选项功能介绍如下：

（1）☑ 显示换算单位(D)复选框：选中该复选框，向标注文字添加换算测量单位。

（2）换算单位：该选项组用于显示和设置除角度之外的所有标注成员的当前单位格式。

1）单位格式(U)：该选项用于设置换算单位格式。

2）精度(P)：该选项根据所选的“单位”或“角度”格式设置小数位。

3）换算单位乘数(M)：该选项用于设置原单位转换成换算单位的换算系数。

4）舍入精度(R)：该选项用于为换算单位设置舍入规则。角度标注不应用舍入值。

5）前缀(F)：在换算标注文字前面包含一个前缀。

6）后缀(X)：在换算标注文字后面包含一个后缀。

（3）消零：该选项用于控制前导和后续消零。

（4）位置：该选项组用于控制换算单位在标注文字中的位置。选中 ⊙ 主值后(A) 单选按钮，将换算单位放在标注文字主单位的后面；选中 ⊙ 主值下(B) 单选按钮，将换算单位放在标注文字主单位的下面。

7. “公差”选项卡

公差选项卡用于控制标注文字中公差的格式及显示，如图 8.2.23 所示。

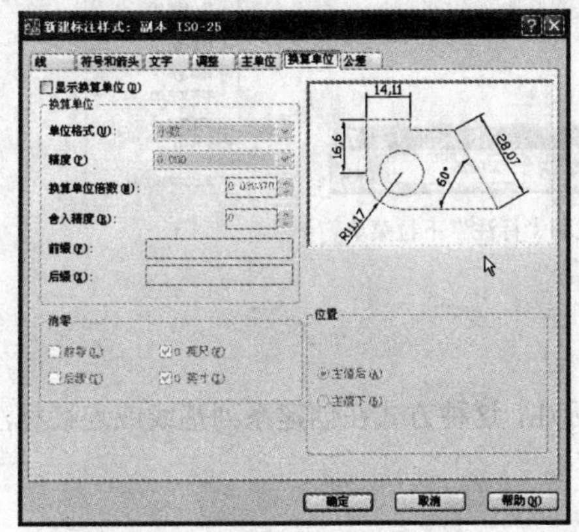

图 8.2.22 “换算单位”选项卡

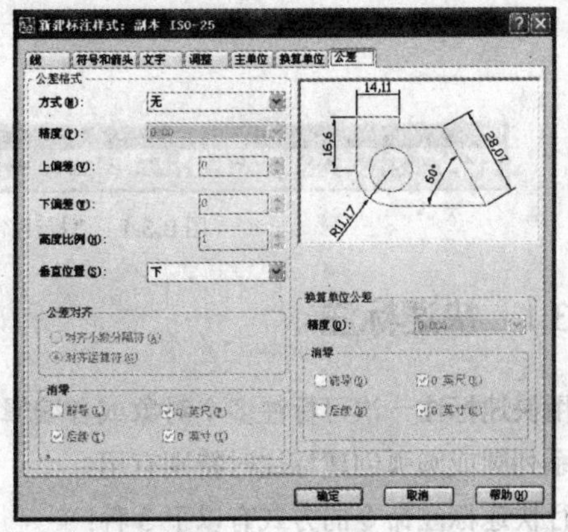

图 8.2.23 “公差”选项卡

该选项卡中各选项功能介绍如下：

（1）公差格式选项组：该选项组用于控制公差格式，包括采用公差的方式、精度、上偏差、下偏差、高度比例和垂直位置。

1）方式(M)：该选项用于设置公差的方式。

2）精度(P)：该选项用于显示和设置公差文字中的小数位。

3）上偏差(V)：该选项用于显示和设置最大公差或上偏差值。选择“对称”公差时，AutoCAD 将此值用于公差。

4）下偏差(W)：该选项用于显示和设置最小公差或下偏差值。

5）高度比例(H)：该选项用于设置比例因子，计算标注分数和公差的文字高度。

6）垂直位置(S)：该选项用于控制对称公差和极限公差的文字对正。选择“上”选项时，公差文字与标注文字的顶部对齐；选择“中”选项时，公差文字与标注文字的中间对齐；选择“下”选项时，公差文字与标注文字的底部对齐。

（2）换算单位公差选项组：该选项组用于设置换算单位公差的格式，包括精度和消零的设置。

（3）消零选项组：该选项组用于控制不输出前导零和后续零以及零英尺和零英寸部分。

（4）公差对齐选项组：该选项组用于控制标注文字的公差保持水平还是与尺寸界线平行。

8.3 尺 寸 标 注

在 AutoCAD 2008 中，系统提供了多种标注类型，其中包括线性标注、对齐标注、角度标注、基线标注、连续标注、半径标注、直径标注等，单击“标注”工具栏中的相应按钮或选择标注(N)下拉菜单中的子菜单命令（见图 8.3.1），均可执行尺寸标注命令。

图 8.3.1 “标注”工具栏和“标注”下拉菜单

8.3.1 快速标注

使用快速标注一次可标注多个对象或者编辑现有标注，这种方式在创建系列基线或连续标注，以及为一系列圆或圆弧创建标注时特别有用。

执行快速标注命令的方式有以下 3 种：

（1）单击“标注”工具栏中的“快速标注”按钮。

（2）选择标注(N)→快速标注(Q)命令。

（3）在命令行中输入命令 qdim。

执行快速标注命令后，命令行提示如下：

命令：_qdim↙

关联标注优先级=端点：（系统提示）

选择要标注的几何图形：（选择要标注的对象）

选择要标注的几何图形：（按回车键结束对象选择）

指定尺寸线位置或[连续(C)/并列(S)/基线(B)/坐标(O)/半径(R)/直径(D)/基准点(P)/编辑(E)/设置(T)]<连续>:（拖动鼠标确定尺寸线的位置）

其中各命令选项功能介绍如下：

（1）指定尺寸线位置：拖动鼠标确定尺寸线的位置。

（2）连续(C)：指定多个标注对象，再选择此命令选项，即可创建一系列连续标注。

（3）并列(S)：指定多个标注对象，再选择此命令选项，即可创建一系列并列标注。

（4）基线(B)：指定多个标注对象，再选择此命令选项，即可创建一系列基线标注。

（5）坐标(O)：指定多个标注对象，再选择此命令选项，即可创建一系列坐标标注。

（6）半径(R)：指定多个标注对象，再选择此命令选项，即可创建一系列半径标注。

（7）直径(D)：指定多个标注对象，再选择此命令选项，即可创建一系列直径标注。

（8）基准点(P)：为基线和坐标标注设置新的基准点。选择此命令选项后，命令行提示“选择新的基准点”，指定新基准点后，返回到上一提示。

（9）编辑(E)：编辑一系列标注。选择此命令选项后，命令行提示“指定要删除的标注点或[添加(A)/退出(X)]<退出>”，指定点后返回到上一提示。

（10）设置(T)：为指定的尺寸界线原点设置默认的对象捕捉模式。选择此命令选项后，命令行提示“关联标注优先级[端点(E)/交点(I)]<端点>”，选择此命令选项后，按回车键返回到上一提示。

8.3.2　线性标注

线性标注是指标注图形对象的水平方向、垂直方向或旋转方向上的尺寸。

执行线性标注命令的方法有以下 3 种：

（1）单击“标注”工具栏中的“线性标注”按钮。

（2）选择 标注(N) → 线性(L) 命令。

（3）在命令行中输入命令 dimlinear。

例如：使用线性标注命令标注如图 8.3.2 所示的线段。

命令：dimlinear↙

指定第一条尺寸界线原点或<选择对象>：(捕捉圆心 A)

指定第二条尺寸界线原点：(捕捉圆心 B)

指定尺寸线位置或[多行文字(M)/文字(T)/角度(A)/水平(H)/垂直(V)/旋转(R)]：h↙

指定尺寸线位置或[多行文字(M)/文字(T)/角度(A)]：(确定尺寸线的位置)

标注文字=436。

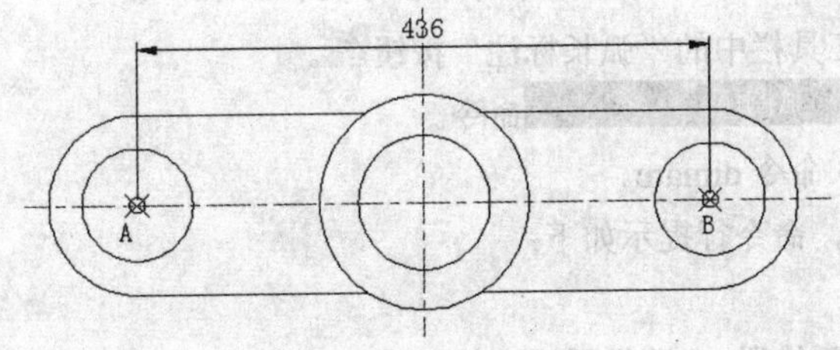

图 8.3.2　线性标注

其中各命令选项的功能介绍如下：

（1）指定尺寸线位置：拖动鼠标确定尺寸线位置即可。

（2）多行文字(M)：选择此命令选项将弹出 文字格式 编辑器，其中，尺寸测量的数据已经被固定，用户可以在数据的前面或后面输入文本。

（3）文字(T)：将以单行文字的形式输入标注文字。

（4）角度(A)：将设置标注文字的旋转角度。

（5）水平(H)：将设置标注文字的水平位置。

（6）垂直(V)：将设置标注文字的垂直位置。

（7）旋转(R)：将设置标注文字的旋转角度。

8.3.3 对齐标注

对齐标注是指将尺寸线与两尺寸界限原点的连线相平行。

执行对齐标注命令有以下 3 种方法：

（1）单击“标注”工具栏中的“对齐标注”按钮。

（2）选择标注(N)→对齐(G)命令。

（3）在命令行中输入 dimaligned 命令。

例如：使用对齐标注命令标注如图 8.3.3 所示的尺寸，其操作步骤如下：

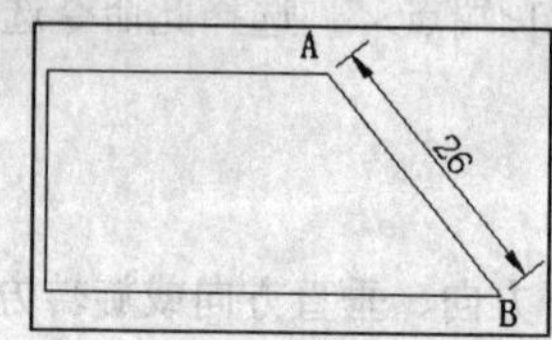

图 8.3.3 对齐标注

（1）命令：_dimaligned↙

（2）指定第一条尺寸界线原点或<选择对象>：（捕捉 A 点）

（3）指定第二条尺寸界线原点：（捕捉 B 点）

（4）指定尺寸线位置或[多行文字(M)/文字(T)/角度(A)]：（确定尺寸线的位置）

（5）标注文字=26。

8.3.4 弧长标注

弧长标注用于测量圆弧或多段线弧线上的距离。弧长标注的典型用法包括测量围绕凸轮的距离或表示电缆的长度。

在 AutoCAD 2008 中，执行弧长标注命令的方法有以下 3 种：

（1）单击“标注”工具栏中的“弧长标注”按钮。

（2）选择标注(N)→弧长(H)命令。

（3）在命令行中输入命令 dimarc。

执行弧长标注命令后，命令行提示如下：

命令：_dimarc↙

选择弧线段或多段线弧线段：（选择要标注的弧线）

指定弧长标注位置或 [多行文字(M)/文字(T)/角度(A)/部分(P)/引线(L)]：（拖动鼠标指定尺寸线的位置）

标注文字= 24.78

其中各命令选项功能介绍如下：

（1）指定尺寸线位置：拖动鼠标确定尺寸线的位置。

（2）多行文字(M)：选择此命令选项将弹出文字格式编辑器，其中，尺寸测量的数据已经被固定，用户可以在数据的前面或后面输入文本。

（3）文字(T)：将以单行文字的形式输入标注文字。

（4）角度(A)：将设置标注文字的旋转角度。

（5）部分(P)：将缩短弧长标注的长度。

（6）引线(L)：将添加引线对象。仅当圆弧大于 90° 时才会显示此选项。弧长标注的效果如图 8.3.4 所示。

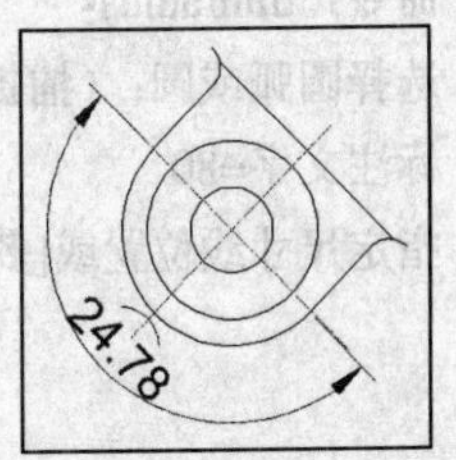

图 8.3.4　弧长标注的效果

8.3.5　坐标标注

坐标标注测量原点到标注特征点的垂直距离。这种标注保持特征点与基准点的精确偏移量，从而可以避免误差的产生。

执行坐标标注命令的方法有以下 3 种：

（1）单击“标注”工具栏中的“坐标标注”按钮。

（2）选择标注(N)→坐标(O)命令。

（3）在命令行中输入命令 dimordinate。

执行坐标标注命令后，命令行提示如下：

命令：_dimordinate↙

指定点坐标：(捕捉要标注的点坐标)

指定引线端点或[X 基准(X)/Y 基准(Y)/多行文字(M)/文字(T)/角度(A)]：(拖动鼠标指定尺寸线的位置)

标注文字 ＝566.51

其中各命令选项的功能介绍如下：

（1）指定引线端点：选择此选项，使用点坐标和引线端点的坐标差可确定它是 X 坐标标注还是 Y 坐标标注。如果 Y 坐标的坐标差较大，标注就测量 X 坐标，否则就测量 Y 坐标。

（2）X 基准(X)：选择此选项，测量 X 坐标并确定引线和标注文字的方向。

（3）Y 基准(Y)：选择此选项，测量 Y 坐标并确定引线和标注文字的方向。

（4）多行文字(M)：选择此选项，弹出文字格式编辑器，向其中输入要标注的文字后，再确定引线端点。

（5）文字(T)：选择此选项，在命令行中自定义标注文字。

（6）角度(A)：选择此选项，修改标注文字的角度。

坐标标注的效果如图 8.3.5 所示。

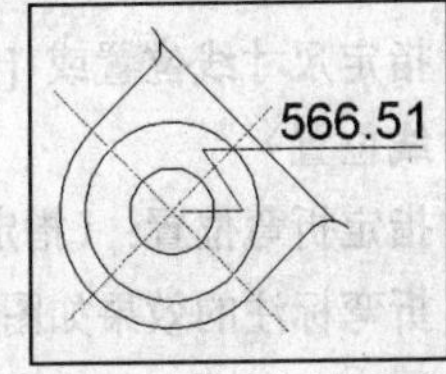

图 8.3.5　坐标标注的效果

8.3.6　半径标注

半径标注可以标注圆或圆弧的半径尺寸，并显示前面带有一个半径符号的标注文字。

执行半径标注命令的方法有以下 3 种：

（1）单击“标注”工具栏中的“半径标注”按钮。

（2）选择标注(N)→半径(R)命令。

（3）在命令行中输入命令 dimradius。

例如：使用半径标注命令标注如图 8.3.6 所示的圆。

命令：dimradius↙

选择圆弧或圆：（捕捉圆 A）

标注文字=80

指定尺寸线位置或[多行文字(M)/文字(T)/角度(A)]：确定尺寸线的位置。

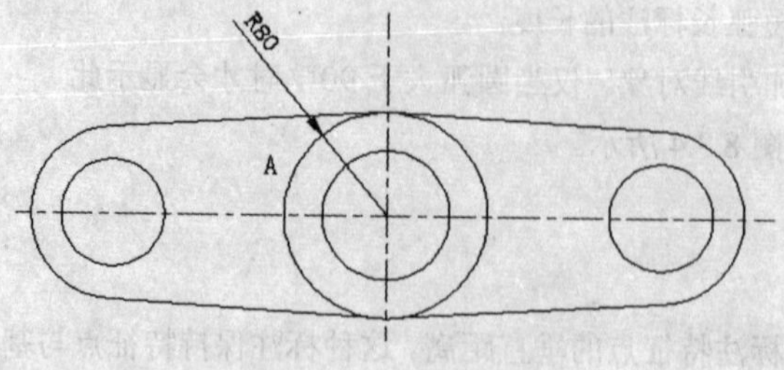

图 8.3.6 半径标注

技巧：当使用“多行文字”或“文字”命令输入半径时，必须在输入的半径值前加符号“R”，否则半径值前没有半径符号“R”。

8.3.7 折弯标注

当圆弧或圆的中心位于图形边界外，且无法显示在其实际位置时，可以使用折弯标注。

执行折弯标注命令的方法有以下 3 种：

（1）单击“标注”工具栏中的“折弯标注”按钮。

（2）选择 标注(N) → 折弯(J) 命令。

（3）在命令行中输入命令 dimjogged。

执行折弯标注命令后，命令行提示如下：

命令：_imjogged↙

选择圆弧或圆：（选择要测量的圆弧或圆）

指定中心位置替代：（指定一点作为标注的中心）

标注文字 = 5.5

指定尺寸线位置或 [多行文字(M)/文字(T)/角度(A)]：拖动鼠标指定尺寸线位置）

指定折弯位置：（指定折弯的位置）

折弯标注的效果如图 8.3.7 所示。

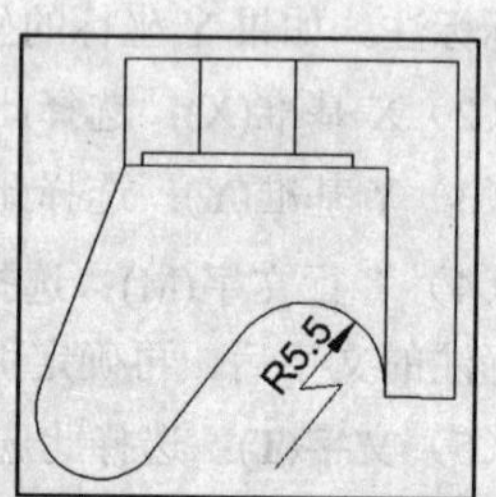

图 8.3.7 折弯标注的效果

8.3.8 直径标注

直径标注用于测量选定圆或圆弧的直径，并显示前面带有直径符号的标注文字。

执行直径标注命令的方法有以下 3 种：

（1）单击“标注”工具栏中的“直径标注”按钮。

（2）选择 标注(N) → 直径(D) 命令。

（3）在命令行中输入命令 dimdiameter。

例如：使用直径标注命令标注如图 8.3.8 所示的圆。

命令：dimdiameter↙

选择圆弧或圆：（捕捉圆 A）

标注文字=160

指定尺寸线位置或[多行文字(M)/文字(T)/角度(A)]：（确定尺寸线的位置）

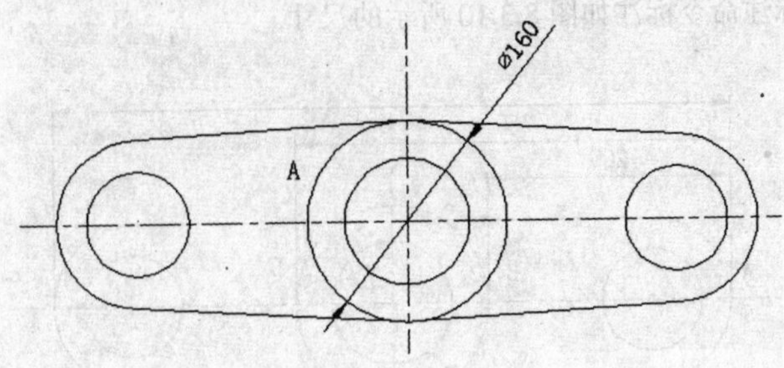

图 8.3.8　直径标注

8.3.9　角度标注

角度标注可以标注圆和圆弧的包含角、两条直线所成的角度或者三点间的角度。

执行角度标注命令的方法有以下 3 种：

（1）单击“标注”工具栏中的“角度标注”按钮。

（2）选择 标注(N) → 角度(A) 命令。

（3）在命令行中输入命令 dimangular。

执行该命令后，命令行提示：选择圆弧、圆、直线或<指定顶点>:，选择的对象不同，命令行提示也不同，下面通过选择圆弧对象来学习角度标注命令。

例如：使用角度标注命令标注如图 8.3.9 所示的圆弧。

命令：dimangular↙

选择圆弧、圆、直线或 <指定顶点>：（选择圆弧 AB）

指定标注弧线位置或[多行文字(M)/文字(T)/角度(A)]：（确定标注弧线的位置）

标注文字=180

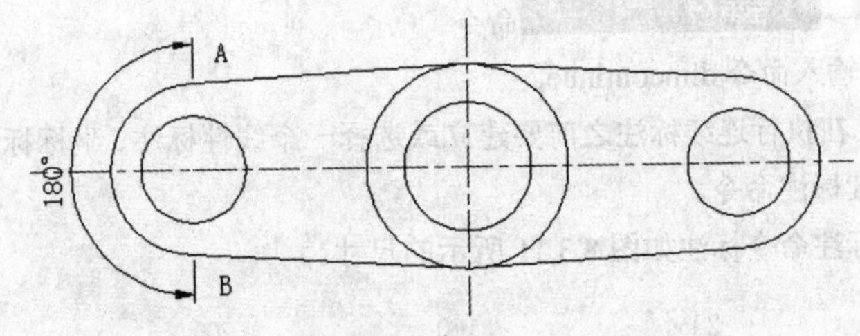

图 8.3.9　角度标注

8.3.10　基线标注

基线标注是同一基线处测量的多个标注。在创建基线标注之前，必须创建线性、对齐或角度标注。执行基线标注命令的方法有以下 3 种：

（1）单击“标注”工具栏中的“基线标注”按钮。

（2）选择 标注(N) → 基线(B) 命令。

（3）在命令行中输入命令 dimbaseline。

在进行基线标注之前，必须先建立或选择一个线性标注、坐标标注或角度标注作为基准标注，然后执行基线标注命令。

例如：使用基线标注命令标注如图 8.3.10 所示的尺寸。

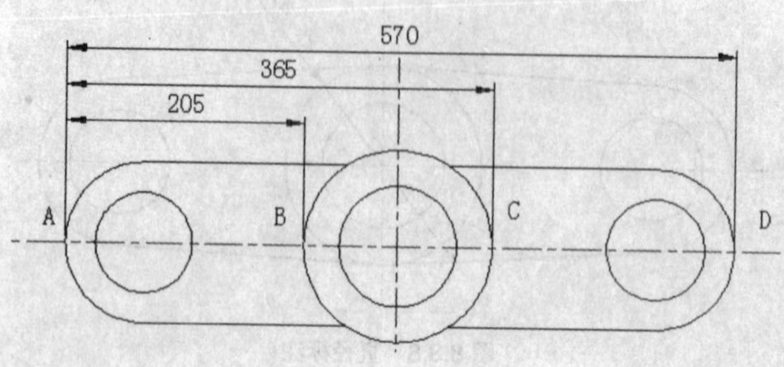

图 8.3.10　基线标注

（1）命令：dimbaseline↙

（2）选择基准标注：（选择基准标注 AB）

（3）指定第二条尺寸界线原点或 [放弃(U)/选择(S)] <选择>：（捕捉 C 点）

（4）标注文字=365

（5）指定第二条尺寸界线原点或 [放弃(U)/选择(S)] <选择>：（捕捉 D 点）

（6）标注文字=570

（7）指定第二条尺寸界线原点或 [放弃(U)/选择(S)] <选择>：（在该提示下直接按回车键结束基线标注）

8.3.11　连续标注

连续标注是首尾相连的多个标注。在创建连续标注之前，必须创建线性、对齐或者角度标注。执行连续标注命令的方法有以下 3 种：

（1）单击“标注”工具栏中的“连续标注”按钮。

（2）选择 标注(N) → 连续(C) 命令。

（3）在命令行中输入命令 dimcontinue。

和基线标注一样，在执行连续标注之前要建立或选择一个线性标注、坐标标注或角度标注作为基准标注，然后执行连续标注命令。

例如：使用连续标注命令标注如图 8.3.11 所示的尺寸。

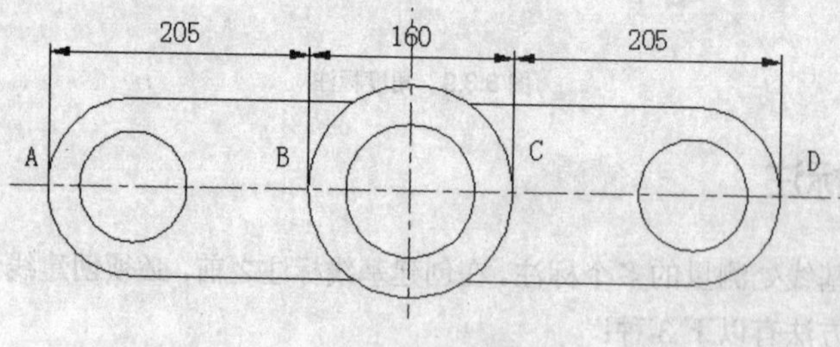

图 8.3.11　连续标注

命令：dimcontinue↙

选择连续标注：（选择连续标注 AB）

指定第二条尺寸界线原点或[放弃(U)/选择(S)] <选择>：（捕捉 C 点）

标注文字=160

指定第二条尺寸界线原点或[放弃(U)/选择(S)] <选择>：（捕捉 D 点）

标注文字=206

指定第二条尺寸界线原点或[放弃(U)/选择(S)]<选择>：（在该提示下直接按回车键结束连续标注）

8.3.12　标注间距

标注间距可以调整平行的线性标注和角度标注之间的距离。

执行标注间距命令的方法有以下 3 种：

（1）单击“标注”工具栏中的“标注间距”按钮。

（2）选择 标注(N) → 标注间距(P) 命令。

（3）在命令行中输入命令 dimspace。

执行标注间距命令后，命令行提示如下：

命令：_dimspace↙

选择基准标注：（选择一个标注）

选择要产生间距的标注：（选择另一个标注）

选择要产生间距的标注：（按回车键结束对象选择）

输入值或[自动(A)] <自动>：（输入间距值或按回车键自动调整间距）

标注间距的效果如图 8.3.12 所示。

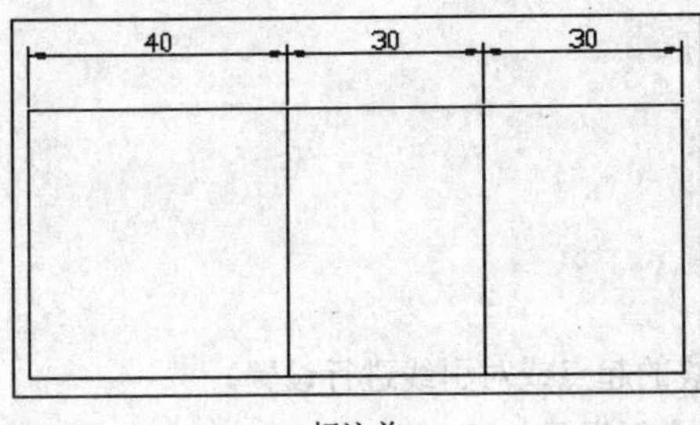

标注前

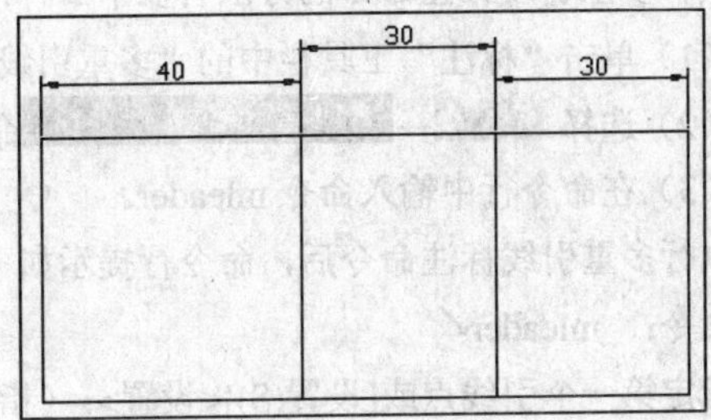

标注后

图 8.3.12　标注间距的效果

8.3.13　标注打断

标注打断可以在尺寸线或尺寸界线与几何对象或其他标注相交的位置将其打断。

执行标注打断命令的方法有以下 3 种：

（1）单击“标注”工具栏中的“标注打断”按钮。

（2）选择 标注(N) → 标注打断(K) 命令。

（3）在命令行中输入命令 dimbreak。

执行标注打断命令后，命令行提示如下：

命令：_dimbreak↙

选择标注或 [多个(M)]：（选择要打断的标注）

选择要打断标注的对象或 [自动(A)/恢复(R)/手动(M)] <自动>：（按回车键打断标注）

其中各命令选项功能介绍如下：

（1）自动(A)：自动将折断标注放置在与选定标注相交的对象的所有交点处。

（2）恢复(R)：从选定的标注中删除所有打断标注。

（3）手动(M)：手动放置打断标注。

标注打断的效果如图 8.3.13 所示。

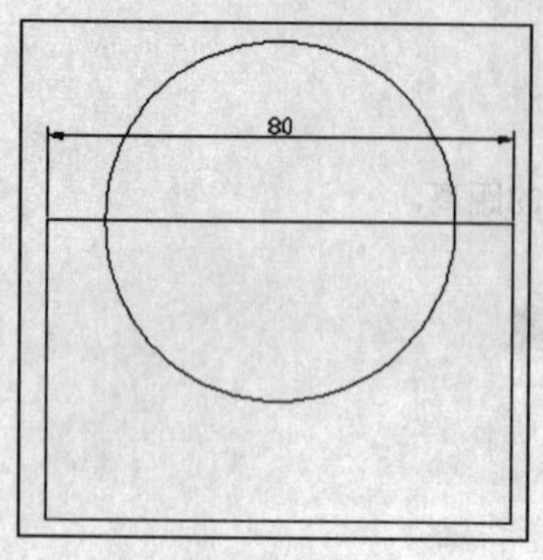

标注前

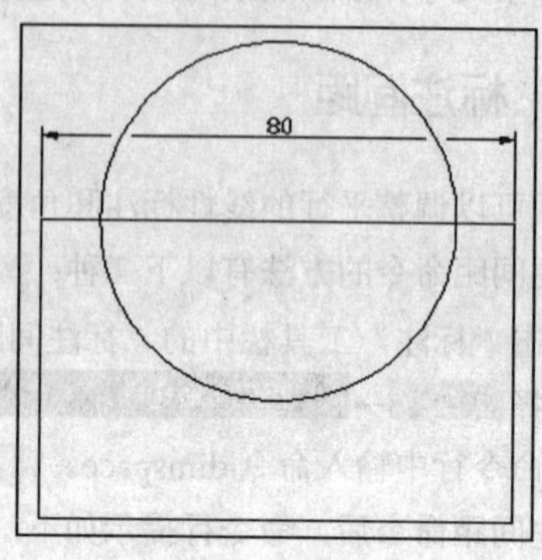

标注后

图 8.3.13　标注打断的效果

8.3.14　多重引线标注

多重引线指的是具有多个选项的引线对象。

执行多重引线标注命令的方法有以下 3 种：

（1）单击“标注”工具栏中的“多重引线”按钮。

（2）选择 标注(N) → 多重引线(E) 命令。

（3）在命令行中输入命令 mleader。

执行多重引线标注命令后，命令行提示如下：

命令：_mleader↙

指定第一个引线点或[设置(S)]<设置>：（指定引线的起点或对引线进行设置）

如果选择“指定第一个引线点”命令选项，则命令行提示如下：

指定下一点：（指定引线的转折点）

指定下一点：（指定引线的另一个端点）

指定文字宽度<0>：（指定文字的宽度）

输入注释文字的第一行<多行文字（M）>：（输入文字，按回车键结束标注）

如果选择“设置(S)”命令选项，则弹出 引线设置 对话框，如图 8.3.14 所示。

该对话框中包含 3 个选项卡，其功能介绍如下：

（1） 注释 选项卡：该选项卡用于设置注释类型、多行文字和重复使用注释选项，如图 8.3.14 所示。其中各选项含义介绍如下：

1） 注释类型 ：该选项组用于设置引线注释类型，其中包括 5 个选项。如果选中 多行文字(M) 单选按钮，则提示创建多行文字注释，并弹出多行文字编辑器；如果选中 复制对象(C) 单选按钮，则提示为引线注释复制多行文字、文字、公差或块参照对象；如果选中 公差(T) 单选按钮，则弹

出 形位公差 对话框，如图 8.3.15 所示，用于创建要附着到引线上的特性控制框；如果选中 ⊙ 块参照(B) 单选按钮，则提示为引线注释插入块参照；如果选中 ⊙ 无(O) 单选按钮，则创建不包含注释的引线。

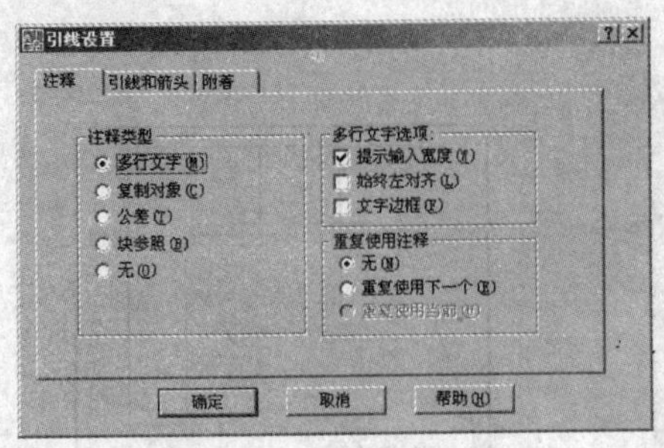
图 8.3.14　“引线设置”对话框

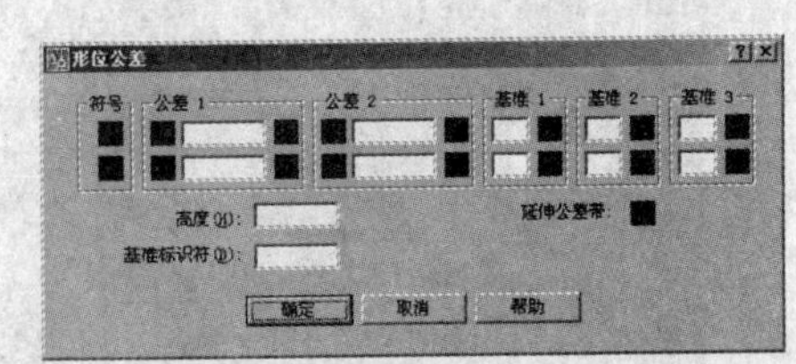
图 8.3.15　“形位公差”对话框

2）多行文字选项：该选项组用于对多行文字进行设置，并且只有选择了多行文字注释类型时，该选项才可用。其中包括 3 个选项，如果选中 ☑ 提示输入宽度(W) 复选框，在使用引线标注时，系统提示指定字宽；如果选中 ☑ 始终左对齐(L) 复选框，则多行文字采用左对齐方式，该选项不与 ☑ 提示输入宽度(W) 复选框同时使用；如果选中 ☑ 文字边框(F) 复选框，注释文字时在文字上加边框。

3）重复使用注释：该选项组用于设置引线注释重复使用的选项。其中包括 3 个选项，如果选中 ⊙ 无(N) 单选按钮，则不重复使用引线注释；如果选中 ⊙ 重复使用下一个(E) 单选按钮，则重复使用为所有后继引线创建的下一个注释；如果选中 ⊙ 重复使用当前(U) 单选按钮，则系统自动将上一次创建的文字注释复制到当前引线标注中。

（2）引线和箭头 选项卡：该选项卡用于设置引线和箭头特性，如图 8.3.16 所示。

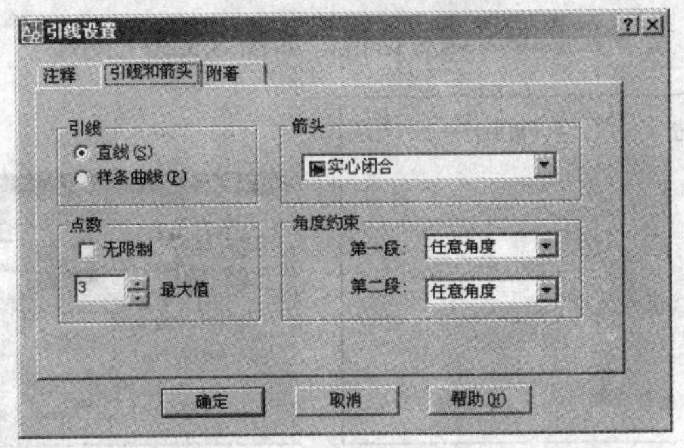
图 8.3.16　“引线和箭头”选项卡

其中包括以下选项：

1）引线：该选项组用于设置引线格式。其中包括两种格式，如果选中 ⊙ 直线(S) 单选按钮，则标注的引线是直线；如果选中 ⊙ 样条曲线(P) 单选按钮，则标注的引线是样条曲线。

2）点数：该选项组用于设置引线的节点数。系统默认为 3，最少为 2，即引线为一条线段，也可以在 最大值 微调框中输入节点数。如果选中 ☑ 无限制 复选框，则引线可以任意曲折。

3）箭头：该选项组用于指定引线箭头的样式，系统提供了 21 种箭头样式。

4）角度约束：该选项组用于设置第一条引线线段和第二条引线线段的角度约束。单击 第一段: 和 第二段: 下拉列表框右边的 ▼ 按钮，在弹出的下拉列表中选择合适的角度，系统分别提供了 6 种角度供用户选择。

（3）附着 选项卡：该选项卡用于设置引线附着到多行文字的位置，如图 8.3.17 所示。

该选项卡中包括 5 种文字与引线间的相对位置关系，这 5 种关系分别是“第一行顶部”“第一行中间”“多行文字中间”“最后一行中间”和“最后一行底部”，这 5 个选项都有“文字在左边”和“文字在右边”之分。如果选中 ☑ 最后一行加下划线(U) 复选框，则前面这 5 项均不可用。

引线标注的效果如图 8.3.18 所示。

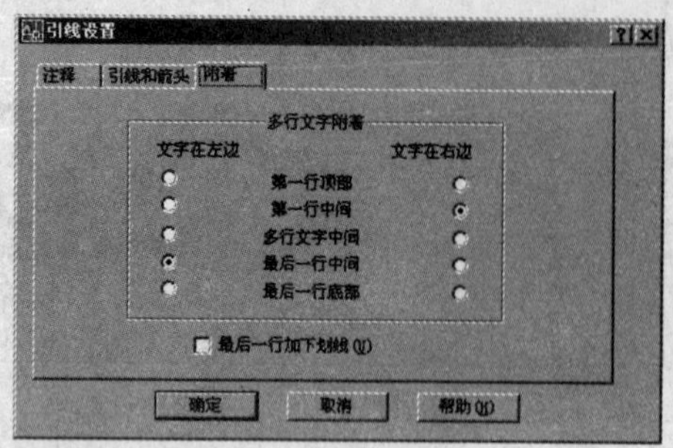

图 8.3.17 “附着”选项卡

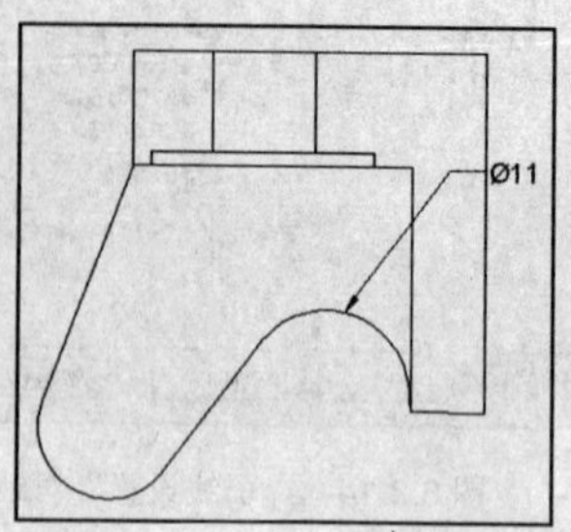

图 8.3.18 引线标注的效果

8.3.15 公差标注

形位公差是表示图形特征的形状、轮廓、方向、位置和跳动等的允许偏差。AutoCAD 中形位公差的组成如图 8.3.19 所示。

在 AutoCAD 2008 中，执行公差标注命令的方法有以下 3 种：

（1）单击“标注”工具栏中的“公差引线”按钮。

（2）选择 标注(N) → 公差(T)... 命令。

（3）在命令行中输入命令 tolerance。

执行形位公差命令后，弹出 形位公差 对话框，如图 8.3.20 所示。

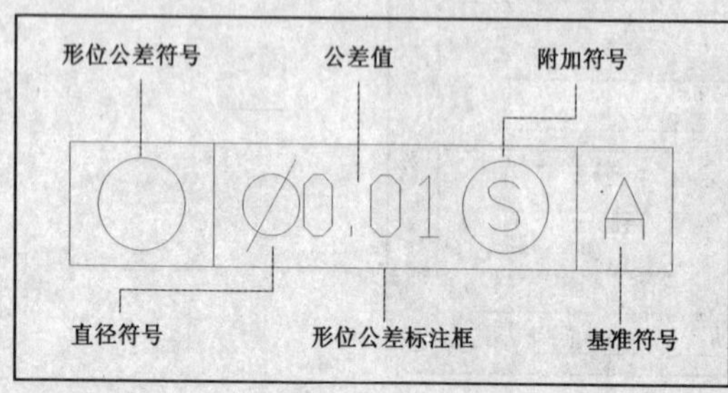

图 8.3.19 形位公差的组成

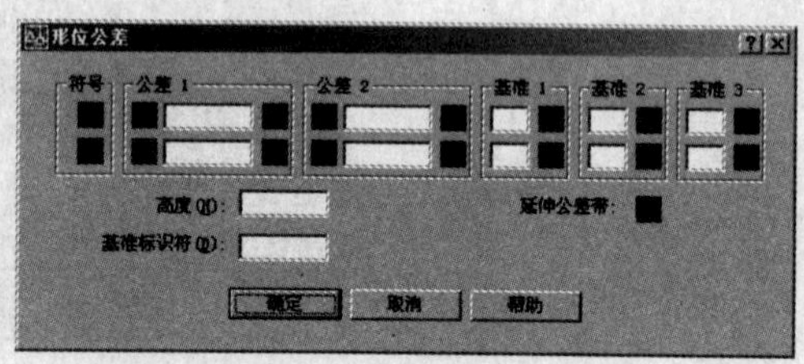

图 8.3.20 “形位公差”对话框

该对话框中各选项功能介绍如下：

（1）符号 选项组：单击此选项组中的■图标，打开 特征符号 面板，如图 8.3.21 所示，在该面板中选择合适的特征符号。

（2）公差 1 和 公差 2 文本框：单击文本框左边的■图标，添加直径符号，此时该图标变为Ø；可以在中间的文本框中输入公差值；单击文本框右边的■图标，打开 附加符号 面板，如图 8.3.22 所示，在该面板中选择合适的图标。

（3）基准 1 、基准 2 和 基准 3 选项组：该选项组中的文本框用于创建基准参照值，直接在文本框中输入数值即可。单击文本框右边的■图标，同样打开 附加符号 面板（见图 8.3.22），在该面板中选择合适的图标。

（4）高度(H): 文本框：直接在文本框中输入数值，指定公差带的高度。

（5）基准标识符(D): 文本框：在文本框中输入字母，创建由参照字母组成的基准标识符。

（6）延伸公差带: 设置项：单击■图标，在投影公差带值的后面插入投影公差带符号，此时，该图标变为Ⓟ形状。

公差标注的效果如图 8.3.23 所示。

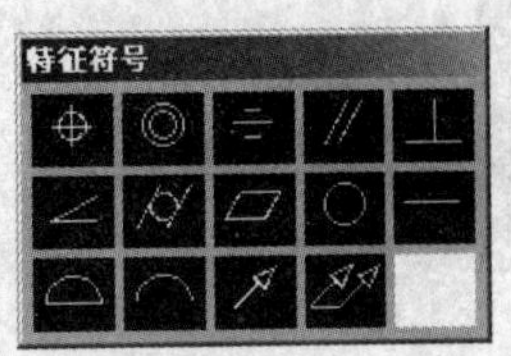

图 8.3.21　“特征符号”面板

图 8.3.22　“附加符号”面板

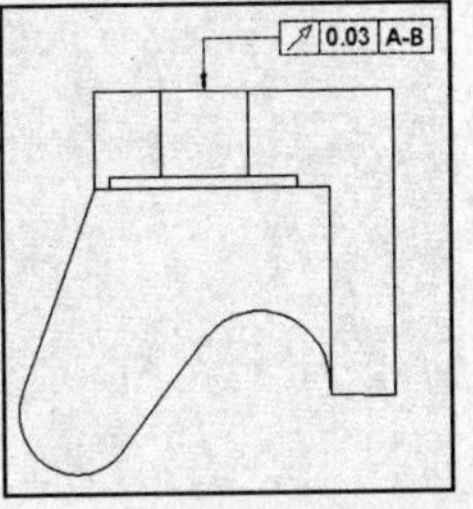

图 8.3.23　公差标注的效果

8.3.16　圆心标记

圆心标记指的是在标注绘制的圆或圆弧时，也可以直接指定圆心。

执行圆心标记命令的方式有以下 3 种：

（1）单击“标注”工具栏中的“圆心标记”按钮。

（2）选择 标注(N) → 圆心标记(M) 命令。

（3）在命令行中输入命令 dimcenter。

执行圆心标记命令后，命令行提示如下：

命令：_dimcenter↙

选择圆弧或圆：(选择要标记的圆弧或圆)

圆心标记的样式有 3 种，如图 8.3.24 所示。该样式可以通过选择“新建标注样式”对话框中的“直线和箭头”选项卡中的“圆心标记”选项组对其类型和大小进行设置。

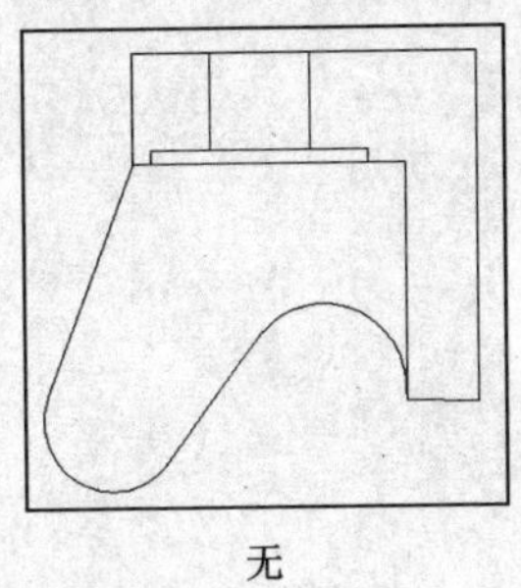

无

标记

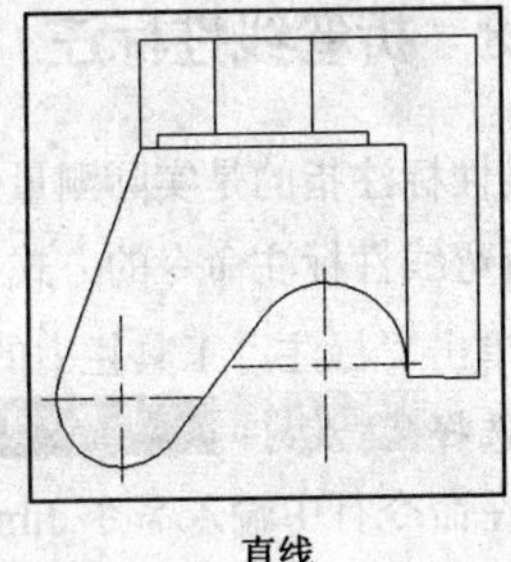

直线

图 8.3.24　圆心标记样式

8.3.17　检验标注

检验标注指的是对该部件的关键标注或公差值进行检查的频率，以确保该部件达到所有的质量保证要求。

执行检验标注命令的方法有以下 3 种：

（1）单击“标注”工具栏中的“检验”按钮。

（2）选择 标注(N) → 检验(I) 命令。

（3）在命令行中输入命令 diminspect。

执行检验命令后，弹出检验标注对话框，如图 8.3.25 所示。

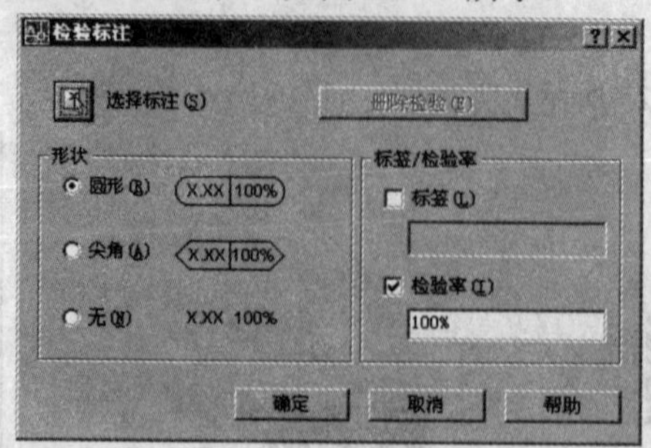

图 8.3.25 “检验标注”对话框

使用该对话框可以创建或删除检验标注。单击该对话框中的“选择标注”按钮，然后在形状选项区中选择检验标注的边框，可供选择的边框有圆形、尖角和无 3 种，如图 8.3.26 所示。在该对话框中的标签/检验率选项区中设置标签值和检验率，单击确定按钮完成检验标注。

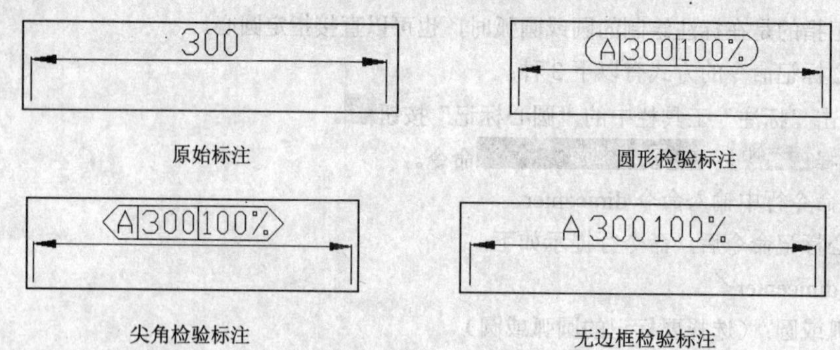

图 8.3.26 检验标注

8.3.18 折弯线性标注

折弯线性标注指的是实际测量值与尺寸界线之间的长度不同。

执行折弯线性标注命令的方式有以下 3 种：

（1）单击“标注”工具栏中的“折弯线性”按钮。

（2）选择标注(N)→折弯线性(J)命令。

（3）在命令行中输入命令 dimjogline。

执行该命令后，命令行提示如下：

命令：_dimjogline↙

选择要添加折弯的标注或 [删除(R)]：（选择要添加折弯的标注）

指定折弯位置 (或按 Enter 键)：（在标注中指定折弯的位置）

折弯线性标注的效果如图 8.3.27 所示。

图 8.3.27 折弯线性标注效果

8.4　编辑尺寸标注

在 AutoCAD 2008 中，用户可以使用 dimedit 和 dimtedit 命令对尺寸标注进行编辑，如修改尺寸标注文字的旋转角度、尺寸线的位置等。

8.4.1　使用 dimedit 命令编辑尺寸标注

dimedit 编辑标注文字命令用于修改一个或多个尺寸标注对象上的文字内容、方向、位置以及倾斜尺寸界线。启动编辑标注命令有以下两种方法：

（1）选择**标注**→**对齐文字(X)**命令。

（2）在命令行中输入 dimedit。

执行编辑标注命令后，AutoCAD 提示：

“输入标注编辑类型[默认(H)/新建(N)/旋转(R)/倾斜(O)]<默认>”：在该提示下输入标注编辑类型或者选择合适的选项进行编辑。

其中各命令选项的含义介绍如下：

（1）“默认(H)”：要求用户将标注文字重新移回到标注样式所指定的位置和角度。

（2）“新建(N)”：要求用户利用**文字格式**编辑器修改标注文字的内容。

（3）“旋转(R)”：要求用户旋转标注文字指定角度。

（4）“倾斜(O)”：要求用户调整尺寸界线的倾斜角度。

例如：将如图 8.4.1（a）所示的尺寸标注进行编辑，结果如图 8.4.1（b）所示。

（1）命令：_dimedit↙

（2）输入标注编辑类型 [默认(H)/新建(N)/旋转(R)/倾斜(O)] <默认>：o

（3）选择对象：（选择如图 8.4.1（a）所示的线性标注）

（4）选择对象：↙

（5）输入倾斜角度 (按回车键表示无)：（输入-80 按回车键）

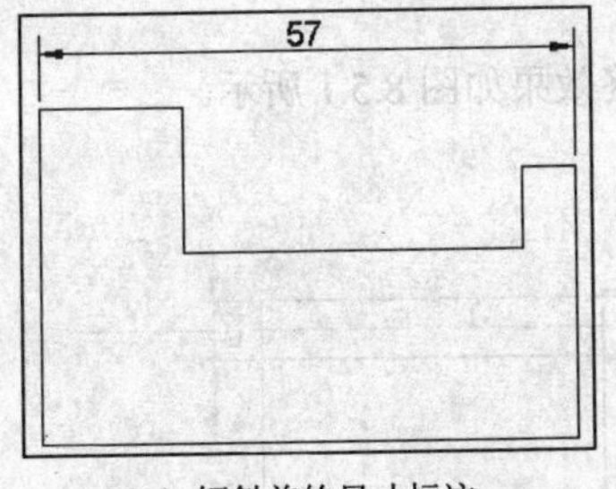

（a）倾斜前的尺寸标注

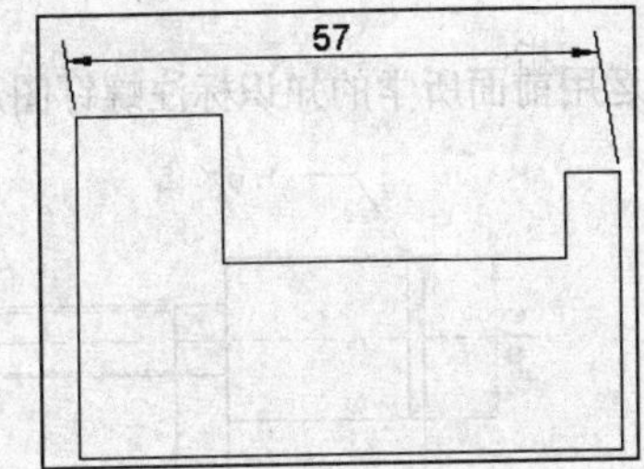

（b）倾斜后的尺寸标注

图 8.4.1　倾斜标注

8.4.2　使用 dimtedit 命令编辑尺寸标注

dimtedit 编辑标注文字命令用于移动和旋转标注文字。启动编辑标注文字命令有以下两种方法：

（1）选择**标注**→**对齐文字(X)**命令。

（2）在命令行中输入 dimtedit。

执行编辑标注文字命令后，AutoCAD 提示：

（1）“选择标注”：在该提示下选择要编辑的标注文字。

（2）“指定标注文字的新位置或[左(L)/右(R)/中心(C)/默认(H)/角度(A)]”：在该提示下确定标注文字的新位置或者选择合适的选项进行标注。

其中各命令选项的含义介绍如下：

（1）“左(L)”：要求用户将标注文字沿尺寸线靠左对齐，该选项只适用于线性、半径和直径标注。

（2）“右(R)”：要求用户将标注文字沿尺寸线靠右对齐，该选项只适用于线性、半径和直径标注。

（3）“中心(C)”：要求用户将标注文字移到尺寸线的中间。

（4）“默认(H)”：要求用户将标注文字移到标注样式指定的默认位置。

（5）“角度(A)”：要求用户将标注文字旋转指定的角度。

例如：使用编辑标注文字命令编辑如图 8.4.1（a）所示的尺寸，结果如图 8.4.2 所示。

（1）命令：_dimtedit↙

（2）选择标注：（选择如图 8.4.1（a）所示的线性标注）

（3）指定标注文字的新位置或 [左(L)/右(R)/中心(C)/默认(H)/角度(A)]：（系统提示）

（4）指定标注文字的角度：（输入 60 按回车键）

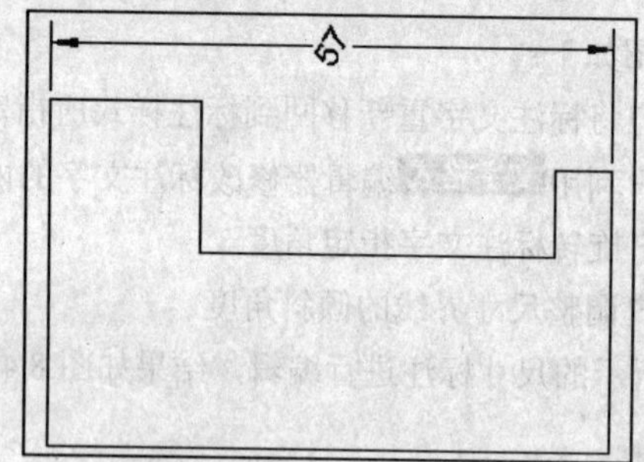

图 8.4.2　编辑标注文字

8.5　典型实例——标注螺钉

本节综合运用前面所学的知识标注螺钉图形，最终效果如图 8.5.1 所示。

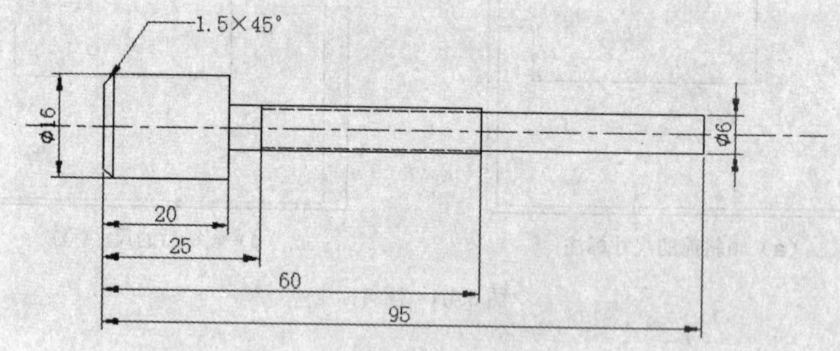

图 8.5.1　最终效果图

操作步骤

（1）选择 格式(O) → 图层(L)... 命令，弹出 图层特性管理器 对话框，在该对话框中单击“新建图层”按钮，创建 4 个图层，名称分别为“尺寸标注”“辅助”“实体”和“虚线”，颜色分别为“洋红”“红色”“蓝色”和“绿色”，设置“辅助”层的线型为 CENTER，“虚线”层的线型为 ACAD_IS002W100，其他为默认设置，如图 8.5.2 所示。

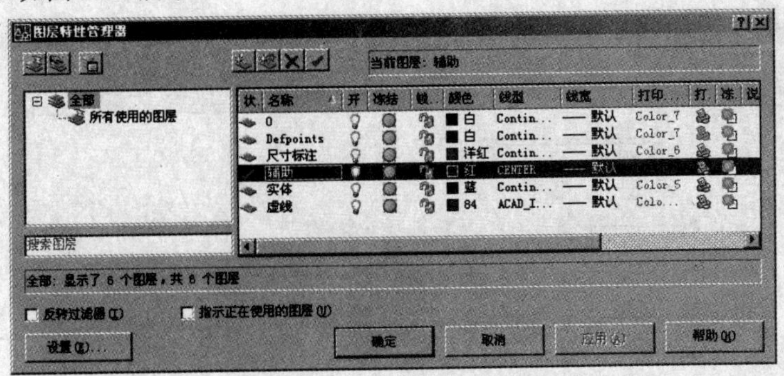

图 8.5.2　“图层特性管理器”对话框

（2）利用前面所学的知识绘制如图 8.5.3 所示的螺钉。

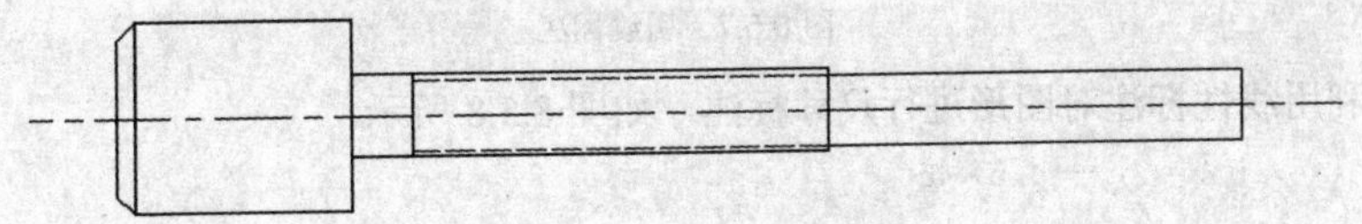

图 8.5.3　绘制的螺钉

（3）设置“尺寸标注”层为当前图层，然后选择标注(N)→线性(L)命令，捕捉点 A 和点 B，对图形进行线性标注，如图 8.5.4 所示。

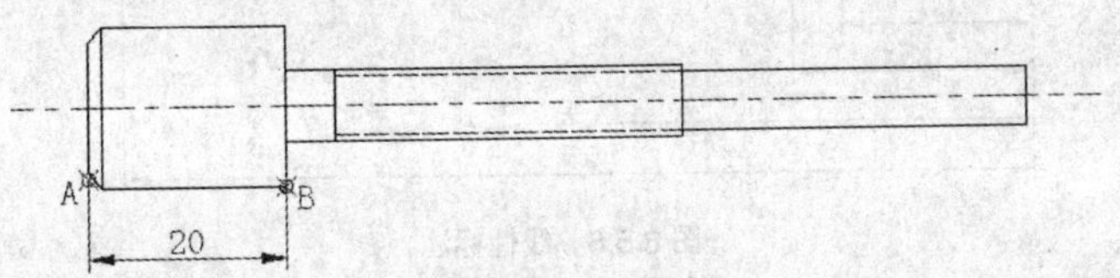

图 8.5.4　线性标注

（4）选择标注(N)→基线(B)命令，选择上步线性标注后捕捉如图 8.5.5 所示的点 A，点 B 和点 C，对图形进行基线标注，结果如图 8.5.6 所示。

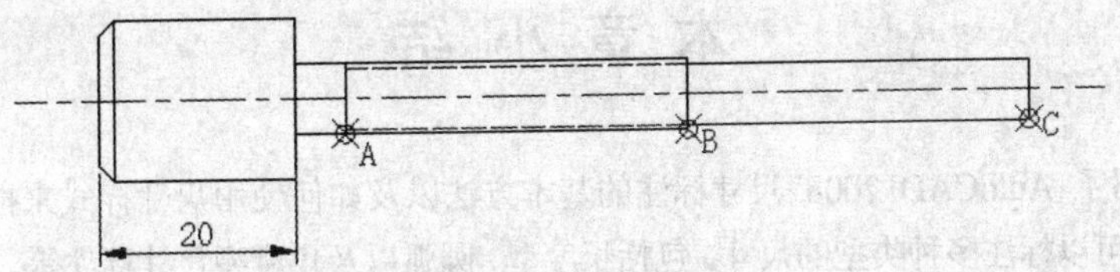

图 8.5.5　设置标注点

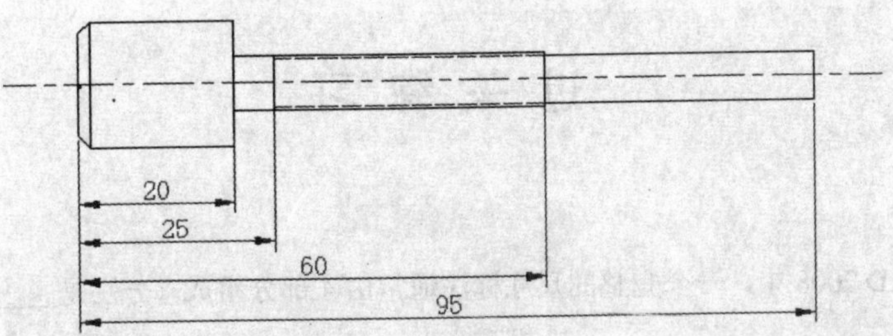

图 8.5.6　基线标注

（5）选择标注(N)→引线(E)命令，对图形进行引线标注，并利用“文字格式”编辑器输入尺寸标注，如图 8.5.7 所示。

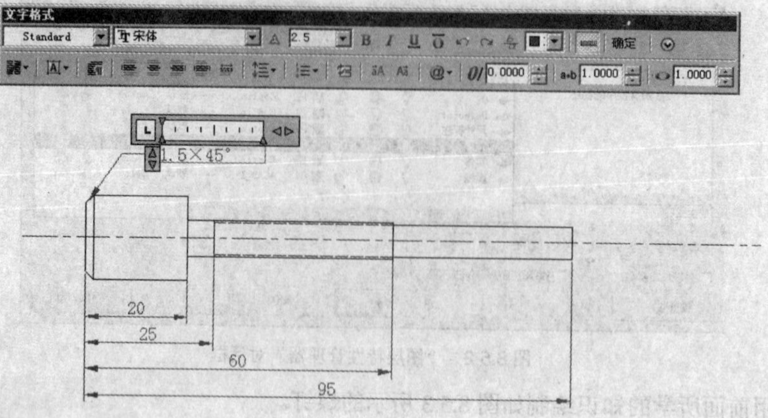

图 8.5.7　引线标注

（6）再次利用线性标注对图形进行尺寸标注，如图 8.5.8 所示。

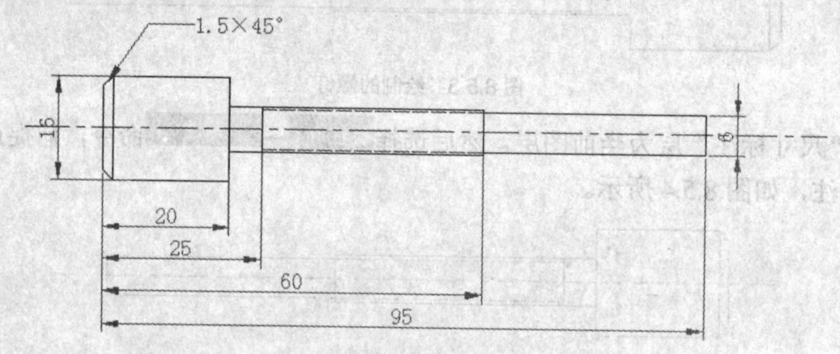

图 8.5.8　线性标注

（7）选择 修改(M) → 对象(O) → 文字(T) → 编辑(E)... 命令，选定上一步的线性标注，系统弹出“文字格式”对话框，然后对线性标注进行编辑，最终效果如图 8.5.1 所示。

本 章 小 结

本章主要介绍了 AutoCAD 2008 尺寸标注的基本方法以及如何使用尺寸样式来控制尺寸标注。在 AutoCAD 2008 中可以标注多种类型的尺寸，包括长度型、圆弧以及角度型尺寸标注等。通过本章的学习，用户应该对尺寸标注有一个清楚的了解，并能够根据需要创建出合适的尺寸标注形式。

过 关 练 习

一、填空题

1．在 AutoCAD 2008 中，一个完整的尺寸标注通常由 4 部分组成，分别是__________、__________、__________和__________。

2．在 AutoCAD 2008 中，系统提供了多种标注类型，其中包括线性标注、__________、角度标注、__________、半径标注、__________和__________等。

3. ________________用于测量圆弧或多段线弧线段上的距离。

4. 通过________________对话框中的________________选项卡中的________________选项区，可以修改箭头的尺寸和样式。

二、选择题

1. 在 AutoCAD 中，角度标注可以标注（　）或者三点间的角度。

（A）圆的包含角　　（B）两条直线所成的角度

（C）圆弧的包含角　　（D）以上几项均正确

2. 形位公差是表示图形特征的（　）等的允许偏差。

（A）形状　　（B）轮廓

（C）位置　　（D）跳动

3. 在绘制机械图时，文字应采用（　）字体，数字采用（　）。

（A）宋体　　（B）阿拉伯数字

（C）仿宋体　　（D）罗马数字

4.（　）命令可以一次标注多个对象。

（A）线性标注　　（B）半径标注

（C）快速标注　　（D）引线标注

三、简答题

1. 在 AutoCAD 2008 中，如何创建标注样式？

2. 在 AutoCAD 2008 中，如何编辑尺寸标注的文字？

3. 尺寸标注包括哪几种类型？

四、上机操作题

1. 绘制如题图 8.1 所示的图形，并利用线性标注、对齐标注、半径标注和角度标注对图形进行尺寸标注。

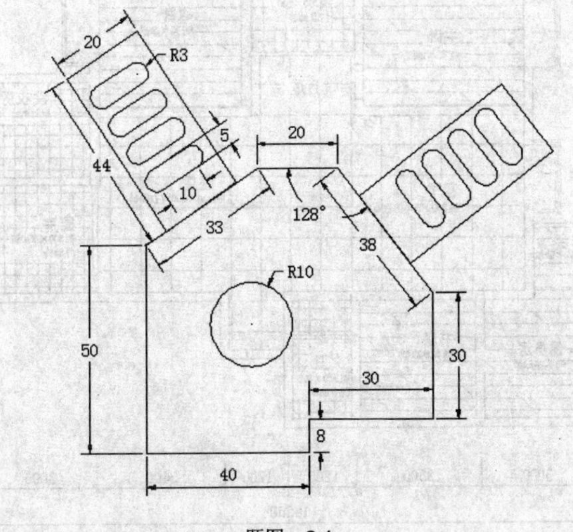

题图　8.1

2. 使用各种尺寸标注命令对如题图 8.2 所示的图形进行尺寸标注。

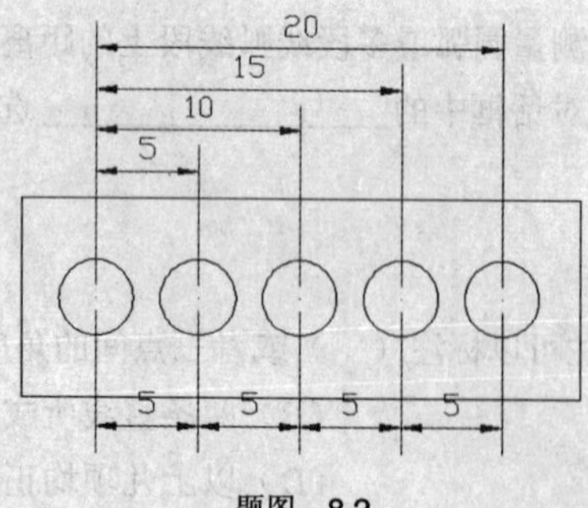

题图 8.2

3. 绘制如题图 8.3 所示的图形并进行相应的尺寸标注。

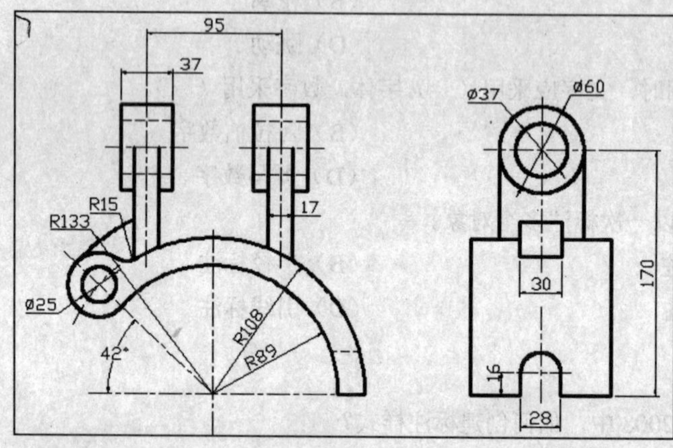

题图 8.3

4. 利用线性标注命令和连续标注命令标注如题图 8.4 所示的地面材质图。

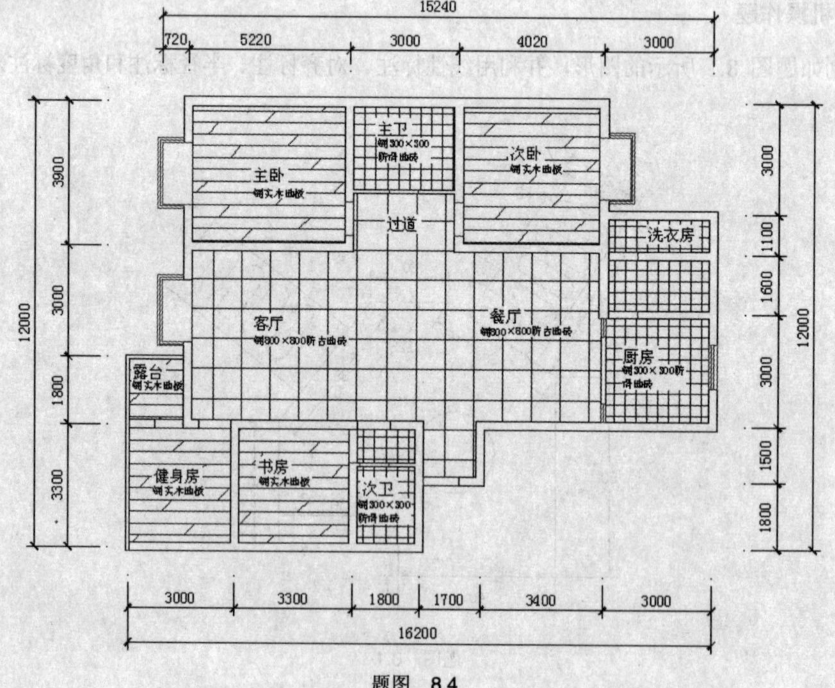

题图 8.4

第9章 块、外部参照与设计中心

章前导航

图块是 AutoCAD 2008 中一个特殊的对象，在绘制图形的过程中，如果需要在图形中绘制大量相同的图形，则可以将这些需要重复绘制的图形创建成块，然后在需要绘制这些图形的位置插入即可。本章主要介绍块的创建与编辑以及与块相关联的外部参照和设计中心功能。

本章要点

- 块的创建与使用
- 创建与编辑块属性
- 外部参照
- 设计中心

9.1　块的创建与使用

块是由图形中的多个对象组合而成的一个对象集合。需要时，可将块作为单一对象插入到图形中的指定位置，插入时可以指定不同的缩放比例和旋转角度，还可以对其进行移动、复制等编辑操作。

9.1.1　创建块

在 AutoCAD 2008 中，用户可以使用 block 命令创建块，启动创建块命令有如下 3 种方法：

（1）菜单栏：选择 绘图(D) → 块(K) → 创建(M)... 命令。

（2）工具栏：单击“绘图”工具栏中的“创建块”按钮。

（3）命令行：在命令行输入 block。

执行创建块命令后，弹出 块定义 对话框，如图 9.1.1 所示。下面分别介绍该对话框中各选项的含义。

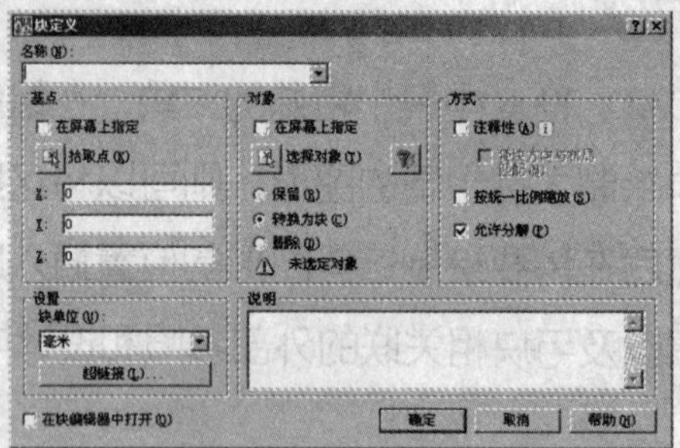

图 9.1.1　“块定义”对话框

（1）名称(N): 下拉列表框：用于输入创建块的名称，最多可使用 255 个字符，也可以利用下拉列表，从当前图形的所有块名列表中选择一个作为块名。

（2）基点 选项区：用于设置块插入基点的位置。用户可以直接在 X，Y，Z 文本框中输入基点的坐标，也可以单击“拾取点”按钮，系统切换到绘图窗口，此时需要用户使用鼠标在图形屏幕上拾取所需要的点作为块插入基点。

（3）对象 选项区：用于指定组成块的对象及创建块之后是否保留块定义中所选的对象，其中包含 保留(R)、转换为块(C) 和 删除(D) 3 个单选按钮，下面分别进行介绍。

1）保留(R) 单选按钮：表示创建块后，仍在绘图窗口中保留组成块的各对象。

2）转换为块(C) 单选按钮：表示保留组成块的各对象并将其转换为块。

3）删除(D) 单选按钮：表示生成块后原选取实体被消除。

（4）设置 选项区：用于确定用户使用该块插入时，AutoCAD 所采用的单位。

（5）按统一比例缩放(S) 复选框：确定是否按照块参照统一缩放比例。

（6）允许分解(P) 复选框：确定块参照是否可以被分解。

（7）说明 文本框：输入与块定义相关的描述信息。

（8）超链接(L)... 按钮：用于插入超级链接文档。

（9）在块编辑器中打开(O) 复选框：选中该复选框，单击 确定 按钮后，系统打开“块编辑器”窗口，如图 9.1.2 所示。在该编辑器中用户可以添加块的参数和动作，以定义自定义特性和动态行为。块编辑器包含一个特殊的编写区域，在该区域中可以像在绘图区中一样绘制和编辑几何图形。

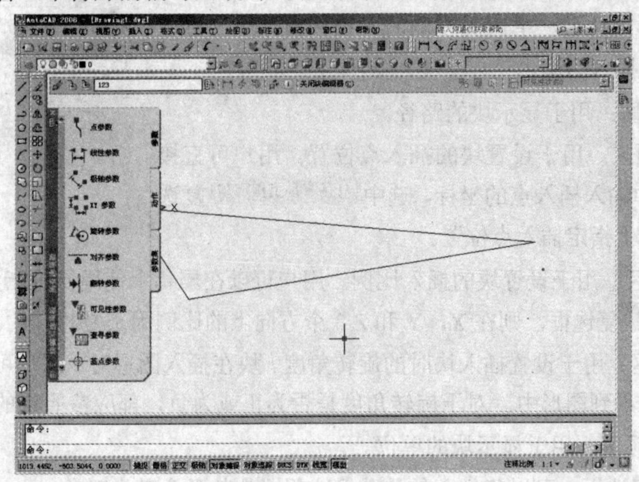

图 9.1.2 “块编辑器”窗口

9.1.2 保存块

用 block 命令创建的块，又称为内部块，仅限于在存储该块的图形文件内部使用。为了能在其他文件中使用块，系统提供了 wblock 命令将块保存为一个独立的图形文件。执行 wblock 命令，系统弹出写块对话框，如图 9.1.3 所示。该对话框中各选项的功能如下：

（1）源选项区：用于定义写入外部块的源实体。它包括如下内容：

1）块(B): 单选按钮，保存为独立图形文件的对象来自于块。

2）整个图形(E) 单选按钮，保存为独立图形文件的对象来自于全部图形。

3）对象(O) 单选按钮，保存为独立图形文件的对象来自于选定的图形对象。

（2）目标选项区：用于指定外部块文件的文件名、存储位置以及采用的单位。

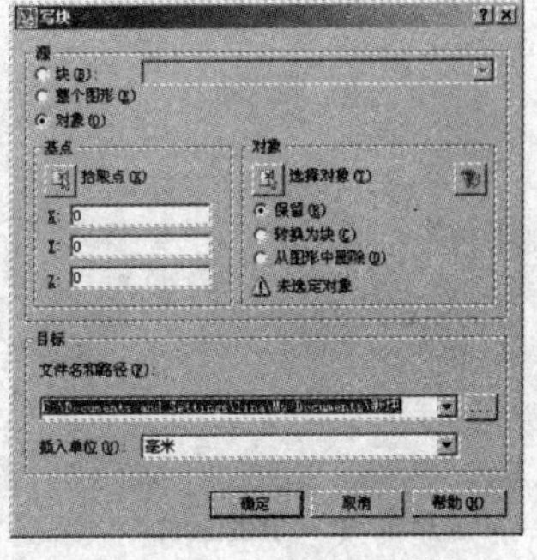

图 9.1.3 “写块”对话框

技巧：使用 block 和 wblock 命令建立的块，确定的插入点即为块插入的基点，插入块时将以该基点来改变块的比例和旋转角度，如果插入文件未指定基点，将以原点为默认的插入基点。

9.1.3 插入块

显然，生成块的目的是为了在图形中插入块。当用户在图形中放置一个块后，无论块的复杂程度如何，AutoCAD 均将该块作为一个对象。启动插入块命令有如下 3 种方法：

（1）菜单栏：选择插入(I) → 块(B)... 命令。

（2）工具栏：单击“绘图”工具栏中的“插入块”按钮。

（3）命令行：在命令行输入 insert。

执行插入块命令后，系统弹出插入对话框，如图 9.1.4 所示。该对话框中各选项功能如下：

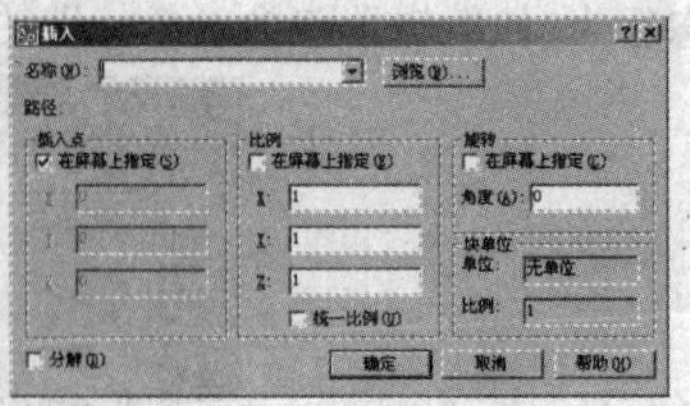

图 9.1.4 “插入”对话框

（1）名称(N)下拉列表框：用于指定要插入块的名称，或指定要作为块插入的图形文件名。单击其右侧的下拉按钮，用户可以从该列表框中选择要插入的块。

（2）路径选项区：用于显示块的路径。

（3）插入点选项区：用于设置块的插入点位置。用户可直接在 X，Y，Z 文本框中输入插入点的坐标，选中☑在屏幕上指定(S)复选框后，可直接在屏幕上指定插入点位置。

（4）比例选项区：用于设置块的插入比例。用户可以在屏幕上使用鼠标指定或直接输入缩放比例。选中☑统一比例(U)复选框，则在 X，Y 和 Z 3 个方向上的比例因子是相同的。

（5）旋转选项区：用于设置插入块时的旋转角度。块在插入图形时，用户可以任意改变其角度，使其按需要的角度插入到图形中。对于旋转角度是否为正或为负，都应参照块的原始位置。

（6）块单位选项区：用于显示块的单位。

（7）☑分解(D)复选框：可以将插入的块分解成组成块的各个基本对象。

1. 使用 minsert 命令插入多个块

minsert 命令实际上是将阵列命令和块插入命令合二为一的命令。尽管表面上 minsert 的效果同 array 命令一样，但它们本质上是不同的。array 命令产生的每一个目标都是图形文件中的单一对象，而使用 minsert 产生的多个块则是一个整体，用户不能单独编辑一个组成块。

绘制如图 9.1.5 所示的图形，了解阵列插入块的使用方法。

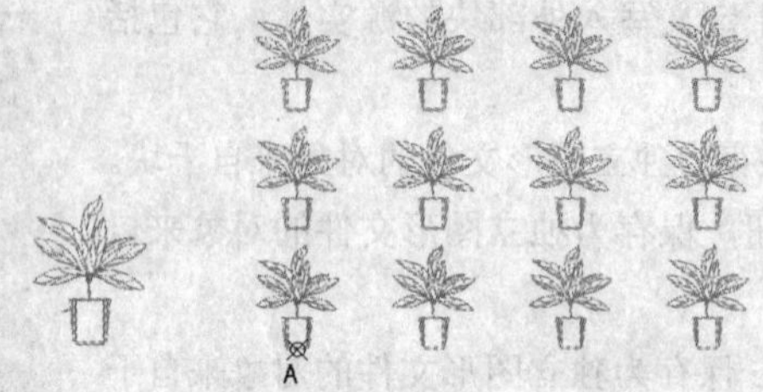

图 9.1.5 阵列插入后的块

（1）命令：minsert↙

（2）输入块名或 [?] <椅子平面图>：（花盆立面图）

（3）指定插入点或 [基点(B)/比例(S)/X/Y/Z/旋转(R)/预览比例(PS)/PX/PY/PZ/预览旋转(PR)]：（捕捉点 A）

（4）输入 X 比例因子，指定对角点，或[角点(C)/XYZ] <1>：0.6

（5）输入 Y 比例因子或<使用 X 比例因子>：0.6

（6）指定旋转角度<0>：↙

（7）输入行数(---) <1>：3

（8）输入列数(|||)<1>：4

（9）输入行间距或指定单位单元(---)：650

（10）指定列间距(|||)：750

2. 使用 divide 和 measure 命令插入块

在前面已经提到，用户可以使用 divide 和 measure 命令在所选对象上间隔放置点。实际上，这两个命令也可用来间隔放置块。

（1）divide 命令：用于根据用户指定数目将所选图形进行等分，并在等分位置插入块，如图 9.1.6 所示。

图 9.1.6　等分插入后的块

（2）measure 命令：用于按用户给定的距离在所选的目标图形中等距离插入块，如图 9.1.7 所示。

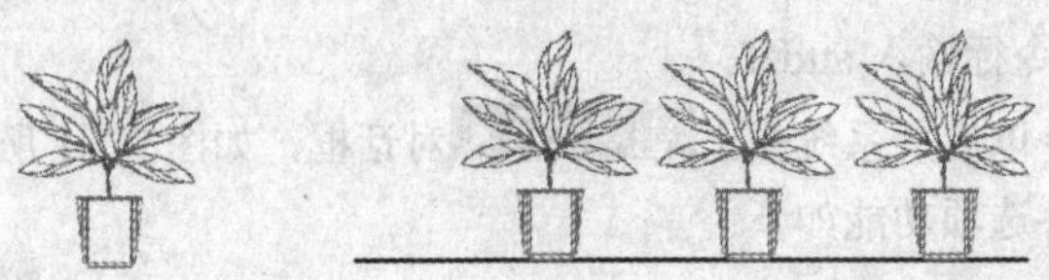

图 9.1.7　等距离插入后的块

注意：divide 和 measure 命令只能将块以 1:1 比例插入，并且对插入的块可单独进行编辑（如复制、移动、旋转、缩放比例等）。

9.1.4　编辑块

块创建完成并插入到图形中以后，可以对其进行编辑修改。

1．改变插入基点

块创建完成后，如果设置的插入基点使用起来不方便，可以重新设置插入基点的位置。具体操作步骤如下：

（1）打开欲重新设置基点的块文件。

（2）改变插入基点。选择 绘图(D) → 块(K) → 基点(B) 命令，或在命令行输入 base，并按 Enter 键，命令行出现如下提示：

base 输入基点<0.0000,0.0000,0.0000>:

在该提示下，直接输入新基点的坐标，或在屏幕上捕捉某点作为新的基点，均可将原来插入的基点置换为新的插入基点。

2．分解块和重定义块

（1）分解块：为了编辑块中的某些对象，可使用“分解”命令将块还原为单个对象，然后进行编辑修改。

（2）重定义块：如果需要修改所有引用的块，就需要对块重新定义。块的重定义与创建块的命令相同。

9.2　创建与编辑块属性

属性是从属于块的非图形信息，是块的组成部分。通常用于块插入过程中的自动注释。

9.2.1 创建块属性

块有许多属性，包括块的可见性、块说明、块的插入点、块所在图层与颜色等。把这些属性信息附着到块上以后还可以从块上提取附着的信息，以创建材料明细表或其他报表等。

1. 定义属性

块的属性需要预先定义，并且在创建块时将属性与图形对象同时选中才能创建出具有属性的块。启动定义块属性命令有如下两种方法：

（1）菜单栏：选择 绘图(D) → 块(K) → 定义属性(D)... 命令。

（2）命令行：在命令行输入 attdef。

执行定义块属性命令以后，系统弹出 属性定义 对话框，如图 9.2.1 所示。通过该对话框可以定义块属性。该对话框中各选项功能如下：

（1）模式 选项区：用于设置属性的模式。它包含 4 个复选框，选中 ☑不可见(I) 复选框，表示不显示属性值；选中 ☑固定(C) 复选框，表示属性值为固定值；选中 ☑验证(V) 复选框，表示在插入属性块时，系统将显示一次提示，使用户验证所输入的属性值是否正确；选中 ☑预置(P) 复选框，表示在插入属性块时，系统直接将默认值自动设置为实际属性值，系统将不再提示用户输入新值。

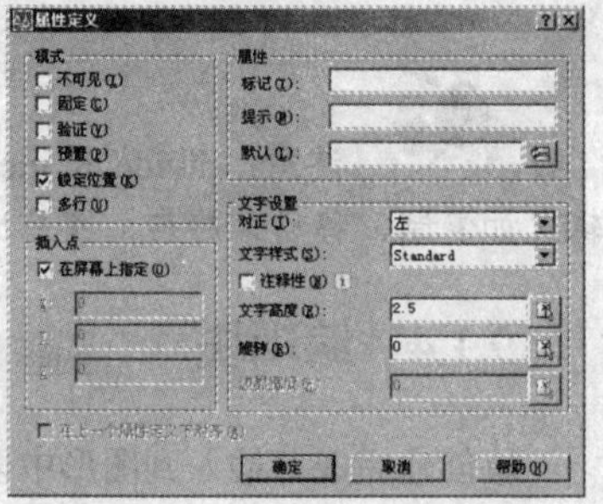

图 9.2.1 “属性定义”对话框

（2）属性 选项区：用于设置块的属性。

1）标记(T): 文本框：用于设置属性的标记。

2）提示(M): 文本框：用于设置插入块时系统显示的提示信息。

3）默认(L): 文本框：用于设置属性的默认值。

（3）插入点 选项区：用于设置属性的插入点，即属性文字排列的参照点。用户可以直接在 X，Y，Z 文本框中输入插入点的坐标，也可以选中 ☑在屏幕上指定(O) 复选框，在绘图窗口中指定一点作为插入点。

（4）文字设置 选项区：用于设置属性文字的格式。

2. 创建带属性的块

为块定义属性后，可以将它和块中的其他对象一起创建成块。这种块称为带属性的块，块中可以附带多个属性。

带有属性的块的创建方法与一般块的创建方法并无区别，因为块除包含图形对象以外，还可以具有非图形信息，例如把一个机械零件的图形定义为块后，还可把零件的编号、价格、注释和制造商的名称等文本信息一并加入到块当中。

9.2.2 编辑块属性

1. 修改属性定义

启动修改属性定义命令有如下两种方法：

（1）菜单栏：选择 修改(M) → 对象(O) → 文字(T) → 编辑(E)... 命令。

（2）命令行：在命令行输入 ddedit。

启动该命令后，命令行提示信息如下：

选择注释对象或 [放弃(U)]：此时，在绘图窗口单击属性标记，系统弹出"编辑块定义"对话框，如图 9.2.2 所示。通过该对话框可以修改属性定义的标记、提示和默认值。

2．编辑块属性

用户在图形中插入块以后，还可以随时根据需要编辑块的属性值。启动该命令有如下 3 种方法：

（1）菜单栏：选择"修改(M)"→"对象(O)"→"属性(A)"→"单个(S)..."命令。

（2）工具栏：单击"修改Ⅱ"工具栏中的"编辑属性"按钮。

（3）命令行：在命令行输入 eattedit。

执行该命令后，选择创建包含属性的块，系统弹出如图 9.2.3 所示的"增强属性编辑器"对话框。

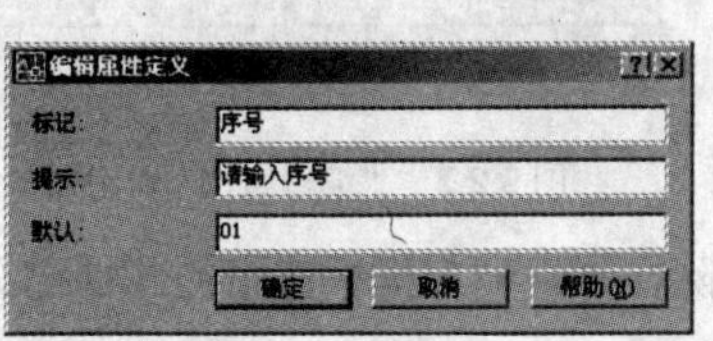

图 9.2.2　"编辑属性定义"对话框

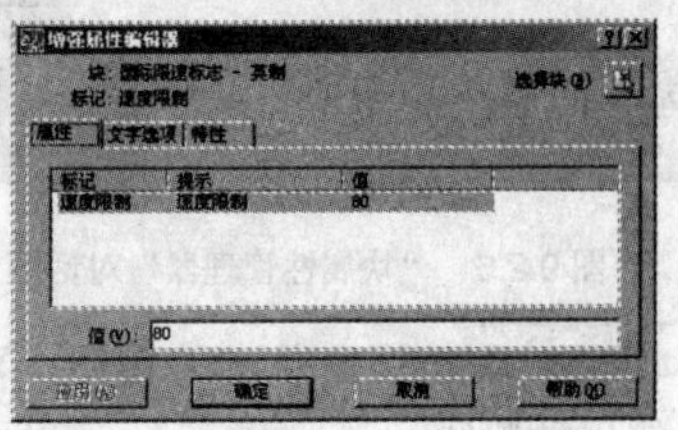

图 9.2.3　"增强属性编辑器"对话框

该对话框中各选项含义如下：

（1）"属性"选项卡：显示了块中所有属性的标记、提示和值。在列表中选择某一属性后，在下方的"值(V):"文本框中将显示出该属性对应的属性值，用户可以通过它来修改属性值。

（2）"文字选项"选项卡：用于修改属性文字的格式。用户在该选项卡中还可以对属性值文字的各个方面进行编辑修改，如图 9.2.4 所示。

（3）"特性"选项卡：用于修改属性文字的图层以及它的线型、颜色、线宽及打印样式等，如图 9.2.5 所示。

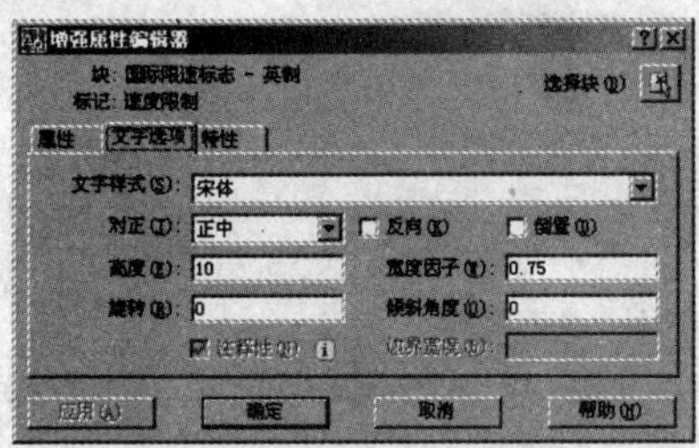

图 9.2.4　"文字选项"选项卡

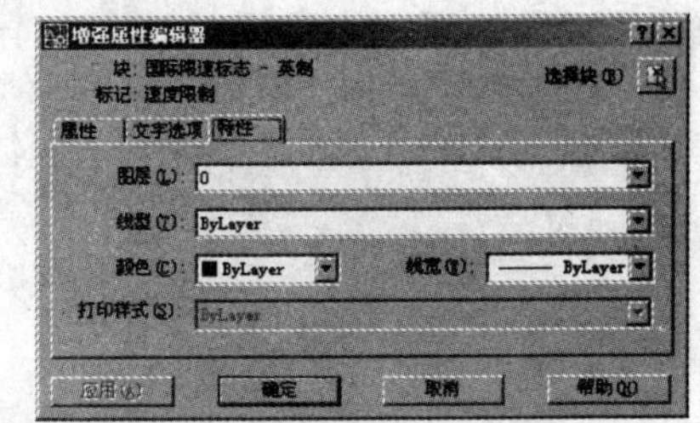

图 9.2.5　"特性"选项卡

3．管理块属性

battman 命令用于编辑由于插入外部属性块而在当前图形中自动生成的同名内部属性块的属性。启动该对话框有如下 3 种方法：

（1）菜单栏：选择"修改(M)"→"对象(O)"→"属性(A)"→"块属性管理器(B)..."命令。

（2）工具栏：单击"修改Ⅱ"工具栏中的"块属性管理器"按钮。

（3）命令行：在命令行输入 battman。

执行该命令后，系统弹出"块属性管理器"对话框，如图 9.2.6 所示。该对话框中各选项含义如下：

（1）"选择块"按钮：单击该按钮，系统返回到绘图窗口选择已定义的属性块，或者在"块(B):"下拉列表中选择需要编辑的属性块。

（2）同步(Y)按钮：单击该按钮，可以更新已修改的属性特性。

（3）上移(U)/下移(D)按钮：单击这两个按钮，可以分别将选中的属性上移或下移一行。

（4）编辑(E)...按钮：单击该按钮，系统弹出编辑属性对话框，如图 9.2.7 所示。该对话框包括“属性”“文字选项”和“特性”3 个选项卡，其中后两个选项卡与前面介绍的增强属性编辑器对话框中的选项卡完全相同。而在“属性”选项卡中，用户可以修改选中属性的模式和属性的标记、提示及默认值。

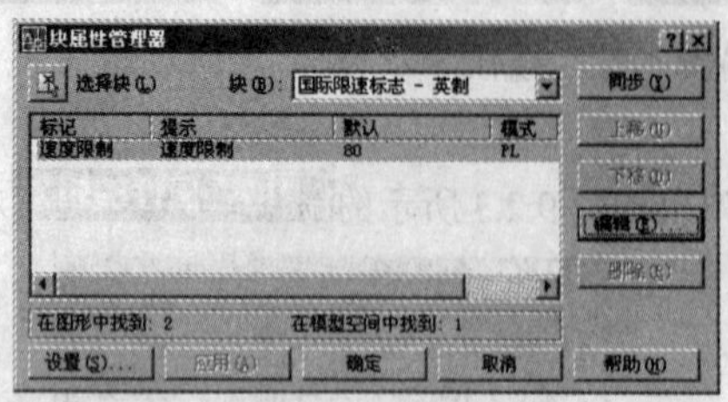

图 9.2.6 “块属性管理器”对话框

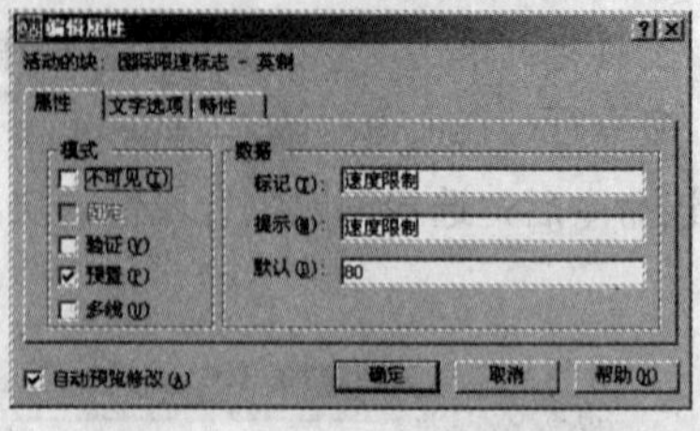

图 9.2.7 “编辑属性”对话框

（5）删除(R)按钮：单击该按钮，可以从中删除在属性列表框中选中的属性定义，并且块中对应的属性值也被删除。

（6）设置(S)...按钮：单击该按钮，系统弹出块属性设置对话框，如图 9.2.8 所示。利用该对话框可以设置需要编辑的块属性，包括属性标记、提示以及属性值等。

4. 修改属性值

attedit 命令用于修改属性块插入后的属性值。在命令行输入 attedit，系统提示“选择块参照”，用户在该提示下选择已插入的属性块后，系统弹出编辑属性对话框，如图 9.2.9 所示。利用该对话框用户可以修改属性值。

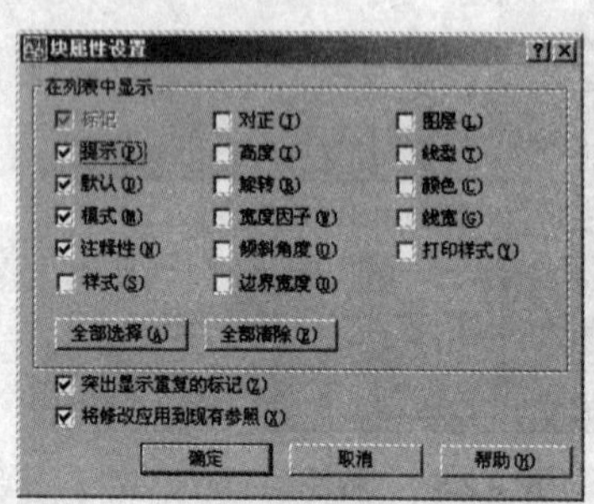

图 9.2.8 “块属性设置”对话框

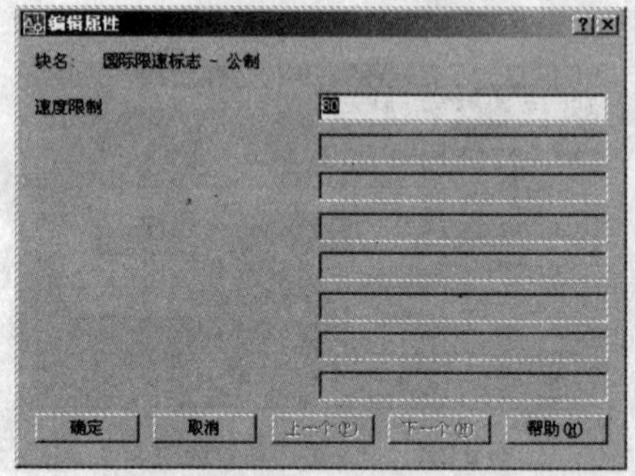

图 9.2.9 “编辑属性”对话框

9.3 外部参照

外部参照是把已有的其他图形文件链接到当前图形文件中。外部参照不同于块，它是以外部参照方式将图形插入到另一图形文件中，被插入图形文件的信息并不直接加入到主图形文件中，主图形文件只是记录参照的关系，对主图形的操作不会改变外部参照图形文件的内容。在 AutoCAD 2008 中，用户可以使用“参照”工具栏和“参照编辑”工具栏来编辑和管理外部参照，如图 9.3.1 所示。

图 9.3.1　“参照”和“参照编辑”工具栏

9.3.1　插入外部参照

xattach 命令用于将外部图形文件或块作为外部参照插入到当前图形文件中。

启动该命令有如下两种方法：

（1）菜单栏：选择 插入(I) → DWG 参照(R) 命令。

（2）命令行：在命令行输入 xattach。

执行该命令后，系统弹出 选择参照文件 对话框，用户在此对话框中选择参照文件后，单击 打开(O) 按钮，系统弹出 外部参照 对话框，如图 9.3.2 所示。利用该对话框用户可以将图形文件以外部参照的形式引入到当前图形中。

由 外部参照 对话框中可以看出，在图形中插入外部参照的方法与插入块的方法相同，只是该对话框中有以下两个特殊选项。

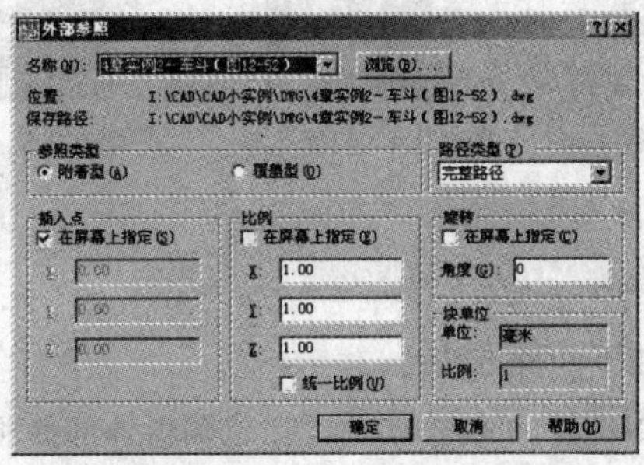

图 9.3.2　“外部参照”对话框

（1）参照类型 选项区：用于确定外部参照的类型，即是否显示参照中的嵌套内容。选中 附着型(A) 单选按钮，表示将显示嵌套参照中的嵌套内容；选中 覆盖型(O) 单选按钮，表示将不显示嵌套参照中的嵌套内容。

（2）路径类型(P) 下拉列表：用于选择保存外部参照的路径类型，其中有“完整路径”“相对路径”和“无路径”3 种可选类型。

9.3.2　管理外部参照

xref 命令用于对当前图形文件中的外部参照进行管理和编辑。启动该命令有如下 3 种方法：

（1）菜单栏：选择 插入(I) → 外部参照(N) 命令。

（2）工具栏：单击“参照”工具栏中的“外部参照”按钮。

（3）命令行：在命令行输入 xref。

执行外部参照命令后，系统打开 外部参照 面板，如图 9.3.3 所示。该对话框中主要选项的功能如下：

（1）“列表图”按钮：用于设置外部参照以列表形式显示。

（2）“树状图”按钮：用于设置外部参照以树状形式显示。

单击已加载的外部参照，系统弹出如图 9.3.4 所示的快捷菜单，其中各选项含义如下：

1）打开(O)选项：用于打开选中的外部参照。

2）附着(A)...选项：用于插入新的外部参照。

3）卸载(U)选项：用于从当前图形中暂时移走不需要的外部参照文件。

4）重载(R)选项：用于在不退出当前图形的情况下更新外部参照文件。

5）拆离(D)选项：用于将文件参照列表框中选中的外部参照文件从当前图形文件中删除。

6）绑定(B)...选项：用于绑定列表框中的外部参照。单击该按钮，系统弹出绑定外部参照对话框，如图 9.3.5 所示。该对话框提供了“绑定”和“插入”两种选项。选中绑定(B)单选按钮表示将外部参照图形文件转化为一个正常的块，永久地保存在当前图形中；选中插入(I)单选按钮表示将外部参照文件直接插入到当前图形文件中。

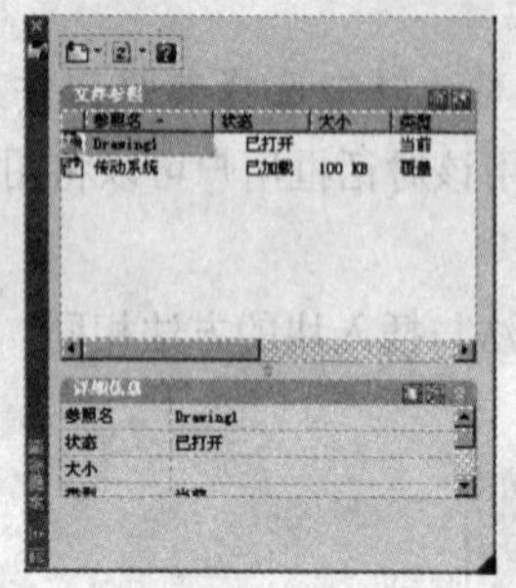

图 9.3.3 “外部参照”面板

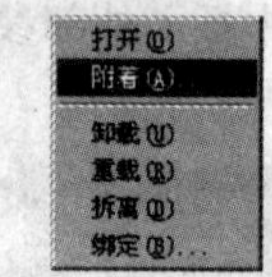

图 9.3.4 快捷菜单

图 9.3.5 “绑定外部参照”对话框

9.3.3 编辑外部参照

启动编辑外部参照命令有如下两种方法：

（1）工具栏：单击“参照编辑”工具栏中的“在位编辑外部参照”按钮。

（2）命令行：在命令行中输入 refedit。

执行编辑外部参照命令后，系统弹出参照编辑对话框，如图 9.3.6 所示。利用该对话框可以编辑外部参照或块参照。

该对话框中各选项功能如下：

（1）“标识参照”选项卡：该选项卡用于指定要编辑的参照。如果选择的对象是一个或多个嵌套参照的一部分，则此嵌套参照将显示在参照编辑对话框中。

（2）“设置”选项卡：该选项卡用于设置编辑外部参照时的其他选项，如图 9.3.7 所示。

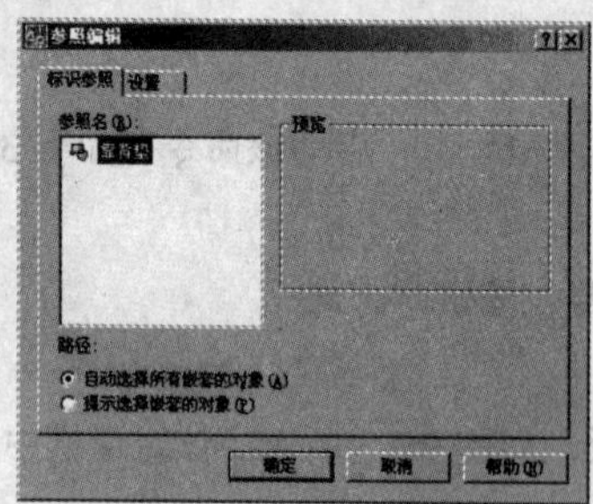

图 9.3.6 “参照编辑”对话框

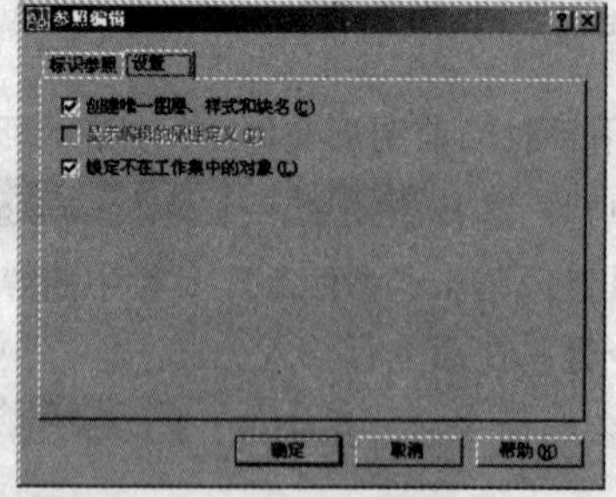

图 9.3.7 “设置”选项卡

注意：如果要对外部参照进行较大的改动，则可以打开外部参照直接编辑文件。

9.4　设 计 中 心

AutoCAD 设计中心是 AutoCAD 2008 中的一个非常有用的工具。在进行建筑设计时，用户可以直接从设计中心插入需要的建筑块。

9.4.1　启动设计中心

用户可以通过以下 4 种方法打开 AutoCAD 2008 的设计中心。

（1）菜单栏：选择 工具(T) → 选项板 → 设计中心(D) CTRL+2 命令。

（2）工具栏：单击“标准”工具栏中的“设计中心”按钮。

（3）命令行：在命令行输入 adcenter。

（4）快捷键：Ctrl+2。

执行设计中心命令后，系统打开 设计中心 面板，如图 9.4.1 所示。

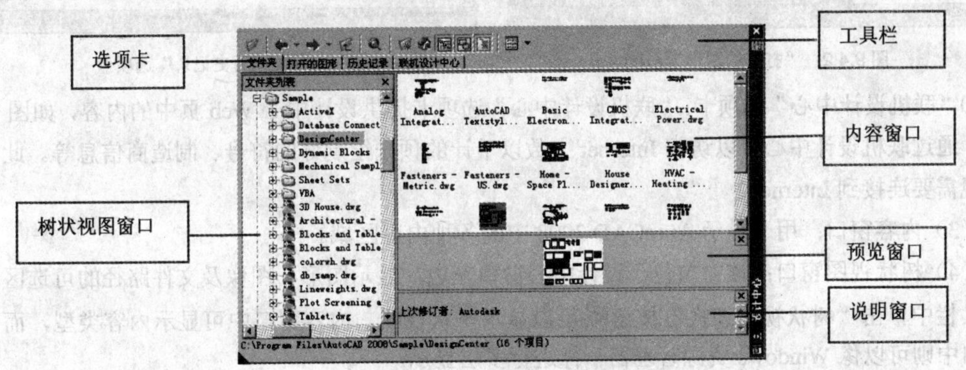

图 9.4.1　“设计中心”面板

该面板主要由工具栏、选项卡、内容窗口、树状视图窗口、预览窗口和说明窗口 6 部分组成。下面分别进行介绍。

（1）工具栏：包含选定内容类型的各种按钮。AutoCAD 2008 设计中心各工具按钮的功能如表 9.1 所示。

表 9.1　“设计中心”工具按钮功能

按　钮	功　能
	加载图形文件
	返回到历史记录列表中最近一次的位置
	返回到历史记录列表中下一次的位置
	返回到上一级目录
	快速搜索图形对象
	显示文件夹中的内容
	直接加载默认文件夹
	文件夹列表树状图切换按钮
	预览栏切换按钮
	说明栏切换按钮
	视图选择按钮

（2）选项卡：AutoCAD 设计中心窗口包括 4 个选项卡，各选项卡的窗口显示内容也不同。

1)“文件夹”选项卡：用于显示设计中心的资源，用户可以将设计中心的内容设置为本计算机的资源信息。

2)“打开的图形”选项卡：用于显示在当前 AutoCAD 环境中打开的所有图形文件，如图 9.4.2 所示。

3)“历史记录”选项卡：用于显示用户最近访问过的文件，包括这些文件的完整路径，如图 9.4.3 所示。

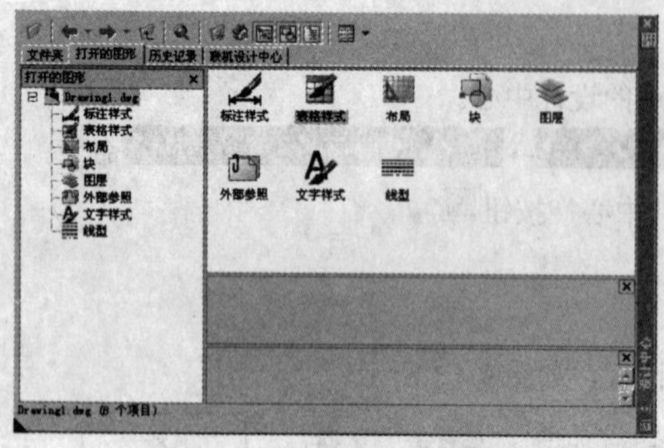

图 9.4.2 “打开的图形”选项卡

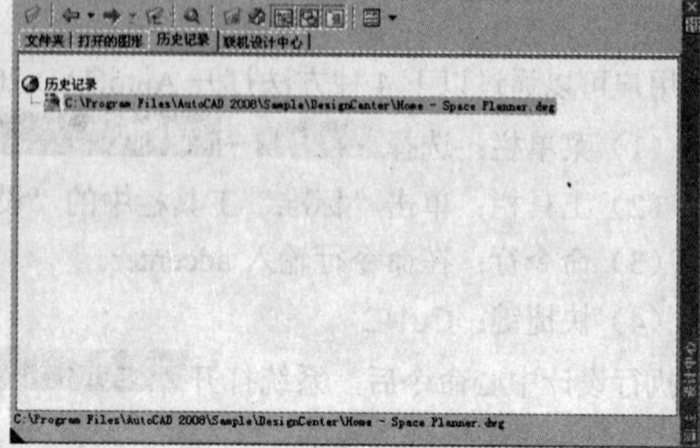

图 9.4.3 “历史记录”选项卡

4)“联机设计中心”选项卡：“联机设计中心”选项卡提供设计中心 Web 页中的内容，如图 9.4.4 所示。通过联机设计中心可以访问 Internet 上数以千计的预先绘制好的符号、制造商信息等。此功能的实现需要连接到 Internet。

(3) 内容窗口：用于显示 AutoCAD 2008 中的各种内容区域。

(4) 树状视图窗口：该窗口位于设计中心窗口左边，显示图形、图像及文件路径的可选区域。在工具栏中单击“树状视图切换”按钮可以显示树状视图。内容窗口中可显示内容类型，而在树状窗口中则可以像 Windows 资源管理器一样进行多层显示。

(5) 预览窗口：单击需要预览的图形文件，可以在打开和关闭预览框之间进行切换。

(6) 说明窗口：单击需要说明的图形文件，可以在打开和关闭说明框之间进行切换。

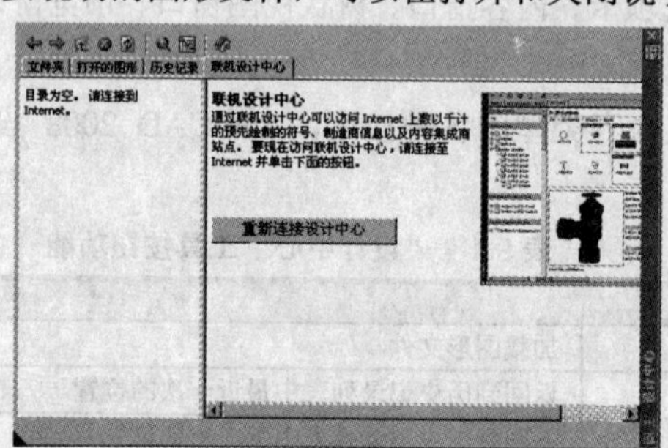

图 9.4.4 “联机设计中心”选项卡

9.4.2 利用设计中心进行图形文件管理

下面介绍利用 AutoCAD 工具栏按钮进行图形文件管理的方法。

1. 收藏

单击工具栏中的“收藏夹”按钮，系统弹出如图 9.4.5 所示的面板，树状目录指向收藏夹，右侧区域显示收藏夹下的具体文件。

如果用户选择了图形、文件或其他类型的内容，并单击鼠标右键，系统弹出快捷菜单，如图 9.4.6 所示，选择添加到收藏夹(D)命令，就会在收藏夹中为其创建一个相应的快捷方式。

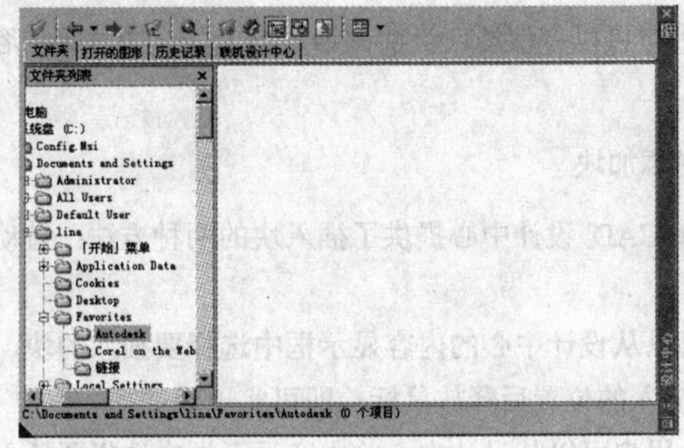

图 9.4.5　收藏夹显示状态

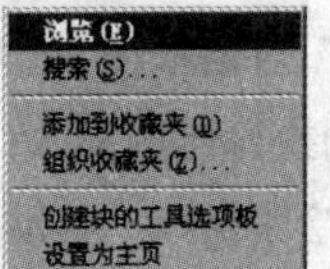

图 9.4.6　快捷菜单

2. 搜索对象

单击工具栏中的“搜索”按钮，系统弹出搜索对话框，如图 9.4.7 所示。打开搜索(K)下拉列表显示可搜索对象，包括填充图案、图层、图形、块、文字样式等。

下面分别介绍各选项卡含义：

(1)“图形”选项卡：该选项卡用于定位查找图形对象。

(2)“修改日期”选项卡：用于定义查找特定时间内创建或修改的图形的日期，如图 9.4.8 所示。

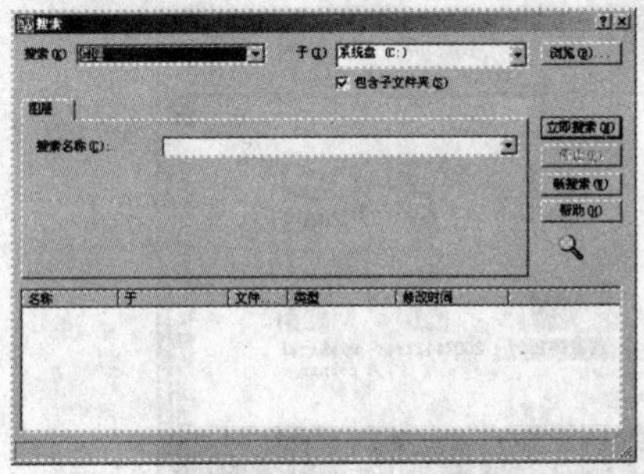

图 9.4.7　“搜索”对话框

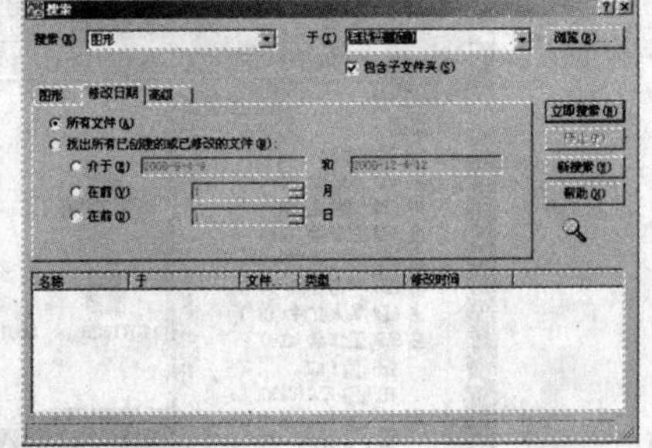

图 9.4.8　“修改日期”选项卡

(3)“高级”选项卡：用于查找图形中的内容，如图 9.4.9 所示。

3. 加载

单击工具栏中的“加载”按钮，系统弹出加载对话框，如图 9.4.10 所示。利用该对话框可以把图形文件加载到设计中心。

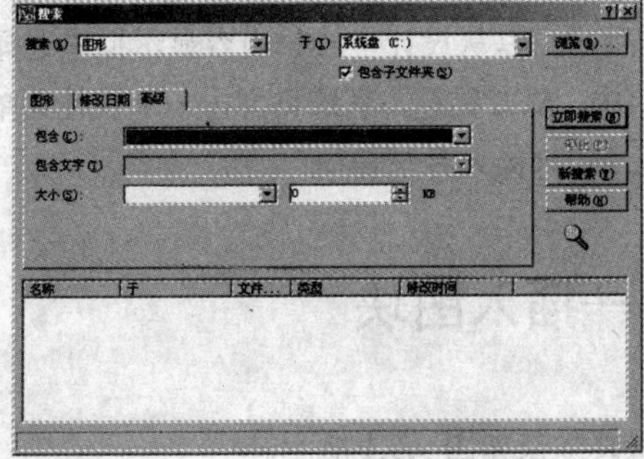

图 9.4.9　“高级”选项卡

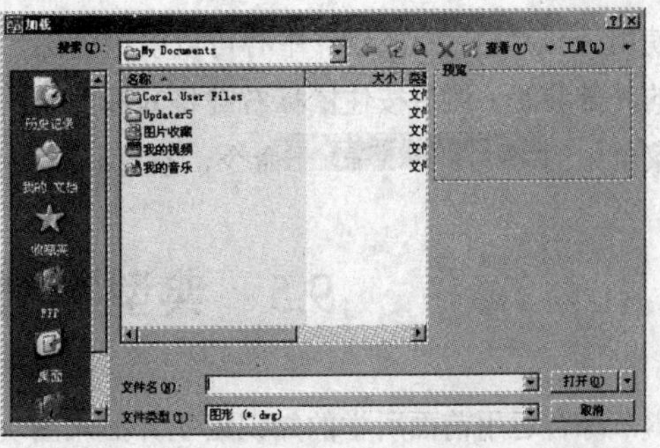

图 9.4.10　“加载”对话框

9.4.3 图形操作

利用 AutoCAD 2008 设计中心，用户可以方便地向当前图形中插入块、图片等内容，还可以引用外部参照。

1. 从设计中心向当前图形文件中添加块

用户可以将块插入到图形中，AutoCAD 设计中心提供了插入块的两种方法：自动换算比例插入和利用“插入”对话框插入。

（1）自动换算比例插入：用户可以从设计中心的内容显示框中选择要插入的块，然后用拖曳的方法将块拖到绘图窗口，移动到需要插入的位置后释放鼠标，即可实现块的插入。

（2）利用“插入”对话框插入：用户可以从设计中心的内容显示框中选择要插入的图形，然后用鼠标右键拖曳的方法将块拖到绘图窗口后释放鼠标，此时系统弹出快捷菜单，选择插入为块(I)命令，设置好相关参数，即可将块插入到当前图形中。

2. 从设计中心向当前图形文件中添加图片

用户可以通过 AutoCAD 2008 设计中心把数码照片、BMP 图像或公司标记等光栅图像的图标从控制面板拖放到绘图区，然后输入插入点、缩放比例及旋转角度值，从而把它们复制到当前图形中，如图 9.4.11 所示。

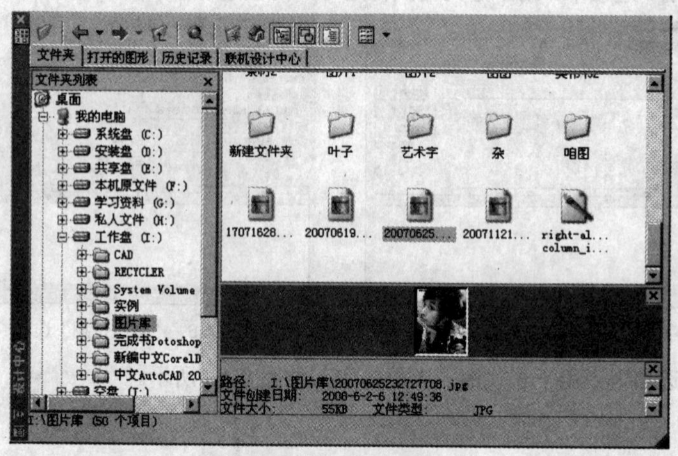

图 9.4.11 利用设计中心添加图片

3. 引用外部参照

使用 AutoCAD 2008 设计中心可以引用外部参照。用户可以从设计中心的内容显示框中选择需要引用的外部参照，然后按住鼠标右键将其拖到绘图窗口中，释放鼠标，系统将弹出一个快捷菜单，选择该菜单中的附着外部参照(A)...命令，设置好相关参数，即可插入外部参照。

9.5 典型实例——插入图块

本节综合运用前面所学的知识绘制并插入图块，最终效果如图 9.5.1 所示。

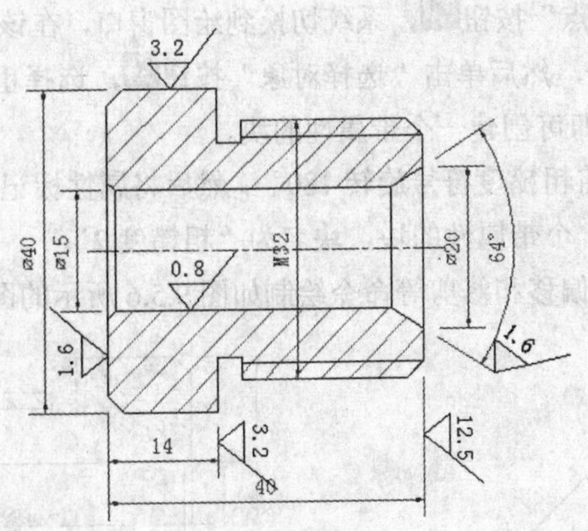

图 9.5.1　最终效果图

操作步骤

（1）利用多段线命令绘制如图 9.5.1 所示的粗糙度符号。

（2）选择 绘图(D) → 块(K) → 定义属性(D)... 命令，系统弹出 属性定义 对话框，在该对话框中输入如图 9.5.2 所示的内容。

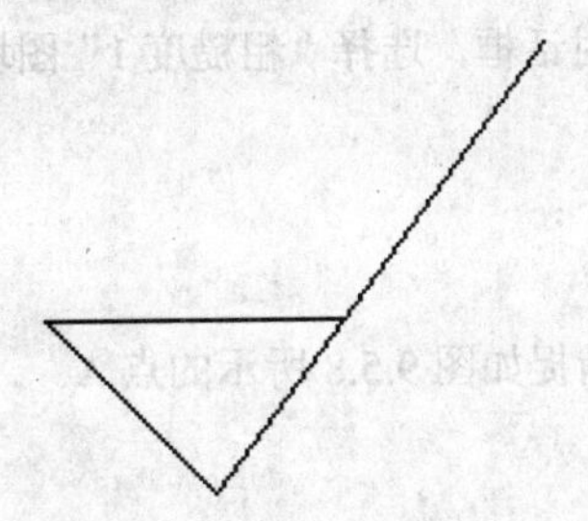

图 9.5.1　绘制粗糙度符号

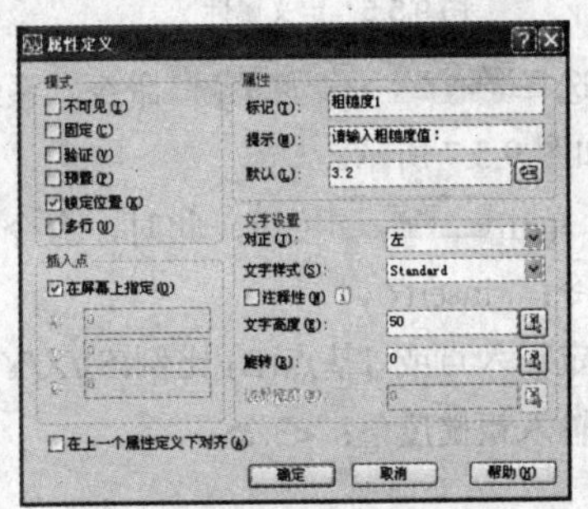

图 9.5.2　"属性定义"对话框

（3）在 插入点 选项区中，选中 ☑在屏幕上指定(O) 复选框，其余为默认设置。

（4）单击 确定 按钮，系统切换到绘图窗口，在粗糙度符号上单击一点，即可完成对块属性的定义，如图 9.5.3 所示。

（5）选择 绘图(D) → 块(K) → 创建(M)... 命令，系统弹出 块定义 对话框，在该对话框中输入块的名称"粗糙度 1"，如图 9.5.4 所示。

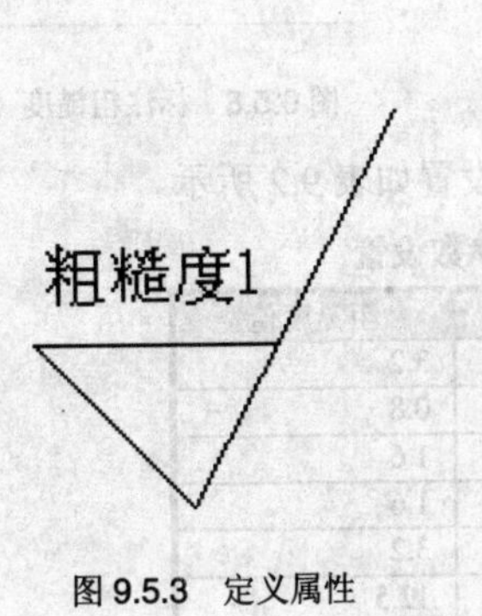

图 9.5.3　定义属性

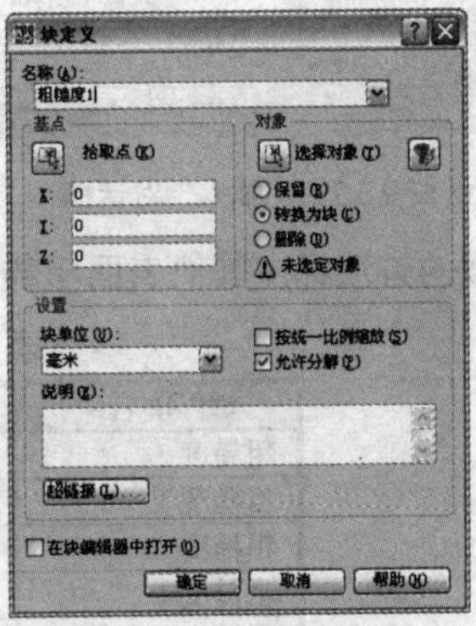

图 9.5.4　"块定义"对话框

（6）单击“拾取插入基点”按钮，系统切换到绘图窗口，在该窗口拾取粗糙度符号的尖端为基点；选中 保留(R) 单选按钮，然后单击“选择对象”按钮，选择粗糙度符号及粗糙度属性标记。最后，单击 确定 按钮，即可创建一个带属性的块。

（7）根据标注的需要，将粗糙度符号旋转 180°，然后将属性标记移动到合适的位置，如图 9.5.5 所示。用同样的方法创建另一个带属性的块，块名为“粗糙度 2”。

（8）利用图层、直线、偏移和修剪等命令绘制如图 9.5.6 所示的图形，并标注尺寸。

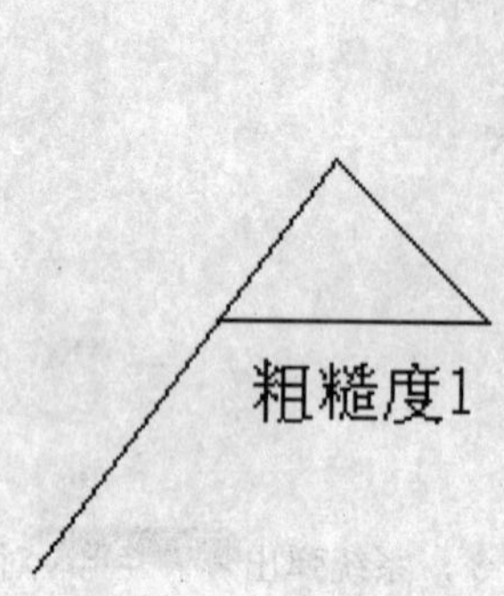

图 9.5.5　定义属性

图 9.5.6　绘制图形

（9）选择 插入(I)→块(B)... 命令，系统弹出 插入 对话框，选择“粗糙度 1”图块，其余为默认设置，如图 9.5.7 所示。

（10）单击 确定 按钮，此时，命令行提示信息如下：

1）命令：_insert↙。

2）指定插入点或 [基点(B)/比例(S)/X/Y/Z/旋转(R)]：捕捉如图 9.5.8 所示的点 A。

3）请输入粗糙度值：<3.2>：↙。

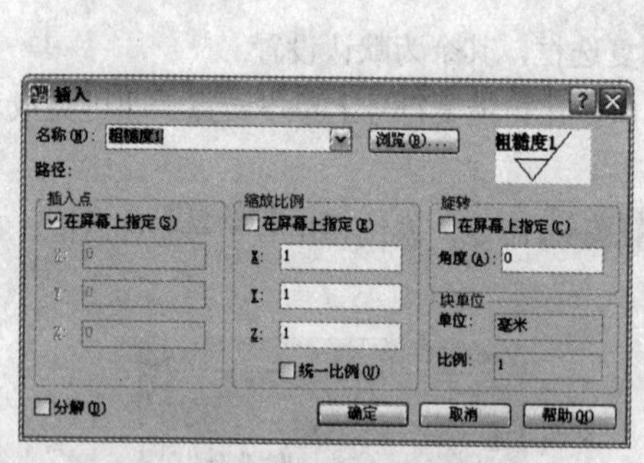

图 9.5.7　“插入”对话框

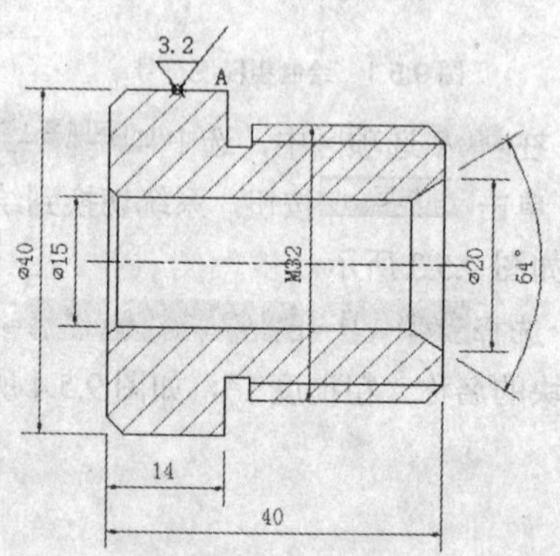

图 9.5.8　标注粗糙度

（11）用类似的方法标注其他表面粗糙度值，参数设置如表 9.2 所示。

表 9.2　粗糙度参数设置

输入块名称	旋转角度	粗糙度值
粗糙度 1	0	3.2
粗糙度 1	0	0.8
粗糙度 1	90	1.6
粗糙度 1	-30	1.6
粗糙度 2	90	3.2
粗糙度 2	90	12.5

（12）标注后的效果如图 9.5.1 所示。

本 章 小 结

本章主要介绍了 AutoCAD 2008 的 3 个重要功能：块、外部参照和设计中心。块操作包括创建块、插入块和块属性等内容。外部参照和设计中心是 AutoCAD 2008 中两个强大的设计绘图工具，灵活地运用它们可以简化复杂的绘图工作，提高工作效率。

过 关 练 习

一、填空题

1. 在 AutoCAD 中，块属性的模式有 4 种，分别是_________、_________、_________和_________。

2. 在 AutoCAD 2008 中，创建块的方法有两种：一种是_________，另一种是_________。

3. AutoCAD 设计中心窗口包括 4 个选项卡，分别为_________、_________、_________和_________。

4. 外部参照是指_________。

二、选择题

1. 块的特点有（　）。

（A）提高绘图速度　　（B）节省存储空间

（C）便于修改图形　　（D）可以添加属性

2. 执行（　）命令，可以以阵列的形式插入块。

（A）insert　　（B）block

（C）wblock　　（D）minsert

3.（　）命令用于定义外部块。

（A）block　　（B）ddedit

（C）wblock　　（D）attdef

4. 执行（　）命令可以在“块属性管理器”中编辑块的属性。

（A）ddedit　　（B）attedit

（C）eattedit　　（D）battman

5. 以下（　）命令不能用于插入块。

（A）-insert　　（B）ddinsert

（C）minsert　　（D）tinsert

三、简答题

1. 简要介绍插入图块的几种方法。

2. 如何定义图块属性？

3. 外部参照的作用以及块与外部参照的区别是什么？

4. 如何使用设计中心？

四、上机操作题

1．绘制一个图形，将它定义成块，并在当前图形中插入，再在另一个图形中作为外部参照插入。

2．将如题图 9.1 所示的标题栏制成带属性的块，使其插入到图样中时，图标的图名、图号、材料、比例、数量能够自动注释。

图名			比例		
			重量		
设计			材料		数量	
制图			单位		
审核					

(尺寸：总宽 280 = 120 + 40 + 40 + 80；左下 40, 40, 40；总高 75 = 30 + 15 + 15 + 15)

题图 9.1

3．利用创建块、插入块以及设计中心命令绘制如题图 9.2 所示的卫生间平面图。

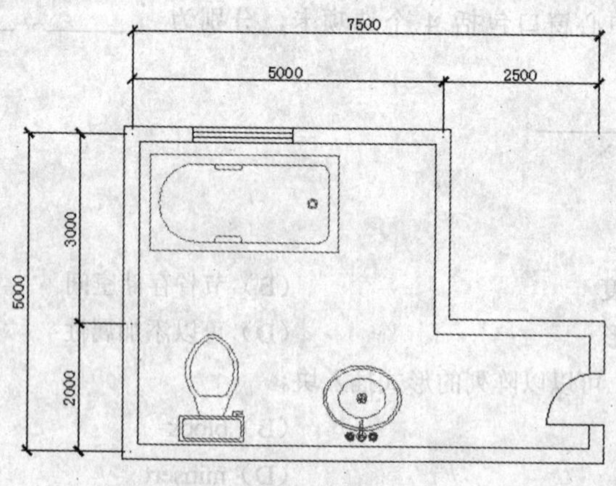

题图 9.2

第10章 绘制三维实体

章前导航

AutoCAD 2008 除了具有强大的二维绘图功能外，其三维绘图功能也十分卓越。在 AutoCAD 2008 中，通过三维网格和三维实体来表现三维对象的特性，创建出比二维图形更加逼真、直观的三维效果。本章主要介绍三维绘图的一些基础知识和一些简单三维对象的创建方法。

本章要点

- 三维绘图基础
- 绘制三维点和线
- 绘制三维网格
- 绘制基本三维实体
- 通过二维图形创建实体

10.1　三维绘图基础

在绘制三维对象之前，首先应了解一些三维绘图的基础知识，包括用户坐标系的建立、设置视图观测点、动态观察图形、使用相机、漫游和飞行，以及观察三维图形的方法。

10.1.1　建立用户坐标系

前面已经介绍过，在 AutoCAD 2008 中，系统提供了两种坐标系，一种是世界坐标系（WCS），另一种是用户坐标系（UCS）。世界坐标系主要在绘制二维图形时使用，而用户坐标系则主要在绘制三维图形时使用。合理地创建 UCS，可以方便用户创建三维模型。

在命令行中输入命令 ucs 后按回车键，即可创建用户坐标系，命令行提示如下：

命令：ucs↙

当前 UCS 名称：*世界*　　（系统提示）

指定 UCS 的原点或 [面(F)/命名(NA)/对象(OB)/上一个(P)/视图(V)/世界(W)/X/Y/Z/Z 轴(ZA)] <世界>:（指定新坐标系的原点）

其中各命令选项功能介绍如下：

（1）指定 UCS 的原点：选择该命令选项，使用一点、两点或三点定义一个新的 UCS。如果指定单个点，当前 UCS 的原点将会移动而不会更改 X，Y 和 Z 轴的方向。

（2）面(F)：选择该命令选项，依据在三维实体中选中的面来定义 UCS。

（3）命名(NA)：选择该命令选项，按名称保存并恢复使用的 UCS。

（4）对象(OB)：选择该命令选项，根据选定三维对象定义新的坐标系。新建 UCS 的拉伸方向（Z 轴正方向）与选定对象的拉伸方向相同。

（5）上一个(P)：选择该命令选项，恢复上一次使用的 UCS。

（6）视图(V)：选择该命令选项，以垂直于观察方向的平面为 XY 平面，建立新的坐标系。

（7）世界(W)：选择该命令选项，将当前用户坐标系设置为世界坐标系。

（8）X/Y/Z：选择该命令选项，绕指定轴旋转当前 UCS。

（9）Z 轴(ZA)：选择该命令选项，用指定的 Z 轴正半轴定义 UCS。

10.1.2　设置视图观测点

视图的观测点也称为视点，是指观测图形的方向。在三维空间中使用不同的视点来观测图形，会得到不同的效果。如图 10.1.1 所示为在三维空间不同视点处观测到三维物体的效果。

图 10.1.1　不同视点处观测到的三维物体效果

在 AutoCAD 2008 中，系统提供了两种视点，一种是标准视点，另一种是用户自定义视点，以下分别进行介绍。

1. 标准视点

标准视点是系统为用户定义的视点，共有 10 种，这些视点包括俯视、仰视、左视、右视、主视、后视、西南等轴测、东南等轴测、东北等轴测和西北等轴测。选择 视图(V) → 三维视图(D) 命令的子命令，或单击“视图”工具栏中的相应按钮，即可切换标准视点，如图 10.1.2 所示。

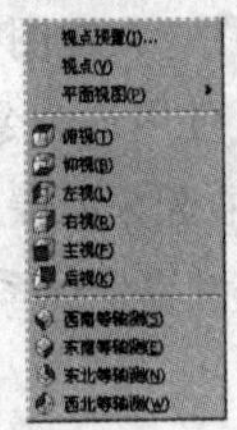

图 10.1.2 “三维视图”的子菜单和工具栏

2. 自定义视点

自定义视点是用户自己设置的视点，使用自定义视点可以精确地设置观测图形的方向。在 AutoCAD 2008 中，设置自定义视点的方法有以下几种：

（1）视点预置。用户可选择 视图(V) → 三维视图(D) → 视点预置(I)... 命令或在命令行中输入命令 ddvpoint，弹出 视点预置 对话框，如图 10.1.3 所示。

该对话框中各选项功能介绍如下：

1）设置观察角度：此选项用于选择观察角度。如果选中 绝对于 WCS(W) 单选按钮，则视点绝对于世界坐标系；如果选中 相对于 UCS(U) 单选按钮，则视点相对于当前用户坐标系。

2）自：在 X 轴(A): 315.0 或 XY 平面(P): 35.3 文本框中直接输入角度值，即可指定查看角度，也可以使用样例图像来指定查看角度。黑针指示新角度，灰针指示当前角度。通过选择圆或半圆的内部区域来指定一个角度，如果选择了边界外面的区域，则舍入在该区域显示的角度值；如果选择了内弧或内弧中的区域，角度将不会舍入，结果可能是一个分数。

3）设置为平面视图(V)：单击此按钮，设置查看角度以相对于选定坐标系显示平面视图。

（2）视点。用户可以通过选择 视图(V) → 三维视图(D) → 视点(V) 命令，或在命令行中输入命令 vpoint 执行视点设置命令，如图 10.1.4 所示。通过拖动鼠标移动十字光标，同时坐标系图标也随之变换方向，如果十字光标位于小圆以内，则视点落在 Z 轴正方向上；如果十字光标位于小圆与大圆之间，则视点落在 Z 轴负方向上。当十字光标处于适当位置时，单击鼠标左键即可确定视点。

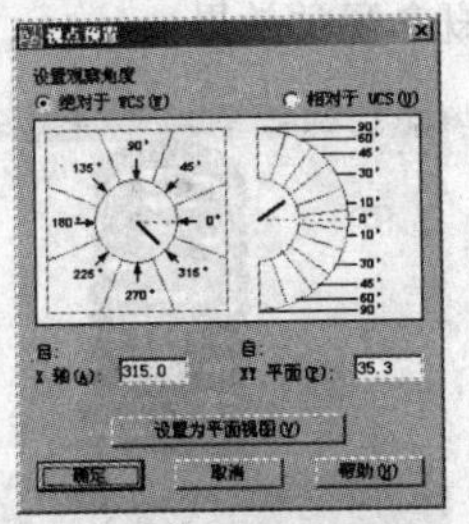

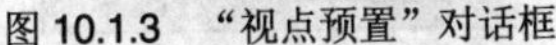

图 10.1.3 “视点预置”对话框

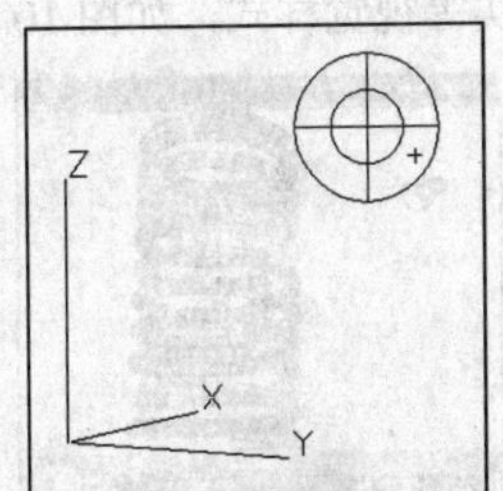

图 10.1.4 视点设置

10.1.3 动态观察

动态观察用于动态显示三维图形的效果。在 AutoCAD 2008 中，动态观察命令有 3 个，分别为“受约束的动态观察”“自由动态观察”和“连续动态观察”。选择 视图(V) → 动态观察(B) 命令中的子命令或单击“动态观察”工具栏中的相应按钮即可执行动态观察命令，如图 10.1.5 所示。

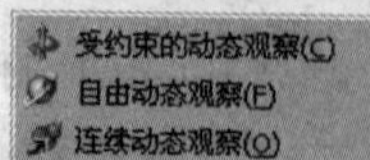

图 10.1.5　动态观察子菜单和工具栏

（1）受约束的动态观察：执行该命令后，即可激活三维动态观察视图，在视图中的任意位置拖动并移动鼠标，即可动态观察图形中的对象。释放鼠标后，对象保持静止。使用该命令观察三维图形时，视图的目标始终保持静止，而观察点将围绕目标移动，所以从用户的视点看起来就像三维模型正在随着鼠标光标的拖动而旋转。拖动鼠标时，如果水平拖动光标，视点将平行于世界坐标系的 XY 平面移动；如果垂直拖动光标，视点将沿 Z 轴移动。

（2）自由动态观察：执行该命令后，激活三维自由动态观察视图，并显示一个导航球，它被更小的圆分成 4 个区域，拖动鼠标即可动态观察三维模型。在执行该命令前，用户可以选中查看整个图形，或者选择一个或多个对象进行观察。

（3）连续动态观察：执行该命令后，在绘图区域中单击并沿任意方向拖动鼠标，即可使对象沿着鼠标拖动方向移动。释放鼠标后，对象在指定方向上继续沿着轨迹运动。拖动鼠标移动的速度决定了对象旋转的速度。

10.1.4　使用相机

AutoCAD 2008 新增了相机功能，用户可以在模型空间放置一台或多台相机来定义三维透视图。

1．创建相机

选择 视图(V) → 创建相机(T) 命令，在绘图区指定相机位置后，命令行提示信息如下：

输入选项 [?/名称(N)/位置(LO)/高度(H)/目标(T)/镜头(LE)/剪裁(C)/视图(V)/退出(X)] <退出>：在该提示下，用户可以指定创建的相机名称、相机位置、高度、目标位置、镜头长度、剪裁方式以及是否切换到相机视图。

2．相机预览

在视图中创建相机后，选中相机，系统弹出 相机预览 对话框，如图 10.1.6 所示，在预览框中显示了使用相机观察到的视图效果。用户可以在 视觉样式: 下拉列表框中设置预览窗口中图形的三维隐藏、三维线框、概念、真实等视觉样式，如图 10.1.7 所示为概念视觉效果。

图 10.1.6　“相机预览”对话框

图 10.1.7　概念视觉效果

10.1.5　漫游和飞行

在 AutoCAD 2008 中，用户可以在漫游或飞行模式下通过键盘和鼠标来控制视图显示，并创建导航动画。

1．漫游和飞行设置

选择 视图(V) → 漫游和飞行(K) → 漫游(K) 或 飞行(F) 命令，进入漫游或飞行环境，同时弹出 漫游和飞行导航映射 提示框和 定位器 选项板，如图 10.1.8 所示。

在“漫游和飞行导航映射”提示框中显示了用于导航的快捷键及其对应功能。而“定位器”选项板的功能类似于地图，在其预览窗口中显示模型的俯视图，并显示了当前用户在模型中所处的位置。当鼠标指针移动到指示器中时，指针就会变成一个“手”的形状，拖动鼠标即可改变指示器的位置。在“定位器”选项板中的“基本”选项区中可以设置指示器的颜色、尺寸、是否闪烁以及目标指示器的开关状态、颜色、预览透明度和预览视觉样式等。

选择 视图(V) → 漫游和飞行(K) → 漫游和飞行设置(S)... 命令，弹出 漫游和飞行设置 对话框，如图 10.1.9 所示。在该对话框中可以设置显示指令窗口的时机、窗口显示的时间，以及“当前图形设置”选项组中的漫游/飞行步长、每秒步数等参数。

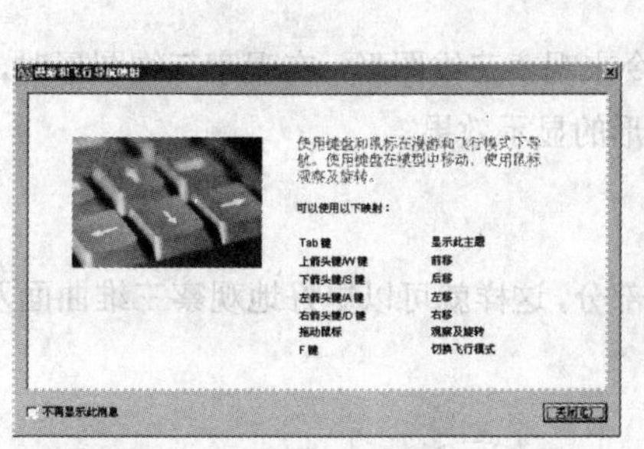

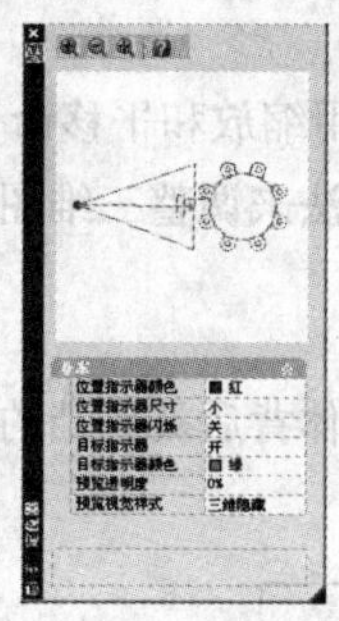

图 10.1.8　“漫游和飞行导航映射”提示框和“定位器”选项板

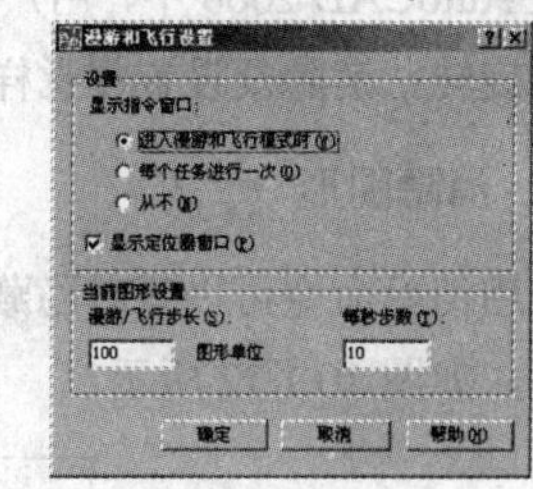

图 10.1.9　“漫游和飞行设置”对话框

2．创建导航动画

通过创建导航动画，用户可以模拟在三维图形中漫游和飞行。具体操作步骤如下：

（1）选择 工具(T) → 选项板 → 面板 命令，在绘图窗口的右侧打开“面板”选项板，单击“三维导航控制台”区域，打开扩展控件，如图 10.1.10 所示。

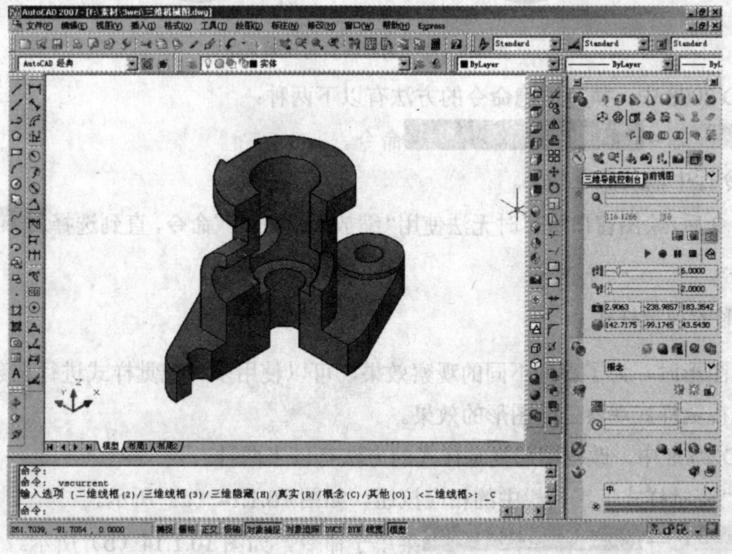

图 10.1.10　“面板”选项板

（2）选择 视图(V) → 漫游和飞行(K) → 漫游(K) 命令，打开 定位器 选项板，此时“面板”选项板中的“开始录制动画”按钮显示为红色，单击该按钮开始录制动画。

（3）在 定位器 选项板的预览窗口中，拖动鼠标移动指示器的位置，改变漫游显示效果。

（4）改变漫游显示效果后，单击“面板”选项板中的“播放动画”按钮，此时弹出 动画预览 对话框，该对话框中显示了漫游动画效果，如图 10.1.11 所示。

（5）在漫游模式下，用户可以按“F”键切换到飞行模式，在漫游和飞行模式下，均可以创建导航动画。创建导航动画结束后，可以单击“面板”选项板中的“保存动画”按钮，对创建的动画进行保存。

图 10.1.11　“动画预览”对话框

10.1.6　观察三维图形

在 AutoCAD 2008 中，用户可以使用缩放和平移命令来观察三维图形，在观察三维图形时，还可以通过旋转、消隐及设置视觉样式等方法来调整三维图形的显示效果。

1．消隐图形

使用消隐命令可以暂时隐藏位于实体背后被遮挡的部分，这样就可以更好地观察三维曲面及实体的效果，如图 10.1.12 所示。

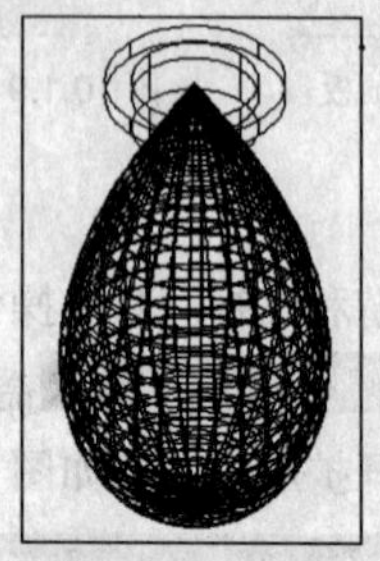
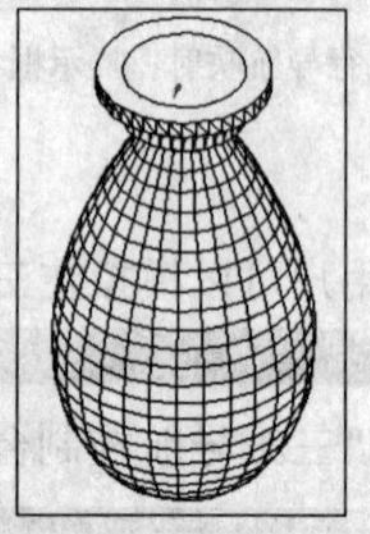

图 10.1.12　消隐前后对比效果图

在 AutoCAD 2008 中，执行消隐命令的方法有以下两种：

（1）选择 视图(V) → 消隐(H) 命令。

（2）在命令行中输入命令 hide。

执行消隐命令后，绘图窗口将暂时无法使用“缩放”和“平移”命令，直到选择 视图(V) → 重生成(G) 命令后才能使用。

2．改变图形的视觉样式

在观察三维图形时，为了得到不同的观察效果，可以使用多种视觉样式进行观察，如图 10.1.13 所示为采用多种视觉样式观察三维图形的效果。

在 AutoCAD 2008 中，改变图形视觉样式的方法有以下两种：

（1）单击“视觉样式”工具栏中的相应按钮，如图 10.1.14（a）所示。

（2）选择 视图(V) → 视觉样式(S) 菜单子命令，如图 10.1.14（b）所示。

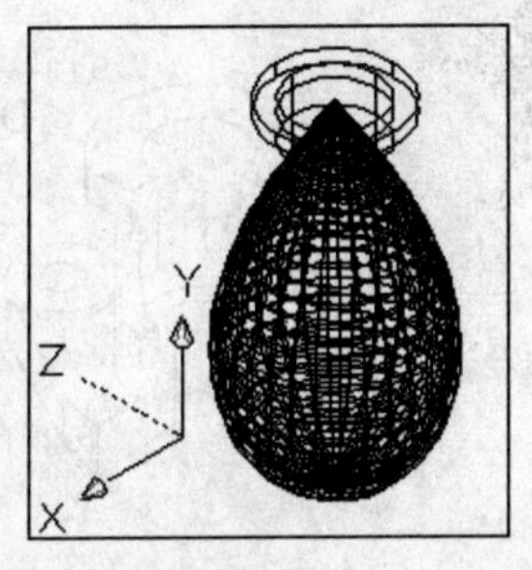

二维线框　　　　三维线框

三维隐藏　　　　真实　　　　概念

图 10.1.13　多种视觉样式观察三维图形的效果

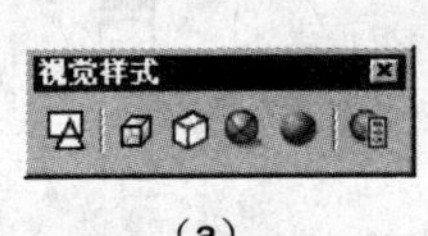

(a)　　　　(b)

图 10.1.14　“视觉样式”工具栏和“视觉样式”子命令

3. 设置曲面的轮廓素线

曲面的轮廓素线用于控制三维图形在线框模式下弯曲面的线条数，如图 10.1.15 所示。系统变量 ISOLINES 用于设置曲面的轮廓素线，系统默认值为 4，用户可以根据需要重新设置该系统变量值。曲面的轮廓素线越多越接近三维实体。

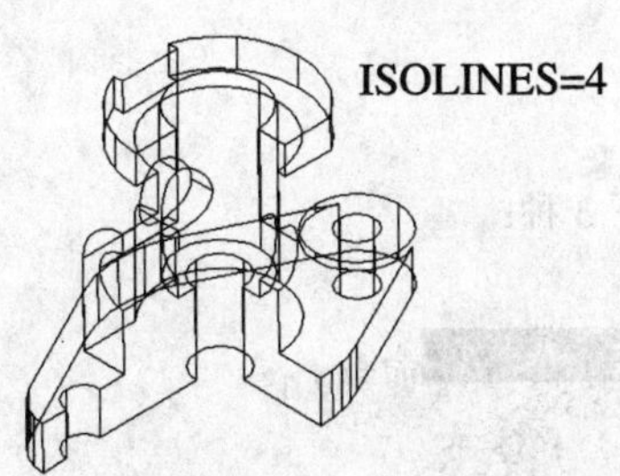

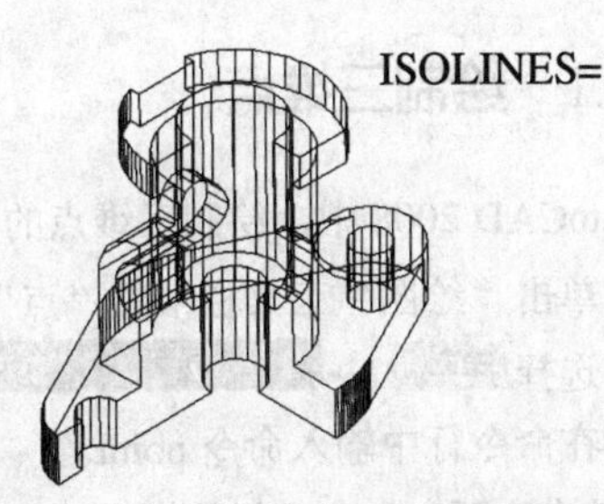

图 10.1.15　设置曲面轮廓素线

4. 显示实体轮廓

在 AutoCAD 2008 中，使用系统变量 DISPSILH 可以以线框形式显示实体轮廓，但必须设置该系统变量值为 1，然后使用消隐命令。如果设置该系统变量值为 0，再使用消隐命令，则在显示实体轮廓的同时还显示实体表面的线框，效果如图 10.1.16 所示。

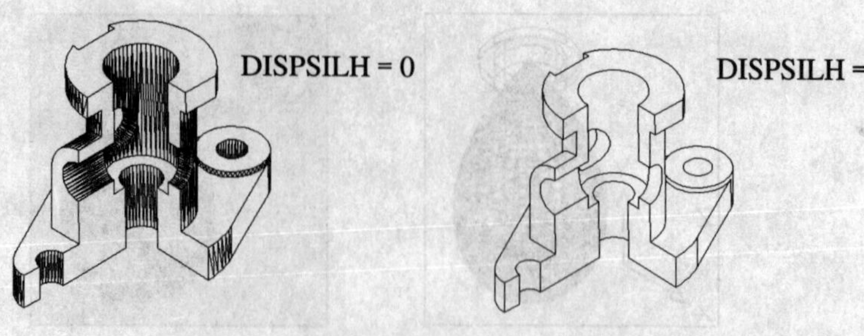

图 10.1.16　以线框形式显示实体轮廓

5．改变实体表面的平滑度

实体表面的平滑度由系统变量 FACETRES 控制，该系统变量用于设置曲面的面数，取值范围为 0.01～10。FACETRES 值越大，曲面越平滑。如图 10.1.17 所示为系统变量 FACETRES 为 1 和 10 时消隐后的效果。

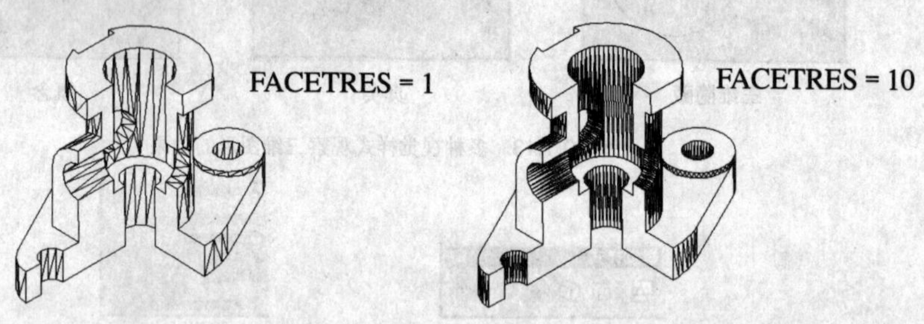

图 10.1.17　改变实体表面的平滑度

10.2　绘制三维点和线

在 AutoCAD 2008 中，可以使用三维点、三维直线、样条曲线、多段线和螺旋线命令来绘制简单的三维图形，本节将详细进行介绍。

10.2.1　绘制三维点

在 AutoCAD 2008 中，绘制三维点的方法有以下 3 种：

（1）单击“绘图”工具栏中的“点”按钮。

（2）选择 绘图(D) → 点(O) → 单点(S) 命令。

（3）在命令行中输入命令 point。

执行该命令后，在命令行的提示下直接输入三维坐标即可绘制三维点。在输入三维坐标时，用户可以采用绝对坐标输入或相对坐标输入，同时也可以使用对象捕捉来拾取特殊点。

10.2.2　绘制三维直线

在 AutoCAD 2008 中，绘制三维直线的方法有以下 3 种：

（1）单击“绘图”工具栏中的“直线”按钮。

（2）选择 绘图(D) → 直线(L) 命令。

（3）在命令行中输入命令 line。

执行该命令后，根据命令行提示依次输入三维空间直线的起点和端点绘制三维直线。如果输入多个端点，则绘制空间折线。

例如，用三维直线命令绘制如图 10.2.1 所示的三维空间折线，具体操作方法如下：

命令：_line↙

指定第一点：（捕捉如图 10.2.1 所示图形中的 A 点）

指定下一点或[放弃(U)]：（捕捉如图 10.2.1 所示图形中的 B 点）

指定下一点或[放弃(U)]：（捕捉如图 10.2.1 所示图形中的 C 点）

指定下一点或[闭合(C)/放弃(U)]：（捕捉如图 10.2.1 所示图形中的 D 点）

指定下一点或[闭合(C)/放弃(U)]：c（选择“闭合”命令闭合绘制的直线）

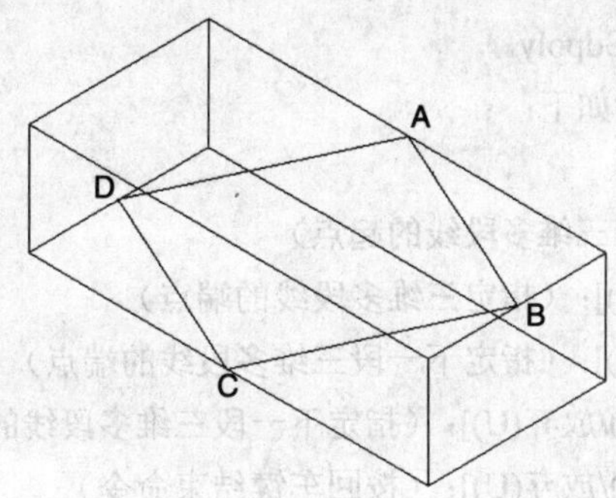

图 10.2.1　绘制三维空间折线

10.2.3　绘制三维样条曲线

在 AutoCAD 2008 中，绘制三维样条曲线的方法有以下 3 种：

（1）单击“绘图”工具栏中的“样条曲线”按钮。

（2）选择 绘图(D) → 样条曲线(S) 命令。

（3）在命令行中输入命令 spline。

执行该命令后，根据命令行提示依次输入三维样条曲线的起点和端点，并确定三维样条曲线的起点切向和端点切向，即可绘制三维样条曲线。

例如，用三维样条曲线命令绘制如图 10.2.2 所示的三维样条曲线，具体操作方法如下：

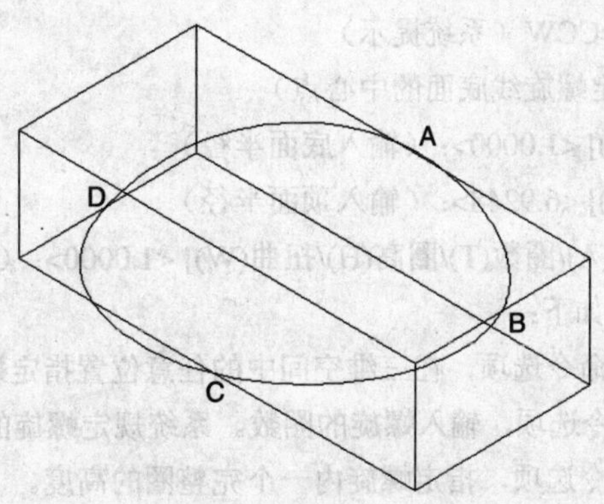

图 10.2.2　绘制三维样条曲线

命令：_spline↙

指定第一个点或[对象(O)]：(捕捉如图 10.2.2 所示图形中的中点 A)

指定下一点：(捕捉如图 10.2.2 所示图形中的中点 B)

指定下一点或 [闭合(C)/拟合公差(F)] <起点切向>：(捕捉如图 10.2.2 所示图形中的中点 C)

指定下一点或 [闭合(C)/拟合公差(F)] <起点切向>：(捕捉如图 10.2.2 所示图形中的中点 D)

指定下一点或 [闭合(C)/拟合公差(F)] <起点切向>：c（选择“闭合”命令闭合绘制的多段线）

指定切向：(按回车键确定样条曲线的切线)

10.2.4 绘制三维多段线

在 AutoCAD 2008 中，绘制三维多段线的方法有以下两种：

（1）选择 绘图(D) → 三维多段线(3) 命令。

（2）在命令行中输入命令 3dpoly。

执行该命令后，命令行提示如下：

命令：_3dpoly↙

指定多段线的起点：（指定三维多段线的起点）

指定直线的端点或 [放弃(U)]：(指定三维多段线的端点)

指定直线的端点或 [放弃(U)]：(指定下一段三维多段线的端点)

指定直线的端点或 [闭合(C)/放弃(U)]：(指定下一段三维多段线的端点)

指定直线的端点或 [闭合(C)/放弃(U)]：(按回车键结束命令)

执行绘制三维多段线命令后，根据系统提示依次输入三维多段线在三维空间中的起点和端点即可。如果执行 pline 命令，则只能绘制二维多段线，不能绘制三维多段线。

10.2.5 绘制螺旋线

在 AutoCAD 2008 中，绘制螺旋线的方法有以下 3 种：

（1）单击“建模”工具栏中的“螺旋”按钮。

（2）选择 绘图(D) → 螺旋(X) 命令。

（3）在命令行中输入命令 helix。

执行该命令后，命令行提示如下：

命令：_helix↙

圈数 = 3.0000　　扭曲=CCW（系统提示）

指定底面的中心点：(指定螺旋线底面的中心点)

指定底面半径或 [直径(D)] <1.0000>：(输入底面半径)

指定顶面半径或 [直径(D)] <6.9248>：(输入顶面半径)

指定螺旋高度或 [轴端点(A)/圈数(T)/圈高(H)/扭曲(W)] <1.0000>：(输入螺旋线的高度)

其中各命令选项功能介绍如下：

（1）轴端点(A)：选择该命令选项，在三维空间中的任意位置指定螺旋轴的端点。

（2）圈数(T)：选择该命令选项，输入螺旋的圈数。系统规定螺旋的圈数最多不能超过 500。

（3）圈高(H)：选择该命令选项，指定螺旋内一个完整圈的高度。

（4）扭曲(W)：选择该命令选项，指定以顺时针（CW）方向还是逆时针方向（CCW）绘制螺旋。

螺旋扭曲的默认值是逆时针。

如图 10.2.3 所示为绘制的三维螺旋线。

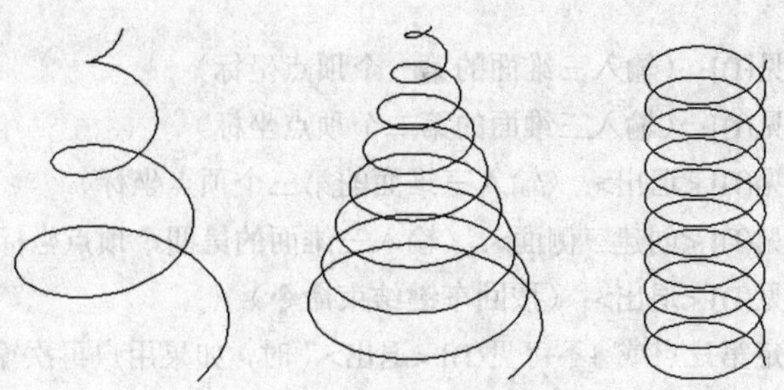

图 10.2.3　绘制的三维螺旋线

10.3　绘制三维网格

在 AutoCAD 中，用户可以用三维网格来描述三维对象。三维网格不仅可以定义三维对象的边界，而且还可以定义三维对象的面。本节将详细介绍在 AutoCAD 2008 中绘制三维网格的方法。

10.3.1　绘制平面曲面

平面曲面用于描述三维对象面的特性，在 AutoCAD 2008 中，执行绘制平面曲面命令的方法有以下 3 种：

（1）单击“建模”工具栏中的“平面曲面”按钮。

（2）选择 绘图(D) → 建模(M) → 平面曲面(F) 命令。

（3）在命令行中输入命令 planesurf。

执行该命令后，命令行提示如下：

命令：_planesurf✓

指定第一个角点或[对象(O)] <对象>：（指定平面曲面的第一个角点）

指定其他角点：（指定平面曲面的另一个角点）

如果选择“对象(O)”命令选项，则在命令行“选择对象”的提示下选择要转换为平面的对象即可。如图 10.3.1 所示即为绘制的平面曲面。

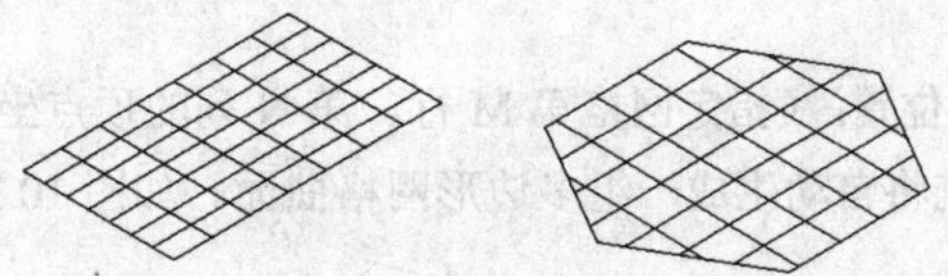

图 10.3.1　平面曲面

10.3.2　绘制三维面

三维面是三维空间中的表面，它没有厚度，也没有质量。三维面的各个顶点可以不在一个平面上，但构成三维面的顶点数不能超过 4 个。在 AutoCAD 2008 中执行绘制三维面命令的方法有以下两种：

（1）选择 绘图(D) → 建模(M) → 网格(M) → 三维面(F) 命令。

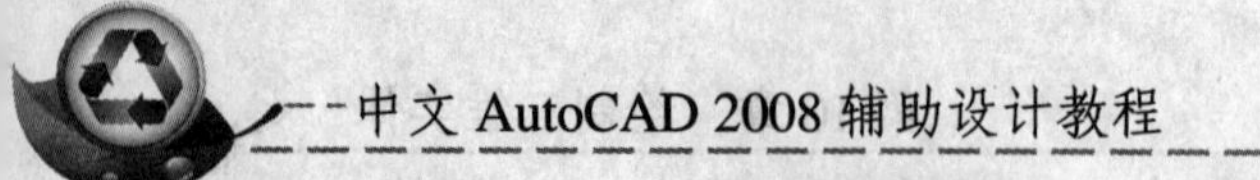

（2）在命令行中输入命令 3dface。

执行该命令后，命令行提示如下：

命令：_3dface↙

指定第一点或[不可见(I)]：（输入三维面的第一个顶点坐标）

指定第二点或[不可见(I)]：（输入三维面的第二个顶点坐标）

指定第三点或[不可见(I)] <退出>：（输入三维面的第三个顶点坐标）

指定第四点或[不可见(I)] <创建三侧面>：（输入三维面的第四个顶点坐标）

指定第三点或[不可见(I)] <退出>：（按回车键结束命令）

当命令行提示："指定第三点或 [不可见(I)] <退出>"时，如果用户再次输入三维空间点坐标，则继续创建三维面。

例如，根据 4 点绘制三维面，如图 10.3.2 所示。

（1）命令：_3dface↙

（2）指定第一点或[不可见(I)]：（捕捉 A 点）

（3）指定第二点或[不可见(I)]：（捕捉 B 点）

（4）指定第三点或[不可见(I)] <退出>：（捕捉 C 点）

（5）指定第四点或[不可见(I)] <创建三侧面>：（捕捉 D 点）

（6）指定第三点或[不可见(I)] <退出>：（按回车键结束命令）

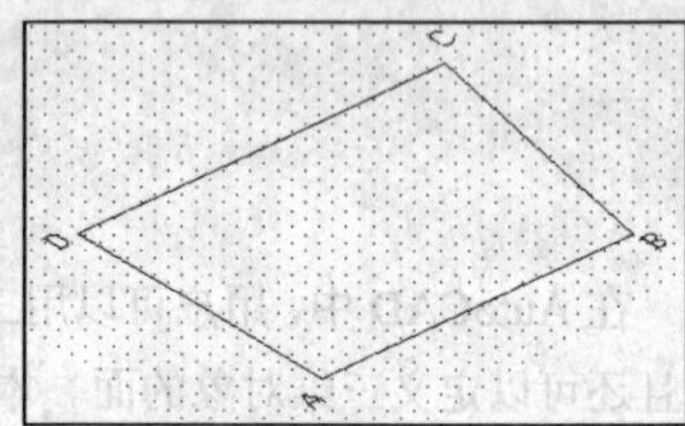

图 10.3.2　绘制三维面

10.3.3　绘制三维网格

在 AutoCAD 2008 中还可以使用三维网格绘制不规则的曲面，执行绘制三维网格命令的方法有以下两种：

（1）选择 绘图(D) → 建模(M) → 网格(M) → 三维网格(M) 命令。

（2）在命令行中输入命令 3dmesh。

执行该命令后，命令行提示如下：

命令：_3dmesh↙

输入 M 方向上的网格数量：（输入网格在 M 方向上的节点数）

输入 N 方向上的网格数量：（输入网格在 N 方向上的节点数）

指定顶点 (0, 0) 的位置：（指定网格第一行、第一列的顶点坐标）

指定顶点 (0, 1) 的位置：（指定网格第一行、第二列的顶点坐标）

……

指定顶点 (M+1,N+1) 的位置：（指定网格第 M 行、第 N 列的顶点坐标）

指定所有的顶点后，系统将自动生成一组多边形网格曲面。如图 10.3.3 所示为绘制的三维网格。

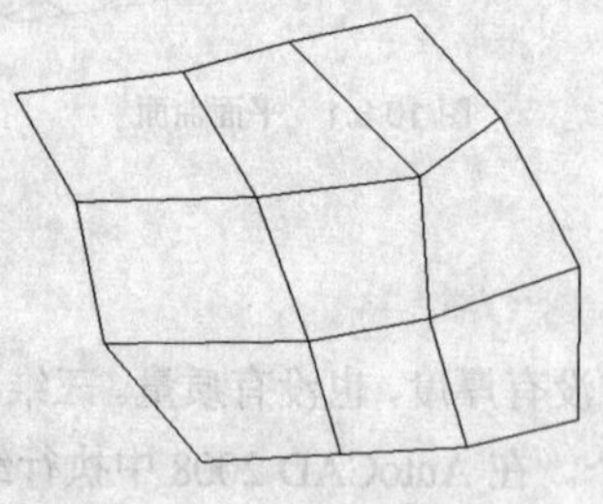

图 10.3.3　绘制三维网格

10.3.4　绘制旋转网格

在 AutoCAD 2008 中，可以将曲线绕旋转轴旋转一定角度，形成旋转网格。执行绘制旋转网格命令的方法有以下两种：

（1）选择 绘图(D) → 建模(M) → 网格(M) → 旋转网格(M) 命令。

（2）在命令行中输入命令 revsurf。

执行旋转网格命令后，命令行提示如下：

命令：_revsurf↙

当前线框密度：SURFTAB1=6　SURFTAB2=6（系统提示）

选择要旋转的对象：（选择被旋转的对象）

选择定义旋转轴的对象：（选择旋转轴）

指定起点角度 <0>：（确定起点角度）

指定包含角 (+=逆时针，-=顺时针) <360>：（确定旋转角度）

其中，SURFTAB1 和 SURFTAB2 的值决定了曲线沿旋转方向和轴线方向的线框密度，值越大，旋转形成的网格越光滑。

在绘制旋转网格时，首先要绘制出旋转对象和旋转轴。旋转对象可以是直线段、圆弧、圆、样条曲线、二维多段线及三维多段线等对象。旋转轴可以是直线段、二维多段线及三维多段线等对象。如图 10.3.4 所示为 SURFTAB1 和 SURFTAB2 的值为 20 时绘制的旋转网格。

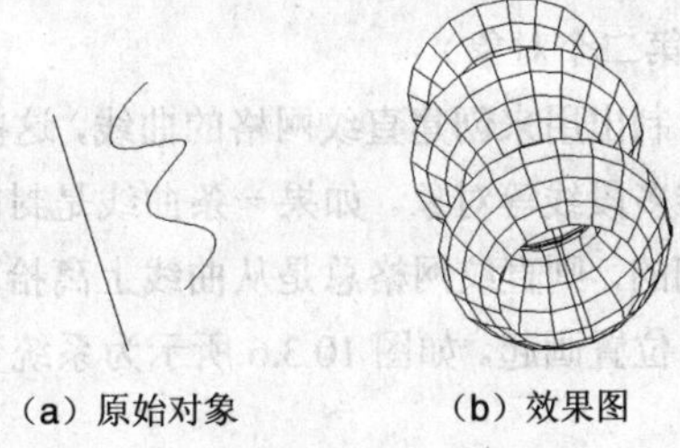

（a）原始对象　　（b）效果图

图 10.3.4　旋转网格

10.3.5　绘制平移网格

在 AutoCAD 2008 中，可以将对象沿路径曲线或方向矢量平移来创建三维网格。执行绘制平移网格命令的方法有以下两种：

（1）选择 绘图(D) → 建模(M) → 网格(M) → 平移网格(T) 命令。

（2）在命令行中输入命令 tabsurf。

启动平移网格命令后，命令行提示如下：

命令：_tabsurf↙

当前线框密度：SURFTAB1=32（系统提示）

选择用做轮廓曲线的对象：（指定轮廓线对象）

选择用做方向矢量的对象：（指定方向矢量对象）

绘制平移网格时，先要绘制出作为轮廓曲线和方向矢量的对象。用做轮廓曲线的对象可以是直线段、圆弧、圆、样条曲线、二维多段线及三维多段线等对象。作为方向矢量的对象可以是直线段或非闭合的二维多段线、三维多段线等对象。如图 10.3.5 所示为系统变量 SURFTAB1=32 时绘制的平移网格。

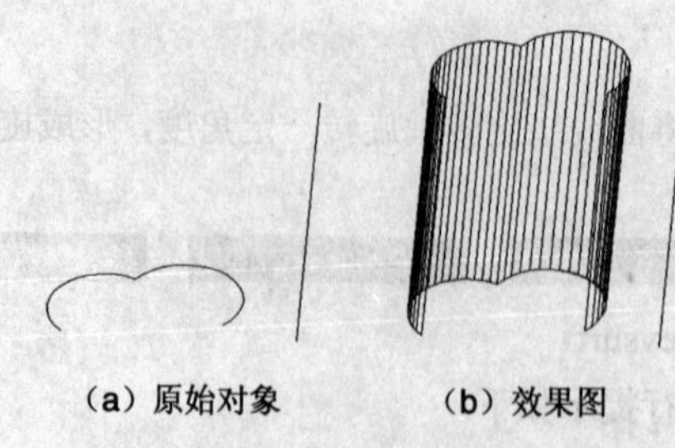

（a）原始对象　　　　（b）效果图

图 10.3.5　平移网格

10.3.6　绘制直纹网格

在 AutoCAD 2008 中，可以在两条曲线之间构造一个表示直纹网格的多边形网格，两个对象必须同时闭合或打开，且不能同时为点。执行绘制直纹网格命令的方法有以下两种：

（1）选择 绘图(D) → 建模(M) → 网格(M) → 直纹网格(R) 命令。

（2）在命令行中输入命令 rulesurf。

执行直纹网格命令后，命令行提示如下：

命令：_rulesurf↙

当前线框密度：SURFTAB1=32（系统提示）

选择第一条定义曲线：（指定第一个对象）

选择第二条定义曲线：（指定第二个对象）

在绘制直纹网格时，首先要绘制出用来创建直纹网格的曲线，这些曲线可以是直线段、点、圆弧、圆、样条曲线、二维多段线或三维多段线等对象。如果一条曲线是封闭的，另一条曲线也必须是封闭的或是一个点；如果曲线不是封闭的，则直纹网格总是从曲线上离拾取点近的一端画起；如果曲线是闭合的，则直纹网格从圆的零度角位置画起。如图 10.3.6 所示为系统变量 SURFTAB1=32 时绘制的直纹网格。

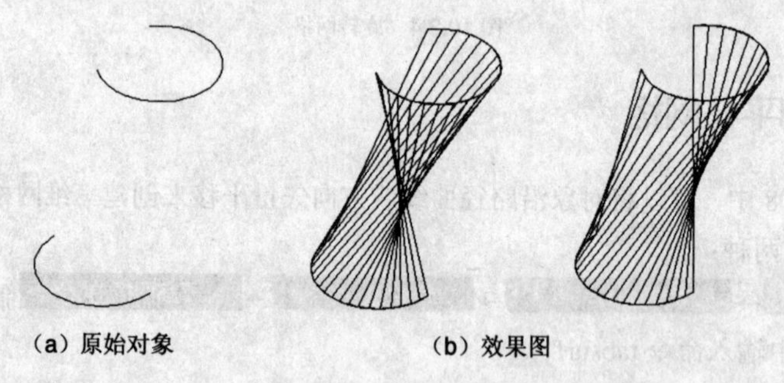

（a）原始对象　　　　（b）效果图

图 10.3.6　绘制直纹网格

10.3.7　绘制边界网格

在 AutoCAD 2008 中，可以使用 4 条首尾连接的边创建三维多边形网格。执行绘制边界网格命令的方法有以下两种：

（1）选择 绘图(D) → 建模(M) → 网格(M) → 边界网格(E) 命令。

（2）在命令行中输入命令 edgesurf。

执行边界网格命令后，命令行提示如下：

命令：_edgesurf↙

当前线框密度：SURFTAB1=20　SURFTAB2=20　　（系统提示）

选择用做曲面边界的对象 1：（选择第一个边界对象）

选择用做曲面边界的对象 2：（选择第二个边界对象）

选择用做曲面边界的对象 3：（选择第三个边界对象）

选择用做曲面边界的对象 4：（选择第四个边界对象）

在绘制边界网格时，先要绘制出用于创建边界曲面的各对象，这些对象可以是直线段、圆弧、样条曲线、二维多段线、三维多段线等。在选择对象时，选择的第一个对象的方向为多边形网格的 M 方向，它的临边方向为网格的 N 方向。如图 10.3.7 所示为系统变量 SURFTAB1 和 SURFTAB2 为 32 时绘制的边界网格。

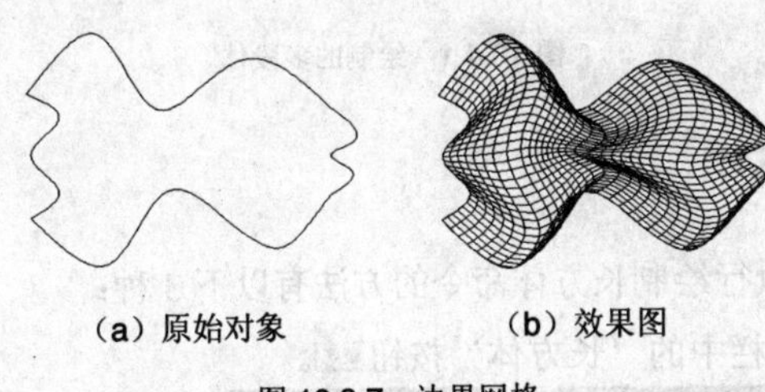

图 10.3.7　边界网格

10.4　绘制基本三维实体

三维实体是 AutoCAD 绘图过程中另一种重要的对象，用实体建模比网格更能完整地描述对象的三维特性，如分析实体的质量特性、体积、质心等。

在 AutoCAD 2008 中，系统提供了多种基本三维实体的创建命令，利用这些命令可以非常方便地创建多段体、长方体、楔体、圆柱体、圆锥体、球体、圆环体和棱锥面等基本三维实体。

10.4.1　绘制多段体

在 AutoCAD 2008 中，执行绘制多段体命令的方法有以下 3 种：

（1）单击“建模”工具栏中的“多段体”按钮。

（2）选择 绘图(D) → 建模(M) → 多段体(P) 命令。

（3）在命令行中输入命令 polysolid。

执行该命令后，命令行提示如下：

命令：_polysolid↙

指定起点或 [对象(O)/高度(H)/宽度(W)/对正(J)] <对象>：（指定多段体的起点）

指定下一个点或 [圆弧(A)/放弃(U)]：（指定多段体的下一点）

指定下一个点或 [圆弧(A)/放弃(U)]：（按回车键结束命令）

其中各命令选项功能介绍如下：

（1）对象(O)：选择此命令选项，指定将二维图形转换成多段体。

（2）高度(H)：选择此命令选项，为绘制的多段体设置高度。

（3）宽度(W)：选择此命令选项，为绘制的多段体设置宽度。

（4）对正(J)：选择此命令选项，为绘制的多段体设置对齐方式，系统默认为居中对齐，还可以根据需要设置为左对齐或右对齐。

（5）圆弧(A)：选择此命令选项，创建圆弧多段体。

（6）放弃(U)：选择此命令选项，放弃上一步的操作。

如图 10.4.1 所示即为绘制的多段体。

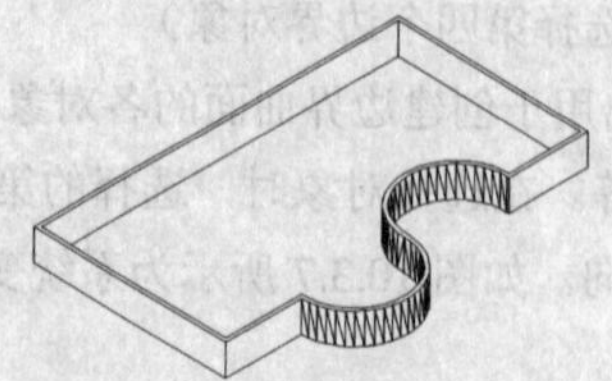

图 10.4.1　绘制的多段体

10.4.2　绘制长方体

在 AutoCAD 2008 中，执行绘制长方体命令的方法有以下 3 种：

（1）单击“建模”工具栏中的“长方体”按钮。

（2）选择 绘图(D) → 建模(M) → 长方体(B) 命令。

（3）在命令行中输入命令 box。

执行该命令后，命令行提示如下：

命令：_box↙

指定第一个角点或 [中心(C)]：(指定长方体底面的第一个角点)

指定其他角点或 [立方体(C)/长度(L)]：(指定长方体底面的第二个角点)

指定高度或 [两点(2P)]：(输入长方体的高)

其中各命令选项功能介绍如下：

（1）中心点(C)：选择此命令选项，使用指定的中心点创建长方体。

（2）立方体(C)：选择此命令选项，创建一个长、宽、高相同的长方体。

（3）长度(L)：选择此命令选项，按照指定长、宽、高创建长方体。

（4）两点(2P)：选择此命令选项，指定两点确定长方体的高。

在创建长方体时，长方体各边分别与当前 UCS 的 X 轴、Y 轴和 Z 轴平行，输入各边长度时，正值表示沿相应坐标轴的正方向创建长方体，反之沿坐标轴的负方向创建长方体。如图 10.4.2 所示为绘制的长方体和立方体。

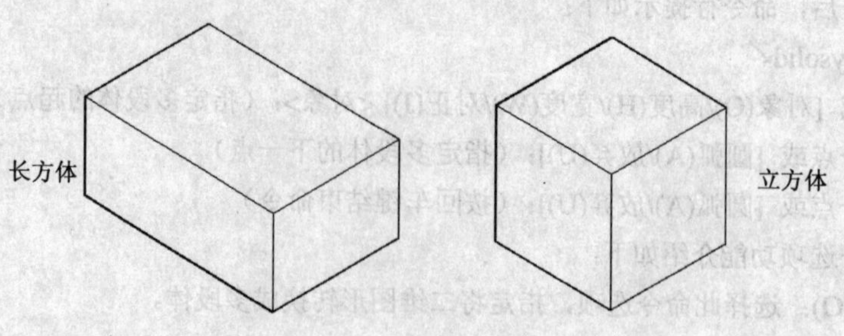

图 10.4.2　绘制的长方体和立方体

10.4.3　绘制楔体

在 AutoCAD 2008 中，执行绘制楔体命令的方法有以下 3 种：

（1）单击“建模”工具栏中的“楔体”按钮。

（2）选择 绘图(D) → 建模(M) → 楔体(W) 命令。

（3）在命令行中输入命令 wedge。

执行该命令后，命令行提示如下：

命令：_wedge↙

指定第一个角点或[中心(C)]：（指定楔体底面的第一个角点）

指定其他角点或[立方体(C)/长度(L)]：（指定楔体底面的第二个角点）

指定高度或[两点(2P)] <64.3589>：（输入楔体的高度）

其中各命令选项功能介绍如下：

（1）中心点(C)：选择此命令选项，使用指定中心点创建楔体。

（2）立方体(C)：选择此命令选项，创建等边楔体。

（3）长度(L)：选择此命令选项，创建指定长度、宽度和高度值的楔体。

（4）两点(2P)：选择此命令选项，通过指定两点来确定楔体的高度。

在指定楔体各边长度时，正值表示沿相应坐标轴的正方向创建楔体，反之沿坐标轴的负方向创建楔体，如图 10.4.3 所示为绘制的楔体。

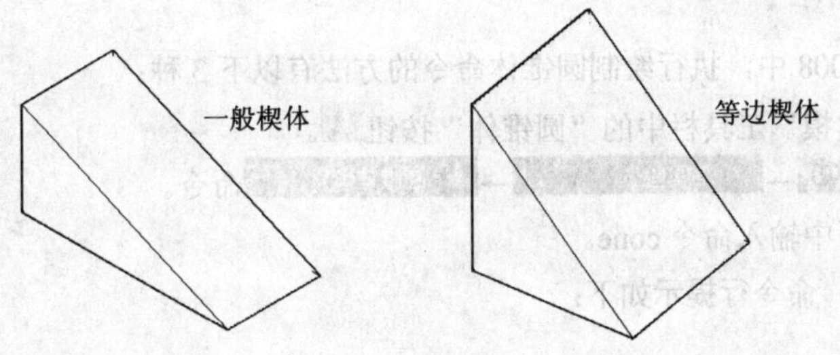

图 10.4.3　绘制的楔体

10.4.4　绘制圆柱体

在 AutoCAD 2008 中，执行绘制圆柱体命令的方法有以下 3 种：

（1）单击“建模”工具栏中的“圆柱体”按钮。

（2）选择 绘图(D) → 建模(M) → 圆柱体(C) 命令。

（3）在命令行中输入命令 cylinder。

执行该命令后，命令行提示如下：

命令：_cylinder↙

指定底面的中心点或[三点(3P)/两点(2P)/相切、相切、半径(T)/椭圆(E)]：（指定圆柱体底面中心点）

指定底面半径或[直径(D)] <35.0000>：（输入圆柱体底面半径）

指定高度或[两点(2P)/轴端点(A)] <63.1425>：（输入圆柱体高度）

其中各命令选项功能介绍如下：

（1）三点(3P)：选择此命令选项，通过指定三点来确定圆柱体的底面。

（2）两点(2P)：选择此命令选项，通过指定两点来确定圆柱体的底面。

（3）相切、相切、半径(T)：选择此命令选项，通过指定圆柱体底面的两个切点和半径来确定圆柱体的底面。

（4）椭圆(E)：选择此命令选项，创建具有椭圆底的圆柱体。

（5）直径(D)：选择此命令选项，通过输入直径来确定圆柱体的底面。

（6）两点(2P)：选择此命令选项，通过两点来确定圆柱体的高。

（7）轴端点(A)：选择此命令选项，指定圆柱体轴的端点位置。

在创建圆柱体时，可以按指定的方式创建圆柱体的底面，如三点法，两点法或相切、相切、半径法等，圆柱体的直径可以通过指定两点之间的距离来确定，也可以由用户直接在命令行中输入，如图 10.4.4 所示为绘制的圆柱体。

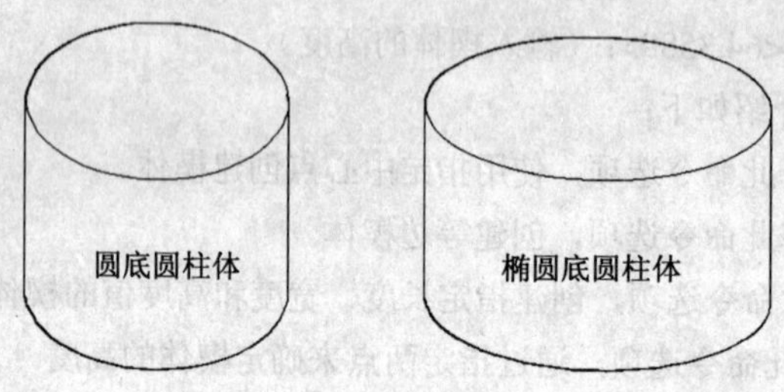

图 10.4.4　绘制的圆柱体

10.4.5　绘制圆锥体

在 AutoCAD 2008 中，执行绘制圆锥体命令的方法有以下 3 种：

（1）单击“建模”工具栏中的“圆锥体”按钮。

（2）选择 绘图(D) → 建模(M) → 圆锥体(O) 命令。

（3）在命令行中输入命令 cone。

执行该命令后，命令行提示如下：

命令：_cone↙

指定底面的中心点或[三点(3P)/两点(2P)/相切、相切、半径(T)/椭圆(E)]：(指定圆锥体底面的中心点)

指定底面半径或[直径(D)] <35.0000>：(输入圆锥体底面的半径)

指定高度或[两点(2P)/轴端点(A)/顶面半径(T)] <62.1347>：(输入圆锥体的高度)

其中各命令选项功能介绍如下：

（1）三点(3P)：选择此命令选项，通过指定三点来确定圆锥体的底面。

（2）两点(2P)：选择此命令选项，通过指定两点来确定圆锥体的底面，两点的连线为圆锥体底面圆的直径。

（3）相切、相切、半径(T)：选择此命令选项，通过指定圆锥体底面圆的两个切点和半径来确定圆锥体的底面。

（4）椭圆(E)：选择此命令选项，创建具有椭圆底的圆锥体。

（5）直径(D)：选择此命令选项，通过输入直径来确定圆锥体的底面。

（6）两点(2P)：选择此命令选项，通过指定两点来确定圆锥体的高。

（7）轴端点(A)：选择此命令选项，指定圆锥体轴的端点位置。

（8）顶面半径(T)：选择此命令选项，输入圆锥体顶面圆的半径。

如图 10.4.5 所示即为绘制的圆锥体。

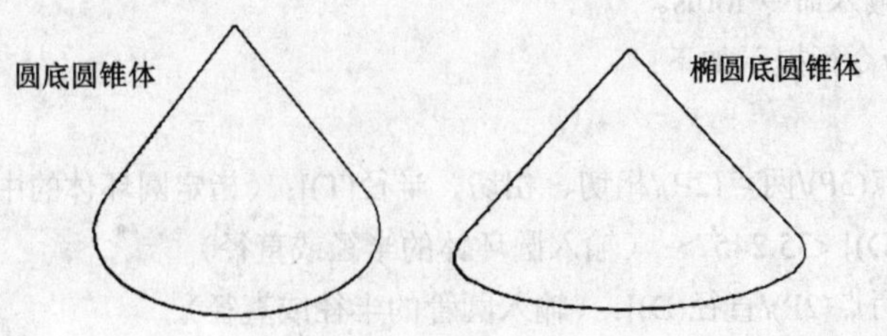

图 10.4.5 绘制的圆锥体

10.4.6 绘制球体

在 AutoCAD 2008 中，执行绘制球体命令的方法有以下 3 种：

（1）单击“建模”工具栏中的“球体”按钮。

（2）选择 绘图(D) → 建模(M) → 球体(S) 命令。

（3）在命令行中输入命令 sphere。

执行该命令后，命令行提示如下：

命令：_sphere↙

指定中心点或[三点(3P)/两点(2P)/相切、相切、半径(T)]：（指定球体的球心）

指定半径或[直径(D)]：（输入球体的半径或直径）

其中各命令选项功能介绍如下：

（1）三点(3P)：选择此命令选项，通过指定三点来确定球体的大小和位置。

（2）两点(2P)：选择此命令选项，通过指定两点来确定球体的大小和位置，两点的端点为球体一条直径的端点。

（3）相切、相切、半径(T)：选择此命令选项，通过指定球体表面的两个切点和半径来确定球体的大小和位置。

（4）直径(D)：选择此命令选项，通过指定球体的直径来确定球体的大小。

系统变量 ISOLINES 用于控制实体的线框密度，确定实体表面上的网格线数，不同线框密度的球体效果如图 10.4.6 所示。

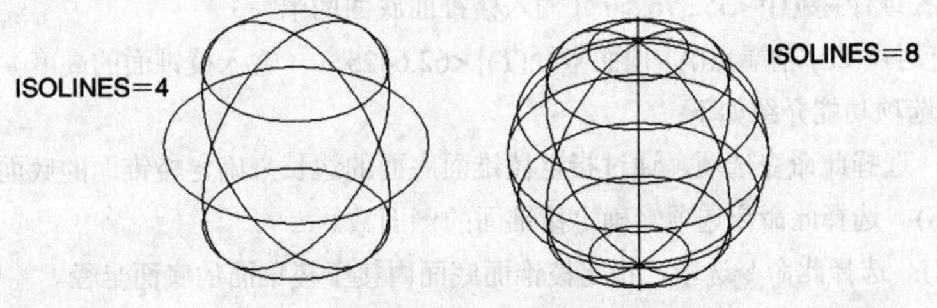

图 10.4.6 绘制的球体

10.4.7 绘制圆环体

在 AutoCAD 2008 中，执行绘制圆环体命令的方法有以下 3 种：

（1）单击“建模”工具栏中的“圆环体”按钮。

（2）选择 绘图(D) → 建模(M) → 圆环体(T) 命令。

（3）在命令行中输入命令 torus。

执行该命令后，命令行提示如下：

命令：_torus↙

指定中心点或[三点(3P)/两点(2P)/相切、相切、半径(T)]：（指定圆环体的中心）

指定半径或[直径(D)] <35.2457>：（输入圆环体的半径或直径）

指定圆管半径或[两点(2P)/直径(D)]：（输入圆管的半径或直径）

圆环体的半径和圆管的半径值决定了圆环的形状，且圆管半径必须为非零正数。如果圆环体半径为负值，则系统要求圆管半径必须大于圆环半径的绝对值。如图 10.4.7 所示为绘制的圆环体。

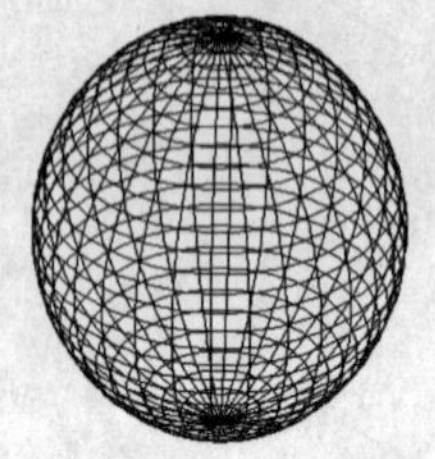

圆管半径>0>圆环体半径

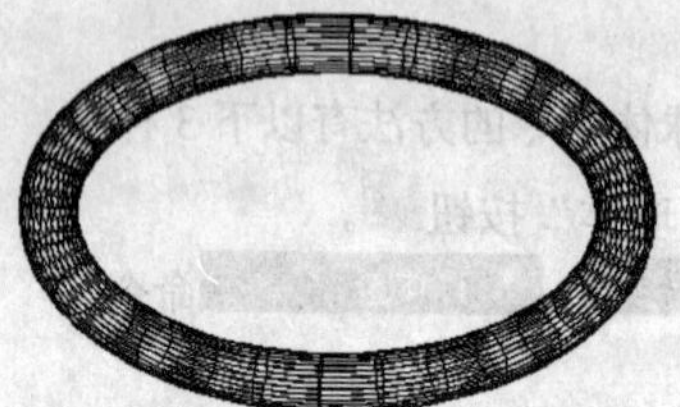

圆环体半径>圆管半径>0

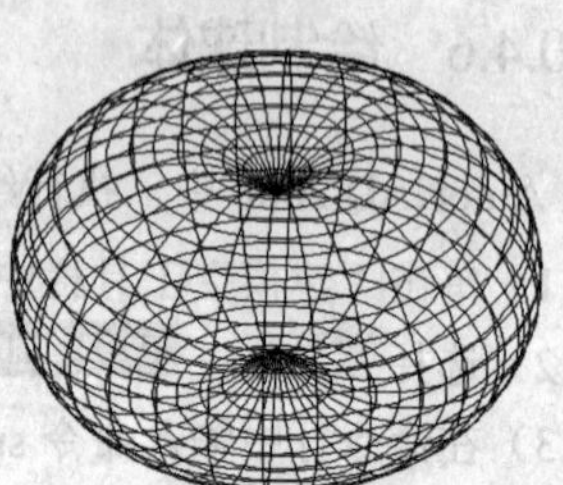

圆管半径>圆环体半径>0

图 10.4.7　绘制的圆环体

10.4.8　绘制棱锥面

在 AutoCAD 2008 中，执行绘制棱锥面命令的方法有以下 3 种：

（1）单击“建模”工具栏中的“棱锥面”按钮。

（2）选择 绘图(D) → 建模(M) → 棱锥面(Y) 命令。

（3）在命令行中输入命令 pyramid。

执行该命令后，命令行提示如下：

命令：_pyramid↙

4 个侧面　外切　　（系统提示）

指定底面的中心点或[边(E)/侧面(S)]：（指定棱锥面底面的中心点）

指定底面半径或[内接(I)] <35.3762>：（输入棱锥面底面的半径）

指定高度或[两点(2P)/轴端点(A)/顶面半径(T)] <62.6425>：（输入棱锥面的高度）

其中各命令选项功能介绍如下：

（1）边(E)：选择此命令选项，通过指定棱锥面底面的边长来确定棱锥面的底面。

（2）侧面(S)：选择此命令选项，确定棱锥面的侧面数。

（3）内接(I)：选择此命令选项，指定棱锥面底面内接于棱锥面的底面半径。

（4）两点(2P)：选择此命令选项，通过两点来确定棱锥面的高。

（5）轴端点(A)：选择此命令选项，指定棱锥面轴的端点位置。

（6）顶面半径(T)：选择此命令选项，指定棱锥面的顶面半径，并创建棱锥体平截面。

如图 10.4.8 所示即为绘制的棱锥面。

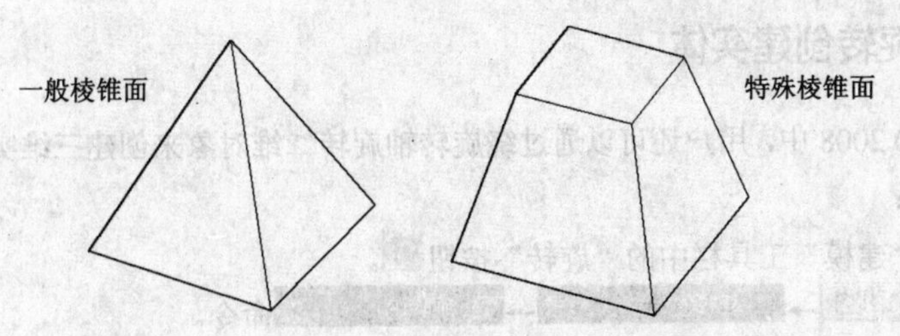

图 10.4.8　绘制的棱锥面

10.5　通过二维图形创建实体

在 AutoCAD 2008 中，不仅可以直接创建基本实体，而且还可以通过对二维图形进行拉伸、旋转、扫掠或放样等操作来创建实体对象，本节将详细介绍这些特殊三维实体的创建方法。

10.5.1　拉伸创建实体

在 AutoCAD 2008 中，用户可以将封闭的二维图形按指定高度或路径进行拉伸，来创建实体对象。执行拉伸命令的方法有以下 3 种：

（1）单击“建模”工具栏中的“拉伸”按钮。

（2）选择 绘图(D) → 建模(M) → 拉伸(X) 命令。

（3）在命令行中输入命令 extrude。

执行该命令后，命令行提示如下：

命令：_extrude↙

当前线框密度：ISOLINES=8（系统提示）

选择要拉伸的对象：(选择可拉伸的二维图形)

选择要拉伸的对象：(按回车键结束对象选择)

指定拉伸的高度或 [方向(D)/路径(P)/倾斜角(T)] <64.3246>：(指定拉伸高度)

其中各命令选项功能介绍如下：

（1）方向(D)：选择此命令选项，通过指定两个点来确定拉伸的高度和方向。

（2）路径(P)：选择此命令选项，将沿选定的对象进行拉伸。

（3）倾斜角(T)：选择此命令选项，输入拉伸对象时倾斜的角度。

如图 10.5.1 所示即为拉伸创建的三维实体。

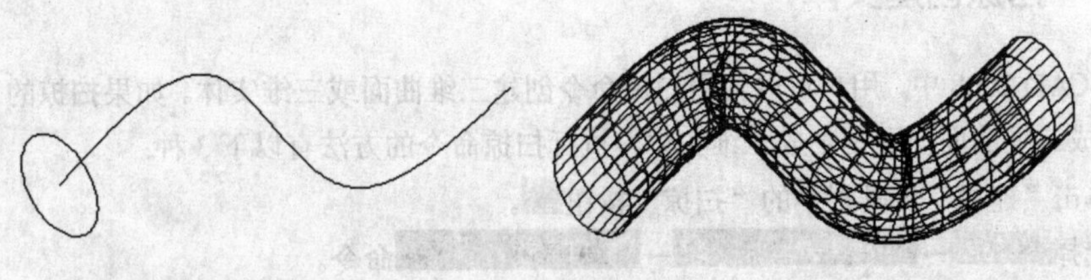

（a）原始对象　　（b）效果图

图 10.5.1　拉伸创建的三维实体

10.5.2 旋转创建实体

在 AutoCAD 2008 中，用户还可以通过绕旋转轴旋转二维对象来创建三维实体，执行旋转命令的方法有以下 3 种：

（1）单击“建模”工具栏中的“旋转”按钮。

（2）选择 绘图(D) → 建模(M) → 旋转(R) 命令。

（3）在命令行中输入命令 revolve。

执行旋转命令后，命令行提示如下：

命令：_revolve↙

当前线框密度：ISOLINES=4 （系统提示）

选择要旋转的对象：（选择旋转的对象）

选择要旋转的对象：（按回车键结束对象选择）

指定轴起点或根据以下选项之一定义轴 [对象(O)/X/Y/Z] <对象>：（指定旋转轴的起点）

指定轴端点：（指定旋转轴的端点）

指定旋转角度或[起点角度(ST)] <360>：（输入旋转角度）

其中各命令选项功能介绍如下：

（1）对象(O)：选择此命令选项，选择现有的直线或多段线中的单条线段定义轴，这个对象将绕该轴旋转。

（2）X：选择此命令选项，使用当前 UCS 的正向 X 轴作为轴的正方向。

（3）Y：选择此命令选项，使用当前 UCS 的正向 Y 轴作为轴的正方向。

（4）Z：选择此命令选项，使用当前 UCS 的正向 Z 轴作为轴的正方向。

如图 10.5.2 所示即为旋转创建的三维实体。

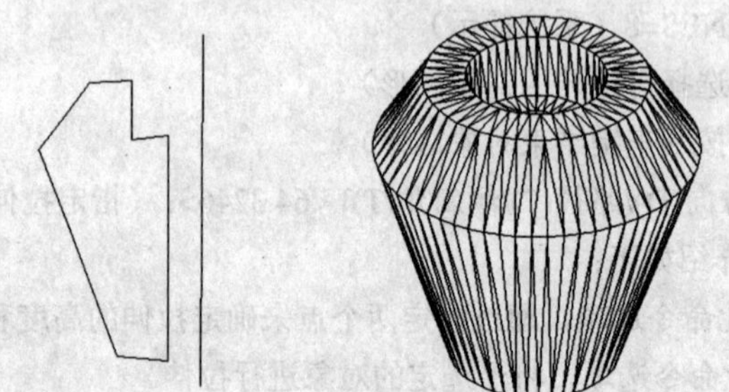

图 10.5.2 旋转创建的三维实体

10.5.3 扫掠创建实体

在 AutoCAD 2008 中，用户可以使用扫掠命令创建三维曲面或三维实体。如果扫掠的平面曲线不闭合，则生成三维曲面，否则生成三维实体。执行扫掠命令的方法有以下 3 种：

（1）单击“建模”工具栏中的“扫掠”按钮。

（2）选择 绘图(D) → 建模(M) → 扫掠(P) 命令。

（3）在命令行中输入命令 sweep。

执行该命令后，命令行提示如下：

命令：_sweep↙

当前线框密度：ISOLINES=4（系统提示）

选择要扫掠的对象：（选择扫掠的对象）

选择要扫掠的对象：（按回车键结束对象选择）

选择扫掠路径或 [对齐(A)/基点(B)/比例(S)/扭曲(T)]：（选择扫掠的路径）

其中各命令选项功能介绍如下：

（1）对齐(A)：选择此命令选项，确定是否对齐垂直于路径的扫掠对象。

（2）基点(B)：选择此命令选项，指定扫掠的基点。

（3）比例(S)：选择此命令选项，指定扫掠的比例因子。

（4）扭曲(T)：选择此命令选项，指定扫掠的扭曲度。

如图 10.5.3 所示即为扫掠创建的三维曲面和实体。

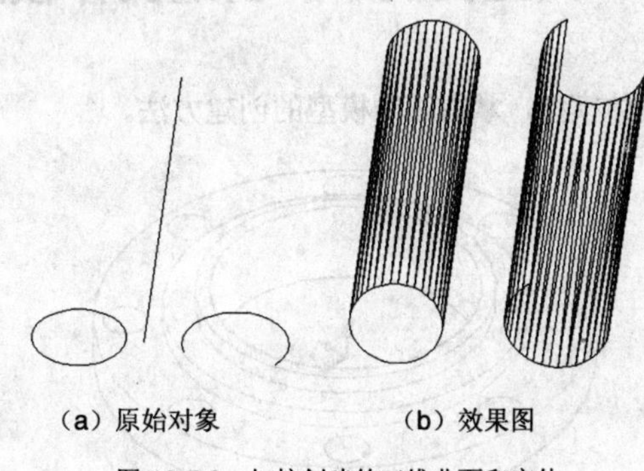

（a）原始对象　　（b）效果图

图 10.5.3　扫掠创建的三维曲面和实体

10.5.4　放样创建实体

在 AutoCAD 2008 中，还可以使用放样命令将二维图形放样生成三维实体。执行放样命令的方法有以下 3 种：

（1）单击“建模”工具栏中的“放样”按钮。

（2）选择 绘图(D) → 建模(M) → 放样(L) 命令。

（3）在命令行中输入命令 loft。

执行该命令后，命令行提示如下：

命令：_loft↙

按放样次序选择横截面：（选择第一个放样横截面）

按放样次序选择横截面：（选择下一个放样横截面）

按放样次序选择横截面：（按回车键结束对象选择）

输入选项[导向(G)/路径(P)/仅横截面(C)] <仅横截面>：（选择放样方式）

其中各命令选项功能介绍如下：

（1）导向(G)：选择此命令选项，为放样曲面或实体指定导向曲线，每条导向曲线均与放样曲面相交，且开始于第一个截面，终止于最后一个截面。

（2）路径(P)：选择此命令选项，为放样曲面或实体指定放样路径，路径必须与每个截面相交。

（3）仅横截面(C)：选择此命令选项，弹出 放样设置 对话框，如图 10.5.4 所示，在该对话框中可以设置放样横截面上的曲面控制选项。

如图 10.5.5 所示即为放样生成的三维实体和曲面。

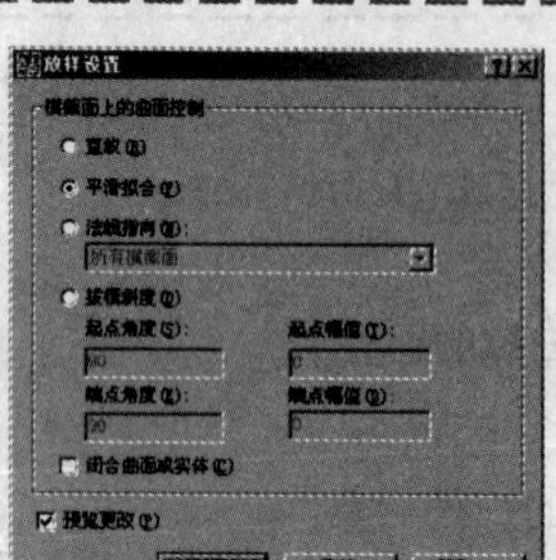

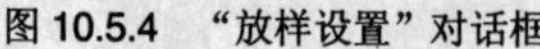

图 10.5.4 “放样设置”对话框

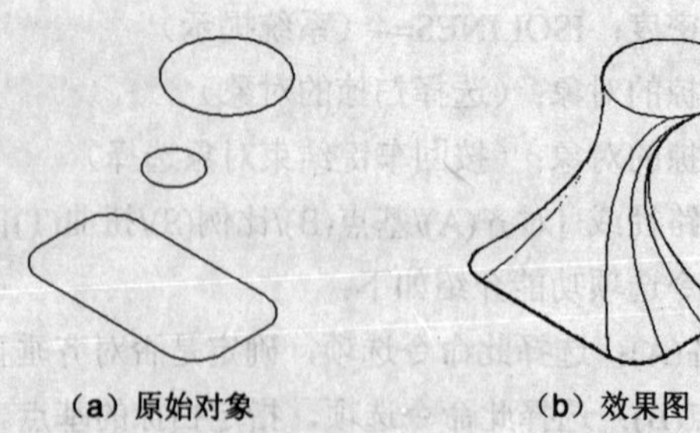

(a) 原始对象　　(b) 效果图

图 10.5.5 放样生成的三维实体和曲面

10.6 典型实例——创建实体模型

创建如图 10.6.1 所示的实体模型，掌握三维模型的创建方法。

图 10.6.1 实体模型

操作步骤

(1) 单击“绘图”工具栏中的“圆”按钮，以坐标系原点为圆心，分别绘制半径为 55 和 33 的两个圆，效果如图 10.6.2 所示。

(2) 再次执行绘制圆命令，以点（48，0）为圆心，绘制半径为 5 的圆，然后单击“修改”工具栏中的“阵列”按钮，以坐标系原点为中心，环形阵列半径为 5 的圆，阵列的个数为 8，效果如图 10.6.3 所示。

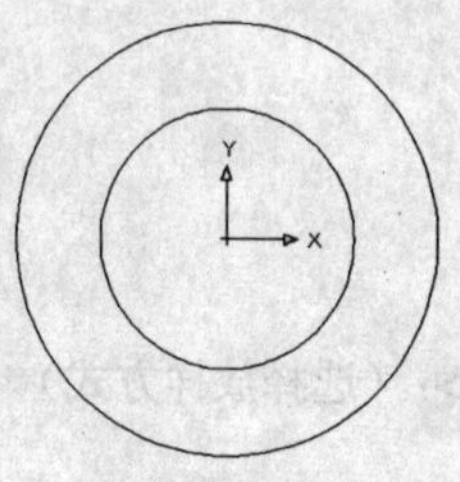

图 10.6.2 绘制圆

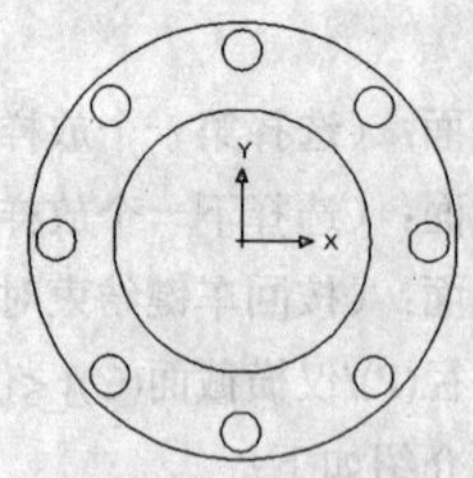

图 10.6.3 阵列圆

(3) 单击“绘图”工具栏中的“面域”按钮，将如图 10.6.3 所示图形创建成面域。然后对生成的面域图形进行布尔运算，具体操作为：用半径为 55 的面域图形减去半径为 33 的面域图形，再用生成的面域图形减去 8 个半径为 5 的面域图形。

(4) 切换视图到东南等轴测，单击“建模”工具栏中的“拉伸”按钮，将步骤（2）生成的面域图形垂直拉伸，拉伸高度为 10，拉伸后的效果如图 10.6.4 所示。

（5）再次执行绘制圆命令，以当前坐标系原点为圆心，分别绘制半径为 40 和 33 的两个圆，效果如图 10.6.5 所示。

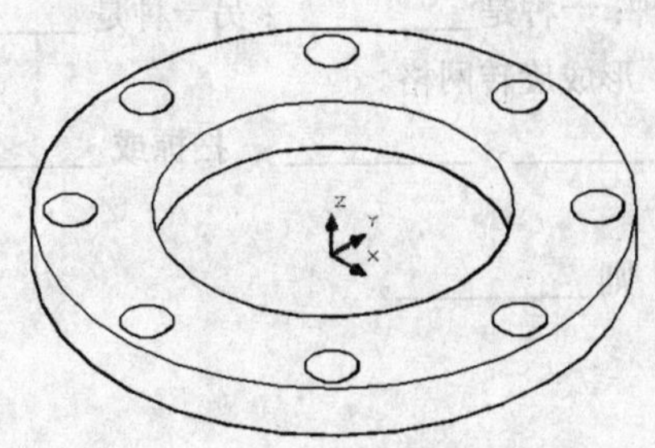

图 10.6.4　拉伸效果

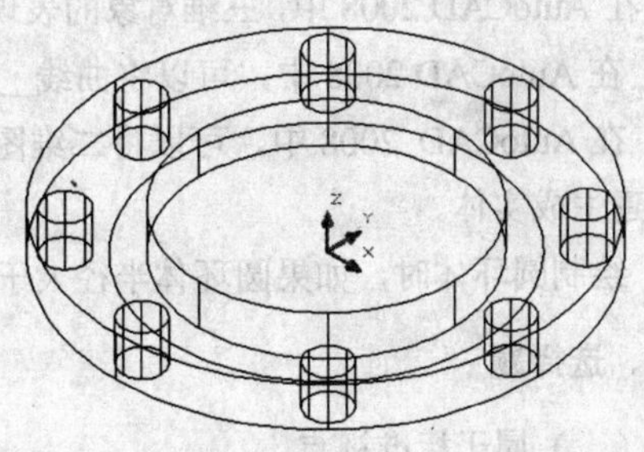

图 10.6.5　绘制圆

（6）单击“绘图”工具栏中的“面域”按钮，将半径为 40 和 33 的两个圆创建成面域对象，然后对其进行差集运算。

（7）单击“建模”工具栏中的“拉伸”按钮，将步骤（6）生成的面域图形垂直拉伸，拉伸高度为 14，效果如图 10.6.6 所示。

（8）再次执行绘制圆命令，以坐标系原点为圆心，分别绘制半径为 33 和 30 的两个圆，参照以上操作步骤，将其拉伸成高为 18 的实体，效果如图 10.6.7 所示。

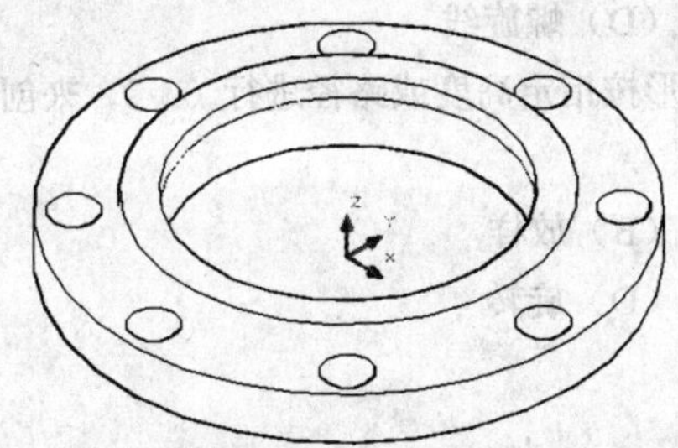

图 10.6.6　拉伸创建实体

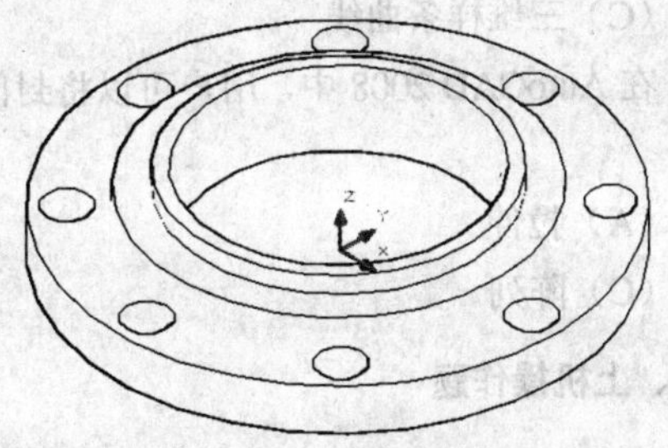

图 10.6.7　拉伸创建实体

（9）执行并集命令，对创建的实体对象进行并集运算，效果如图 10.6.1 所示。

本 章 小 结

本章主要介绍了用户坐标系的创建和三维图形的绘制方法。在 AutoCAD 2008 中，用户可以非常方便地创建各种三维网格和三维实体，并且可以利用拉伸、旋转、扫掠放样和布尔运算等方法创建各种复杂的三维实体和曲面。通过本章的学习，读者应该熟练掌握用户坐标系的创建方法、三维网格和实体的绘制方法。

过 关 练 习

一、填空题

1. 在 AutoCAD 2008 中，系统提供了两种视点，一种是_________，另一种是_________。

2. 在 AutoCAD 2008 中，系统变量________用于设置曲面的轮廓素线；系统变量________用于设置曲面的面数。

3. 在 AutoCAD 2008 中，三维对象的表现形式有两种：一种是________；另一种是________。

4. 在 AutoCAD 2008 中，可以将曲线________，形成旋转网格。

5. 在 AutoCAD 2008 中，可以将二维图形通过________、________、扫掠或________等操作创建生成实体。

6. 绘制圆环体时，如果圆环体半径大于圆环半径，则________。

二、选择题

1.（ ）属于标准视点。

（A）俯视　　（B）右视

（C）西南等轴测　　（D）东北等轴测

2. 在 AutoCAD 中，用户可以用（ ）来描述三维对象。

（A）点　　（B）线

（C）面　　（D）三维网格

3. 在 AutoCAD 2008 中，新增加了绘制（ ）命令。

（A）三维多段线　　（B）三维直线

（C）三维样条曲线　　（D）螺旋线

4. 在 AutoCAD 2008 中，用户可以将封闭的二维图形按指定高度或路径进行（ ），来创建实体对象。

（A）拉伸　　（B）放样

（C）阵列　　（D）旋转

三、上机操作题

1. 绘制如题图 10.1 所示的图形。

2. 绘制如题图 10.2 所示的三维机械图。

题图 10.1

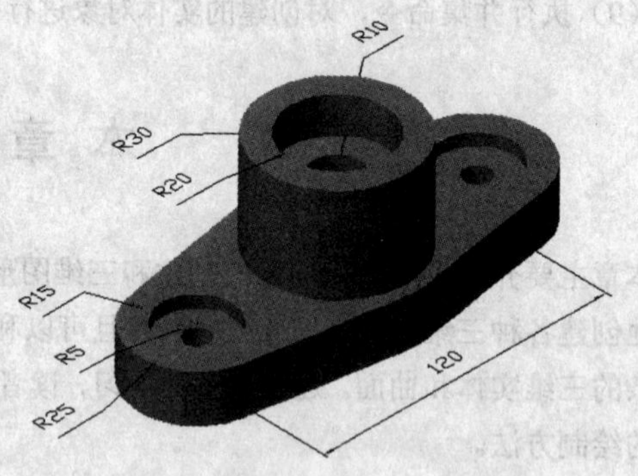

题图 10.2

第11章 编辑与渲染三维实体

章前导航

在 AutoCAD 2008 中，可以使用三维编辑命令在三维空间中对实体对象进行各种编辑，并渲染实体对象，从而创建更加逼真的效果。

本章要点

- 三维操作
- 编辑三维实体
- 渲染三维实体

11.1 三 维 操 作

在 AutoCAD 2008 中，许多命令不仅可以用于编辑二维图形对象，而且还可以用来编辑三维实体，如移动、复制、删除等命令。另外，AutoCAD 系统还专门提供了在三维空间中编辑实体对象的命令，选择 修改(M) → 三维操作(3) 命令的子菜单命令，如图 11.1.1 所示。

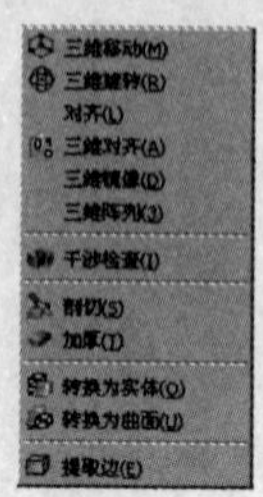

图 11.1.1 “三维操作”子菜单命令

11.1.1 三维移动

三维移动是 AutoCAD 2008 中新增加的功能，使用该命令可以在三维空间中任意移动选中的对象。执行三维移动命令的方法有以下 3 种：

（1）单击“建模”工具栏中的“三维移动”按钮。

（2）选择 修改(M) → 三维操作(3) → 三维移动(M) 命令。

（3）在命令行中输入命令 3dmove。

执行该命令后，命令行提示如下：

命令：_3dmove↙

选择对象：（选择要移动的对象）

选择对象：（按回车键结束对象选择）

指定基点或[位移(D)] <位移>：（指定移动基点）

指定第二个点或 <使用第一个点作为位移>：（指定移动目标点）

执行三维移动命令后，用户必须指定一个基点和一个目标点才能移动三维对象。在移动三维对象时，用户还可以将选定的对象锁定在坐标轴或坐标平面上进行移动，如图 11.1.2 所示。

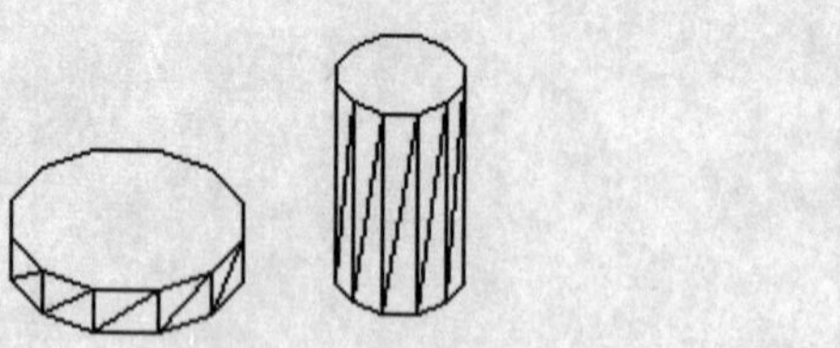

图 11.1.2 三维移动前后效果对比图

11.1.2 三维旋转

三维旋转是指不改变图形对象的大小及形状，将图形对象在三维空间中绕三维轴进行移动。执行三维旋转命令的方法有以下 3 种：

（1）单击“建模”工具栏中的“三维旋转”按钮。

（2）选择 修改(M) → 三维操作(3) → 三维旋转(R) 命令。

（3）在命令行中输入命令 rotate3d。

执行该命令后，命令行提示如下：

命令：_rotate3d↙

当前正向角度：ANGDIR=逆时针 ANGBASE=0（系统提示）

选择对象：(选择需要旋转的对象)

选择对象：(按回车键结束对象选择)

指定轴上的第一个点或定义轴依据[对象(O)/最近的(L)/视图(V)/X 轴(X)/Y 轴(Y)/Z 轴(Z)/两点(2)]:

其中各命令选项功能介绍如下：

（1）对象(O)：选择此命令选项，指定对象作为旋转轴。

（2）最近的(L)：选择此命令选项，沿用上次旋转对象时的旋转轴。

（3）视图(V)：选择此命令选项，将通过选定点的当前视口的观察方向作为旋转轴。

（4）X 轴(X)/Y 轴(Y)/Z 轴(Z)：选择相应的命令选项，指定以 X 轴、Y 轴、Z 轴作为旋转轴。

（5）两点(2)：选择此命令选项，指定两点之间的连线作为旋转轴。

如图 11.1.3 所示为三维旋转的前后效果对比图。

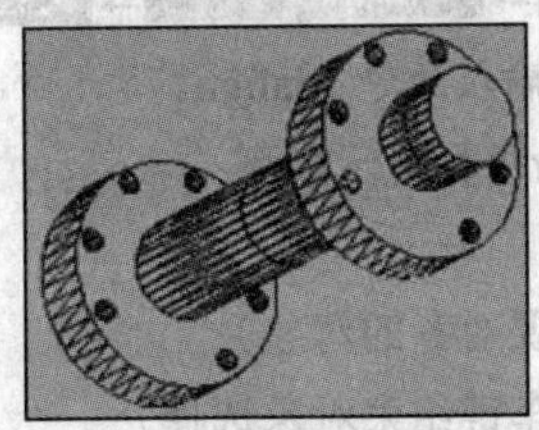

图 11.1.3　三维旋转前后效果对比图

11.1.3　对齐

对齐是指将一个图形对象以某个对象为基准，使用源点和目标点改变其位置、方向或大小。执行对齐命令的方法有以下两种：

（1）选择 修改(M) → 三维操作(3) → 对齐(L) 命令。

（2）在命令行中输入命令 align。

执行该命令后，命令行提示如下：

命令：_align↙

选择对象：(选择用于对齐的对象)

选择对象：(按回车键结束对象选择)

指定第一个源点：(捕捉第一个源点)

指定第一个目标点：(指定第一个目标点)

指定第二个源点：(捕捉第二个源点)

指定第二个目标点：(指定第二个目标点)

指定第三个源点或 <继续>:（捕捉第三个源点）

指定第三个目标点：(指定第三个目标点)

在选择源点和目标点时，如果选择 1 个源点和目标点，则执行对齐命令后，只改变对象的位置，并不改变对象的大小和方向；如果选择 2 个源点和目标点，则执行对齐命令后，不仅改变对象的位置，而且还改变对象的方向（如果源点与目标点不在同一个平面上）；如果选择 3 个源点和目标点，则执行对齐命令后，对象的位置、大小和方向都发生改变（如果 3 个源点或目标点不在同一个平面上）。

如图 11.1.4 所示为对齐前后效果对比图。

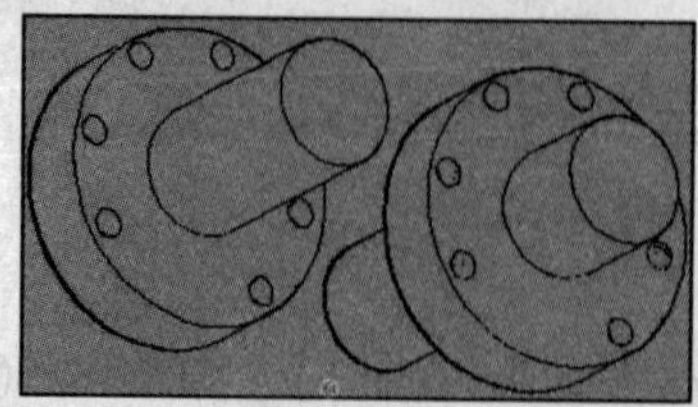
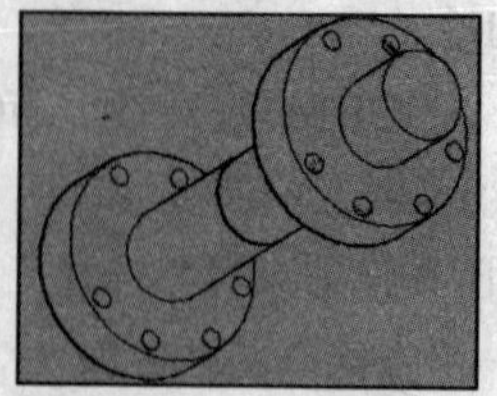

图 11.1.4　对齐前后效果对比图

11.1.4　三维对齐

三维对齐命令与对齐命令类似，也是通过指定源点与目标点来对齐对象，不同的是三维对齐命令需要先指定 3 个源点，然后指定 3 个目标点来对齐对象。执行三维对齐命令的方法有以下 3 种：

（1）单击“建模”工具栏中的“三维对齐”按钮。

（2）选择 修改(M) → 三维操作(3) → 三维对齐(A) 命令。

（3）在命令行中输入命令 3dalign。

执行该命令后，命令行提示如下：

命令：_3dalign↙

选择对象：（选择要对齐的对象）

选择对象：（按回车键结束对象选择）

指定源平面和方向 ...（系统提示）

指定基点或 [复制(C)]：（指定对象上的基点）

指定第二个点或 [继续(C)] <C>：（指定对象上的第二个源点）

指定第三个点或 [继续(C)] <C>：（指定对象上的最后一个源点）

指定目标平面和方向 ...（系统提示）

指定第一个目标点：（指定第一个目标点）

指定第二个目标点或 [退出(X)] <X>：（指定第二个目标点）

指定第三个目标点或 [退出(X)] <X>：（指定第三个目标点）

11.1.5　三维镜像

三维镜像是指将选定的对象按指定的平面创建对称图形。执行三维镜像命令的方法有以下两种：

（1）选择 修改(M) → 三维操作(3) → 三维镜像(M) 命令。

（2）在命令行中输入命令 mirror3d。

执行此命令后，命令行提示如下：

命令：_mirror3d↙

选择对象：（选择需要镜像的对象）

选择对象：（按回车键结束对象选择）

指定镜像平面(三点)的第一个点或[对象(O)/最近的(L)/Z 轴(Z)/视图(V)/XY 平面(XY)/YZ 平面(YZ)/ZX 平面(ZX)/三点(3)] <三点>：(指定镜像平面)

其中各命令选项功能介绍如下：

（1）对象(O)：选择此命令选项，使用选定平面对象的平面作为镜像平面。可用于选择的对象包括圆、圆弧或二维多段线。

（2）最近的(L)：选择此命令选项，使用上一次指定的平面作为镜像平面进行镜像操作。

（3）Z 轴(Z)：选择此命令选项，根据平面上的一个点和平面法线上的一个点定义镜像平面。

（4）视图(V)：选择此命令选项，将镜像平面与当前视口中通过指定点的视图平面对齐。

（5）XY 平面(XY) /YZ 平面(YZ) /ZX 平面(ZX)：选择相应的命令选项，将镜像平面与一个通过指定点的标准平面（XY，YZ 或 ZX）对齐。

（6）三点(3)：选择此命令选项，通过指定 3 点确定镜像平面。

如图 11.1.5 所示为三维镜像的前后效果对比图。

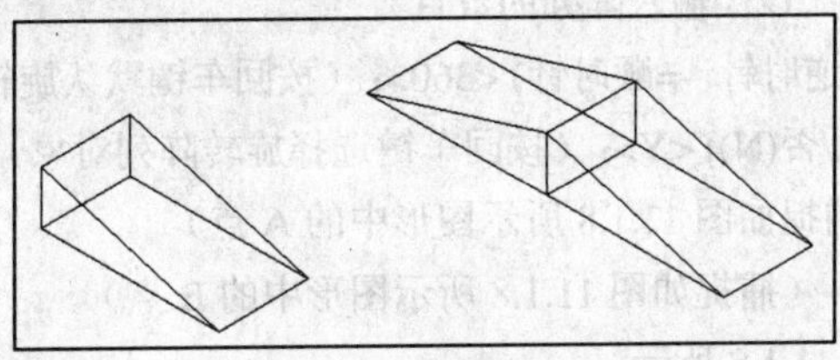

图 11.1.5 三维镜像前后效果对比图

11.1.6 三维阵列

三维阵列是指在三维空间中以矩形或环形的方式创建对象的副本。执行三维阵列命令的方法有以下两种：

（1）选择 修改(M) → 三维操作(3) → 三维阵列(3) 命令。

（2）在命令行中输入命令 3darray。

执行该命令后，命令行提示如下：

命令：_3darray↙

选择对象：(选择需要阵列的对象)

选择对象：(按回车键结束对象选择)

输入阵列类型 [矩形(R)/环形(P)] <矩形>：(选择阵列的类型)

三维阵列也分为矩形阵列和环形阵列两种，选择不同的阵列类型，具体操作也不同。

1. 矩形阵列

例如，使用矩形阵列命令对如图 11.1.6 所示图形进行阵列操作，具体操作步骤如下：

命令：_3darray↙

选择对象：找到 1 个（选择如图 11.1.6 所示的图形）

选择对象：(按回车键结束对象选择)

输入阵列类型 [矩形(R)/环形(P)] <矩形>：(直接按回车键选择矩形阵列)

输入行数 (---) <1>：4（输入阵列的行数 4）

输入列数 (|||) <1>：3（输入阵列的列数 3）

输入层数（...）<1>：2（输入阵列的层数 2）

指定行间距（---）：150（输入阵列的行间距 150）

指定列间距（|||）：150（输入阵列的列间距 150）

指定层间距（...）：200（输入阵列的层间距 200）

三维矩形阵列后的效果如图 11.1.7 所示的图形。

2．环形阵列

例如，使用环形阵列命令对如图 14.1.6 所示图形进行环形阵列，具体操作步骤如下：

命令：_3darray↙

选择对象：找到 1 个（选择如图 14.1.6 所示图形）

选择对象：（按回车键结束对象选择）

输入阵列类型 [矩形(R)/环形(P)] <矩形>：p（选择“环形”命令选项）

输入阵列中的项目数目：12（输入阵列的数目）

指定要填充的角度（+=逆时针, -=顺时针）<360>：（按回车键默认旋转 360°）

旋转阵列对象？ [是(Y)/否(N)] <Y>：（按回车键选择旋转阵列对象）

指定阵列的中心点：（捕捉如图 11.1.8 所示图形中的 A 点）

指定旋转轴上的第二点：（捕捉如图 11.1.8 所示图形中的 B 点）

环形阵列后的效果如图 11.1.8 所示。

图 11.1.6　原始对象

图 11.1.7　三维矩形阵列后的效果

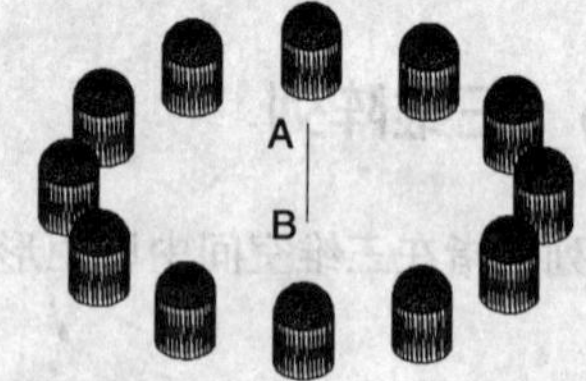

图 11.1.8　三维环形阵列后的效果

11.2　编辑三维实体

AutoCAD 2008 为用户提供了多种编辑三维实体的工具，用户可以使用这些工具对三维实体进行编辑。对三维实体对象的编辑主要包括对三维实体的面、边、体以及倒角和圆角的编辑。

11.2.1　布尔运算

通过对三维实体进行布尔运算可以创建各种复杂的实体对象。布尔运算的方式有 3 种：并集运算、差集运算和交集运算，以下分别进行介绍。

1．并集运算

执行并集运算命令的方法有以下 3 种：

（1）单击“实体编辑”工具栏中的“并集”按钮。

（2）选择 修改(M) → 实体编辑(N) → 并集(U) 命令。

（3）在命令行中输入命令 union。

执行该命令后，命令行提示如下：

命令：_union↙

选择对象：（选择多个实体对象）

选择对象：（按回车键结束命令）

执行并集运算时必须至少选中两个实体对象才能进行操作。如果选中的多个实体对象没有实际相交，则执行并集运算后，多个对象仍被视为一个实体对象。并集运算的前后效果如图 11.2.1 所示。

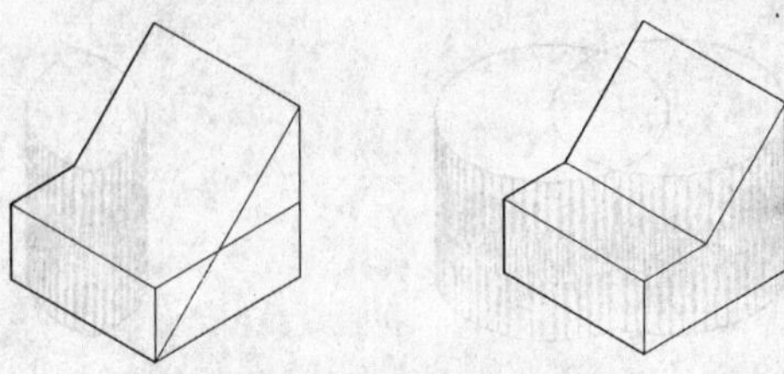

图 11.2.1　并集运算前后效果对比

2．差集运算

执行差集运算命令的方法有以下 3 种：

（1）单击“实体编辑”工具栏中的“差集”按钮。

（2）选择 修改(M) → 实体编辑(N) → 差集(S) 命令。

（3）在命令行中输入命令 subtract。

执行该命令后，命令行提示如下：

命令：_subtract↙

选择要从中减去的实体或面域...（系统提示）

选择对象：（选择要从中减去的实体）

选择对象：（按回车键结束对象选择）

选择要减去的实体或面域　（系统提示）

选择对象：（选择要减去的实体）

选择对象：（按回车键结束对象选择）

在差集运算的过程中，如果被减去的实体与减去的实体没有相交，则被减去的实体将会被删除。差集运算的前后效果如图 11.2.2 所示。

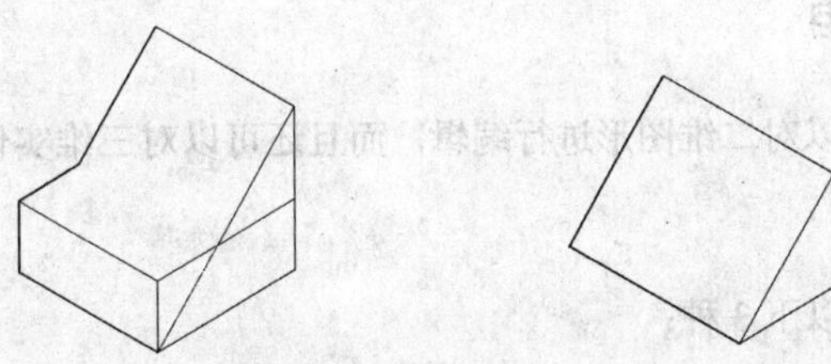

图 11.2.2　差集运算前后效果对比

3．交集运算

执行交集运算命令的方法有以下 3 种：

（1）单击“实体编辑”工具栏中的“交集”按钮。

（2）选择 修改(M) → 实体编辑(N) → 交集(I) 命令。

（3）在命令行中输入命令 intersect。

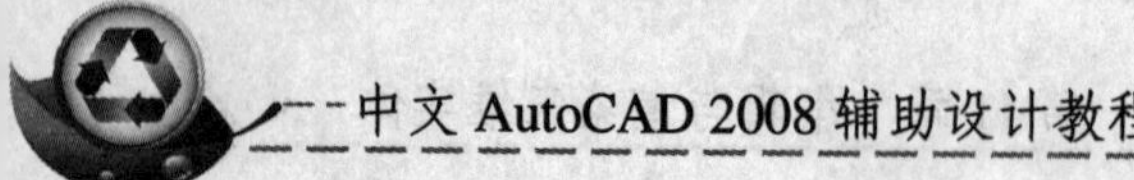

执行该命令后，命令行提示如下：

命令：_intersect↙

选择对象：(选择执行交集的对象)

选择对象：(按回车键结束命令)

交集运算用于创建多个实体间相交的实体部分，如果被选中的多个实体间没有相交，则执行交集命令后，被选中的多个实体均会被删除。交集运算的前后效果如图 11.2.3 所示。

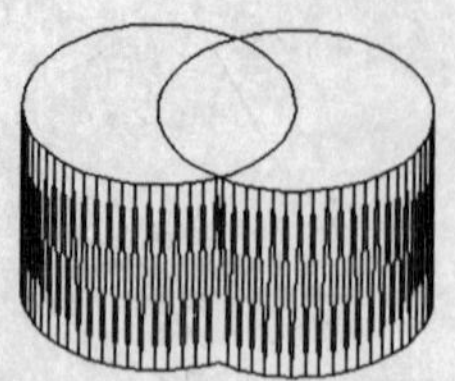

图 11.2.3　交集运算前后效果对比

11.2.2　分解实体

实体是由点、线、面、圆、圆弧等基本元素组成的独立的图形对象，用户可以通过单击“修改”工具栏中的“分解”按钮，或选择 修改(M) → 分解(X) 命令，对实体进行分解操作，将实体分解成一系列面域和主体。实体的平面被转换为面域，曲面被转换为主体。如果继续对面域和主体进行分解操作，还可以将其分解成直线、圆、圆弧等基本元素。如图 11.2.4 所示为分解实体的效果。

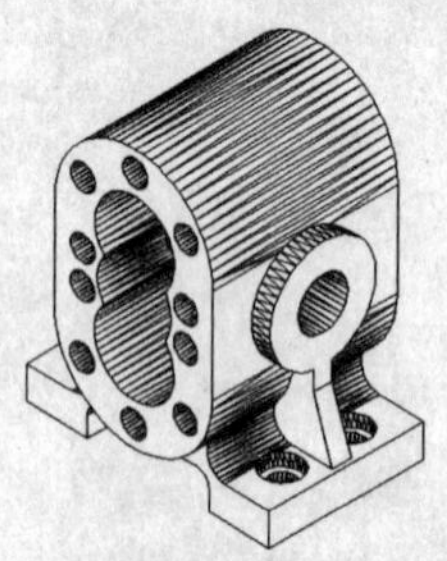
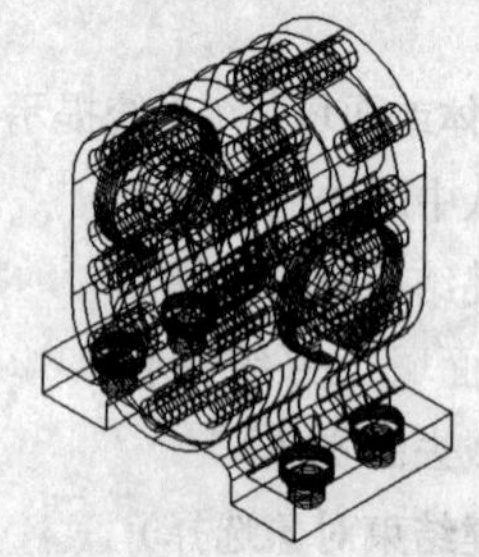

图 11.2.4　分解实体前后效果对比

11.2.3　倒角和圆角

倒角和圆角命令不仅可以对二维图形进行编辑，而且还可以对三维实体进行编辑。

1．倒角

执行倒角命令的方法有以下 3 种：

(1) 单击“修改”工具栏中的“倒角”按钮。

(2) 选择 修改(M) → 倒角(C) 命令。

(3) 在命令行中输入命令 chamfer。

执行倒角命令后，命令行提示如下：

命令：_chamfer↙

(“修剪”模式) 当前倒角距离 1 = 1.0000，距离 2 = 2.0000（系统提示）

选择第一条直线或[放弃(U)/多段线(P)/距离(D)/角度(A)/修剪(T)/方式(E)/多个(M)]：(选择三维实

体模型）

基面选择...（系统提示）

输入曲面选择选项[下一个(N)/当前(OK)] <当前>:（选择曲面）

指定基面的倒角距离<1.0000>:（指定基面倒角距离）

指定其他曲面的倒角距离 <2.0000>:（指定另外曲面的倒角距离）

选择边或 [环(L)]:（选择倒角边）

选择边或 [环(L)]:（按回车键结束命令）

如图 11.2.5 所示为倒角前后效果对比。

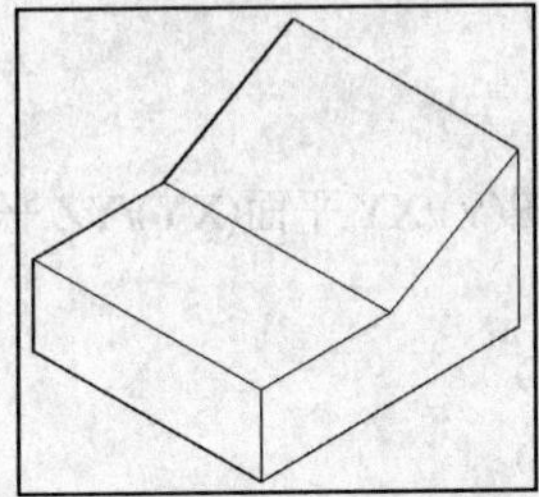
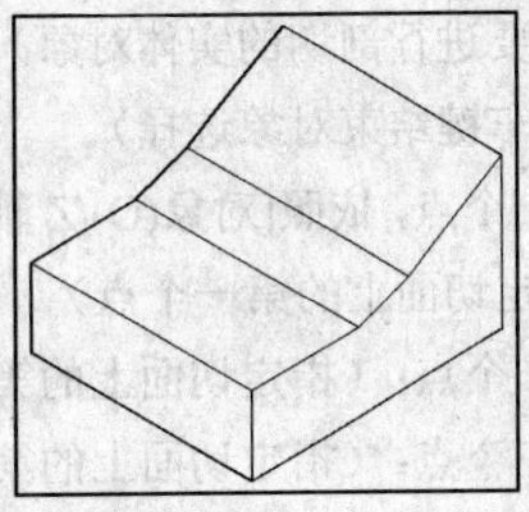

图 11.2.5　倒角前后效果对比

2．圆角

执行圆角命令的方法有以下 3 种：

（1）单击“修改”工具栏中的“圆角”按钮 。

（2）选择 修改(M) → 圆角(F) 命令。

（3）在命令行中输入命令 fillet。

执行该命令后，命令行提示如下：

命令：_fillet↙

当前设置：模式=修剪，半径 = 0.0000（系统提示）

选择第一个对象或[放弃(U)/多段线(P)/半径(R)/修剪(T)/多个(M)]:（选择要进行圆角的边）

输入圆角半径:（指定圆角的半径）

选择边或 [链(C)/半径(R)]:（指定圆角的边）

选择边或 [链(C)/半径(R)]:（按回车键结束命令）

其中各命令选项功能介绍如下：

（1）选择边：选择此命令选项，可以选取三维对象的多条边，同时对其进行圆角操作。

（2）链（C）：选择此命令选项，当选取三维对象的一条边时，同时选取与其相切的边。

（3）半径（R）：选择此命令选项，可重新设置圆角的半径。

如图 11.2.6 所示为圆角前后效果对比。

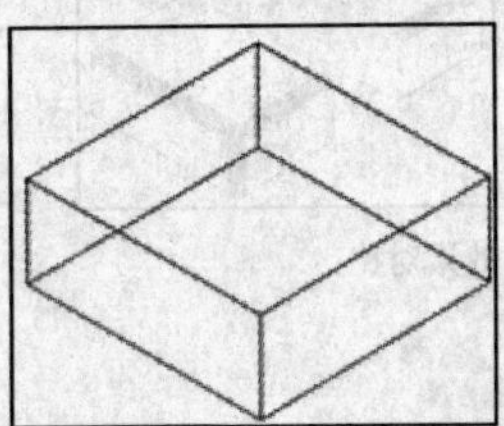
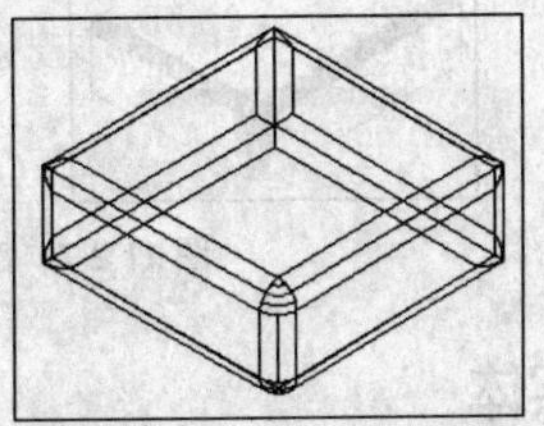

图 11.2.6　圆角前后效果对比

11.2.4 剖切实体

剖切是指用一个平面将一组实体沿该平面进行剖切，剖切后的实体不再是一个对象，而是两个对象。在 AutoCAD 2008 中，执行剖切命令的方法有以下两种：

（1）选择 修改(M) → 三维操作(3) → 剖切(S) 命令。

（2）在命令行中输入命令 slice。

执行该命令后，命令行提示如下：

命令：_slice↙

选择对象：（选择要进行剖切的实体对象）

选择对象：（按回车键结束对象选择）

指定切面上的第一个点，依照[对象(O)/Z 轴(Z)/视图(V)/XY 平面(XY)/YZ 平面(YZ)/ZX 平面(ZX)/三点(3)] <三点>：（指定切面上的第一个点）

指定平面上的第二个点：（指定切面上的第二个点）

指定平面上的第三个点：（指定切面上的第三个点）

指定平面上的点：（按回车键结束该命令）

在要保留的一侧指定点或 [保留两侧(B)]：（指定要保留的一侧实体）

其中各命令选项功能介绍如下：

（1）对象(O)：选择此命令选项，将指定圆、椭圆、圆弧、椭圆弧、二维样条曲线或二维多段线为剪切面。

（2）Z 轴(Z)：选择此命令选项，通过平面上指定一点和在平面的 Z 轴（法向方向）上指定另一点来定义剪切平面。

（3）视图(V)：选择此命令选项，将指定当前视口的视图平面为剪切平面，指定一点定义剪切平面的位置。

（4）XY 平面(XY)：选择此命令选项，将指定当前用户坐标系(UCS)的 XY 平面为剪切平面，指定一点定义剪切平面的位置。选择 YZ 平面(YZ)或 ZX 平面(ZX)选项含义类似。

（5）三点(3)：选择此命令选项，指定三点来定义剪切平面，此选项为系统默认的定义剪切面的方法。

（6）在要保留的一侧指定点：选择此命令选项，定义一点从而确定图形将保留剖切实体的哪一侧，该点不能位于剪切平面上。

（7）保留两侧(B)：选择此命令选项，将剖切实体的两侧均保留。

剖切实体前后效果对比如图 11.2.7 所示。

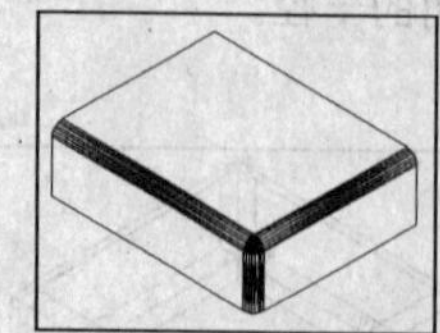
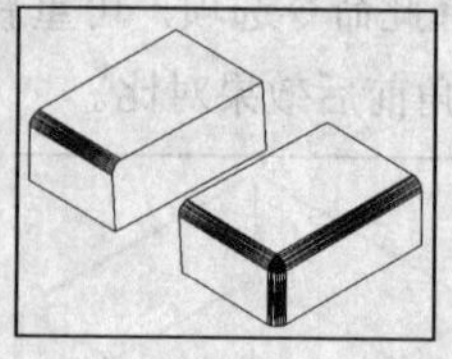

图 11.2.7　剖切前后效果对比

11.2.5 加厚实体

加厚是 AutoCAD 2008 中新增加的功能，使用该命令用户为曲面对象指定厚度。执行该命令的方法有以下两种：

（1）选择 修改(M) → 三维操作(3) → 加厚(T) 命令。

（2）在命令行中输入命令 thicken。

命令：_thicken↙

选择要加厚的曲面：（选择要加厚的曲面）

选择要加厚的曲面：（按回车键结束对象选择）

指定厚度 <0.0000>：（输入厚度值）

加厚实体前后效果对比如图 11.2.8 所示。

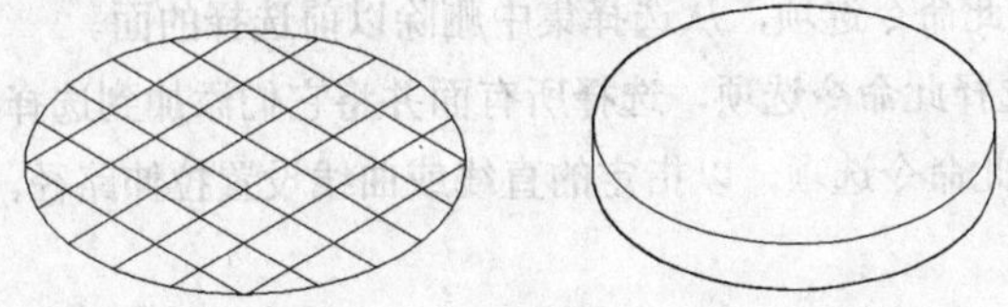

图 11.2.8　加厚实体前后效果对比

11.2.6　提取实体边

使用提取实体边命令可以将实体分解为一系列边，启动提取边命令有如下两种方法：

（1）菜单栏：选择 修改(M) → 三维操作(3) → 提取边(E) 命令。

（2）命令行：在命令行输入 xedges。

对如图 11.2.9 所示的长方体进行提取边操作。

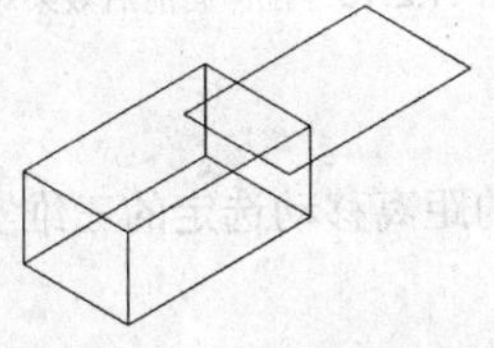

图 11.2.9　进行提取边操作

11.2.7　编辑面

在 AutoCAD 2008 中，对三维实体面的编辑命令包括拉伸面、移动面、偏移面、删除面、旋转面、倾斜面、着色面和复制面，使用这些命令可以对基本三维实体进行编辑，从而创建出各种复杂的三维实体。

1．拉伸面

拉伸面是指将选定的三维实体对象的面拉伸到指定的高度或沿路径拉伸。执行拉伸面命令的方法有以下两种：

（1）单击“实体编辑”工具栏中的“拉伸面”按钮。

（2）选择 修改(M) → 实体编辑(N) → 拉伸面(E) 命令。

执行该命令后，命令行提示如下：

命令：_solidedit↙

实体编辑自动检查：SOLIDCHECK=1

输入实体编辑选项 [面(F)/边(E)/体(B)/放弃(U)/退出(X)] <退出>：_face

输入面编辑选项[拉伸(E)/移动(M)/旋转(R)/偏移(O)/倾斜(T)/删除(D)/复制(C)/着色(L)/放弃(U)/退出(X)] <退出>：_extrude（执行拉伸面命令）

选择面或[放弃(U)/删除(R)]：(选择要拉伸的实体面)

选择面或[放弃(U)/删除(R)/全部(ALL)]（按回车键结束对象选择）

指定拉伸高度或[路径(P)]（指定拉伸的高度或选择拉伸的路径）

指定拉伸的倾斜角度<0>（指定拉伸的倾斜角度）

其中各命令选项功能介绍如下：

（1）放弃(U)：选择此命令选项，取消最近添加到选择集中的面。

（2）删除(R)：选择此命令选项，从选择集中删除以前选择的面。

（3）全部(ALL)：选择此命令选项，选择所有面并将它们添加到选择集中。

（4）路径(P)：选择此命令选项，以指定的直线或曲线设置拉伸路径，所有选定面的剖面将沿此路径拉伸。

如图 11.2.10 所示为拉伸实体面的前后效果对比。

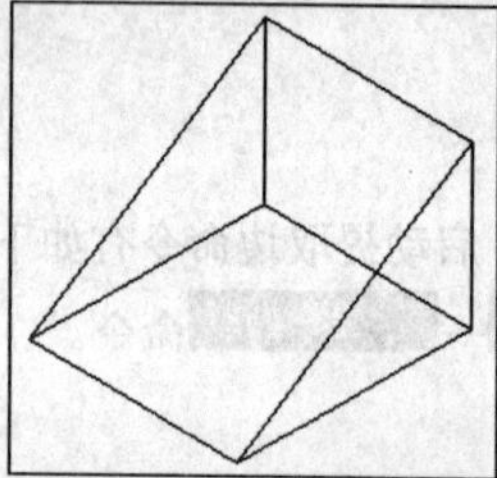

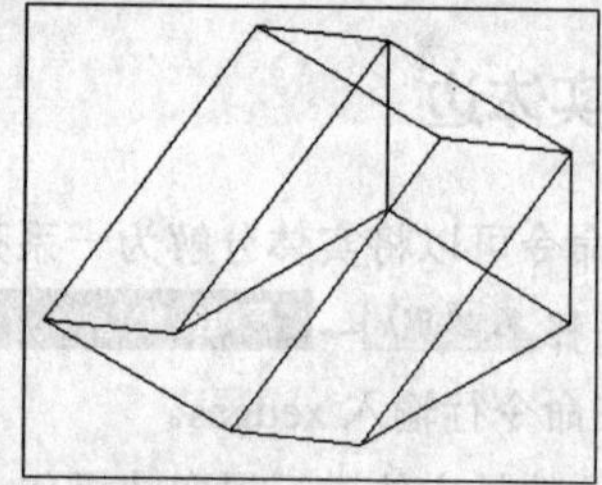

图 11.2.10　拉伸面前后效果对比

2．移动面

移动面是指沿指定的高度或指定的距离移动选定的三维实体对象的面。执行移动面命令的方法有以下两种：

（1）单击"实体编辑"工具栏中的"移动面"按钮。

（2）选择 修改(M) → 实体编辑(N) → 移动面(M) 命令。

执行此命令后，命令行提示如下：

命令：_solidedit↙

实体编辑自动检查：SOLIDCHECK=1

输入实体编辑选项 [面(F)/边(E)/体(B)/放弃(U)/退出(X)] <退出>：_face

输入面编辑选项[拉伸(E)/移动(M)/旋转(R)/偏移(O)/倾斜(T)/删除(D)/复制(C)/着色(L)/放弃(U)/退出(X)] <退出>：_move（执行移动面命令）

选择面或 [放弃(U)/删除(R)]：找到一个面（选择要移动的面）

选择面或 [放弃(U)/删除(R)/全部(ALL)]：（按回车键结束对象选择）

指定基点或位移：（指定移动的基点）

指定位移的第二点：（指定位移的第二点）

有关"放弃""删除""添加"和"全部"选项的说明与"拉伸"中相应选项的说明相同。使用移动面命令可以非常方便地移动三维实体对象上的孔，在指定位移点时，用户可以使用对象捕捉、输入点坐标等方法精确移动选定的面。

如图 11.2.11 所示为移动实体面的前后效果对比。

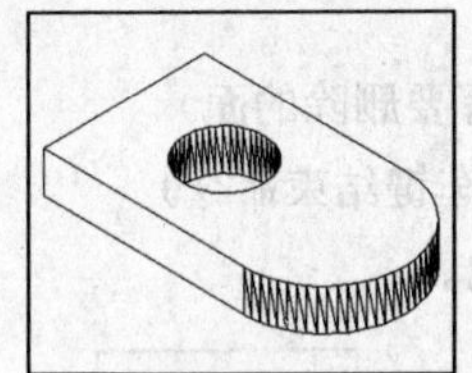
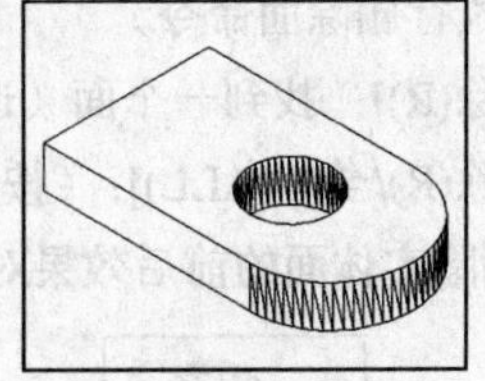

图 11.2.11 移动面前后效果对比

3. 偏移面

偏移面是指按指定的距离或通过指定的点，将面均匀地移动。如果移动的值为正，则增大实体尺寸或体积；如果移动的值为负，则减小实体尺寸或体积。执行偏移面命令的方法有以下两种：

（1）单击“实体编辑”工具栏中的“偏移面”按钮。

（2）选择修改(M)→实体编辑(N)→偏移面(O)命令。

执行此命令后，命令行提示如下：

命令：_solidedit↙

实体编辑自动检查：SOLIDCHECK=1

输入实体编辑选项[面(F)/边(E)/体(B)/放弃(U)/退出(X)] <退出>：_face

输入面编辑选项[拉伸(E)/移动(M)/旋转(R)/偏移(O)/倾斜(T)/删除(D)/复制(C)/着色(L)/放弃(U)/退出(X)] <退出>：_offset（执行偏移面命令）

选择面或[放弃(U)/删除(R)]：找到一个面（选择要偏移的面）

选择面或[放弃(U)/删除(R)/全部(ALL)]：（按回车键结束对象选择）

指定偏移距离：（指定偏移的距离）

如图 11.2.12 所示为偏移三维实体面的效果。

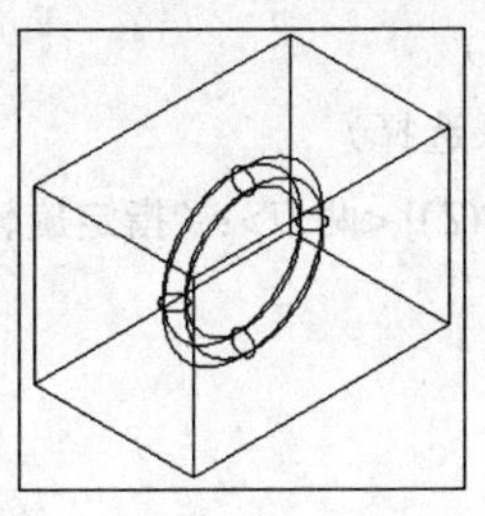
实体对象

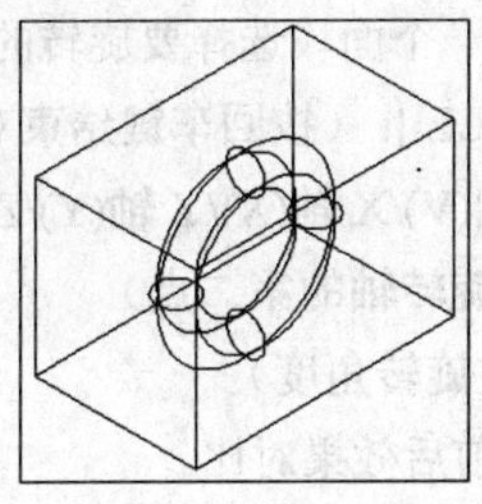
正值偏移面后的实体

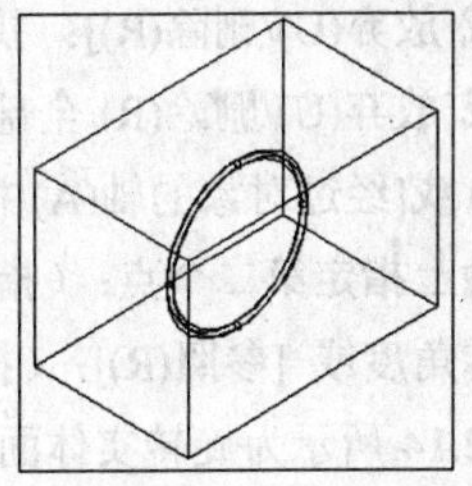
负值偏移面后的实体

图 11.2.12 偏移面

4. 删除面

删除面是指删除实体的面，包括实体面上的圆角和倒角。执行删除面命令的方法有以下两种：

（1）单击“实体编辑”工具栏中的“删除面”按钮。

（2）选择修改(M)→实体编辑(N)→删除面(D)命令。

执行此命令后，命令行提示如下：

命令：_solidedit↙

实体编辑自动检查：SOLIDCHECK=1

输入实体编辑选项[面(F)/边(E)/体(B)/放弃(U)/退出(X)] <退出>：_face

输入面编辑选项[拉伸(E)/移动(M)/旋转(R)/偏移(O)/倾斜(T)/删除(D)/复制(C)/着色(L)/放弃(U)/退

出(X)] <退出>：_delete（执行删除面命令）

选择面或[放弃(U)/删除(R)]：找到一个面（选择要删除的面）

选择面或[放弃(U)/删除(R)/全部(ALL)]：（按回车键结束命令）

如图 11.2.13 所示为删除实体面的前后效果对比。

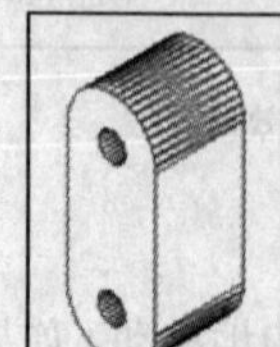
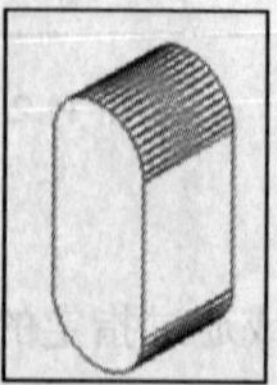

图 11.2.13　删除面前后效果对比

5．旋转面

旋转面是指绕指定的轴旋转一个或多个实体的面或实体的某些部分。执行旋转面命令的方法有以下两种：

（1）单击“实体编辑”工具栏中的“旋转面”按钮。

（2）选择 修改(M) → 实体编辑(N) → 旋转面(A) 命令。

执行此命令后，命令行提示如下：

命令：_solidedit↙

实体编辑自动检查：SOLIDCHECK=1

输入实体编辑选项[面(F)/边(E)/体(B)/放弃(U)/退出(X)] <退出>：_face

输入面编辑选项[拉伸(E)/移动(M)/旋转(R)/偏移(O)/倾斜(T)/删除(D)/复制(C)/着色(L)/放弃(U)/退出(X)] <退出>：_rotate（执行旋转面命令）

选择面或[放弃(U)/删除(R)]：找到一个面（选择要旋转的面）

选择面或[放弃(U)/删除(R)/全部(ALL)]：（按回车键结束对象选择）

指定轴点或[经过对象的轴(A)/视图(V)/X 轴(X)/Y 轴(Y)/Z 轴(Z)] <两点>：（指定旋转轴的第一点）

在旋转轴上指定第二个点：（指定旋转轴的第二点）

指定旋转角度或 [参照(R)]：（指定旋转角度）

如图 11.2.14 所示为旋转实体面的前后效果对比。

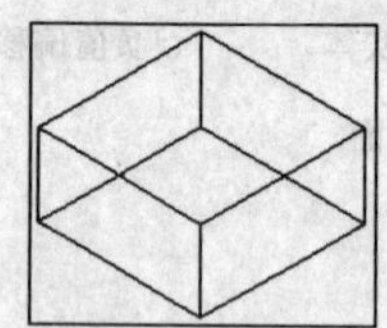
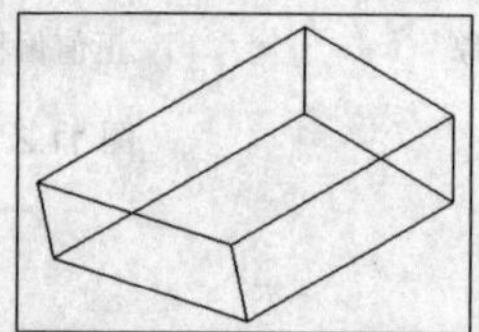

图 11.2.14　旋转面前后效果对比

6．倾斜面

倾斜面是指按一个角度将实体的面进行倾斜。执行倾斜面命令的方法有以下两种：

（1）单击“实体编辑”工具栏中的“倾斜面”按钮。

（2）选择 修改(M) → 实体编辑(N) → 倾斜面(T) 命令。

执行此命令后，命令行提示如下：

命令：_solidedit↙

实体编辑自动检查：SOLIDCHECK=1

输入实体编辑选项[面(F)/边(E)/体(B)/放弃(U)/退出(X)] <退出>：_face

输入面编辑选项[拉伸(E)/移动(M)/旋转(R)/偏移(O)/倾斜(T)/删除(D)/复制(C)/着色(L)/放弃(U)/退出(X)] <退出>：_taper（执行倾斜面命令）

选择面或[放弃(U)/删除(R)]：找到一个面（选择要倾斜的面）

选择面或[放弃(U)/删除(R)/全部(ALL)]：（按回车键结束对象选择）

指定基点：（指定倾斜轴的第一点）

指定沿倾斜轴的另一个点：（指定倾斜轴的第二点）

指定倾斜角度：（指定倾斜角）

如图 11.2.15 所示为倾斜实体面的前后效果对比。

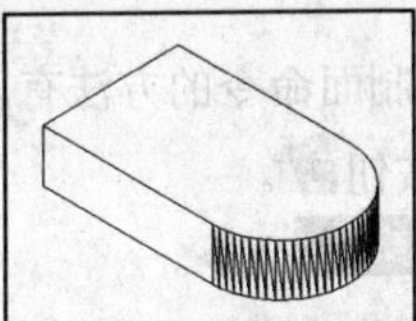
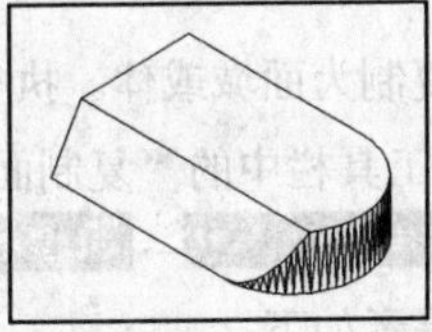

图 11.2.15　倾斜面前后效果对比

7．着色面

着色面是指为实体的面附着颜色。执行着色面命令的方法有以下两种：

（1）单击“实体编辑”工具栏中的“着色面”按钮。

（2）选择 修改(M) → 实体编辑(N) → 着色面(C) 命令。

执行此命令后，命令行提示如下：

命令：_solidedit↙

实体编辑自动检查：SOLIDCHECK=1

输入实体编辑选项[面(F)/边(E)/体(B)/放弃(U)/退出(X)] <退出>：_face

输入面编辑选项[拉伸(E)/移动(M)/旋转(R)/偏移(O)/倾斜(T)/删除(D)/复制(C)/着色(L)/放弃(U)/退出(X)] <退出>：_color（执行着色面命令）

选择面或[放弃(U)/删除(R)]：（选择要着色的面）

选择面或[放弃(U)/删除(R)/全部(ALL)]：（按回车键结束实体面选择）

新颜色 [真彩色(T)/配色系统(CO)] <BYLAYER>：（选择配色方案）

如果选择“真彩色(T)”命令选择，则命令行提示如下：

红色，绿色，蓝色：（输入三原色的数值）

如果选择“配色系统(CO)”命令选项，则命令行提示如下：

输入配色系统名称：（输入配色系统名称）

输入颜色名：（输入颜色名称）

真彩色使用 24 位颜色定义显示 1 600 万种颜色，指定真彩色时，可以使用 RGB 颜色模式，输入颜色的红、绿、蓝数值进行组合。红、绿、蓝数值的有效范围是 0～255。

AutoCAD 2008 系统提供了标准 Pantone 配色系统，选择 格式(O) → 颜色(C)... 命令，在弹出的 选择颜色 对话框中选择 配色系统 选项卡（见图 11.2.16），在该选项卡中可以找到相应的颜色。另外，通过选择 工具(T) → 选项(N)... 命令，在弹出的 选项 对话框中的 文件 选项卡中添加其他的配色系统，着色面的前后效果对比如图 11.2.17 所示。

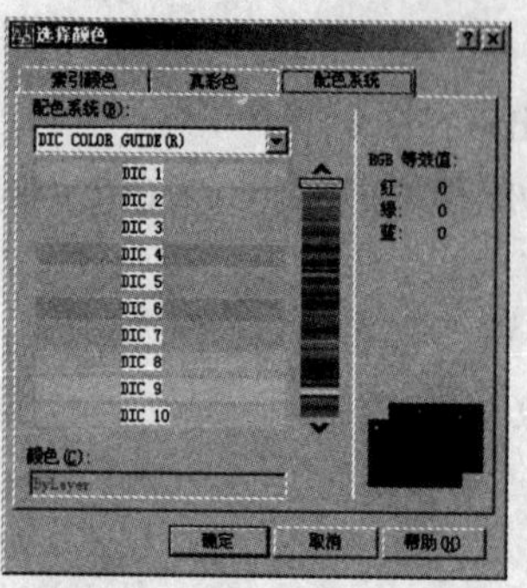

图 11.2.16 “配色系统”选项卡

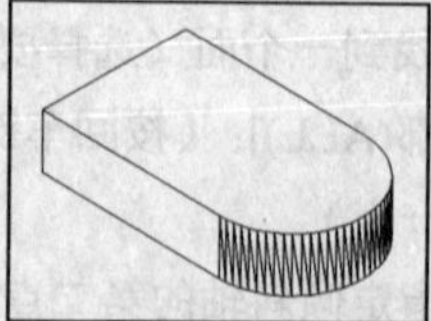

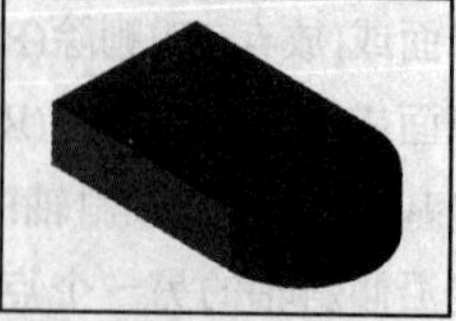

图 11.2.17 着色面前后效果对比

8. 复制面

复制面是指将实体的面复制为面域或体。执行复制面命令的方法有以下两种：

（1）单击“实体编辑”工具栏中的“复制面”按钮。

（2）选择 修改(M) → 实体编辑(N) → 复制面(F) 命令。

执行此命令后，命令行提示如下：

命令：_solidedit↙

实体编辑自动检查：SOLIDCHECK=1

输入实体编辑选项 [面(F)/边(E)/体(B)/放弃(U)/退出(X)] <退出>：_face

输入面编辑选项[拉伸(E)/移动(M)/旋转(R)/偏移(O)/倾斜(T)/删除(D)/复制(C)/着色(L)/放弃(U)/退出(X)] <退出>：_copy（执行复制面命令）

选择面或[放弃(U)/删除(R)]：找到一个或几个面（选择要复制的面）

选择面或[放弃(U)/删除(R)/全部(ALL)]：（按回车键结束对象选择）

指定基点或位移：（指定复制面的基点）

指定位移的第二点：（指定位移的第二点）

如图 11.2.18 所示为复制实体面的前后效果对比。

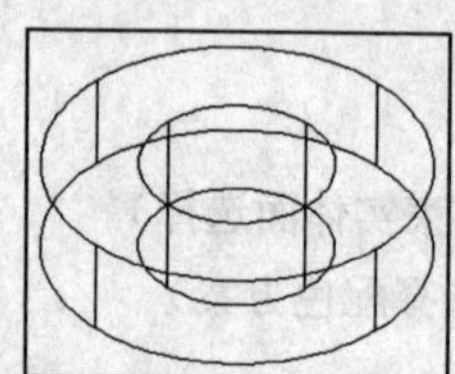

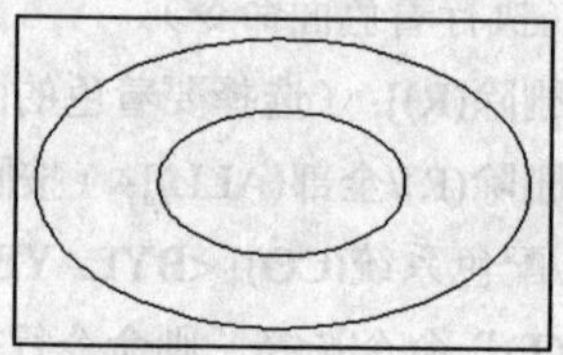

图 11.2.18 复制面前后效果对比

11.2.8 编辑边

在 AutoCAD 2008 中，用户可以利用压印边、着色边和复制边命令对三维实体的边进行编辑。

1. 压印边

压印边是指在实体的表面压制出一个对象。被压印的对象必须与选定对象的一个或多个面相交，否则将无法进行操作。可用做压印的对象仅限于圆弧、圆、直线、二维和三维多段线、椭圆、样条曲线、面域、体及三维实体。在 AutoCAD 2008 中执行压印命令的方法有以下 3 种：

（1）单击“实体编辑”工具栏中的“压印边”按钮。

（2）选择修改(M)→实体编辑(N)→压印边(I)命令。

（3）在命令行中输入命令 imprint。

命令：_imprint↙

选择三维实体：（选择三维实体对象）

选择要压印的对象：（选择要压印的对象）

是否删除源对象[是(Y)/否(N)] <N>：（选择是否删除源对象）

选择要压印的对象：（按回车键后结束命令）

压印边的前后效果对比如图 11.2.19 所示。

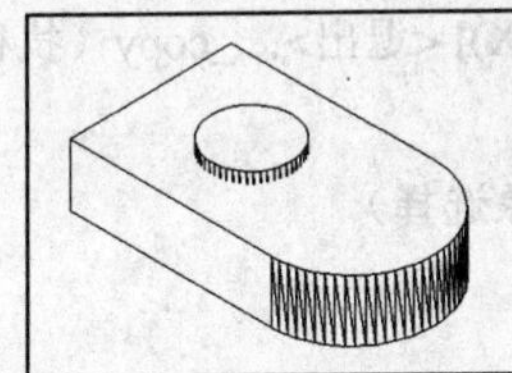
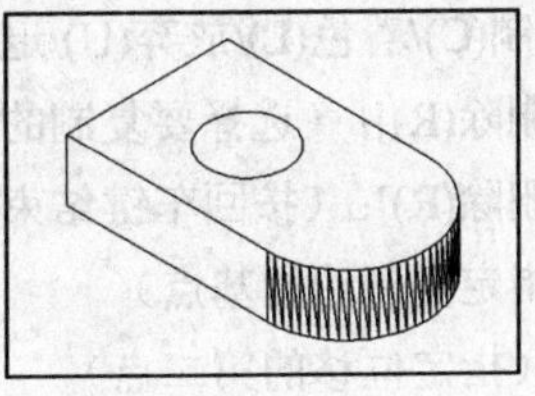

图 11.2.19　压印边前后效果对比

2．着色边

着色边是指为实体的边附着颜色。执行着色边命令的方法有以下两种：

（1）单击“实体编辑”工具栏中的“着色边”按钮。

（2）选择修改(M)→实体编辑(N)→着色边(L)命令。

执行此命令后，命令行提示如下：

命令：_solidedit↙

实体编辑自动检查：SOLIDCHECK=1

输入实体编辑选项 [面(F)/边(E)/体(B)/放弃(U)/退出(X)] <退出>：_edge

输入边编辑选项[复制(C)/着色(L)/放弃(U)/退出(X)] <退出>：_color（执行着色边命令）

选择边或[放弃(U)/删除(R)]：（选择要着色的边后按回车键）

选择边或[放弃(U)/删除(R)]：（按回车键结束边的选择）

新颜色[真彩色(T)/配色系统(CO)] <BYLAYER>：（选择合适的配色方案）

其中各命令选项与着色面命令中的命令选项相同，这里就不再赘述。

执行着色边命令后的实体对象在进行体着色时，只有选择“带边框着色”选项，才可以显示出边附着颜色的效果。

如图 11.2.20 所示为着色实体边的前后效果对比。

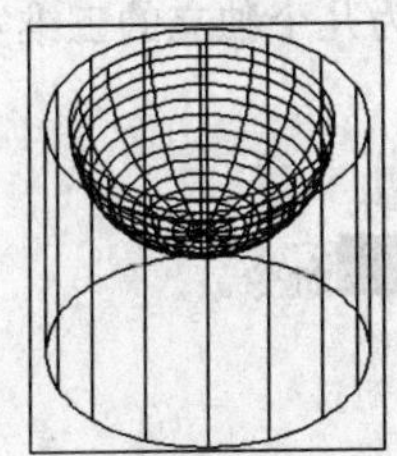
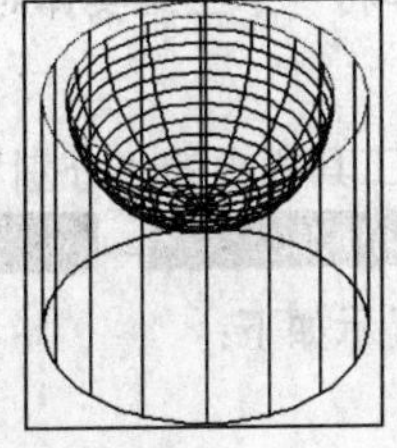

图 11.2.20　着色实体边前后效果对比

3. 复制边

复制边是指复制实体对象的三维边。三维实体边被复制为直线、圆弧、圆、椭圆或样条曲线。执行复制边命令的方法有以下两种：

（1）单击“实体编辑”工具栏中的“复制边”按钮。

（2）选择 修改(M) → 实体编辑(N) → 复制边(G) 命令。

执行此命令后，命令行提示如下：

命令：_solidedit↙

实体编辑自动检查：SOLIDCHECK=1

输入实体编辑选项 [面(F)/边(E)/体(B)/放弃(U)/退出(X)] <退出>：_edge

输入边编辑选项 [复制(C)/着色(L)/放弃(U)/退出(X)] <退出>：_copy（执行复制边命令）

选择边或 [放弃(U)/删除(R)]：（选择要复制的边）

选择边或 [放弃(U)/删除(R)]：（按回车键结束对象选择）

指定基点或位移：（指定复制边的基点）

指定位移的第二点：（指定位移的第二点）

11.2.9 编辑体

在 AutoCAD 2008 中，对三维实体的编辑命令有清除、分割、抽壳和检查等。

1. 清除

清除是指删除实体上的共享边以及在边或顶点具有相同表面或曲线定义的顶点。执行清除命令的方法有以下两种：

（1）单击“实体编辑”工具栏中的“清除”按钮。

（2）选择 修改(M) → 实体编辑(N) → 清除(N) 命令。

执行该命令后，命令行提示如下：

命令：_solidedit↙

实体编辑自动检查：SOLIDCHECK=1

输入实体编辑选项[面(F)/边(E)/体(B)/放弃(U)/退出(X)] <退出>：_body

输入体编辑选项[压印(I)/分割实体(P)/抽壳(S)/清除(L)/检查(C)/放弃(U)/退出(X)]<退出>：_clean（执行清除命令）

选择三维实体：（选择要清除的三维实体后结束命令）

2. 分割

分割是指用不相连的实体将一个三维实体对象分割为几个独立的三维实体对象。执行分割命令的方法有以下两种：

（1）单击“实体编辑”工具栏中的“分割”按钮。

（2）选择 修改(M) → 实体编辑(N) → 分割(S) 命令。

执行该命令后，命令行提示如下：

命令：_solidedit↙

实体编辑自动检查：SOLIDCHECK=1

输入实体编辑选项[面(F)/边(E)/体(B)/放弃(U)/退出(X)] <退出>：_body

输入体编辑选项[压印(I)/分割实体(P)/抽壳(S)/清除(L)/检查(C)/放弃(U)/退出(X)]<退出>：_separate（执行分割命令）

选择三维实体：（选择要分割的三维实体）

分割实体的前后效果对比如图 11.2.21 所示。

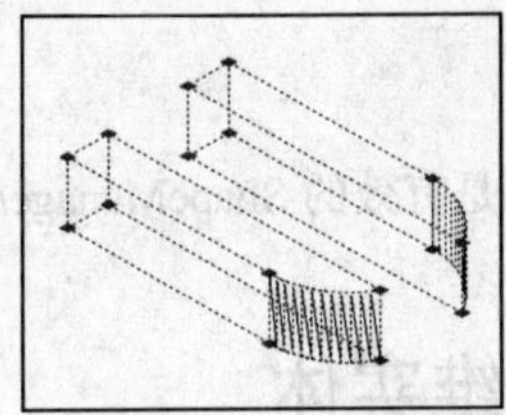
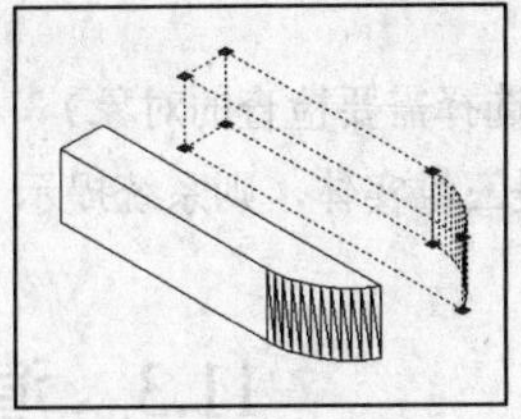

图 11.2.21　分割实体前后效果对比

3．抽壳

抽壳是指用指定的厚度为实体创建一个空的薄层。执行抽壳命令的方法有以下两种：

（1）单击“实体编辑”工具栏中的“抽壳”按钮。

（2）选择 修改(M) → 实体编辑(N) → 抽壳(H) 命令。

执行该命令后，命令行提示如下：

命令：_solidedit↙

实体编辑自动检查：SOLIDCHECK=1

输入实体编辑选项 [面(F)/边(E)/体(B)/放弃(U)/退出(X)] <退出>：_body

输入体编辑选项[压印(I)/分割实体(P)/抽壳(S)/清除(L)/检查(C)/放弃(U)/退出(X)]<退出>：_shell（执行抽壳命令）

选择三维实体：（选择要抽壳的三维实体）

删除面或[放弃(U)/添加(A)/全部(ALL)]：（选择要删除的面）

删除面或[放弃(U)/添加(A)/全部(ALL)]：（按回车键结束对象选择）

输入抽壳偏移距离：（指定抽壳的偏移距离）

如图 11.2.22 所示为抽壳的前后效果对比。

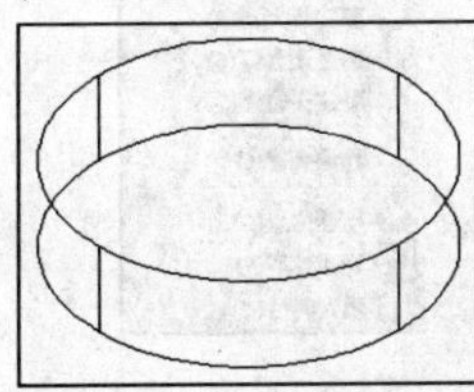
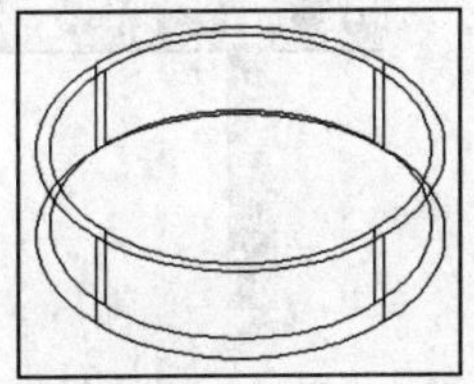

图 11.2.22　抽壳前后效果对比

4．检查

检查就是验证三维实体对象是否有效。如果三维实体有效，对其进行编辑时就不会出现错误信息；如果三维实体无效，则不能对其进行编辑。

执行检查命令的方法有以下两种：

（1）单击“实体编辑”工具栏中的“检查”按钮。

（2）选择 修改(M) → 实体编辑(N) → 检查(K) 命令。

执行检查命令后，命令行提示如下：

命令：_solidedit↙

实体编辑自动检查：SOLIDCHECK=1

输入实体编辑选项 [面(F)/边(E)/体(B)/放弃(U)/退出(X)] <退出>：_body

输入体编辑选项[压印(I)/分割实体(P)/抽壳(S)/清除(L)/检查(C)/放弃(U)/退出(X)] <退出>：_check（执行检查命令）

选择三维实体：(选择需要检查的对象)

如果选择的对象是三维实体，则系统提示“此对象是有效的 ShapeManager 实体”。

11.3　渲染三维实体

使用视觉样式只能预览三维模型的真实效果，而不能执行产生亮显、移动光源或添加光源的操作。要更全面地控制光源，必须使用渲染。选择 视图(V) → 渲染(E) 命令中的子菜单命令或单击“渲染”工具栏中的相应按钮，即可执行渲染以及渲染前的各项操作，如图 11.3.1 所示。

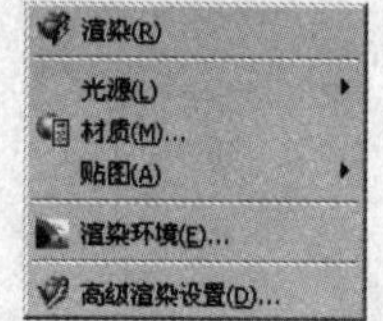

图 11.3.1　“渲染”子菜单和“渲染”工具栏

11.3.1　设置光源

光源直接反映了三维对象表面的光照情况，在渲染过程中起着非常重要的作用。在 AutoCAD 2008 中，用户不仅可以使用自然光（环境光），也可以使用点光源、平行光源及聚光灯光源。单击“渲染”工具栏中的“光源”按钮，或选择 视图(V) → 渲染(E) → 光源(L) 菜单子命令可以创建和管理光源，如图 11.3.2 所示。

图 11.3.2　“光源”下拉列表和“光源”子菜单

1. 创建光源

为了更好地表现出光照对三维模型的影响效果，用户可以在渲染之前在图形中创建多个光源，以不同的形式对模型添加光照效果。在 AutoCAD 2008 中，用户可以创建的光源有点光源、聚光灯和平行光光源，具体操作方法如下：

（1）创建点光源：单击“渲染”工具栏中“光源”下拉列表中的“新建点光源”按钮，或选择 视图(V) → 渲染(E) → 光源(L) → 新建点光源(P) 命令，命令行提示如下：

命令：_pointlight↙

指定源位置<0,0,0>：（用鼠标指定光源位置或直接输入光源位置）

输入要更改的选项[名称(N)/强度(I)/状态(S)/阴影(W)/衰减(A)/颜色(C)/退出(X)] <退出>：（按回车键结束命令或选择设置其他选项）

其中各命令选项功能介绍如下：

1）名称(N)：选择该命令选项，为创建的点光源设置名称。

2）强度(I)：选择该命令选项，设置点光源的强度或亮度。

3）状态(S)：选择该命令选项，设置点光源的开启和关闭状态。

4）阴影(W)：选择该命令选项，设置是否启用阴影设置。

5）衰减(A)：选择该命令选项，设置光源衰减的启用以及光源衰减的类型和边界。

6）颜色(C)：选择该命令选项，设置光源的颜色。

7）退出(X)：选择该命令选项，退出命令。

（2）创建聚光灯：单击“渲染”工具栏中“光源”下拉列表中的“新建聚光灯”按钮，或选择 视图(V) → 渲染(E) → 光源(L) → 新建聚光灯(S) 命令，命令行提示如下：

命令：_spotlight↙

指定源位置<0,0,0>：（指定光源位置）

指定目标位置<0,0,-10>：（指定目标对象位置）

输入要更改的选项[名称(N)/强度(I)/状态(S)/聚光角(H)/照射角(F)/阴影(W)/衰减(A)/颜色(C)/退出(X)]：（按回车键结束命令）

其中各选项功能介绍如下：

1）名称(N)：选择该命令选项，为创建的聚光灯设置名称。

2）强度(I)：选择该命令选项，设置聚光灯的强度或亮度。

3）状态(S)：选择该命令选项，设置聚光灯的开启或关闭状态。

4）聚光角(H)：选择该命令选项，指定最亮光锥的角度。

5）照射角(F)：选择该命令选项，指定完整光锥的角度。

6）阴影(W)：选择该命令选项，设置阴影的开启与关闭。

7）衰减(A)：选择该命令选项，设置光源衰减的启用以及光源衰减的类型和边界。

8）颜色(C)：选择该命令选项，设置光源的颜色。

9）退出(X)：选择该命令选项，退出命令。

（3）创建平行光：单击“渲染”工具栏中“光源”下拉列表中的“新建平行光”按钮，或选择 视图(V) → 渲染(E) → 光源(L) → 新建平行光(D) 命令，命令行提示如下：

命令：_distantlight↙

指定光源方向 FROM <0,0,0>或[矢量(V)]：（指定光源来的方向）

指定光源方向 TO <1,1,1>：（指定光源去的方向）

输入要更改的选项[名称(N)/强度(I)/状态(S)/阴影(W)/颜色(C)/退出(X)]<退出>：（按回车键退出命令）

其中各选项功能介绍如下：

1）名称(N)：选择该命令选项，为创建的平行光设置名称。

2）强度(I)：选择该命令选项，设置平行光的强度和亮度。

3）状态(S)：选择该命令选项，设置平行光的开启和关闭状态。

4）阴影(W)：选择该命令选项，设置阴影的开启与关闭。

5）颜色(C)：选择该命令选项，设置光源的颜色。

6）退出(X)：选择该命令选项，退出命令。

2．管理光源

当在图形中创建多个光源时，可以通过单击“渲染”工具栏中“光源”下拉列表中的“光源列表”按钮，或选择视图(V)→渲染(E)→光源(L)→光源列表(L)命令，在打开的模型中的光源选项板中查看和管理所有光源，如图 11.3.3 所示。

3．地理位置与阳光特性

在 AutoCAD 2008 中，用户还可以对光源的地理位置和阳光特性进行设置，这样就可以创建更加逼真的光照。

选择视图(V)→渲染(E)→光源(L)→地理位置(G)...命令，弹出地理位置对话框，如图 11.3.4 所示，用户可以在该对话框中设置光源的纬度、经度、地区等参数。

选择视图(V)→渲染(E)→光源(L)→阳光特性(U)命令，弹出阳光特性选项板，如图 11.3.5 所示。

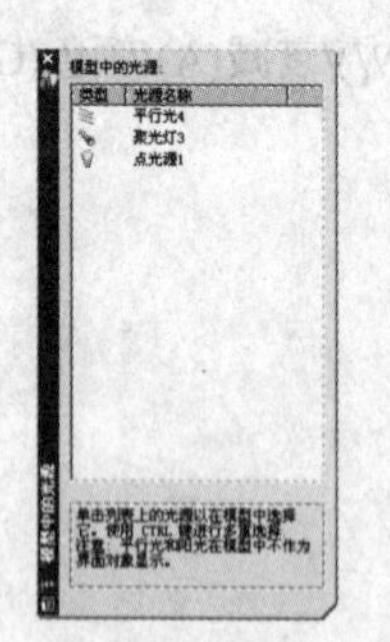

图 11.3.3 “模型中的光源”选项板

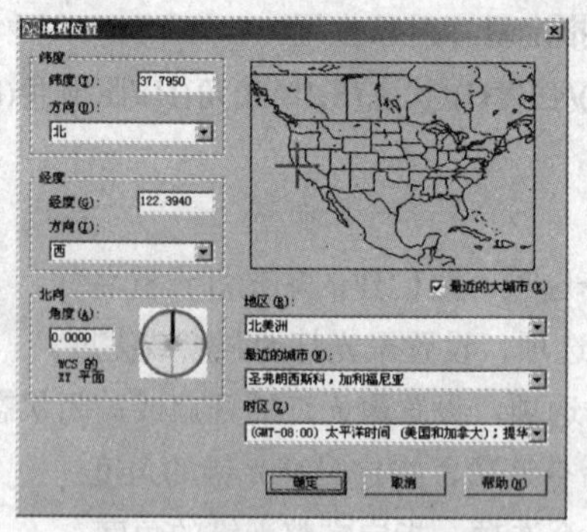

图 11.3.4 “地理位置”对话框

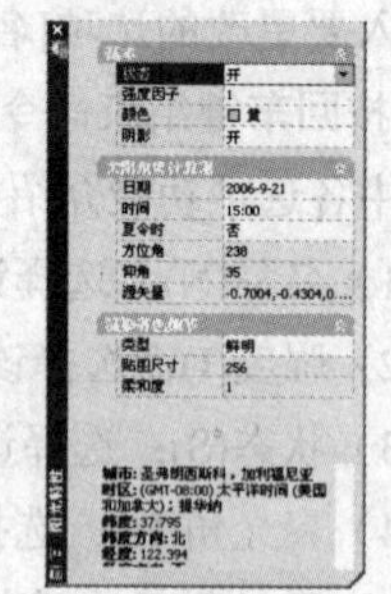

图 11.3.5 “阳光特性”选项板

11.3.2 设置材质

在渲染对象时，使用材质可以增强模型的真实感。单击“渲染”工具栏中的“材质”按钮，或选择视图(V)→渲染(E)→材质(M)...命令，在打开的材质选项板中可以创建并修改材质的属性，如图 11.3.6 所示。

该选项板中各选项功能介绍如下：

（1）图形中可用的材质面板：该面板用于显示图形中可用材质的样例。

1）“样例几何体”按钮：单击此按钮，选择样例显示的几何体类型，可以是长方体、圆柱体或球体。

2）“交错参考底图关闭”按钮：单击此按钮，显示彩色交错参考底图以帮助用户查看材质的不透明度。该按钮的另一种形式为“交错参考底图开”。

3）“创建新材质”按钮：单击此按钮，弹出创建新材质对话框，如图 11.3.7 所示。在该对话框中的名称:文本框中输入新建材质的名称，然后单击确定按钮，即可在图形中可用的材质面板中预览到新建的材质效果。

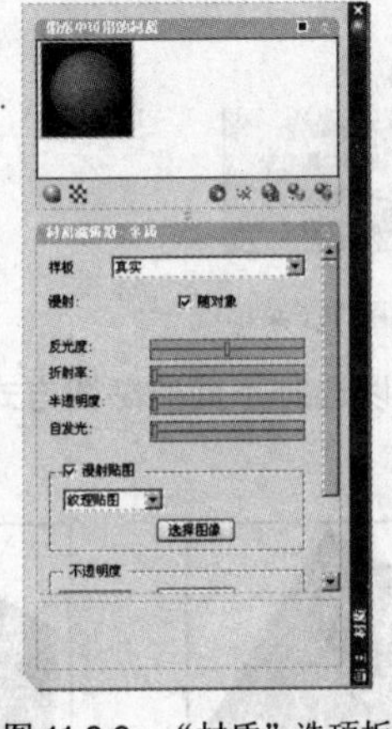

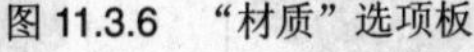

图 11.3.6 “材质”选项板

图 11.3.7 “创建新材质”对话框

4）“从图形中清除”按钮：单击此按钮，从图形中删除选定的材质，但是无法删除全局材质和任何正在使用的材质。

5）“表明材质正在使用”按钮：单击此按钮，更新正在使用的图标。图形中当前正在使用的材质在样例的右下角显示图形图标。

6）“将材质应用到对象”按钮：单击此按钮，将当前材质应用到选定的对象和面。

7）“从选定的对象中删除材质”按钮：单击此按钮，从选定的对象和面中拆离材质。

（2）材质编辑器 - 全局面板：该面板用于设置在图形中可用的材质面板中选定材质的参数。

1）样板下拉列表：单击该下拉列表右边的下三角按钮，即可在弹出的下拉列表框中选择材质的类型。

2）漫射选项：该选项用于设置显示材质的颜色，根据选择材质类型的不同该选项的内容也有所变化。

3）反光度选项：该选项用于设置材质的反光度，拖动该选项右边的滑块即可进行设置。

4）折射率选项：该选项用于设置材质的折射率，拖动该选项右边的滑块即可进行设置。

5）半透明度选项：该选项用于设置材质的半透明度，拖动该选项右边的滑块即可进行设置。

6）自发光选项：该选项用于设置材质的自发光值。当设置为大于 0 的值时，可以使对象自身显示为发光而不依赖于图形中的光源。

7）☑ 漫射贴图复选框：选中该复选框，将使漫射贴图在材质上处于活动状态并可被渲染。在该复选框下边的下拉列表框中选择贴图的方式，或单击选择图像按钮选择合适的贴图。

8）不透明度选项组：该选项组用于定义材质的透明区域和不透明区域。拖动该选项组中的滑块设置其透明度，或单击选择图像按钮选择合适的图像。

9）☑ 凹凸贴图复选框：选中该复选框，将贴图的表面特征添加到模型的面上，而不更改其几何体形状。

11.3.3 设置贴图

贴图是指在渲染对象时将材质映射到对象上。在 AutoCAD 2008 中，贴图的方式有 4 种，分别为平面贴图、长方体贴图、柱面贴图和球面贴图。单击“渲染”工具栏中的“贴图”下拉列表中的相应按钮，或选择视图(V) → 渲染(E) → 贴图(A)菜单子命令即可设置贴图方式，如图 11.3.8 所示。

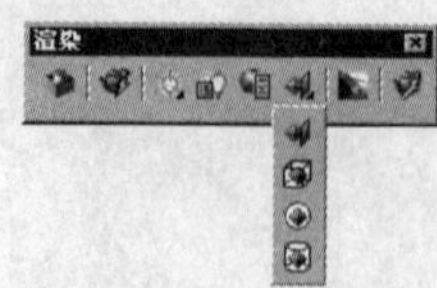

图 11.3.8　“贴图”下拉列表和“贴图”子菜单

在渲染图形时，根据模型的形状和选择贴图的图像，可以选择不同的贴图方式对贴图进行调整，效果如图 11.3.9 至图 11.3.12 所示。

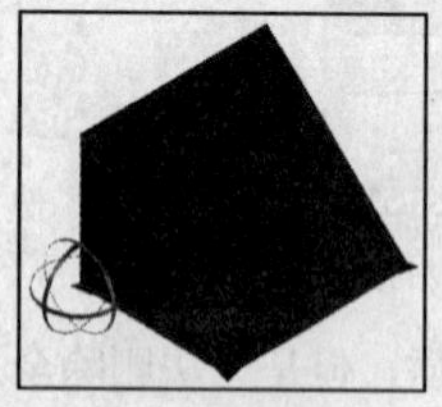
图 11.3.9　平面贴图

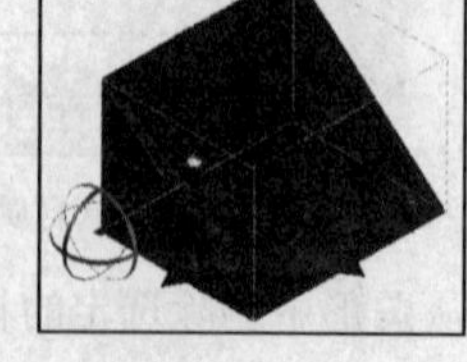
图 11.3.10　长方体贴图

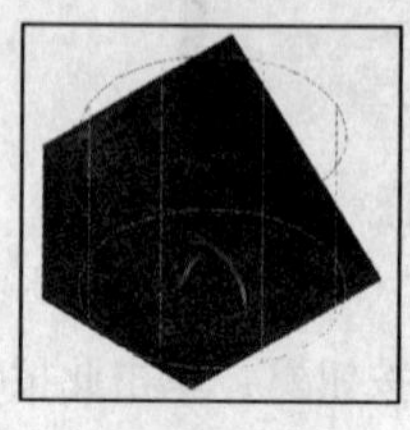
图 11.3.11　柱面贴图

图 11.3.12　球面贴图

11.3.4　设置渲染环境

渲染环境是指在渲染对象时进行的雾化和深度设置。单击“渲染”工具栏中的“渲染环境”按钮，或选择视图(V)→渲染(E)→渲染环境(E)...命令，弹出渲染环境对话框，如图 11.3.13 所示，可以在该对话框中设置雾化和深度的参数。

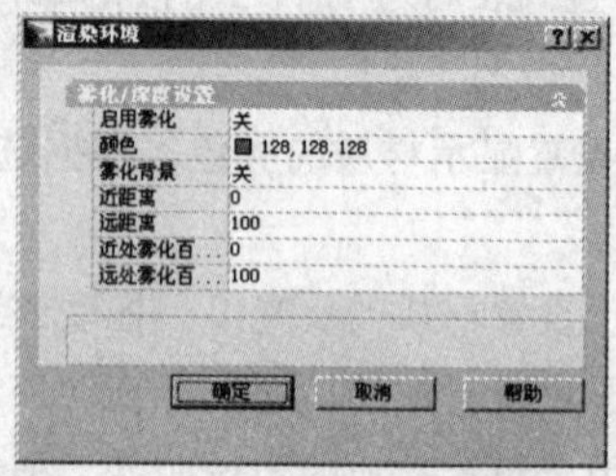

图 11.3.13　“渲染环境”对话框

该对话框中各选项功能介绍如下：

（1）启用雾化选项：该选项用于设置雾化的开启与关闭。

（2）颜色选项：该选项用于设置雾化的颜色。

（3）雾化背景选项：该选项用于设置雾化背景的开启与关闭。

（4）近距离选项：该选项用于设置雾化开始处到相机的距离。

（5）远距离选项：该选项用于设置雾化结束处到相机的距离。

（6）近处雾化百分比选项：该选项用于设置近距离处雾化的不透明度。

（7）远处雾化百分比选项：该选项用于设置远距离处雾化的不透明度。

11.3.5　高级渲染设置

高级渲染环境是对渲染环境更细化的设置，单击“渲染”工具栏中的“高级渲染设置”按钮，或选择视图(V)→渲染(E)→高级渲染设置(D)...命令，在弹出的高级渲染设置选项板中进行设置，如图 11.3.14 所示。

在“选择渲染预设”下拉列表框中，可以选择预设的渲染类型，这时在参数区中可以设置该渲染类型的基本、光线跟踪、间接发光、诊断、处理等参数。在“选择渲染预设”下拉列表框中选择“管理渲染预设”选项，可在弹出的渲染预设管理器对话框中自定义渲染预设，如图 11.3.15 所示。

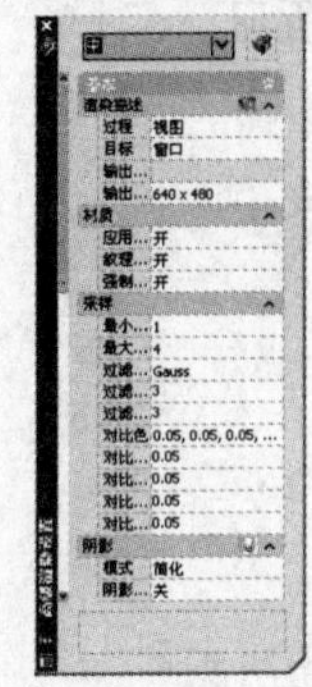

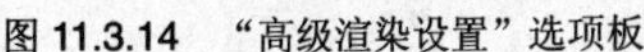

图 11.3.14　“高级渲染设置”选项板

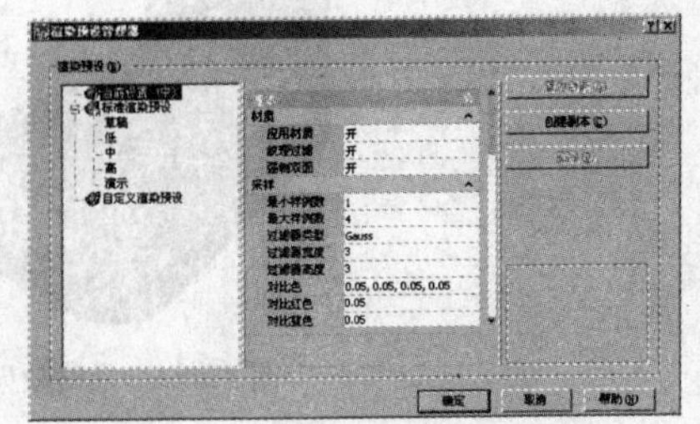

图 11.3.15　“渲染预设管理器”对话框

11.3.6　渲染

以上各项都设置完成后，用户就可以进行渲染了。执行渲染命令的方法有以下 3 种：

（1）单击“渲染”工具栏中的“渲染”按钮。

（2）选择 视图(V) → 渲染(E) → 渲染(R)... 命令。

（3）在命令行中输入命令 render。

执行渲染命令后，弹出渲染对话框，如图 11.3.16 所示。

该对话框中各选项功能介绍如下：

（1）渲染类型(R): 下拉列表：用户可以在该下拉列表中选择渲染类型。AutoCAD 提供了一般渲染、照片级真实感渲染和照片级光线跟踪渲染 3 种渲染类型供用户选择。

（2）要渲染的场景(S) 列表框：该列表框中列出了当前图形中的所有场景。

（3）渲染选项 选项组：该选项组用于控制渲染显示。

（4）渲染过程 选项组：该选项组用于控制渲染默认的工作方式。

（5）目标(N) 选项组：该选项组用于控制显示驱动程序用于渲染图像的输出设置。

（6）子样例(U) 下拉列表：从该下拉列表中选择一个比例，仅渲染一部分像素将降低图像质量，但可以减少渲染时间，同时仍能达到一定效果，比例为 1 : 1 时为最佳，8 : 1 时渲染速度最快。

完成各项设置后，单击 渲染 按钮开始对实体进行渲染。

如果用户在 目标(N) 选项组中的下拉列表中选择 渲染窗口 选项，则执行渲染命令后，可以直接在如图 11.3.17 所示的渲染窗口中显示渲染的效果。

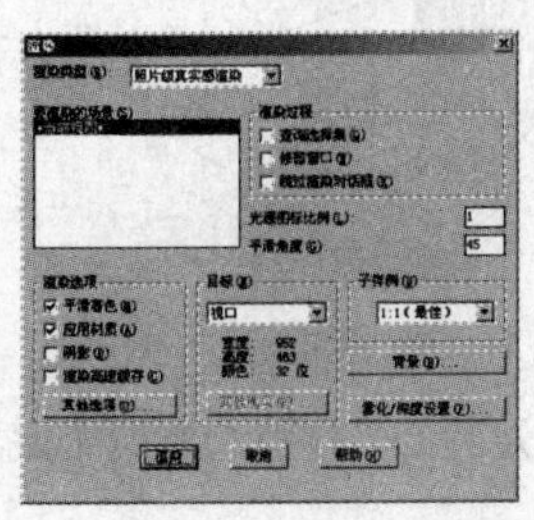

图 11.3.16　“渲染”对话框

图 11.3.17　在渲染窗口中显示渲染效果

11.4 典型实例——绘制底座

本节综合运用本章所学的知识绘制底座，最终效果如图 11.4.1 所示。

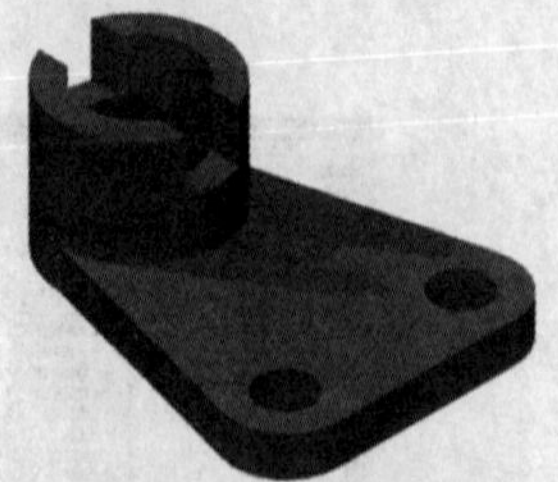

图 11.4.1 最终效果图

操作步骤

（1）切换视图到东南等轴测视图，单击“建模”工具栏中的“圆柱体”按钮，在绘图窗口中绘制底面半径分别为 20 和 30，高为 55 的圆柱体，效果如图 11.4.2 所示。

（2）新建用户坐标系，指定圆柱体底面圆心为新坐标系原点，单击“建模”工具栏中的“长方体”按钮，指定长方体的第一个角点坐标为（0，-30，0），第二个角点坐标为（120，30，0），高为 15，效果如图 11.4.3 所示。

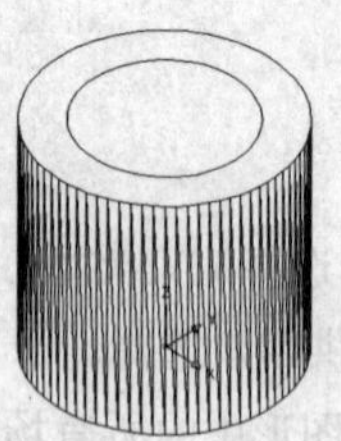

图 11.4.2 绘制圆柱体

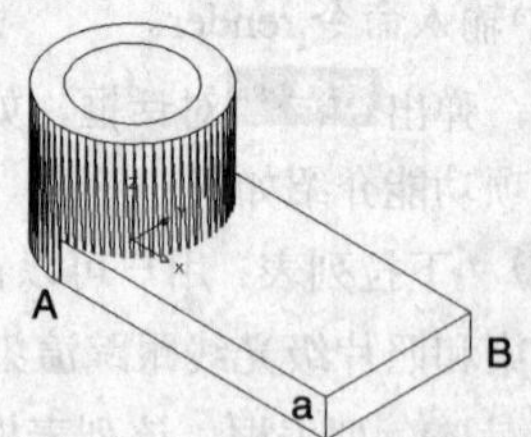

图 11.4.3 绘制长方体

（3）单击“实体编辑”工具栏中的“倾斜面”按钮，对如图 11.4.3 所示图形中长方体的侧面 a 进行倾斜，指定倾斜线为中点连线 AB，倾斜角度为-15°。对另一个侧面也进行倾斜操作，效果如图 11.4.4 所示。

（4）单击“修改”工具栏中的“圆角”按钮，对倾斜后的长方体进行圆角操作，圆角半径为 20，效果如图 11.4.5 所示。

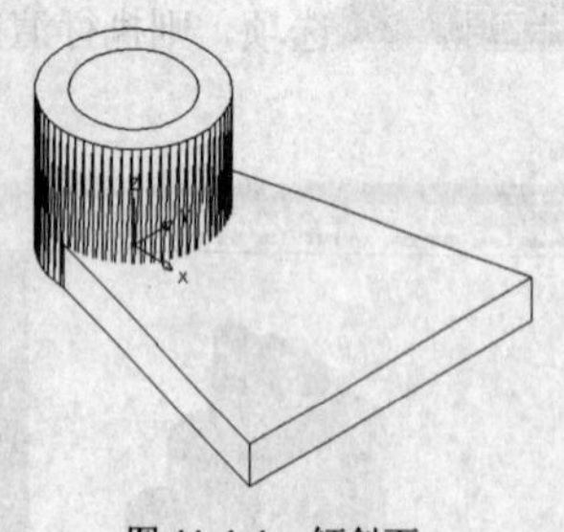

图 11.4.4 倾斜面

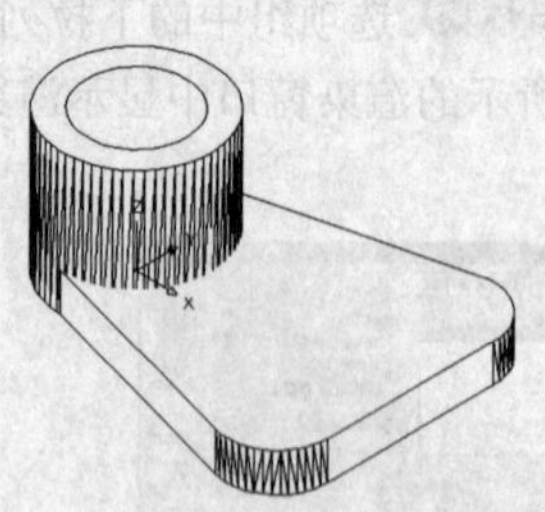

图 11.4.5 圆角操作

（5）再次执行绘制圆柱体命令，以长方体的圆角底面圆心为圆心，分别绘制两个底面半径为 10，高为 15 的圆柱体，效果如图 11.4.6 所示。

（6）利用布尔运算对绘制的实体进行并集和差集运算，效果如图 11.4.7 所示。

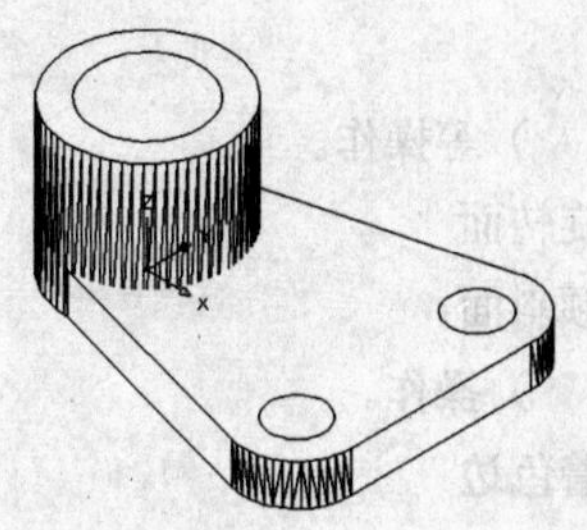

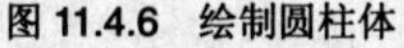

图 11.4.6　绘制圆柱体

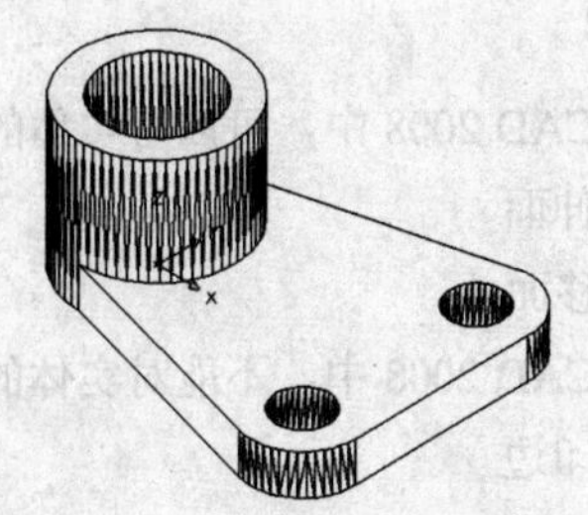

图 11.4.7　布尔运算

（7）新建用户坐标系如图 11.4.8 所示，执行绘制长方体命令，指定长方体的第一个角点坐标为（-30，-10，-20），第二个角点坐标为（30，10，-20），高为 20，效果如图 11.4.8 所示。

（8）单击“实体编辑”工具栏中的“差集”按钮，对绘制的长方体进行差集操作，效果如图 11.4.9 所示。

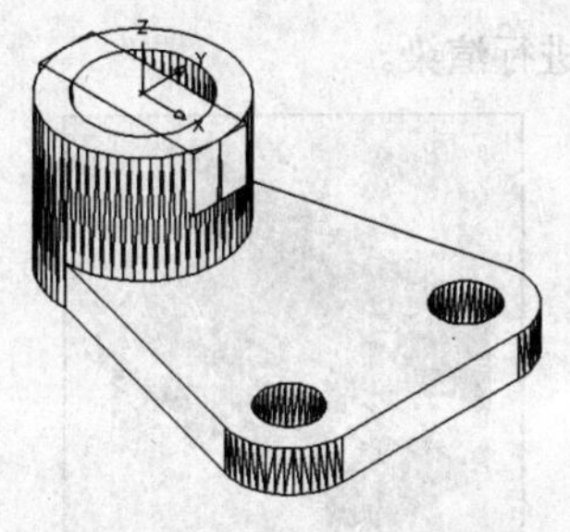

图 11.4.8　绘制长方体

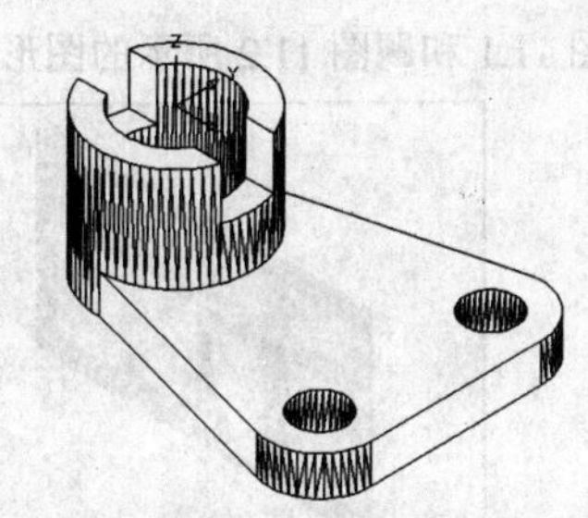

图 11.4.9　差集运算

（9）为绘制的底座附着材质并添加光源，渲染后的效果如图 11.4.1 所示。

本 章 小 结

本章主要介绍了 AutoCAD 2008 中三维实体的创建和编辑方法。用户可以通过 AutoCAD 命令直接创建基本三维实体，也可以将二维封闭图形经过拉伸或旋转生成三维实体，还可以通过布尔运算来创建复杂的三维实体。创建三维实体后，用户可以用三维编辑命令对实体的面、边和体进行各种编辑，创建出各种复杂的三维实体。对创建的三维实体附着材质和添加光源，最后进行渲染，就可以得到更加逼真的实体模型效果。

过 关 练 习

一、填空题

1．在 AutoCAD 2008 中，对三维对象的操作包括_________、_________、_________、三维镜像和_________。

2．抽壳是指_________。

3．分割是指________。

二、选择题

1．在 AutoCAD 2008 中，可以对实体的面执行（　）等操作。

（A）拉伸面　　（B）旋转面

（C）偏移面　　（D）倾斜面

2．在 AutoCAD 2008 中，不能对实体的边进行（　）操作。

（A）压印边　　（B）着色边

（C）复制边　　（D）拉伸边

三、简答题

1．在 AutoCAD 2008 中，用哪些命令可以对实体面进行编辑？

2．在 AutoCAD 2008 中，如何对实体对象进行渲染？

四、上机操作题

绘制如题图 11.1 和题图 11.2 所示的图形，并对其进行渲染。

题图　11.1

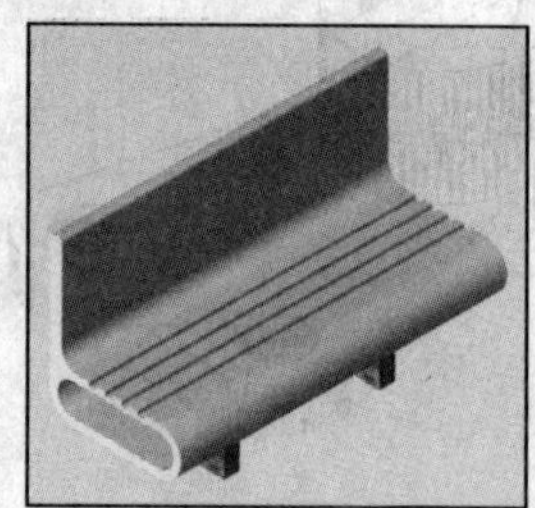

题图　11.2

第12章 综合实例应用

章前导航

为了更好地了解并掌握 AutoCAD 2008 的使用方法，本章讲解了几个具有代表性的综合实例。所举实例均由浅入深地贯穿全书的知识点，相信通过本章实例的学习，读者能够全面掌握该软件的强大功能。

本章要点

- 绘制机械零件图
- 绘制户型平面图
- 绘制阀盖

综合实例 1　绘制机械零件图

实例内容

本例主要利用所学的内容绘制机械零件图，最终效果如图 12.1.1 所示。

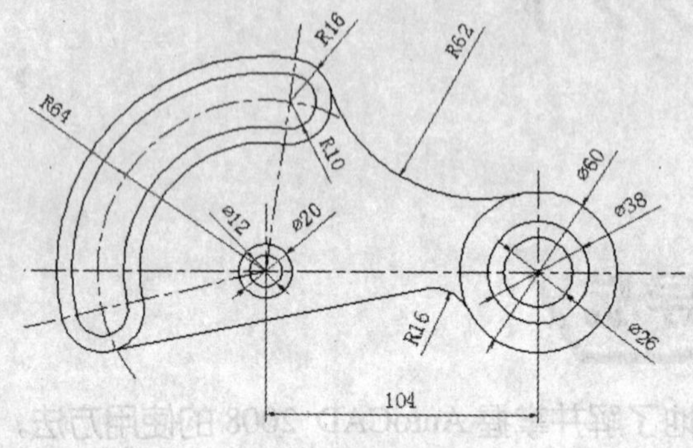

图 12.1.1　最终效果图

设计思路

在绘制零件图的过程中，读者应掌握图层的应用以及直线、圆、偏移和修剪等命令的使用方法，同时学会应用标注命令对零件图进行尺寸标注，以充分体现机械零件图的精确性。

操作步骤

（1）选择 格式(O) → 图层(L)... 命令，弹出 图层特性管理器 对话框，在该对话框中单击“新建图层”按钮，新建 3 个图层，名称分别为“辅助线”“轮廓线”和“尺寸标注”层，颜色分别为“红色”“蓝色”和“洋红”，设置“辅助线”层的线型为“CENTER”，其余为默认设置，如图 12.1.2 所示。

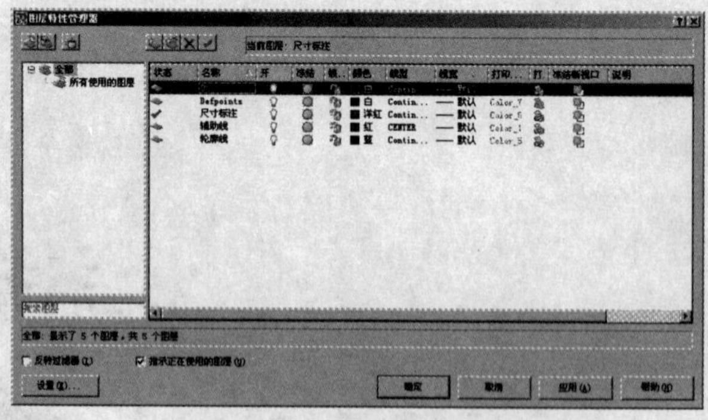

图 12.1.2　“图层特性管理器”对话框

（2）设置“辅助线”层为当前图层，单击“绘图”工具栏中的“直线”按钮，在绘图窗口中

绘制两条相互垂直的辅助线，如图 12.1.3 所示。

（3）单击“偏移”按钮或者在命令行输入 offset，将绘制的垂直辅助线向右偏移，偏移距离为 104，如图 12.1.4 所示。

图 12.1.3　绘制垂直的辅助线　　　　图 12.1.4　偏移垂直直线

（4）单击“直线”按钮或者在命令行输入 line，绘制两条直线，直线的角度与第（2）步绘制直线的夹角分别为 82° 和 193°，如图 12.1.5 所示。

（5）单击“圆”按钮或者在命令行输入 circle，捕捉左侧辅助线的交点 A，绘制一个半径为 64 的圆，如图 12.1.6 所示。

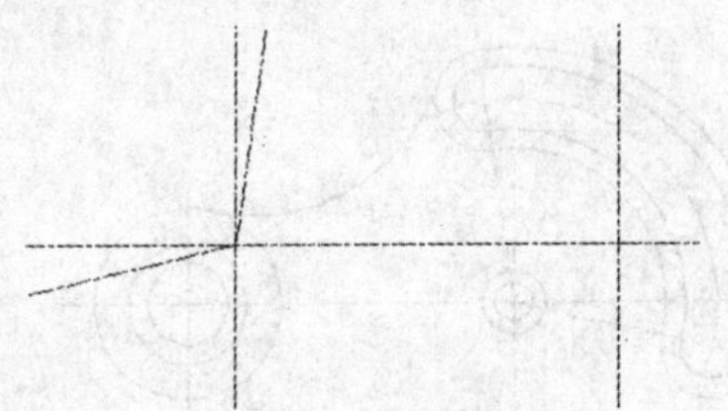

图 12.1.5　绘制直线

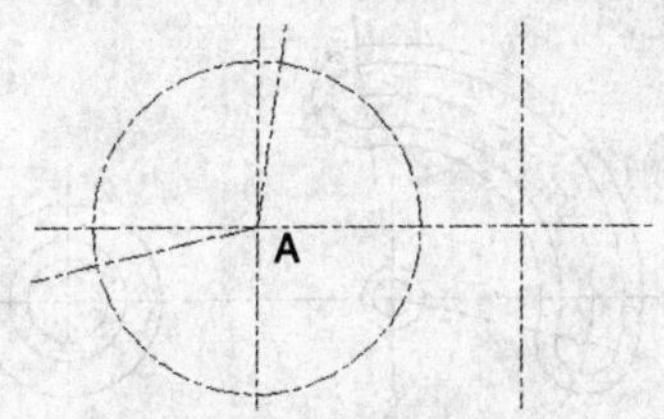

图 12.1.6　绘制圆

（6）单击“打断”按钮或者在命令行输入 break，打断圆，如图 12.1.7 所示。

（7）设置“轮廓线”层为当前图层，利用圆命令，捕捉右侧辅助线的交点 B，绘制 3 个同心圆，直径分别为 26，38 和 60，如图 12.1.8 所示。

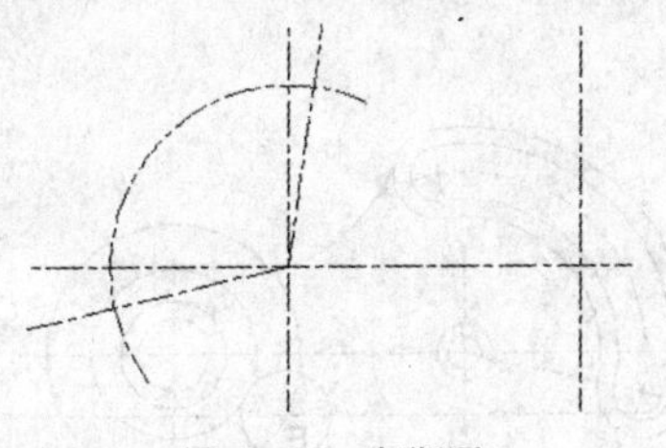

图 12.1.7　打断圆

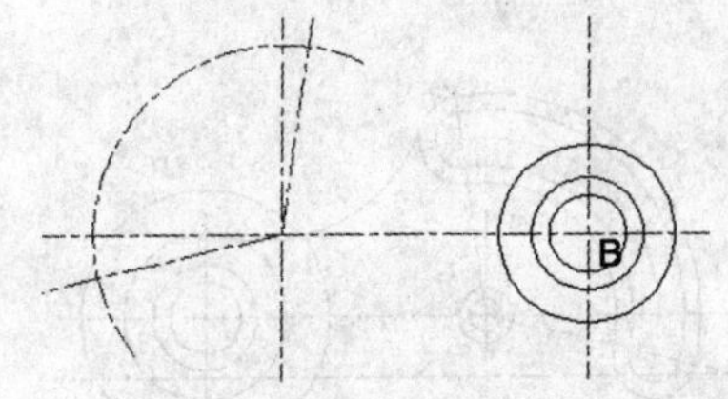

图 12.1.8　绘制同心圆

（8）重复圆命令，捕捉交点 A，绘制两个直径分别为 12 和 20 的同心圆，然后再捕捉打断圆的两个交点 C 和 D，分别绘制两个半径为 10 和 16 的同心圆，如图 12.1.9 所示。

（9）再次重复利用圆命令，捕捉左侧辅助线的交点 A，绘制两个半径分别为 80 和 48 的同心圆，如图 12.1.10 所示。

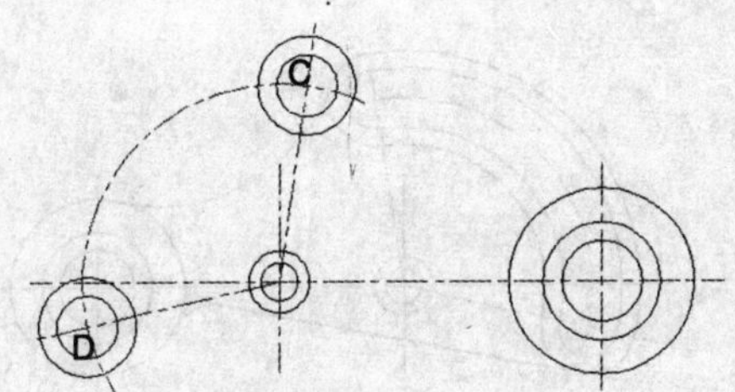

图 12.1.9　绘制同心圆

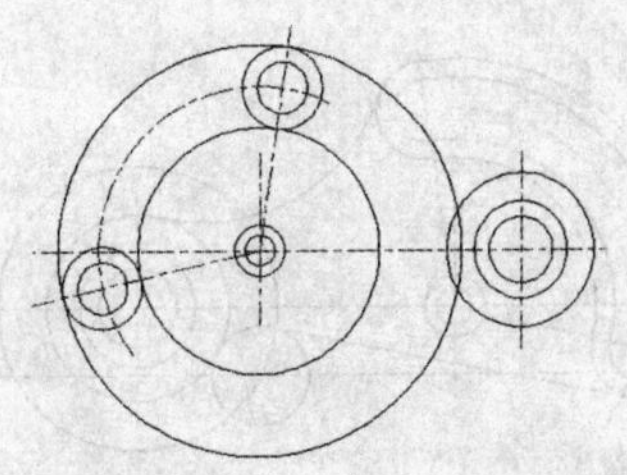

图 12.1.10　绘制同心圆

（10）单击“修剪”按钮或者在命令行输入 trim，修剪绘制的圆，如图 12.1.11 所示。

（11）再次利用圆命令，捕捉左侧辅助线的交点 A，绘制两个同心圆，半径分别为 74 和 54，如图 12.1.12 所示。

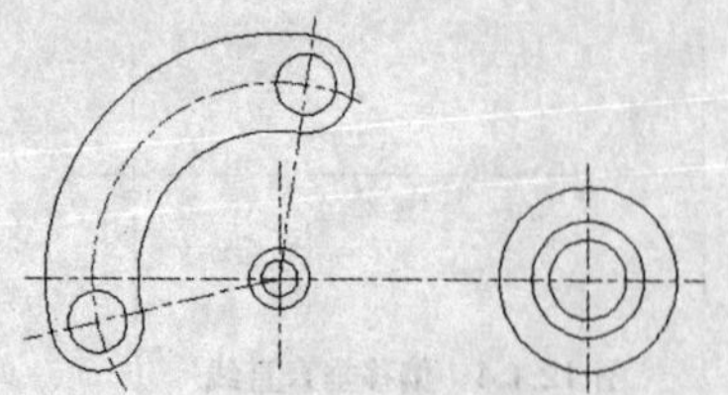

图 12.1.11　修剪圆

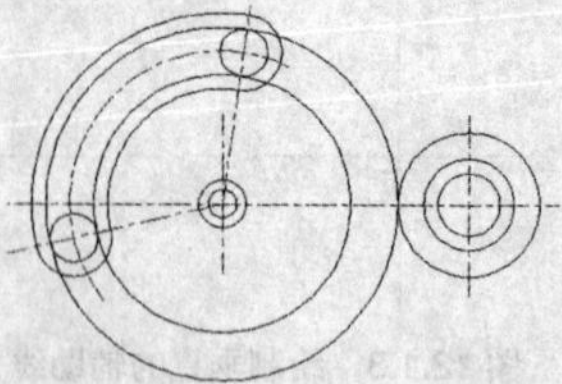

图 12.1.12　绘制同心圆

（12）利用修剪命令，修剪绘制的圆，如图 12.1.13 所示。

（13）重复圆命令，绘制相切圆，圆的半径为 62，然后再利用修剪命令修剪绘制的圆，效果如图 12.1.14 所示。

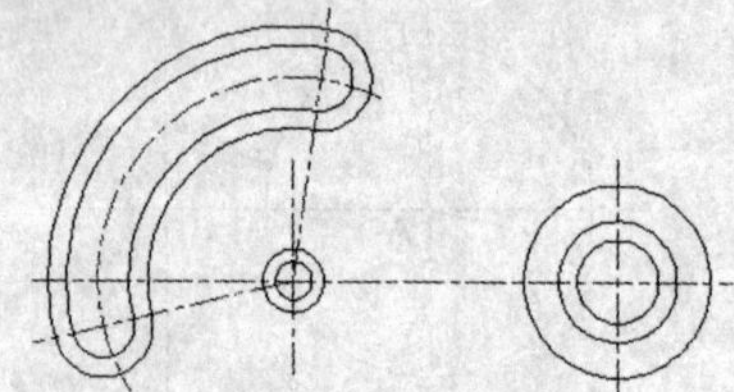

图 12.1.13　修剪圆

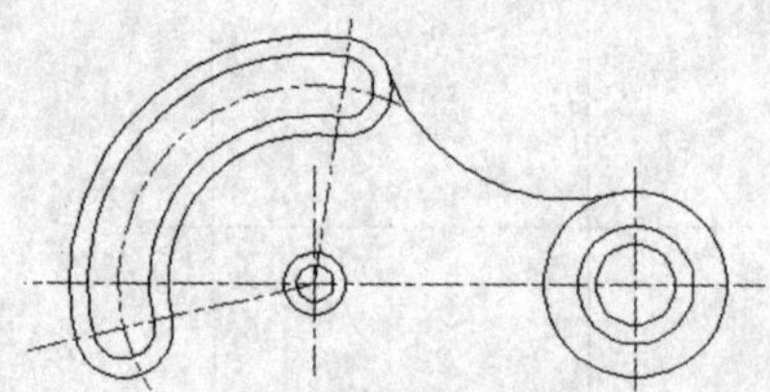

图 12.1.14　绘制并修剪圆

（14）利用偏移命令，向下偏移水平辅助线，偏移距离为 22，重复利用圆命令，捕捉右侧辅助线的交点 B，绘制一个半径为 46 的圆，如图 12.1.15 所示。

（15）捕捉偏移后的水平辅助线和半径为 46 的圆的交点 E，绘制一个半径为 16 的圆，如图 12.1.16 所示。

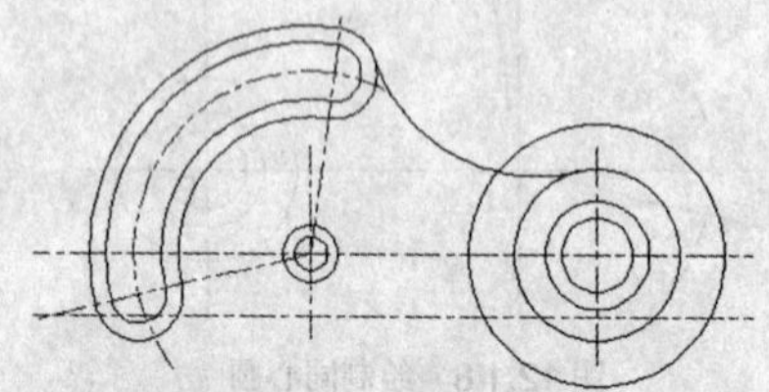

图 12.1.15　偏移水平辅助线并绘制圆

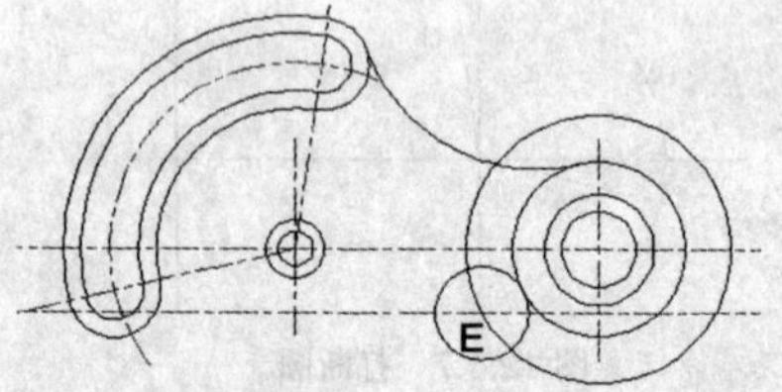

图 12.1.16　绘制圆

（16）利用直线命令，绘制一条切线，如图 12.1.17 所示。

（17）再次利用修剪命令，修剪第（15）步绘制的圆，然后将第（14）步绘制的圆和偏移的水平辅助线删除，效果如图 12.1.18 所示。

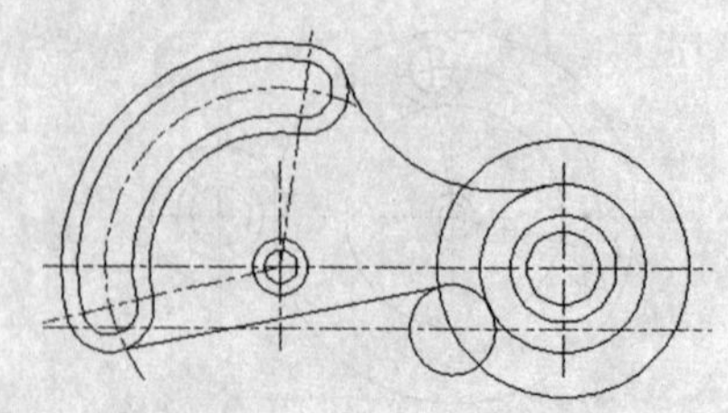

图 12.1.17　绘制切线

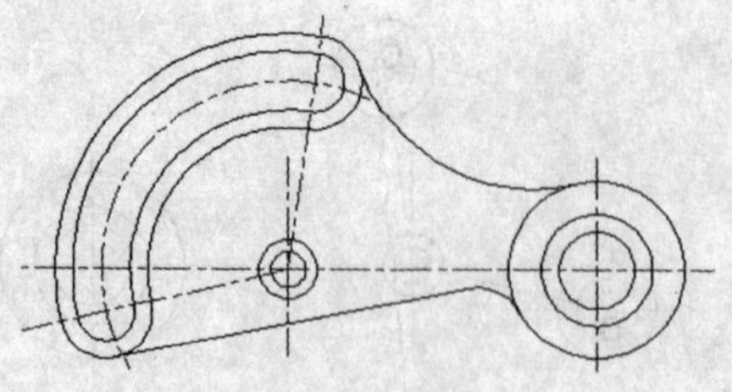

图 12.1.18　修剪圆

（18）设置“尺寸标注”层为当前图层，单击“线性标注”按钮或者在命令行输入 dimlinear，对图形进行线性标注，如图 12.1.19 所示。

命令：_dimlinear↙

指定第一条尺寸界线原点或 <选择对象>：（捕捉左侧辅助线的交点 A）

指定第二条尺寸界线原点：（捕捉右侧辅助线的交点 B）

指定尺寸线位置或[多行文字(M)/文字(T)/角度(A)/水平(H)/垂直(V)/旋转(R)]：（确定尺寸线的位置）

标注文字 ＝104

（19）单击“直径标注”按钮或者在命令行输入 dimdiameter，对图形进行直线标注，如图 12.1.20 所示。

命令：_dimdiameter↙

选择圆弧或圆：（选择直径为 60 的圆 M）

标注文字 ＝60

指定尺寸线位置或 [多行文字(M)/文字(T)/角度(A)]：（确定尺寸线的位置）

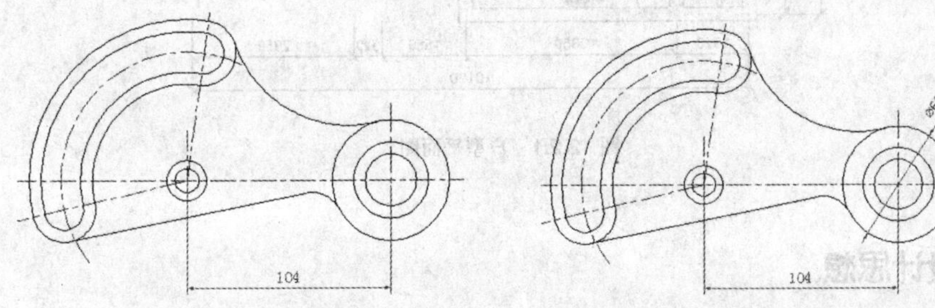

图 12.1.19 线性标注　　图 12.1.20 直径标注

（20）重复执行直径标注命令，对图形进行直径标注，效果如图 12.1.21 所示。

（21）单击“半径标注”按钮或者在命令行输入 dimradius，对图形进行半径标注，如图 12.1.22 所示。

命令：_dimradius↙

选择圆弧或圆：（选择半径为 62 的圆 N）

标注文字 ＝62

指定尺寸线位置或 [多行文字(M)/文字(T)/角度(A)]：（确定尺寸线的位置）

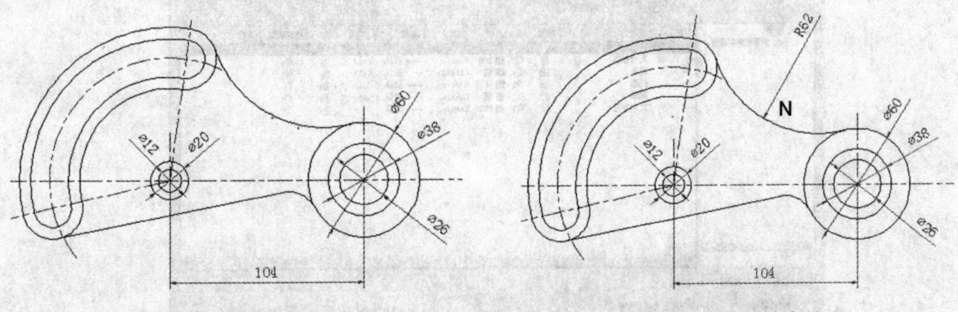

图 12.1.21 直径标注　　图 12.1.22 半径标注

（22）重复执行半径标注命令，对其他图形进行半径标注，最终效果如图 12.1.1 所示。

综合实例 2　绘制户型平面图

实例内容

本例主要利用所学的内容绘制户型平面图，最终效果如图 12.2.1 所示。

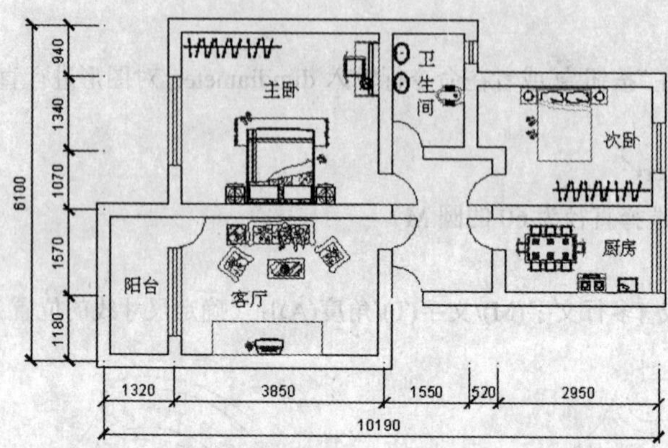

图 12.2.1　户型平面图

设计思想

本例充分体现多线命令在绘制户型平面图中的作用，并结合图层、图块、文本、尺寸标注功能以及直线、圆弧等基本命令来帮助读者想象房屋的真实空间效果，并学会观看平面户型图。

操作步骤

（1）选择 格式(O) → 图层(L)... 命令，弹出 图层特性管理器 对话框，新建 5 个图层，并分别对图层进行命名和线性设置，效果如图 12.2.2 所示。

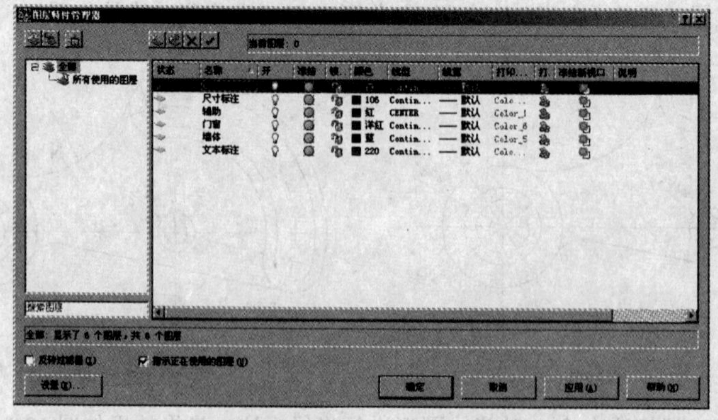

图 12.2.2　“图层特性管理器”对话框

（2）设置“辅助”层为当前图层，利用直线命令绘制两条互相垂直的辅助线，水平线长为 10 190，垂直线长为 6 100，如图 12.2.3 所示。

（3）利用偏移命令将第（2）步中绘制的水平辅助线依次向上偏移 1 180，1 570，1 070，1 340 和 940；垂直辅助线依次向右偏移 1 320，3 850，1 550，520 和 2 950，效果如图 12.2.4 所示。

图 12.2.3　绘制两条互相垂直的辅助线

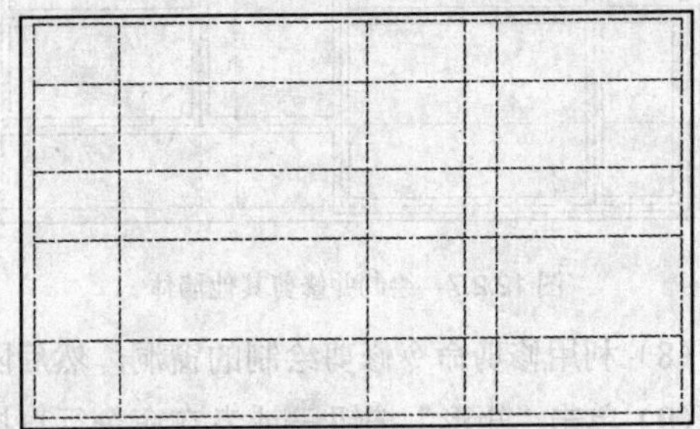

图 12.2.4　偏移水平和垂直辅助线

（4）设置“墙体”层为当前图层，然后执行多线命令。

命令：mline↙

当前设置：对正 = 无，比例 = 240.00，样式 = STANDARD

指定起点或 [对正(J)/比例(S)/样式(ST)]：（捕捉 A 点）

指定下一点：（捕捉 B 点）

指定下一点或 [放弃(U)]：（捕捉 C 点）

指定下一点或 [闭合(C)/放弃(U)]：（捕捉 D 点）

指定下一点或 [闭合(C)/放弃(U)]：（捕捉 E 点）

指定下一点或 [闭合(C)/放弃(U)]：（捕捉 F 点）

指定下一点或 [闭合(C)/放弃(U)]：（捕捉 G 点）

指定下一点或 [闭合(C)/放弃(U)]：（捕捉 H 点）

指定下一点或 [闭合(C)/放弃(U)]：（捕捉 I 点）

指定下一点或 [闭合(C)/放弃(U)]：（捕捉 J 点）

指定下一点或 [闭合(C)/放弃(U)]：c↙，如图 12.2.5 所示。

（5）重复多线命令，绘制其他墙体线，如图 12.2.6 所示。

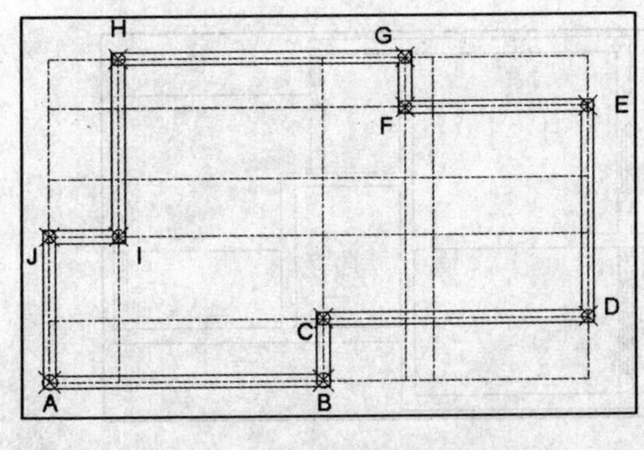

图 12.2.5　执行多线命令绘制墙体线

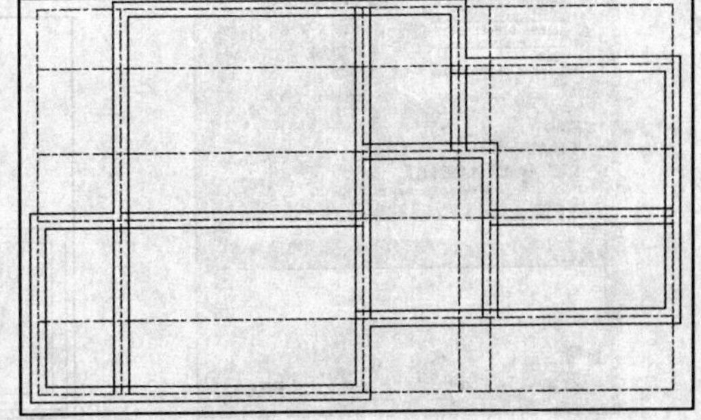

图 12.2.6　绘制其他墙体线

（6）单击“分解”按钮或者在命令行直接输入 explode，对绘制的墙体进行分解处理，然后再单击“修剪”按钮或者在命令行直接输入 trim，修剪分解后的墙体，效果如图 12.2.7 所示。

（7）设置“门窗”层为当前图层，然后利用直线和偏移命令绘制窗洞，效果如图 12.2.8 所示。

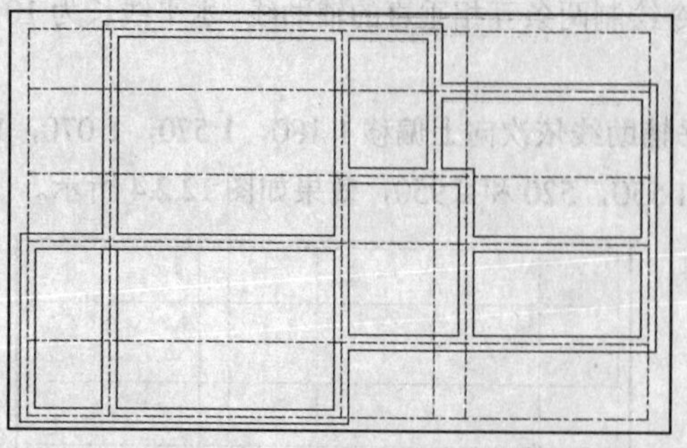

图 12.2.7　绘制并修剪其他墙体

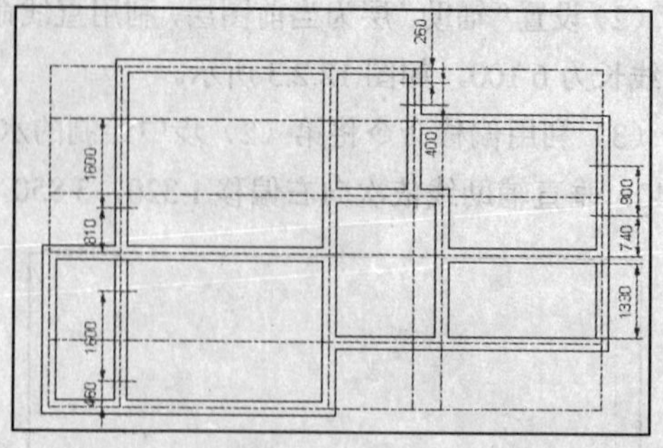

图 12.2.8　绘制窗洞

（8）利用修剪命令修剪绘制的窗洞，然后隐藏“辅助”层，如图 12.2.9 所示。

（9）单击“矩形”按钮或者在命令行直接输入 rectang，在屏幕上任意捕捉一点，绘制一个长为 1600，宽为 240 的矩形，如图 12.2.10 所示。

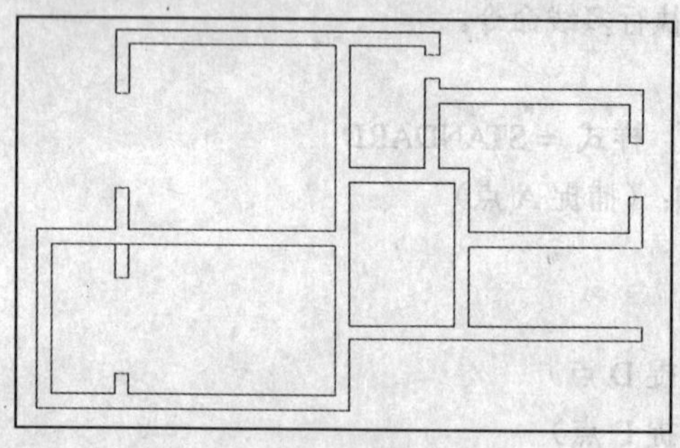

图 12.2.9　修剪窗洞并隐藏“辅助”层

图 12.2.10　绘制矩形

（10）利用直线命令，以矩形的左边线的 3 等分点为端点，绘制两条直线，然后再单击“创建块”按钮或者在命令行直接输入-block，将创建的窗体定义为图块，如图 12.2.11 所示。

（11）单击“插入块”按钮或者在命令行直接输入-insert，将上一步绘制的窗块插入图形中，在插入过程中可以适当缩放比例，效果如图 12.2.12 所示。

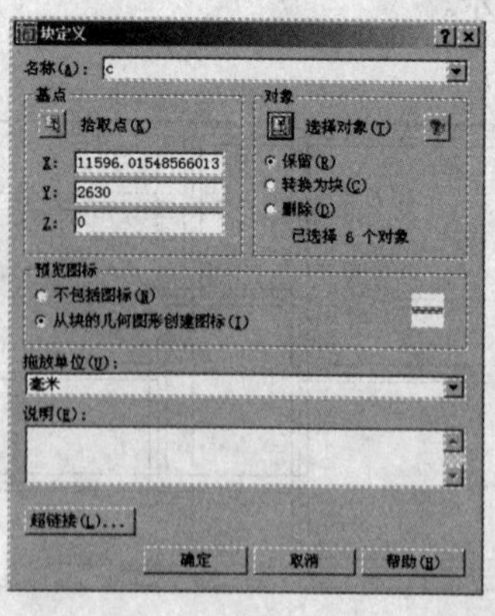

图 12.2.11　“块定义”对话框

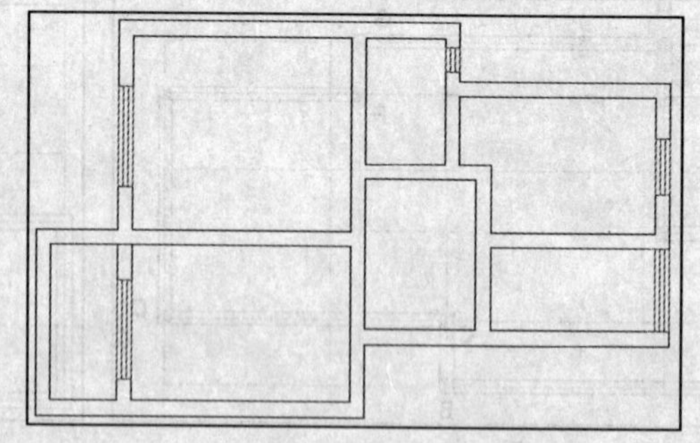

图 12.2.12　将窗块插入图形中

（12）显示“辅助”层，然后重复第（8）步和第（9）步绘制门洞，效果如图 12.2.13 所示。

（13）利用直线命令在屏幕上任意捕捉一点，绘制一条垂直直线，长度为 570，然后再单击“圆弧”按钮或者在命令行直接输入 arc。

命令：arc↙
指定圆弧的起点或[圆心(C)]：c
指定圆弧的圆心：（捕捉直线的下端点）
指定圆弧的起点：（捕捉直线的上端点）
指定圆弧的端点或[角度(A)/弦长(L)]：a
指定包含角：-90，如图 12.2.14 所示。

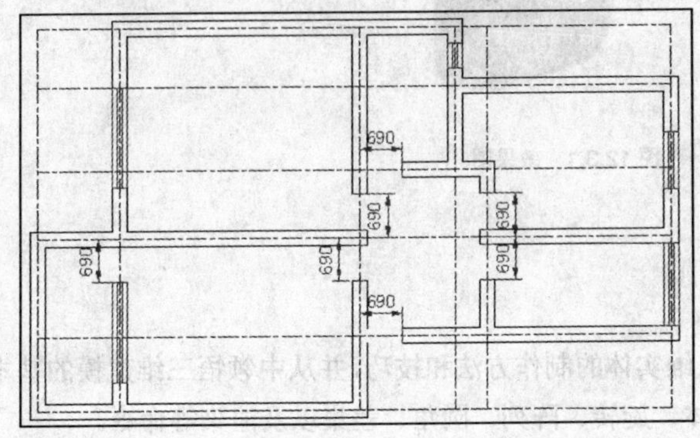

图 12.2.13　绘制门洞

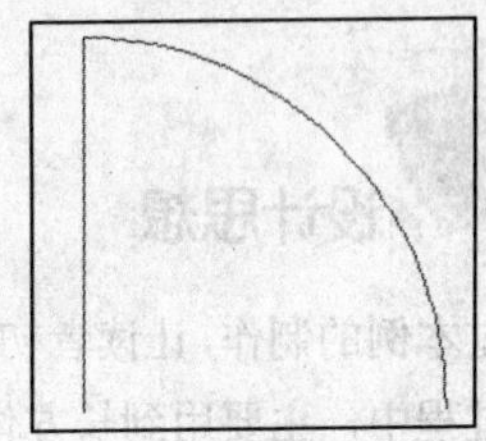
图 12.2.14　绘制门

（14）利用创建块命令将绘制的门创建为图块，然后再利用插入块命令，将其插入如图 12.2.15 所示的位置。

（15）隐藏“辅助”层，设置“文本标注”层为当前图层，对图形的各个部分进行文字说明，再打开“素材”文件夹下的“模块.dwg”文件，插入各个相应的家具模块，效果如图 12.2.16 所示。

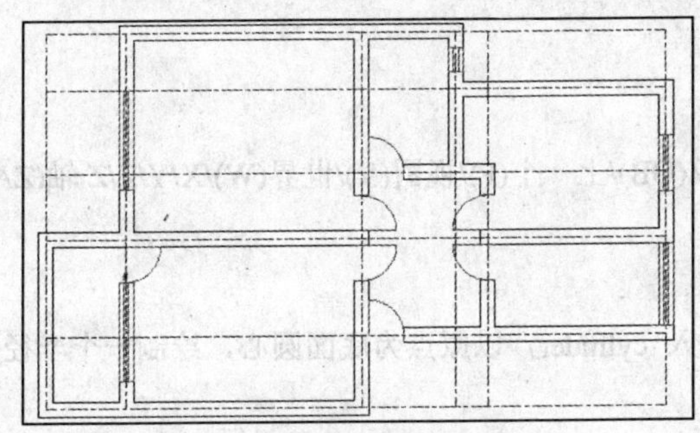
图 12.2.15　插入门

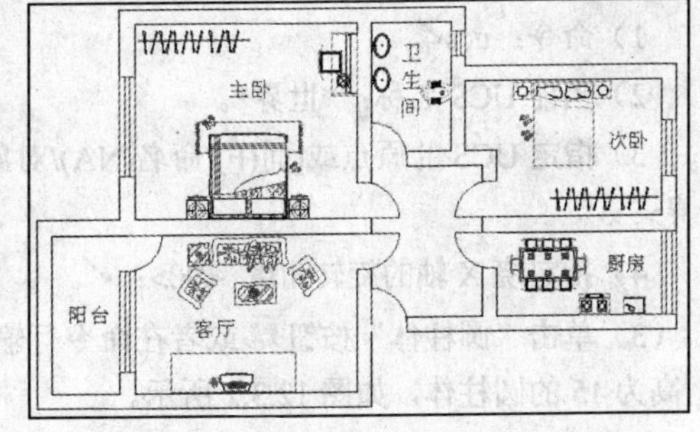

图 12.2.16　对图形标注文字并插入室内家具

（16）设置“尺寸标注”层为当前图层，利用尺寸标注命令对图形进行尺寸标注，最终效果如图 12.2.1 所示。

综合实例 3　绘 制 阀 盖

实例内容

本例主要利用所学的内容绘制阀盖零件，最终效果如图 12.3.1 所示。

图 12.3.1　效果图

设计思想

通过本例的制作，让读者初步掌握三维实体的制作方法和技巧，并从中领悟三维建模的基本原理。在制作过程中，主要用到长方体、圆柱体、旋转、阵列、圆角、差集以及渲染等命令。

操作步骤

（1）选择视图(V)→三维视图(D)→西南等轴测(S)命令，转换视图为西南等轴测视图。然后在命令行输入 isolines，设置线框的密度为 16。

（2）在命令行输入 ucs。

1）命令：ucs↙。

2）当前 UCS 名称：*世界*。

3）指定 UCS 的原点或[面(F)/命名(NA)/对象(OB)/上一个(P)/视图(V)/世界(W)/X/Y/Z/Z 轴(ZA)] <世界>: x↙

4）指定绕 X 轴的旋转角度 <90>：↙。

（3）单击“圆柱体”按钮或者在命令行输入 cylinder，以原点为底面圆心，绘制一个半径为 18，高为 15 的圆柱体，如图 12.3.2 所示。

（4）重复圆柱体命令，以原点为底面圆心，绘制一个半径为 16，高为 26 的圆柱体，如图 12.3.3 所示。

（5）在命令行输入 ucs，将坐标原点移动到点（0,0,32）处，然后单击“长方体”按钮或者在命令行输入 box。

1）命令：box↙。

2）指定长方体的角点或 [中心点(CE)] <0,0,0>：ce↙。

3）指定长方体的中心点 <0,0,0>：↙。

4）指定角点或 [立方体(C)/长度(L)]：l↙。

5）指定长度：75↙。

6）指定宽度：75↙。

7）指定高度：12↙，如图 12.3.4 所示。

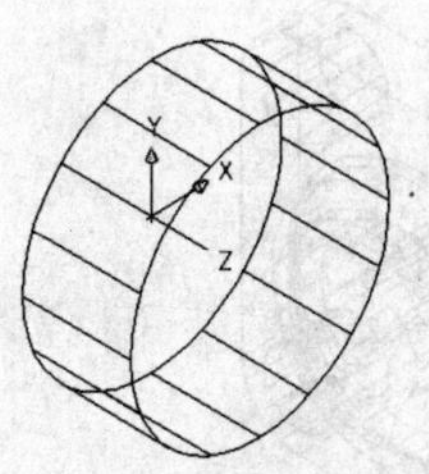

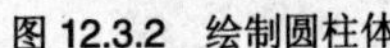
图 12.3.2　绘制圆柱体

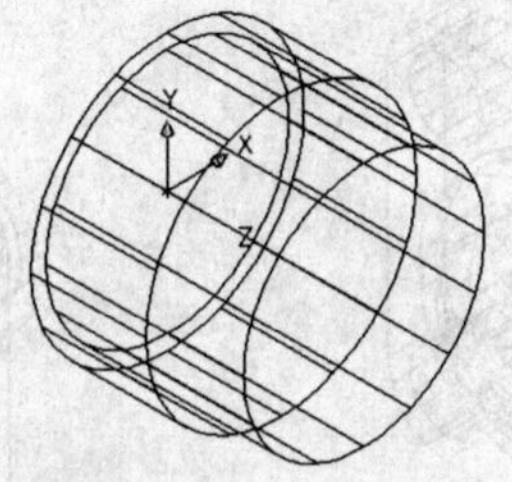

图 12.3.3　重复绘制圆柱体

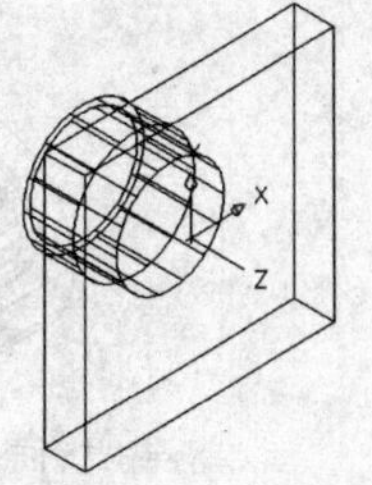

图 13.3.4　绘制长方体

（6）单击“圆角”按钮或者在命令行输入 fillet，将如图 12.3.4 所示的长方体的 4 条棱进行圆角处理，圆角半径为 12，效果如图 12.3.5 所示。

（7）单击“圆柱体”按钮或者在命令行输入 cylinder，以点（25.5, - 25.5, - 6）为圆心，绘制一个半径为 7.5，高为 12 的圆柱体，如图 12.3.6 所示。

（8）重复圆柱体命令，分别以点（ - 25.5, - 25.5, - 6）、点（ - 25.5,25.5 - 6）和点（25.5,25.5, - 6）为圆心，绘制 3 个半径为 7.5，高为 12 的圆柱体，如图 12.3.7 所示。

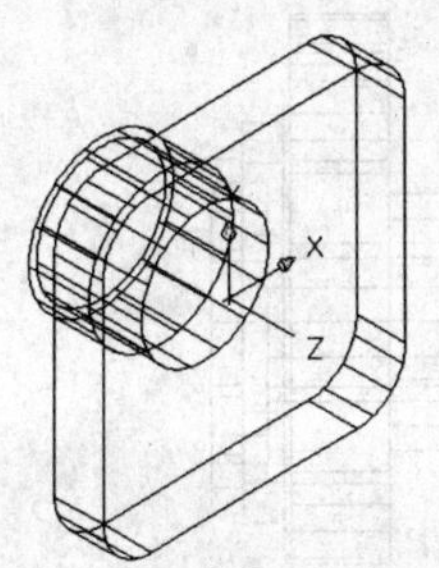

图 12.3.5　对长方体进行圆角处理

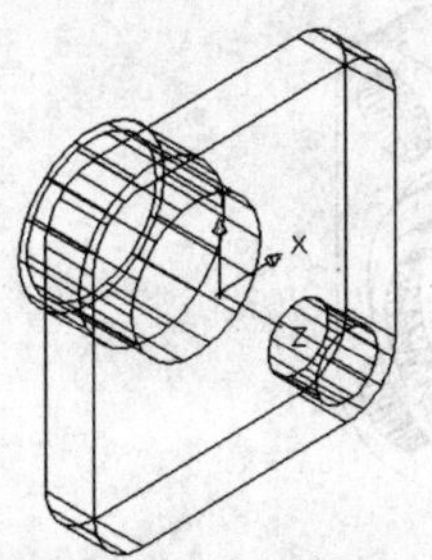

图 12.3.6　绘制圆柱体

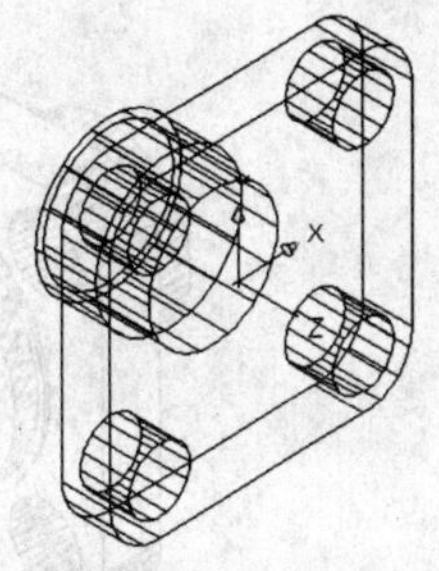

图 12.3.7　绘制三个圆柱体

（9）单击“差集”命令或者在命令行输入 subtract，将绘制的 4 个小圆柱体从圆角后的长方体中减去，消隐后如图 12.3.8 所示。

（10）单击“圆柱体”按钮或者在命令行输入 cylinder，以原点为圆心，绘制 3 个圆柱体，半径分别为 26.5，25 和 20.5，高分别为 7，12 和 16，如图 12.3.9 所示。

（11）单击“并集”按钮或者在命令行输入 union，将所有的图形进行并集处理，消隐后如图 12.3.10 所示。

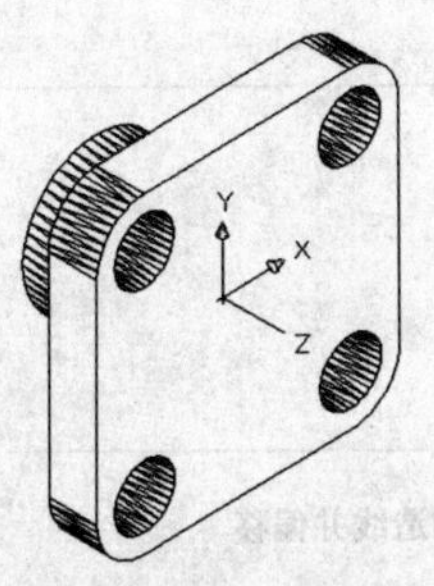

图 12.3.8　差集并消隐 4 个小圆柱

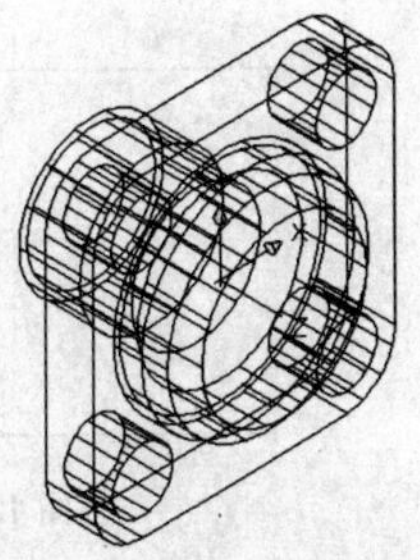

图 12.3.9　绘制 3 个圆柱体

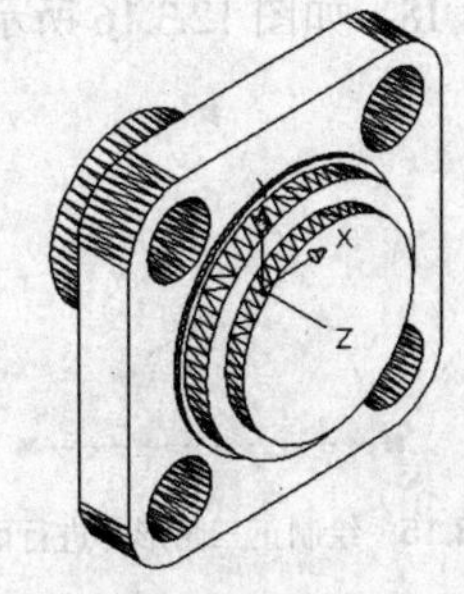

图 12.3.10　并集处理

（12）单击“圆柱体”按钮或者在命令行输入 cylinder，以点（0,0,16）为圆心，绘制两个半径分别为 17.5 和 10，高分别为 - 7 和 - 48 的圆柱体，如图 12.3.11 所示。

（13）重复圆柱体命令，以点（0,0, - 32）为圆心，绘制一个半径为 14，高为 5 的圆柱体，如图 12.3.12 所示。

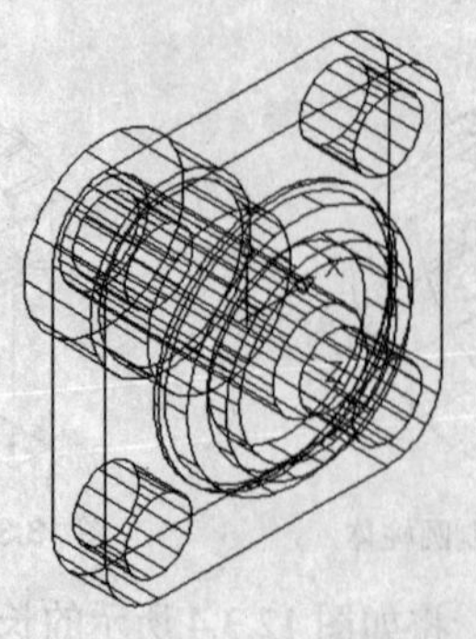
图 12.3.11　绘制两个圆柱体

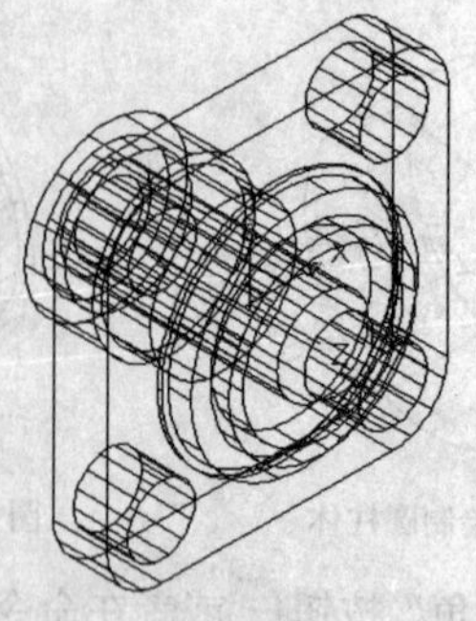
图 12.3.12　绘制圆柱体

（14）单击“差集”按钮或者在命令行输入 subtract，将第（12）步和第（13）步绘制的圆柱体从并集后的实体中减去，消隐后如图 12.3.13 所示。

（15）选择 视图(V) → 三维视图(D) → 左视(L) 命令，将视图转换为左视图，如图 12.3.14 所示。

图 12.3.13　差集并消隐后的效果

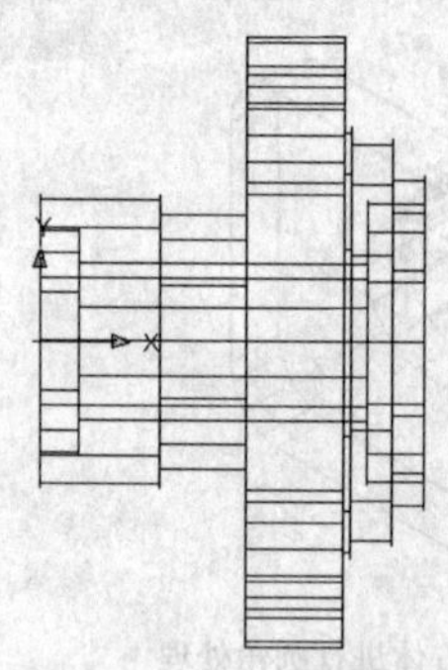
图 12.3.14　转换为左视图

（16）单击“直线”按钮或者在命令行输入 line，在屏幕上任意位置绘制一个边长为 2 的正三角形，然后再单击“面域”按钮或者在命令行输入 region，将绘制的正三角形进行面域处理，如图 12.3.15 所示。

（17）单击“构造线”按钮或者在命令行输入 xline，捕捉正三角形的水平边的两个端点，绘制一条构造线，然后再单击“偏移”按钮或者在命令行输入 offset，将绘制的构造线向上偏移，偏移距离为 18，如图 12.3.16 所示。

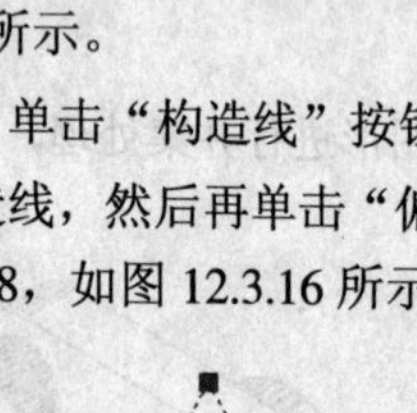

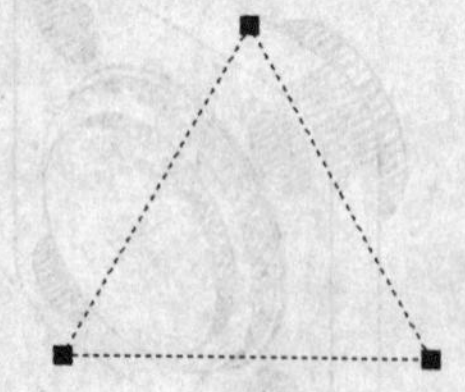
图 12.3.15　绘制正三角形并进行面域处理

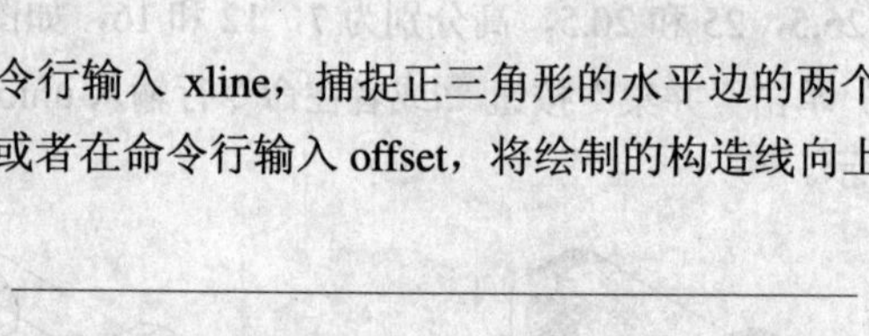

图 12.3.16　绘制构造线并偏移

（18）选择“旋转”按钮或者在命令行输入 revolve，将第（16）步绘制的正三角形以偏移后的构造线为旋转轴进行旋转，旋转角度为 360°，如图 12.3.17 所示。

（19）单击“删除”按钮或者在命令行输入 erase，删除构造线。

（20）单击“阵列”按钮或者在命令行输入 array，将旋转的图形进行矩形阵列，行数为 1，列数为 8，列间距为 2，如图 12.3.18 所示。

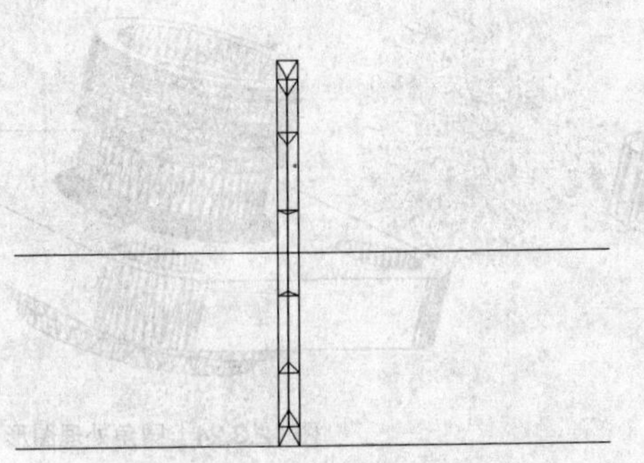

图 12.3.17　旋转三角形

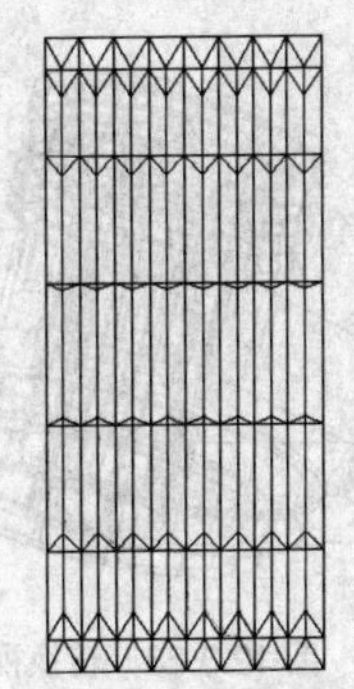

图 12.3.18　阵列图形效果

（21）利用并集命令将阵列后的图形进行并集处理。

（22）单击“移动”按钮或者在命令行输入 move，移动阵列后的图形，基点为如图 12.3.19 所示的圆心，位移点为如图 12.3.20 所示的圆心，效果如图 12.3.21 所示。

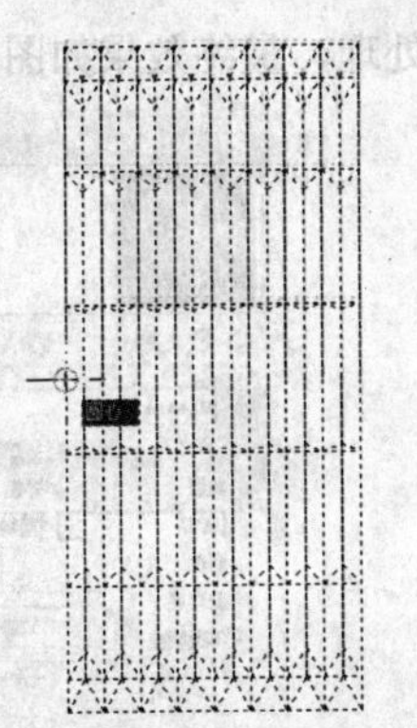

图 12.3.19　选择基点

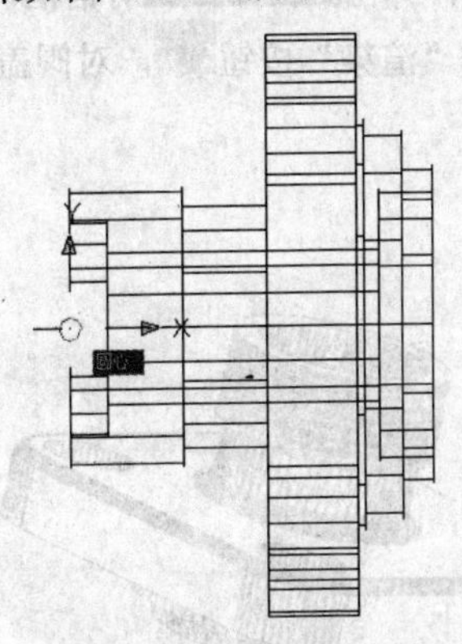

图 12.3.20　选择位移点

（23）选择视图(V)→三维视图(D)→西南等轴测(S)命令，恢复视图为西南等轴测，然后单击“差集”按钮或者在命令行输入 subtract，将移动后的图形从第（14）步差集后的实体中减去，消隐后如图 12.3.22 所示。

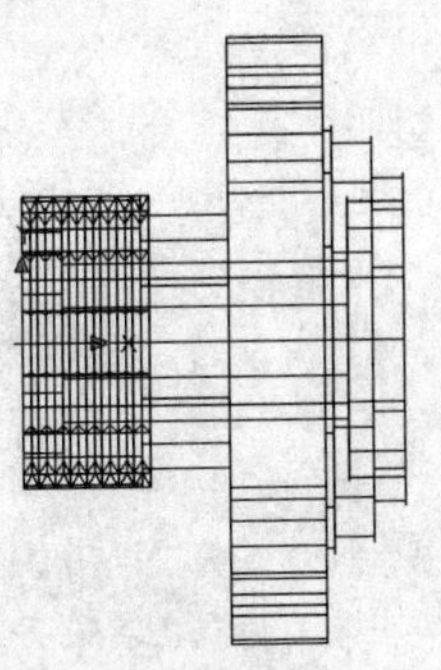

图 12.3.21　移动后的效果图

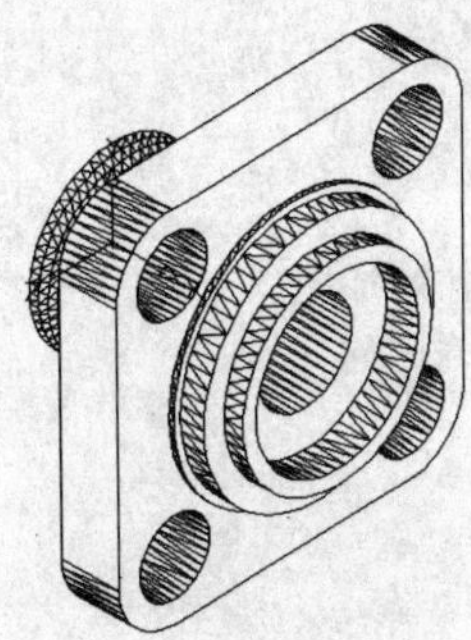

图 12.3.22　消隐后的效果

（24）选择视图(V)→三维动态观察器(B)命令，利用三维动态观察器命令将视图转换为如图 12.3.23 所示的视图。

（25）单击“圆角”按钮或者在命令行输入 fillet，将如图 12.3.23 所示的边线进行圆角处理，圆角半径为 3，效果如图 12.3.24 所示。

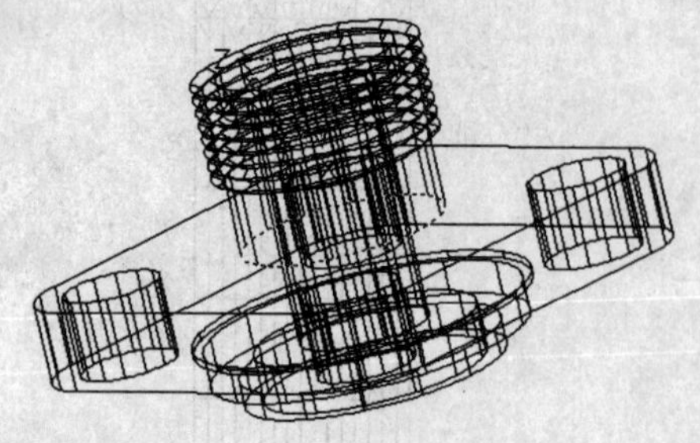

图 12.3.23 转换视图

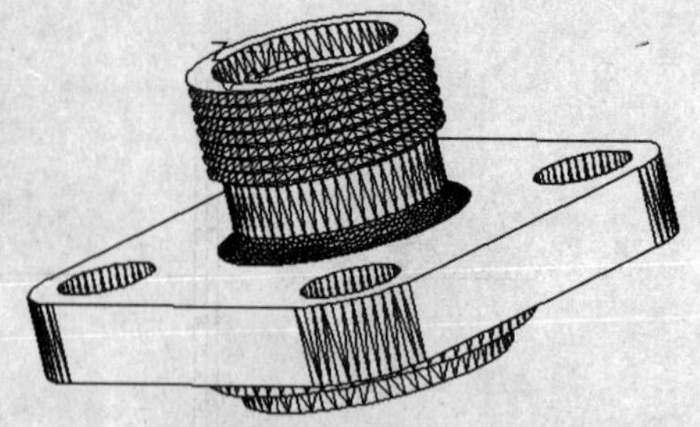

图 12.3.24 圆角处理图形

（26）重复圆角命令，将圆角后的长方体边线进行圆角处理，圆角半径为 2，消隐后如图 12.3.25 所示。

（27）重复三维动态观察器命令旋转视图。选择 视图(V) → 渲染(E) → 材质(M)... 命令，弹出 材质 对话框，参数设置如图 12.3.26 所示，单击“将材质应用到对象”按钮，再单击“渲染”按钮，对阀盖进行渲染处理，最终效果如图 12.3.1 所示。

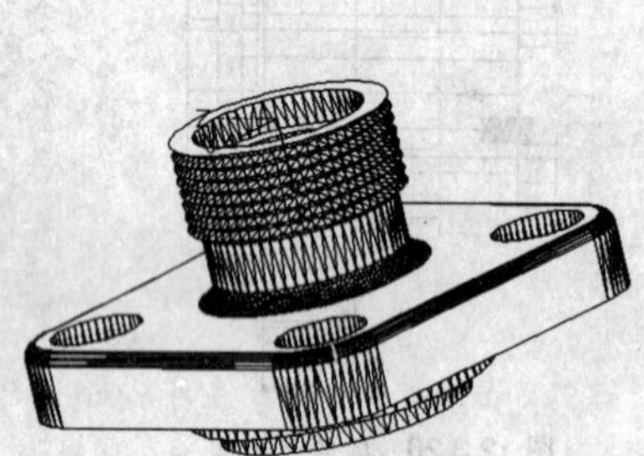

图 12.3.25 圆角处理长方体并消隐图形

图 12.3.26 “材质”对话框